半导体照明技术技能人才培养系列丛书·本科

LED 照明应用技术

主　编　文尚胜

副主编　王　忆　谢嘉宁

参　编　付贤松　吴玉香　赵红波

　　　　丁云高　徐庆辉　李　宏

　　　　张云翠　吴　琼　王银海

电子工业出版社

Publishing House of Electronics Industry

北京·BEIJING

内 容 简 介

LED 照明具有耗电少、寿命长、色彩丰富、耐震动、可控性强等特点。近几年，LED 照明产业发展迅速，在不同领域均具有较强优势。随着我国产业结构调整、发展方式转变进程的加快，LED 照明产业迎来了新的发展机遇。

本书由经验丰富的高校教师和企业技术人员共同编写，通过大量的插图与表格系统介绍了 LED 照明光学设计技术、LED 散热设计技术、LED 驱动设计技术、LED 智能照明控制技术、LED 照明设计技术、LED 灯具测试技术、LED 照明的其他技术及应用等。内容翔实丰富、简明实用，同时具备理论性和实操性。本书可作为本科院校相关专业高年级学生和研究生的教材和参考书，也可作为照明制造业从业人员的培训参考资料，而且对希望系统全面了解 LED 照明应用技术的人士而言，也将是一部不可多得的专业读物。

图书在版编目（CIP）数据

LED 照明应用技术 / 文尚胜主编. —北京：电子工业出版社，2016.5
ISBN 978-7-121-28760-2

Ⅰ. ①L⋯　Ⅱ. ①文⋯　Ⅲ. ①发光二极管—照明　Ⅳ. ①TN383

中国版本图书馆 CIP 数据核字（2016）第 096438 号

责任编辑：竺南直　　特约编辑：郭　莉
印　　刷：北京盛通商印快线网络科技有限公司
装　　订：北京盛通商印快线网络科技有限公司
出版发行：电子工业出版社
　　　　　北京市海淀区万寿路 173 信箱　邮编 100036
开　　本：787×1 092　1/16　印张：26　字数：666 千字
版　　次：2016 年 5 月第 1 版
印　　次：2022 年 12 月第 5 次印刷
定　　价：59.80 元

凡所购买电子工业出版社图书有缺损问题，请向购买书店调换。若书店售缺，请与本社发行部联系，联系及邮购电话：（010）88254888，88258888。

质量投诉请发邮件至 zlts@phei.com.cn，盗版侵权举报请发邮件至 dbqq@phei.com.cn。

本书咨询联系方式：davidzhu@phei.com.cn。

丛书前言

半导体照明（LED）是全球公认和竞相发展的最具市场前景的战略性新兴产业之一，在照明领域已确立了主导地位，对我国推动节能减排、调整产业结构具有重大意义。半导体照明产业是一个学科跨度大、技术和应用更新快的行业。"十三五"期间，我国半导体照明产业人力资源需求总量将随着产业的高速增长而大幅增加。作为新兴的产业，与其他发达国家相比，我国半导体照明产业在研发能力、生产管理水平及人才培训等方面仍存在较大差距。

"十八大"强调，要造就规模宏大、素质优良的人才队伍，进入人才强国和人力资源强国行列。人才是产业发展的第一推动力，人力资源的质量与水平是一个产业综合实力与竞争力的体现。院校是人才培养的源头，大力推行校企合作、工学结合、顶岗实习的人才培养模式，创新职业教育人才培养体制，根据产业需求优化专业结构，促进职业教育与产业的开放衔接，加强行业指导能力，发挥行业在建立健全行业人才需求预测机制、行业人才规格标准和行业职业教育专业设置改革机制等方面的指导作用，构建半导体照明产业现代职业教育体系是半导体照明产业人才培养的重中之重。

国家半导体照明工程研发及产业联盟（以下简称"联盟"）6 年来一直在积极探索开展多种形式行业人力资源开发工作，服务产业的发展。在人才培训方面，联盟承担了人社部 CETTIC 职业培训项目（LED 系列）组织管理工作。在人才培养方面，联盟与相关院校、行业协会、企业共建了 15 个人才培养基地，帮助院校构建半导体照明专业人才培养方案，在人社部的指导与支持下出版了《半导体照明产业技能人才开发指南》；在人才输送方面，联盟组织半导体照明行业专场招聘会，积极推进校企合作"订单人才培养"项目；在人才评价、鉴定方面，联盟在人社部、科技部的指导下，组织开展半导体照明行业专业技术人员岗位能力认证工作，规范、提升行业从业人员能力、素质。2013 年 7 月，联盟成立了人力资源工作委员会，委员会将整合产业、院校、专家资源，助力产业人才发展。

高质量的教材是人才培养的重要保障。鉴于联盟现有的人才工作基础及目前院校半导体照明专业人才培养滞后于产业发展的现状，在人社部及教育部等部门的指导下，2013 年联盟牵头组织半导体照明领域的专家、学者以及企业界的技术人才共同编写《半导体照明技术技能人才培养系列丛书》（以下简称《丛书》），旨在提升院校人才培养质量，提升行业从业人员及拟从事该行业人员的能力与素质，致力于推进我国半导体照明产业的发展。《丛书》按照半导体照明知识结构体系，根据半导体照明技术工艺特点，采用项目式体例编写。《丛书》分为中职、高职、本科部分，共 12 册。中职系列以半导体照明关键岗位工艺操作为主，高职系列侧重于半导体照明关键岗位技术知识与操作工艺并重，本科系列以半导体器件、集成电路的工作原理、制作工艺技术及照明应用技术为主，满足半导体照明相关中、高职院校人才培养及企业生产一线技术人员及初学者学习、充电的需要及适用于大学本科。同时，也可作为微电子相关专业学生的教科书。

《半导体照明技术技能人才培养系列丛书》

中职系列

《LED 封装与测试技术》　　　　雷利宁　主编

《LED 应用技术》　　　　　　　杜志忠　主编

《LED 智能照明控制应用》　　　王　巍　主编

《LED 灯具设计与组装》　　　　林燕丹　主编

高职系列

《LED 驱动与智能控制》　　　　孟治国　主编

《LED 封装技术》　　　　　　　梁　伟　主编

《电气照明技术》　　　　　　　王海波　主编

《LED 测试技术》　　　　　　　姚善良　主编

《LED 照明设计》　　　　　　　林燕丹　主编

本科系列

《半导体照明概论》　　　　　　柴广跃　主编

《LED 器件与工艺技术》　　　　郭伟玲　主编

《LED 照明应用技术》　　　　　文尚胜　主编

　　《丛书》中各分册分别由主编统稿，由方志烈、周春生、李小红等专家进行了审稿。《丛书》的编写得到了有关专家的大力支持和帮助，在此一并感谢。

吴　玲

国际半导体照明联盟　秘书长

国家半导体照明工程研发及产业联盟　秘书长

序一

半导体照明是目前已知最高光效的人工光源。它是用第三代宽禁带半导体材料制作的光源和显示器件，具有耗电少、寿命长、无汞污染、色彩丰富、可调控性强等特点，不仅可以替代白炽灯、荧光灯在照明领域的应用，还可广泛应用于显示、指示、背光、交通、医疗、通信、农业等领域。

国家半导体照明工程自 2003 年启动以来，经历了从无到有，从小、弱、散、乱到联合发展的历程。"十二五"期间半导体照明产业作为我国重点发展的战略性新兴产业重点领域之一，已经形成了较为完整的产业链，产业规模从 90 亿元跃升至 2576 亿元，年均增长接近 40%，企业超过 5000 家，从业人员 100 多万；拥有了自主知识产权的 Si 衬底 LED 外延芯片生产技术，掌握了具有国际领先水平的深紫外 LED 器件核心技术，更重要的是在大规模应用方面走到了世界前列，我国已成为全球半导体照明产业发展中心之一。预计 2020年半导体照明应用市场占有率将达到 70%，我国产业规模将达到 10000 亿元。

"国以才立，政以才治，业以才兴"。"十八大"强调，要造就规模宏大、素质优良的人才队伍，进入人才强国和人力资源强国行列。人才是产业发展的关键要素之一，半导体照明产业是一个学科跨度大、技术和应用更新快的行业。"十三五"期间，我国半导体照明产业人力资源需求总量将随着产业的高速成长而大幅增加，能否形成以人才发展推动产业发展、以产业发展带动人才发展的良好格局将直接决定我国半导体照明产业的持续发展。依托国家重大人才培养计划，重大科研和重大工程项目、重点学科和重点科研基地培养具有创新精神的科技领军人才，积极推进创新团队建设，培养出一大批德才兼备、国际一流的学者和产业科技创新领军人才。积极引进海外高层次人才，吸引出国留学人员回国创业。统筹各类创新人才发展，完善人才激励制度，深入实施重大人才工程和政策，培养造就世界水平的科学家、科技领军人才、卓越工程师和高水平创新团队，加强科研生产一线高层次专业技术人才和高技能人才培养等工作。构建半导体照明产业现代职业教育体系、培养半导体照明产业急需的技能型人才就显得尤为重要。

　　"工欲善其事，必先利其器"，高质量的教材是培养高质量人才的基本保证，也是构建半导体照明产业现代职业教育体系的重要组成部分。国家半导体照明工程研发及产业联盟在半导体照明产业人才发展方面做了很多工作。我很欣喜地看到，联盟在现有工作基础上，在人社部及教育部等部门的指导下，积极牵头组织半导体照明领域的专家、学者以及企业界的技术人才共同编写了《半导体照明技术技能人才培养培训系列丛书》（以下简称《丛书》），希望《丛书》能够得到读者的厚爱。

　　《丛书》是适时代所需，顺时势所趋。在此感谢各位主编及编写团队为提升半导体照明产业人才培养工作倾力尽心的付出，相信通过我们共同的努力，半导体照明产业的明天会更美好。

曹健林

中华人民共和国科学技术部

序二

近年来，在积极参与国际产业分工和国际竞争的背景下，我国半导体照明产业步入了一个大发展的新时期。作为战略性新兴产业，半导体照明产业的发展，对于我国转变经济发展方式、提升传统产业质量、促进节能减排、实现社会经济可持续和促进就业发展起着越来越重要的作用。

人才蔚起，国运方兴。党的"十八大"报告指出，要加快确立人才优先发展战略布局，造就规模宏大、素质优良的人才队伍，推动我国由人才大国迈向人才强国。作为新兴的职业领域，半导体照明产业技术创新驱动性强、国际化程度高、资本知识密集等特点决定了人才资源是产业发展的关键资源之一。

没有一流的人才，就没有一流的产品，也不会有一流的企业，更谈不上有一流的产业。半导体照明产业要想体现行业竞争优势，提升并保持产业、企业竞争力，就必须以人才工作为先导，积极做好人才开发工作。

今年5月，国务院下发了《关于加快发展现代职业教育的决定》，《决定》指出，行业组织要履行好发布行业人才需求、推进校企合作、参与指导教育教学、开展质量评价等职责，建立行业人力资源需求预测和就业状况定期发布制度，对行业组织在人才培养中的地位和作用进行了明确。2012年以来，国家半导体照明工程研发及产业联盟充分发挥行业影响力和组织优势、专家优势，积极参加人力资源和社会保障部部级课题《我国技能储备机制的建立与运作研究》的研究工作，与人社部职业技能鉴定中心联合组成课题组对半导体照明产业的技能人才需求规模、需求规格做了详细的研究，提出了半导体照明研发设计类人才专业能力体系、半导体照明产品应用制造类人才职业技能体系，组织出版了《半导体照明产业技能人才开发指南》，为针对性开展半导体照明产业人才培养工作打下了坚实的基础。同时，《半导体照明行业专项职业能力考核规范》的提出，为产业技能人才的培养评价提出了有先导性、针对性的实践框架，初步解决了对技能人才能力评价标准缺乏的现实问题。

在上述工作基础上，国家半导体照明工程研发及产业联盟组织行业专家、学者，龙头企业负责人共同编写《半导体照明技术技能人才培养培训系列丛书》（以下简称《丛书》）。

系列教材以课题研究为理论支撑，贯彻产教融合、校企合作的要求，立足现实、兼顾发展，协调推进产业人力资源开发与技术进步，是专业设置与产业需求对接、课程内容与职业标准对接、教学过程与生产过程对接的有益尝试，可作为中职、高职、应用型本科专业教学教材，也可作为行业职业培训教材。

我相信《丛书》的出版发行，将有力促进我国半导体照明产业产、学、研的紧密互动，为院校人才培养和企业在职人员培训提供有力的支撑，进一步加快产业技能型人才培养步伐。同时，也为以高层次创新型人才、急需紧缺专门人才为重点，完善半导体照明产业人才发展与培养模式提供有益探索。

艾一平

中国就业培训技术指导中心 副主任

人力资源和社会保障部职业技能鉴定中心 副主任

2014 年 8 月 10 日

作为我国七大战略性新兴产业，半导体照明是一个学科跨度大、技术和应用更新快的行业，优势是能提升传统产业、促进节能减排、转变经济发展方式。当前，行业人才需求量大，人才紧缺的问题日益凸显，现有工作人员还面临技术更新、掌握新工艺的压力。

为保障人才的培养、考核、规范，建立对应的专项能力培养基础、考核机制、考核规范，国家半导体照明工程研发及产业联盟组织龙头企业、行业专家、职业教育和培训工作者进行了企业调查和任务分析，建立了半导体照明专业人员岗位能力素质模型，发布了针对专业工程师的《半导体照明工程师专业能力规范》和针对技能人才的《半导体照明行业专项职业能力考核规范》，并启动了《半导体照明技术技能人才培养系列丛书》出版计划。

LED 具有高效节能、寿命长、绿色环保、体积小、固体器件、点亮反应快、白光色温可调、光色质量好、低压直流驱动、易于集成和智能控制等优点，被认为是 21 世纪最有前景的新光源，将取代白炽灯和荧光灯成为照明市场的主导，使照明技术面临一场新革命。

本书共九章。第 1 章概论，由王银海教授编写。概括了 LED 照明的发展历程和照明产业链，介绍了 LED 的发展现状和研究进展。第 2 章是 LED 照明光学设计技术，由张云翠教授编写。主要介绍了一次光学设计、二次光学设计、自由曲面光学元件设计、菲涅尔透镜设计和 LED 照明光学设计软件 Tracepro。第 3 章由文尚胜教授和谢嘉宁博士编写。主要讨论 LED 照明散热设计技术，分析了热量对 LED 的危害，介绍了 LED 散热分析模型、仿真软件和散热材料的选择方法，总结了 LED 散热设计过程和新型散热技术。第 4 章为 LED 照明驱动设计技术，由付贤松副教授编写。主要介绍了 LED 驱动电源的特点及分类，LED 恒流驱动电源单元电路设计，带功率因数校正（PFC）的 LED 照明驱动电源，最后给出了 LED 照明驱动电源设计指南。第 5 章是 LED 智能照明控制技术，由吴玉香教授和吴琼高工编写。介绍了三种 LED 调光技术，对 LED 智能照明控制系统的基本特征、组成、控制策略和方式进行了总结。详细介绍了 LED 智能照明控制系统中的网络技术、设计与实际工程应用，对 LED 智能照明控制的发展趋势进行了预测。第 6 章是 LED 照明设计技术，由丁云高与徐庆辉高工编写。根据功能、艺术与照明应用场所的不同提出了 LED 的设计要求。介绍了绿色照明技术、照明设计程序及照明计算分析方法。第 7 章是 LED 灯具测试技术，由赵红波总工编写。系统介绍了 LED 灯具测试中电特性、光色特性、热特性、寿命特性、安全特性、可靠特性、生物安全特性和耐候性等八个关键特性的测试标准、原理及方法。

第 8 章介绍了 LED 照明其他技术，由王忆教授编写。以 LED 照明技术的最新发展和应用为主线，简要介绍了：（1）LED 白光照明通信技术的发展趋势和关键技术；（2）LED 照明在植物生长和动物养殖中的应用技术和光学的设计；（3）LED 生物安全技术的设计思路；（4）LED 照明在物联网技术中的应用；（5）LED 照明在海洋渔业中的关键技术与应用；（6）超大功率 LED 照明技术的设计与应用，等等。第 9 章由李宏教授编写，主要介绍 LED 照明的应用。包括 LED 路灯、LED 交通信号灯、LED 背光源、LED 汽车灯、LED 室内照明、LED 景观照明以及 LED 照明等其他应用。

本书从各个角度系统介绍了 LED 照明应用技术，是一本覆盖面广、简洁易懂、具备理论基础但又不缺乏实操性和指导意义的 LED 技术教材。

本书能够顺利出版，感谢国家半导体照明工程研发及产业联盟和半导体照明、LED 相关网站和企业的的大力支持。本书可作为高等院校相关专业高年级学生和研究生的教材和参考书，作为专业技能人才培养的资料，也可供有关 LED 企业工程技术人员参考。

限于作者水平有限，难免有不妥和错误之处，恳请读者批评指正。

作　者

2015 年 9 月

目　录

第**1**章

概　论

人类大约在 50 万年前就利用燃烧树木产生的火焰照明，这也是最早的光源，后来发展到利用燃烧植物及矿物油照明。1876 年爱迪生发明了白炽灯，通过把电能转换为发光首次实现了电力照明。1938 年发明了荧光灯通过减少热量损失而大幅度提高光效。LED（Light Emitting Diode）是 1962 年发明的，是一种半导体固体发光器件，它利用固体半导体芯片作为发光材料，在半导体中通过一定的工艺构成空穴导电区（p 型半导体）和电子导电区（n 型半导体），p 型半导体和 n 型半导体交界面形成 pn 结发光层，载流子在 pn 结复合放出过剩的能量而引起光子发射。当时还只能发出红光，通过科学家以不断努力，到 20 世纪九十年代终于实现了红光、绿光、蓝光发射，而且发光效率也大幅提高，从而实现了半导体全固态照明。

1.1　LED 照明发展历程

要实现 LED 照明，除了要求有较高的发光强度外还要求有全色波长，实现白光 LED 照明。但是在实现了红光、黄光发光的 LED 后很长一段时间科学家未能实现蓝光 LED 发光。早在 1970 年代，美国科学家 J. Pankove 等人就已经发现 GaN 是一种良好的宽禁带半导体发光材料，并且成功制作了能发出蓝光的 GaN 肖特基管。但是，随后的十几年里，科学家们的努力研究一直没能突破制备 p 型 GaN 材料的难关。直到 20 世纪 80 年代末期，日本科学家 Akasaki 和 Amano 发现，可以先在异质衬底上沉积 AlN 结晶层，然后能够实现 MOCVD（金属有机化学气相沉积）外延生长表面平整的 GaN 单晶薄膜。在此基础上，他们又发现可以通过电子束激活 Mg 掺杂的 GaN 材料中的空穴载流子实现 p 型 GaN 材料的制备，这是 GaN 基 pn 结发光二极管最为关键的基础技术突破。随后，GaN 基 LED 技术从研究院所的实验室走进了工厂。日本 Nichia 公司的科学家实现了采用 GaN 结晶层实现高质量的外延层 MOCVD 生长，很快又发现可以通过热退火的方式激活 Mg 掺杂的 GaN 实现 p 型导电。作为这一系列突破的成果，1993 年 Nichia 公司中村修二推出了第一只高亮度 GaN 蓝光 LED，解决了自 1962 年 LED 问世以来高效蓝光缺失的问题，1996 年又首次在蓝光 LED 上涂覆黄色荧光粉而实现白光发射开启了 LED 白光照明的新时代。目前实现半导体照明有三种主要方法：（1）采用蓝色 LED 激发黄光荧光粉，实现二元混色白光；（2）利用紫外 LED 激发三基色荧光粉，由荧光粉发出的光合成白光；（3）基于三基色原理，利用红、绿、蓝三基色 LED 芯片合成白光。这几种获得白光 LED 照明的方法各有自己的优缺点，如表 1.1 所示。

表 1.1　获得 LED 白光的几种方法及比较

产生白光的方式	发光原理	优点	缺点
蓝光 LED 激发黄光荧光粉	以功率 GaN 基蓝光 LED 芯片为泵浦源，激发黄色荧光粉，发出黄光与原有蓝光混合产生视觉效果的白光	结构简单，成本相对较低，荧光粉工艺成熟	存在能量损耗，显色指数不高（70~80），色温偏高且漂移，空间色度均匀性不理想
紫外 LED 激发三基色荧光粉	在高亮度紫外 LED 芯片上涂敷三基色荧光粉，利用紫外线激发荧光粉产生三基色光，调整三色配比形成白光	颜色均匀性好，显色指数高(＞90)	较难获得高效率功率型紫外 LED，封装材料在紫外线照射下易老化，寿命缩短，效率低
红、绿、蓝三基色 LED 合成白光	将 R、G、B 三色功率型芯片集成封装在单个器件内，调节三基色配比可获得宽频带白光	颜色可任意调整，发光效率高，显色指数高(＞95)	驱动电路复杂，颜色不均匀，成本较高，色稳定性差，出现色漂移

综合各项指标和成本，目前大规模使用的是基于蓝光芯片涂覆黄色荧光粉白光 LED，但随着 LED 产品价格的降低以及显色指数等指标要求的提高，其他两种实现白光 LED 照明也在一些场所使用。

1.2　LED 照明产业链简介

在各种照明光源中，LED 光源具有自己的特点：高光效，体积小，寿命长，绿色环保。LED 的生产流程包括：衬底及外延片制备、芯片封装以及产品应用等。下面以蓝光 LED 制作为例介绍 LED 照明光源的制作技术。

1.2.1　LED 材料体系

对于照明 LED 的半导体材料，一个基本的要求是禁带宽度与可见光或紫外光子能量的匹配，同时还要求材料属于直接带隙，只有直接带隙半导体才有高的光发射效率。直接带隙Ⅲ-Ⅴ族二元化合物具有所需光谱范围的带隙，如 InP、GaAs、GaN、AlN 等。这些材料还能通过形成三元合金的形式调节材料的带隙，从而得到特定波长光输出。常见的 LED 材料体系有四种：用于小功率黄、黄绿色的 GaP/GaAsP 材料体系；用于红光高亮度 LED 的 AlGaAs/GaAs 材料体系；用于高亮度红色、黄绿色 LED 的 AlGaInP/GaAs 材料体系；用于高亮度蓝色 LED 的 InGaN/GaN 材料体系。从图 1.1 中可以看出，InGaN 在进入绿光波段范围时，量子效率急剧下降，即所谓的 Green Gap，而在这个波段人眼最敏感，照明光效高。

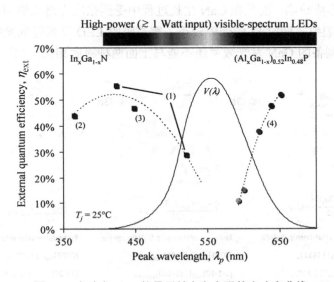

图 1.1　大功率 LED 外量子效率和人眼的光响应曲线 $V(\lambda)$

1.2.2　衬底的选择

对于制作 LED 芯片，采用的是外延生长，所以衬底的选择非常重要，良好的衬底材料必须具备晶格常数匹配、热膨胀系数匹配、化学稳定性好等特点。当然作为外延生长 GaN 蓝光 LED，考虑到晶格匹配最好是 GaN 晶体作为衬底外延生长，但是 GaN 晶体的制造非常困难、价格昂贵，而且不能获得超过 $1cm^2$ 的晶体。目前芯片生产主要是基于蓝宝石、碳化硅、硅等衬底材料异质外延生长。

蓝宝石在用于 MOCVD 进行 GaN 系薄膜单晶生长过程中是应用最广的衬底材料。尽管蓝宝石单晶与 GaN 之间晶格适配较大，但在高温制作气氛中非常稳定，而且蓝宝石单晶容易制备。但是蓝宝石不能导电无法直接作为电极，而且由于晶格失配和热应力失配，在生长的外延层中会存在大量的位错缺陷，这也影响了高品质外延层的制备。同时蓝宝石的导热性能不好，在使用过程中由于热量积聚导致结温升高，所以蓝宝石基 LED 一般工作在较高温度。此外，在蓝宝石上生长 GaN 通常使用的是极性面，存在自发极化和压电极化效应导致发光效率降低。

碳化硅与 GaN 的晶格失配较小，使得外延 GaN 材料的晶体质量较高，发光效率高；单晶碳化硅材料的导热性非常好，超过大多数金属材料，所以在大功率使用过程中热阻小，芯片温度低，在同样的芯片工作温度下可以加大功率密度；衬底可导电，可以做成垂直电极结构，简化芯片工艺流程降低成本。同时电流流动更均匀，避免平面电极结构中的电流拥挤现象。缺点是相对蓝宝石衬底而言制造成本较高。

Si 衬底的选择无疑受到大家的关注，由于 Si 在微电子领域的表现而使其价格非常便宜，制备工艺非常成熟，可以制备大尺寸。同时 Si 的导电性能和导热性能良好，可制备大功率垂直结构 LED 芯片，芯片工作温度低适合大电流工作。但 Si 的晶格常数与 GaN 失配大，生长过程中容易形成缺陷，而且在 GaN 生长过程中受到张应力造成裂痕，用一般的方法很难超过 1μm 而无裂痕；同时 Si 的带隙较小，容易吸收 LED 发光降低光的引出效率。到目前为止，Si 衬底制备的 GaN 发光效率还不能与上面两种衬底相比，如图 1.2 所示。

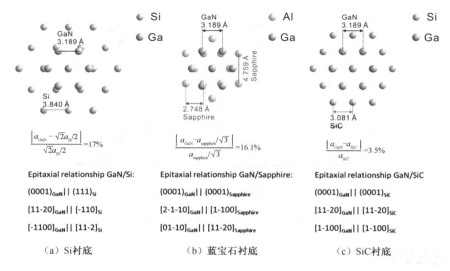

（a）Si 衬底　　　　　　　（b）蓝宝石衬底　　　　　　　（c）SiC 衬底

图 1.2　GaN 晶格和衬底材料之间的晶格常数对比

1.2.3　LED 芯片的制造

Ⅲ族氮化物 LED 的制备一般采用外延膜的方式，主要有三种途径外延生长氮化物体系薄膜：氢化物气相外延（HVPE）、分子束外延（MBE）、金属有机化学气相沉积（MOCVD）。HVPE 生长速度快，可以在蓝宝石上制备厚膜 GaN，通过激光剥离出大块 GaN，有望成为商业化 GaN 衬底材料。随着控制技术的进步，现在可以利用该技术制备量子阱和超晶格，但效率不如 MOCVD 和 MBE。MBE 可以在低温下生长，产品质量高，但维护成本高，生长周期长，产品价格高。目前 MOCVD 是实际生产中广泛采用的技术，利用气相反应物及Ⅲ族的有机金属和Ⅴ族的 NH_3 在衬底表面进行反应，生成固态薄膜。其中薄膜的成长速率和质量受到反应温度、压力、气体流量、反应时间等因素影响，对这些参数的精确调控直接决定了 MOCVD 的技术指标和制备产品的质量。先进的 MOCVD 装置具有一个能同时生长多片均匀材料并能长时间保持稳定的生长系统，能够精确对载气和反应剂的压力和流量控制，并配备快速气体转换开关和压力平衡装置。为确保成品率，材料的均匀性、重复性必须控制在一定的范围内。目前国内使用的主要还是进口设备，但国外进口设备价格昂贵，近些年由于技术不断进步也出现一些性能优异的国产 MOCVD 设备。图 1.3 为典型的蓝宝石衬底上外延片示意图。首先在蓝宝石衬底上生长 GaN 缓冲层，在缓冲层上生长 n-GaN，接着生长多层量子阱结构有源层，在上述基础上生长 p 型 AlGaN 作为电子阻挡层，接着生长 p 型 GaN 覆盖层。

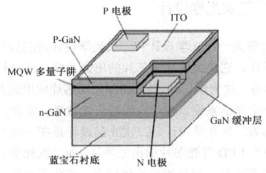

图 1.3　蓝宝石衬底外延片示意图

1.2.4　芯片的封装

　　LED 芯片只是一个很小的固体，它的两个电极只有在显微镜下才能看见，所以在制作工艺上要对两个电极进行焊接和对芯片保护，封装可以保护芯片和电路间的电气和机械接触，保护发光芯片不受机械、热、潮湿等外部影响。对于大功率芯片的表面积也只有约 $1mm^2$ 大小，细微的划伤和微小的灰尘就可能对芯片造成损伤，所以封装的基本作用就是固定保护芯片。要点亮一个芯片必须在 LED 的两个电极上加上电压，必须焊接电极引出。在 LED 封装过程中光的引出是一个非常重要的技术，要综合考虑使用材料的折射率，透光系数以及出光的光强分布等。为了获得高的光引出和高的光品质，发展了很多一次光学设计方法。虽然 LED 是一种高光效的节能光源，但是它依然有近三分之二的电能转化为热能，即使光效达到 200lm/W，仍然有 45% 的能量转化为热能，如何将这部分热能从 LED 中传递出去对于大功率 LED 是一个非常严峻的课题，如果热量不能及时移去，将导致高的工作结温从而光衰增大、寿命减少、颜色漂移等一系列问题。因此必须对制备的 LED 芯片进行封装，主要目的是保护发光芯片和电路间的电气和机械接触不受外部影响，增强器件的可靠性。

1.2.5　LED 光源的散热设计

　　为满足照明领域对 LED 高光通量的要求，在优化器件结构、提高发光效率的同时，增加单个 LED 器件的输入功率是最有效直接的方法，但随着功率的增加 LED 会产生大量热量引起芯片温度的升高，温度升高将影响 LED 量子效率降低、寿命减少、颜色漂移等技术指标，所以在大功率照明中要考虑散热问题。目前 LED 光源的散热设计主要包括：通过加装风扇改变散热器空气的流动速度这种传统的散热方法，但会增加系统的体积，以及由于风扇带来的噪声等不利影响，而且风扇本身长期的稳定性也会影响光源的可靠性；使用微型热管技术散热，这种技术利用自身内部的液体相变来实现传热有极高的传热效率，而且热管使用中噪音小、寿命长；热电制冷散热是建立在帕尔贴效应的一种电制冷方法，优点是无噪声、体积小、结构紧凑、操作维护方便，但由于要用到半导体制冷材料成本过高。

1.2.6　LED 光源的二次光学设计

LED 的光学设计分为一次光学设计和二次光学设计。在晶粒封装成 LED 光源芯片的过程中必须进行光学设计，它决定了光源芯片的出光角度、光通量大学、发光强度以及光强分布、色温，这些称为一次光学设计。将 LED 光源芯片应用到具体产品时，往往设计为一个包括光源在内的一个光学系统，整个系统的出光效率、发光强度以及光强分布、色温和显色指数等的设计称为二次光学设计。二次光学设计是在一次光学设计基础上进行的，一次光学设计是考虑单个 LED 发光芯片的出光质量，而二次光学设计则是要考虑整个光学系统的设计。LED 光源芯片与其他光源相比体积小，避免了光源对光线的吸收和遮挡，这给二次光学设计带来极大方便，特别是在空间阵列中容易处理为点光源和面光源，但由于 LED 光源面积小，因此发光只能朝着一个方向发光，所以会出现一个方向亮度高、其他方向光线黯淡或不均匀的情况。

1.2.7　LED 光源的驱动和控制

LED 光源工作时必须在电极之间加上一定的电压，相当于二极管处于正向导通状态，加在 PN 结上的电压和正向电流之间近似指数关系，这就导致 LED 结电压微小的变化就会带来导通电流的急剧变化，当直接用电压源驱动时，电源电压的波动超过一定范围就可能造成 LED 器件的永久损坏。另外，在相同导通电流下 LED 的结电压随着 LED 结温升高而降低，即使保证驱动电压或电流足够精度仍然会由于结温的变化而导致电流电压的改变，所以 LED 的驱动控制也是一个非常重要的问题。目前一般 LED 采用直流驱动，针对 LED 的直流驱动，主要分为限流电路、线性恒流电流和开关型直流驱动电路三种方式。限流电路简单、成本低，但是这种电路效率低、无法恒流，不适合大功率 LED 电路；线性恒流电路是一个闭环负反馈系统，结构简单、成本低、恒流效果好，缺点是效率低、窄输入范围和窄负载范围，多用于输入输出电压差较小的场合；开关型直流驱动电路即通常意义上的开关电源，这种方式效率高，有大的输入电压范围和宽的负载范围，缺点是电路较复杂，成本较高，工作于开关模式，需考虑电磁兼容等。

1.3　LED 照明国内外发展现状和研究进展

1993 年第一只高亮度 GaN 基蓝光 LED 诞生，实现了人们长期以来立足宽带隙半导体材料发展高效蓝光的愿望，也展现了宽带隙半导体材料具有及其重要的应用前景，引起了以ⅢⅤ族氮化物为代表的宽带隙半导体全球研究热潮，日本、美国、韩国等科技强国相继推出了自己的 LED 照明发展规划。

1.3.1　LED 照明国内外发展现状

日本 21 世纪照明计划是由日本金属研发中心和新能源产业技术综合开发机构发起和组织的为期 5 年（1998－2004）的一个国家计划。这项计划的参与机构包括多所大学和公司，目标旨在通过使用长寿命、更薄更轻的 GaN 高效蓝光和紫外 LED 技术使得照明的能量效率提高为传统荧光灯的两倍，减少 CO_2 的产生。整个计划的财政预算为 60 亿日元。整个计划分为 5 个主要领域进行，即在衬底、外延片、制造装置、LED 光源和 LED 光源的应用。该计划的技术路线图，其核心在于高质量材料的生长，高功率管芯的制备以及高效率白光荧光粉的获得。解决的问题包括：GaN 基化合物半导体发光机理研究；紫外 LED 的外延生长方法的改进大尺寸同质衬底生长；开发近紫外激发的白光荧光粉，实现使用白光 LED 的照明光源。2011 年日本 LED 照明占整体照明由 2010 年的 12.1%上升到 24.7%，预计到 2020 年将达到 57.9%。

2001 年在美国"半导体照明技术蓝图"的基础上，美国能源部启动一项名为"Next-Generation Lighting Initiative, NGLI"计划，即"下一代照明计划"。这项计划的目标是要联合产业界、大学和国家重点实验室的力量，加速半导体照明技术的发展和应用。这项计划从 2003 年到 2011 年财年，每年提供 5000 万美元支持 NGLI 计划的实施。美国能源部设立半导体照明国家研究项目，当时他们制定的提高 LED 光效时间表是：2002 年达到 20 lm／W，2007 年达到 75 lm／W，2012 年达到 150 lm／W，这些都已经达到或超过预期目标。他们预计到 2025 年，固态照明光源的使用将使照明用电减少一半，形成一个新的每年产值超过 500 亿美元的光源产业，还会带来高质量的百万计的工作机会。

韩国的"固态照明计划"经政府审议批准，从 2004 到 2008 年国家投入 1 亿美元，企业提供 30%的配套资金，用于研发提升 LED 发光效率、延长使用寿命、制定照明认证标准和产业整合。2008 年韩国政府提出"低碳绿色成长"的国家战略，预计 2015 年 LED 产业市场扩大到 1000 亿美元。2011 年韩国政府又提出"绿色 LED 照明普及发展方案"，目标为到 2020 年将实现公共事业机构 100%LED 照明，并将全国 LED 照明普及率提高到 60%。

我国台湾于 2002 年在岛内联合十一家 LED 厂商成立"下一代照明光源研发联盟"，进行高亮度白光 LED 的研究和开发，并在台湾能源委员会与台湾区照明灯具输出同业公会的支持下成立"半导体照明产业推动联盟"，希望透过半导体和照明产业之联谊活动，整合照明节能系统产品与元组件技术，同时结合台湾政府科技发展资源，利用台湾在半导体产业所形成的优势，加速高效率 LED 照明技术的研发和普及应用，提升台湾照明相关技术水准及产业竞争力，并制定相关 LED 产业政策，以创造台湾半导体照明产业的竞争优势。

我国政府在 2003 年启动了半导体照明工程攻关项目以解决照明市场的产业化相关问题和发展白光照明产业，2006 年国家科技部在国家半导体照明工程实施的基础上，启动半导体照明重点专项，对半导体照明核心技术和产业化关键技术实施突破，完善半导体照明产业链，形成具有国际竞争力的半导体照明产业，2011 年科技部发布国家十二五科学和技术发展规划，提出半导体照明重点发展白光 LED 制备、系统集成以及器件等自主关键技术，到 2015 年发光效率道道国际同期先进水平，半导体照明占据通用照明市场 30%。通过十多年来的发展功率芯片产业化取得突破，具有自主知识产权的硅衬底功率芯片处于国际先进水平。

1.3.2　LED 照明技术进展

世界上最早实现白光 LED 产品是由 InGaN 体系 LED 芯片与黄光荧光体结合而成，由于其结构简单，价格便宜而普及，直到今天这种结构仍然是白光 LED 主流。目前市场上主流光效为 100~130lm/W，实验室光效已经达到 303lm/W，离理论值还有很大差距，提高光效目前还是很多研究者和企业的追求方向。就白光 LED 来说，其封装成品发光效率是由内量子效率、电注入效率、提取效率和封装效率的乘积决定的。其中内量子效率主要取决于 PN 结外延材料的品质如杂质、晶格缺陷和量子阱结构等，目前内量子效率达 60%。电注入效率是由 P 型电极和 N 型电极间的半导体材料特性决定的，如欧姆接触电阻，半导体层的体电阻（电子的迁移率）。对 460nm 蓝光（2.7eV）LED，导通电压 3.2~3.6V，所以目前最好的电注入效率 84%，但 AlGaInP 基 LED 电注入效率大于 90%。提取效率由半导体材料间及其出射介质间的不同折射率引起界面上的反射，导致在 PN 发射的光不能完全逸出 LED 芯片，提取效率目前最大达 75%。封装效率由封装材料荧光粉的转换效率和光学透镜等决定的，封装效率为 60%。因此目前白光 LED 的总效率可达 23%。就 LED 芯片制造技术来说，它只直接影响着电注入效率和提取效率，因为内量子效率和封装效率分别直接与 MOCVD 技术和封装技术有关，这里主要介绍电效率和提取效率的 LED 芯片技术及其发展趋势。

从电学上来说，LED 可以看作由一个理想的二极管和一个等效串联电阻组成，其等效串联电阻由 P 型层电阻、P 型接触电阻、N 型层电阻、N 型接触电阻以及 PN 结电阻等五部分组成。对于 N-GaN 的欧姆接触相对容易制作，常用几种金属组合如 Ti/Al，Ti/Al/Ti/Au，Cr/Au/Ti/Au 等，接触电阻率通常可以达到 $10^{-5} \sim 10^{-6} \ \Omega \cdot cm^2$。尤其用得最多的四层金属 Cr/Au/Ti/Au 的欧姆接触达 0.33 n$\Omega \cdot cm^2$。值得一提的是有 Al 的金属组合中高温性能较差，在温度较高时 Al 存在横向扩散，这对于小尺寸芯片非常容易出现短路现象。低阻的 P-GaN 欧姆接触制作比较困难，原因是 p-GaN 材料的 P 型浓度小于 $10^{18} cm^{-3}$，其次没有与 P-GaN 材料的功函数（7.5eV）匹配的金属材料。目前具有最大功函数的金属 Pt，其功函数也只有 5.65eV。所以接触电阻率通常为 $10^{-2} \sim 10^{-3} \Omega \cdot cm^2$。这样的接触电阻对于小功率 LED 来说不存在严重的问题，但对于大功率这个问题不能忽略。在这种情况下要获得低阻的 p-GaN 欧姆接触就得选择合适的欧姆接触金属，还得除去 GaN 表面氧化层和采用优化热退火条件等措施。

一般形成 PN 结的半导体材料具有高的折射率，光在不同折射率界面处会发生全反射，因而降低了提取效率。在芯片制造过程中改变 LED 芯片的界面，可以提高芯片的光提取效率。常规芯片的外形为立方体，左右两面相互平行，这样光在两个端面来回发射，直到完全被芯片所吸收，转化为热能，降低了芯片的出光效率。将 LED 做成倒金字塔形状（侧面与垂直方向成一定度角），芯片的四个侧面不再是相互平行，可以使得射到芯片侧面的光，经侧面的反射到顶面，以小于临界角的角度出射；同时，射到顶面大于临界角的光可以从侧面出射，从而大大提高了芯片的出光效率。这种出光是在芯片的侧面，要在正面提高出光效率可以采用表面粗化技术来破坏光在芯片内的全反射，增加光的出射效率，提高芯片的光提取效率。主要包括两种方法：随机表面粗化和图形表面粗化。随机表面粗化，主要是利用晶体的各向异性，通过化学腐蚀实现对芯片表面进行粗化；图形表面粗化，利用光刻、干法（湿法）刻蚀等工艺，实现对芯片表面的周期性规则图形结构的粗化效果。

近几年来，蓝宝石 GaN 基 LED 的光效有了很大的提升，但由于蓝宝石 GaN 结构和蓝宝石导热的局限性，进一步提升蓝宝石 GaN 基 LED 的光效受到限制，可利用剥离蓝宝石衬底来避免这个问题。目前有几种方法如机械磨抛和激光剥离来去除蓝宝石衬底。激光剥离技术就是利用紫外 KrF 脉冲准分子激光（波长 248nm）辐照，蓝宝石衬底对该波长激光透明，而 GaN 强烈吸收，9eV)，GaN 层吸收同蓝宝石基片分离。在激光剥离技术中激光束的均匀性非常重要，直接决定产品的质量。在实际工作中，首先在准备键合的基板和 GaN 外延上蒸镀键合金属；然后，将 GaN 外延键合到基板上；再用 KrF 脉冲准分子激光器照射蓝宝石底面，使蓝宝石和 GaN 界面 GaN 产生热分解；再加热使蓝宝石脱离 GaN，从而实现对 GaN 蓝宝石衬底的剥离。

对于采用蓝宝石衬底的 GaN 基 LED，由于它的绝缘性，芯片的 P 和 N 电极只能设计制作在芯片的同一外延面上，这样由于 N 和 P 型的欧姆接触区域，电极区域和封装的金线遮挡导致了芯片有效出光区的面积减小；另外 P 型电极上增加导电性的 Ni-Au 或 ITO 层对光具有吸收性。因此，这种结构限制了 LED 提取效率的提高。如果利用倒装技术就可以解决上述两问题，提高 LED 的光提取效率。倒装技术就是将芯片进行倒置，P 型电极采用覆盖整个表面的高反射膜，光从蓝宝石衬底出射，避免了 P 型电极金属的遮挡。加上蓝宝石衬底的折射率比 GaN 的小，可以提高芯片的光出射效率。另外，也可以解决蓝宝石散热不良问题，倒装技术可以借助电极与封装的基板直接接触，从而降低了热阻，提升芯片的散热性能，提高器件可靠性。目前倒装技术成为获取高效大功率 LED 芯片技术的主流之一。

光子晶体是一类在光学尺度上具有周期结构的人工晶体，可以用在 LED 表面或衬底上，构成周期性分布的二维光学微腔。由于其在一定波段范围内存在光的禁带，光不能够在其中传输，因而当频率处在禁带内的光入射就会发生全反射。只要设计合适的光子晶体的结构参数，可以使得 LED 发出的光都在禁带内被反射，不但增加了内量子效率，也增加提取效率。

普通 LED 芯片必须供给合适的直流供电才能正常发光，而日常生活中采用的高压交流电，必须将其由交流转换为直流，才能驱动 LED 进行正常工作。在进行 AC 与 DC 转换时有 15%~30%的电能损失。用交流 AC 直接驱动 LED 发光，整个 LED 系统将大大简化。

所以 AC 驱动 LED 具有体积较小、效率高、高压低电流导通、双向导通，及 GaN 基 LED 不存在静电击穿等优点。AC 直接驱动 LED 技术关键是通过串联和并联将正反向的多个微型芯片集成在单个大芯片上（如 1.5mmx1.5mm），其输出功率可比同尺寸 DC 驱动 LED 芯片提约 50%。

COB（chip on board）是一项新的封装技术，它具有低成本、应用便利和设计多样化等特点。COB 封装的 LED 模块在底板上安装了多枚 LED 芯片，使用多枚芯片不仅能够提高亮度，还有助于实现 LED 芯片的合理配置，降低单个 LED 芯片的输入电流量以确保高效率。这种面光源能在很大程度上扩大封装的散热面积，使热量更容易传导至外壳，可以节省器件封装成本、光引擎模组制作成本和二次配光成本。在相同功能的照明灯具系统中，总体可以降低 30% 左右的成本，这对于半导体照明的应用推广有着十分重大的意义。在性能上，通过合理地设计和构造微透镜，COB 光源模块可以有效地避免分立光源器件组合存在的点光、眩光等弊端，还可以通过加入适当的红色芯片组合，在不降低光源效率和寿命的前提下，有效地提高光源的显色性。

参考文献

[1] 刘木清.LED 及其应用技术.北京：化学工业出版社，2013，10

[2] 田民波.白光 LED 照明技术.北京：科学技术出版社，2013，5

[3] Patrick Mottier(法). 王晓刚译. LED 照明应用技术. 北京：机械工业出版社，2011，7

[4] 肖宏志，半导体照明的基础—白光 LED，中国照明电器，2009，3，25-29

[5] Shunfeng Li and Andreas Waag, GaN based nanorods for solid state lighting, Journal of Applied Physics,2012, 111:071101

[6] Yuji Zhao,Sang Ho Oh, Feng Wu,Yoshinobu Kawaguchi, Shinichi Tanaka,Kenji Fujito, James S. Speck, Steven P. DenBaars,and Shuji Nakamura,Green Semipolar (2021) InGaN Light-Emitting Diodes with Small Wavelength Shiftand Narrow Spectral Linewidth, Applied Physics Express, 2013,6:062102

[7] D Zhu, D J Wallis and C J Humphreys，Prospects of III-nitride optoelectronicsgrown on Si，Reports on Progress in Physics，2013,76:106501

第2章

LED 照明光学设计技术

2.1 概述

2.1.1 LED 照明光学设计

LED 照明就是利用 LED 光源作为照明器具为环境带来照明。相较于传统光源，LED 具有节约能源、安全环保、使用寿命长、响应速度快、发光效率高、体积小等众多独特优势，所以在未来照明市场中以 LED 作为光源的灯具成为了不可或缺的角色。

"绿色照明"是一个针对照明场合的要求。它的科学定义是，通过科学的照明设计，采用效率高、寿命长、安全和性能稳定的照明电器产品，改善提高人们工作、学习、生活的条件和质量，从而创造一个高效、舒适、安全、经济、有益的环境并充分体现现代文明的照明。"绿色照明"是 20 世纪 90 年代初期照明行业提出的一个全新方针，它的出发点是节约能源、保护环境。实施绿色照明的宗旨是发展和推广高效照明器件，节约照明用电，建立优质稚、高效、经济、舒适、安全、有益的环境，绿色照明不仅要求节能，还要求在满足对照明质量和视觉环境条件的要求下实现节能，因此不能单纯依靠降低照明标准来实现上述目的，而是要提高整个照明系统的节能能力，在同样的照明标准和照明质量下用通过更少的灯具和更低的功率消耗来实现。

灯具作为照明单位器件，从功能方面可划分为机械结构及安装系统、电气及照明控制系统和光学照明系统，这三者相互作用、相互依赖、相互交融组成一个完整的灯具。其中灯具光学照明系统是实现灯具照明功能的终端执行部件，该系统主要包括光源和控光系统，其工作最终体现灯具的使用性能。灯具的光照主要特性有，一是配光性能；二是灯具效率；三是防止眩光特性。灯具的主要作用是让光依人们需要按一定的规律分配。光源在灯具内发光后总会损失一部分光，灯具发出的光通量与光源光通量之比称为灯具效率，灯具效率高意味着光在灯具内的损失少，发出光多，意味着节能。各种灯具的效率差异很大，大致在 30%～95%之间，如窄光束的投光灯一般在 30%～50%左右，为了提高灯具效率，对灯具光学系统进行设计就显得非常重要。

2.1.2 一些重要的光度学术语

（1）光强

发光强度是表示发光器件空间光分布的参数。发光强度定义为光源在指定方向上立体角元 $d\omega$ 内所包含的光通量 $d\varphi$，光通量的大小除以立体角元所得的商就定义为光源在此方向上的发光强度，国际单位是坎德拉（candela），符号为 cd。

（2）光通量

光通量是光源在单位时间内发出的光亮，也即为辐射通量能够被人眼视觉系统所感受到的那部分有效能量。光通量与辐射通量具有直接关系，根据光谱辐射通量，可确定光通量的表达式为：

$$\phi = K \cdot \int_0^\infty \frac{d\phi(\lambda)}{d\lambda} \cdot V(\lambda) d\lambda \tag{2.1}$$

式中，Φ 代表光通量，单位为流明（lm）；K 代表光敏度、感光度（类似：胶卷的感光度），人眼对于彩色的感知能力 $K = 683.002$ lm/W，K 值使光通量的单位与辐射功率的单位得到统一；λ 代表波长，事实上人眼只对波长位于 380nm～780nm 的可见光有反应，习惯上我们把低于 380nm 的光波称为紫外线（Ultraviolet，UV），把高于 780nm 的光波称为红外线（Infrared，IR），这一点也反映在了视见函数 $V(\lambda)$ 中，$V(\lambda)$ 称为人眼相对光谱敏感度曲线，或视见函数曲线，是总结了众多针对人眼的测试经验而得到的，它描述了人眼对不同波长的光的反应强弱。

（3）亮度

亮度是 LED 发光性能又一重要参数，亮度表征的是光源发光的明亮程度。光源发光表面上某一点处的亮度是该面元在给定方向上的发光强度除以该面元在垂直于给定方向的平面上的正投影面积，即：

$$L = \frac{d\phi}{d\Omega \cdot ds \cos(\theta)} \tag{2.2}$$

式中，Ω 为立体角，θ 为给定方向与单位面积元 ds 法线方向的夹角，亮度单位为坎德拉/平方米（cd/m^2）。

LED 通常的发光强度为朗伯型，空间各方向的亮度相同。利用亮度公式 $B_0 = I_0/A$，可以得到 LED 的空间亮度，其中 I_0 为 LED 中心方向发光强度，A 为 LED 的发光面积。

（4）照度

照度是用来衡量被照物体表面获得光通量多少的物理量，也就是说，照度表征被照面被照射程度的光度量。照度的定义为被照面上单位面积入射的光通量，国际单位是勒克斯，符号为 lx。1 勒克斯表示在 1 平方米面积上均匀分布 1 流明光通量。

被照面的照度与光源单位立体角内发射的光强度之间有着密切的联系。对于电光源，若在某一方向上的发光强度为 I，那么在该方向上离开光源的距离为 r 处的照度为 $E=I/r^2$。照度与离光源的距离平方成反比，这就称为距离平方反比定律。

（5）光效

光源所发出的总光通量与该光源所消耗的电功率（瓦）的比值，称为该光源的光效。发光效率值越高，表明照明器材将电能转化为光能的能力越强，即在提供同等亮度的情况下，该照明器材的节能性越强；在同等功率下，该照明器材的照明性越强，即亮度越大。

Luminous 原意即为光亮，计量用 luminance，意为亮度，缩写为 lm。发光效率单位为亮度/瓦，有时取 Luminance 的音译"流明"，流明/瓦。光效也称为光源的发光效率或者光源的功率因素，表征从光源中射出的光通量与光源所消耗的电功率之比。即

$$\eta = \frac{\varphi}{E} = \frac{\varphi}{(\varphi + P)} \tag{2.3}$$

式中，η 为光效，φ 为光源辐射的光能量，E 为光源的功率，P 为光源损耗的能量，主要是发热量。同时发热量与电流的关系是：$P=IR(1-\eta)$。显然，随着电流的增大，光通量增大。但是另一方面电流的增大会引起光源热损耗的增加，综合效果是光效降低。

（6）点光源

点光源所产生照度和它到受照面的距离的平方成反比，和入射角的余弦成正比，和反光强度成正比。当光源尺寸小于它到受照面距离的 1/10 时即视为点光源。

（7）余弦辐射体

余弦辐射体也称为朗伯辐射体，其发光强度空间分布遵循下列规律：$I_i = I_N cos i$，I_N 为法线方向光强，i 为出射光线与法线间夹角。如果用矢径表示发光强度，则各方向发光强度矢径的终点轨迹在球面上。余弦辐射体在各个方向的光亮度都相等。"余弦辐射体"的发光表面可以是本身发光的表面，也可以是本身不发光，而由外来光照明后漫透射或漫反射的表面。绝对黑体就是理想的余弦辐射体。有些光源很接近于余弦辐射体，像平面状钨灯的发光（放大机中的光源等），其发光强度曲线很接近双向的余弦发光体。

朗伯光源是自然界广泛存在的一种光源，太阳、毛玻璃灯罩、积雪、白墙均可看做朗伯光源。LED 芯片本身就是朗伯光源。具有朗伯配光的 LED 光源的发光光束角为 120°，光能分配角度固定，照度不均。为了获得其他的光束角度例如 30°、60°、180°等，需要对 LED 芯片进行二次光学设计，从而改变光形。

（8）LED 配光曲线

光强，即为在一定立体角上的光通量大小，可以说光强代表着发光体在空间发射的汇聚能力，所以利用光强来代表灯具在一定方向的亮暗程度非常形象。由于不用的灯具在空间各方向上的发光强度不同，为客观地将灯具的照明情况进行可视化处理，故采用数据或图形描述照明灯具发光强度在空间的分布状况，其通常以坐标原点为中心，把各方向上的发光强度用矢量标注出来，连接矢量的端点，即形成光强分布曲线，也叫配光曲线。配光曲线的分布决定着被测量的灯具在各方向上的光强大小，也就是说配光曲线的分布代表着

灯具在光学性能方面的性质。

因为不同灯具的总光通量并不一致，会影响配光曲线之间的对比，所以统一规定以光通量为 1000 流明（lm）的假想光源来提供光强分布数据。因此，实际光强应是测光资料提供的光强值乘以光源实际光通量与 1000 之比。

LED 芯片是一个近似的朗伯型光源，即 LED 芯片的光分布是一垂直于 LED 发光面的轴线方向为零度角的余弦分布（见图 2.1）：

$$I(\phi) = I_0 \cos\phi \qquad (2.4)$$

其中，$I(\varphi)$ 为光强分布函数，I_0 为轴向光强，$\cos\varphi$ 为出光方向与轴线间夹角。

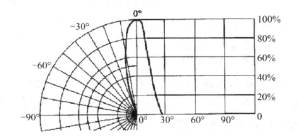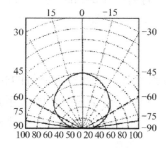

图 2.1　朗伯型分布

如图 2.2 所示，忽略 LED 芯片的面积，得到距离芯片 h 的屏幕上的照度分布为：

图 2.2　LED 光线

$$P(\phi) = \frac{I_0 \cos^4 \phi}{h^2} \qquad (2.5)$$

由式（2.5）可以看出 LED 所发出的光线在屏幕上形成的照度随出射角的增大而迅速衰减。这样的光源很难满足各种照明用途的要求。因此，必须根据不同的应用场合和需求，针对 LED 光源设计不同的光学系统，改变其光强分布情况。

2.1.3　非成像光学定义

传统的几何光学是以提高光学系统的成像质量为宗旨的学科，它所追求的是如何在焦平面上获得完美的图像。就传统光学系统汇聚光的性能而言，任何利用成像原理聚光的系统都远未达到理论上的聚光能力。因此，对于各种纯聚光要求的应用来说，如太阳能领域和高能物理领域，只有放弃成像要求才有可能获得理想的结果。正因如此，近 20 年来很多学者致力于非成像聚能器的研究，并由此形成了一门新兴的技术科学——非成像光学。非成像光学不追求获得理想的成像，而是要求光源的光通过光学系统后得到重新分布，以有效传递能量为目的。由于没经过光学设计的 LED 的光强分布曲线一般呈现为近圆形，但这样的配光曲线并不适用于所有的照明环境。为了有效重新分配 LED 发出的光线，非成像光学设计显得非常必要。经过非成像光学设计的 LED 能够适应对应的照明环境，将光能有效地分配到应该照亮的地方。与此同时，非成像光学设计可以有效地减少 LED 灯具产生的眩光，保护用户的眼睛。

在成像光学设计中，光学系统作为成像工具，基本上都用几何光学的概念来研究其规律，对能量传递的研究较少。从物理学观点考虑，光线携带着辐射能，光线的方向也就是辐射能的传播方向。因此，从能量的角度考虑，光学系统也可以成为传递辐射能量的工具，影响着能量传播的过程，非成像光学就是从能量传递规律的角度对光学系统进行研究的。

非成像光学应用于主要目的是对光能传递的控制而非成像的系统中。然而成像并不被排除在非成像设计之外。非成像光学需要解决的两个主要辐射传递的设计问题是使传递能量最大化，并且得到需要的照度分布。这两个设计领域通常被简单地称为集光和照明。非成像光学应用于许多不同的领域，例如太阳能采集，光纤照明，显示系统以及 LED 照明。

2.1.4　LED 照明光学材料简介

（1）硅胶

硅胶是一种高活性吸附材料，属非晶态物质，其化学分子式为 $mSiO_2 \cdot nH_2O$。不溶于水和任何溶剂，无毒无味，化学性质稳定，除强碱、氢氟酸外不与任何物质发生反应。各种型号的硅胶因其制造方法不同而形成不同的微孔结构。硅胶的化学组份和物理结构，决定了它具有许多其他同类材料难以取代的特点：吸附性能高、热稳定性好、化学性质稳定、有较高的机械强度等。因为硅胶耐温高（也可以过回流焊），因此常用直接封装在 LED 芯片上。一般硅胶透镜体积较小，直径 3～10mm。

（2）玻璃

玻璃是一种无规则结构的非晶态固体，玻璃具有高透过率。玻璃分为两种，冕牌玻璃和火石玻璃（F），其中 K 代表冕牌玻璃，F 代表火石玻璃。冕牌玻璃的特征是其折射率较小而色相系数较大，有 QK、K、PK、BaK、ZK、LaK 等；火石玻璃的特征则相反，其折射率较大而色相系数较小，有 KF、QF、BaF、F、ZF、ZBaF、LaF、TF、ZLaF 等。另外，材料的光学均匀性、化学稳定性（折射率大时往往较软，化学稳定性差）、气泡、条纹、内应力等，皆对成像有影响。总之应根据仪器要求挑选不同等级的玻璃。光学玻璃材料，具有透光率高（97%）耐温高等特点；缺点：易碎、非球面精度不易实现、生产效率低、成本高等。

（3）亚克力（PMMA）

PMMA 也称甲基丙烯酸甲酯，俗称有机玻璃，是迄今为止合成透明材料中质地最优异，价格比较适宜的品种。PMMA 是目前最优良的高分子透明材料，可见光透过率达到 92%，比玻璃的透光率高。紫外光会穿透 PMMA，与聚碳酸酯相比，PMMA 具有更佳的稳定性。PMMA 允许小于 2800nm 波长的红外线通过；存在特殊的有色 PMMA，可以让特定波长的红外光透过，同时阻挡可见光。优点：生产效率高（可以通过注塑完成），透光率高（3mm 厚度时穿透率 93% 左右）；缺点：耐温 70%（热变形温度 90 度）。

（4）PC

PC 也称聚碳酸酯，属于塑胶类材料，由于聚碳酸酯结构上的特殊性，现已成为五大工程塑料中增长速度最快的通用工程塑料。采用光学级聚碳酸酯制作的光学透镜不仅可用于照相机、显微镜、望远镜及光学测试仪器等，还可用于电影投影机透镜、复印机透镜、红外自动调焦投影仪透镜、激光束打印机透镜，以及各种棱镜、多面反射镜等诸多系统，应用范围广阔。优点：生产效率高（可以通过注塑完成），耐温高（130℃以上）；缺点：透光率稍低（87%）。

2.2 LED 照明光学设计

2.2.1 一次光学设计

为了提高 LED 出光效率、并且解决 LED 的出光角度、光强、光通量、光强分布、色温的范围与分布问题，在把 LED 芯片封装成 LED 光电组件时，首先进行一次光学设计。故一次光学设计主要是针对芯片、支架、模粒这三要素的设计。

一次光学系统是指在 LED 芯片封装过程中所进行的光学系统，不仅能够起到调节光线的作用，更重要的是能够起到保护 LED 芯片和两个电极的作用，是影响封装出光效率的高低、出光的角度和光斑的质量的重要因素。由于与 LED 芯片直接接触，LED 光源的一次光学系统的主要特点如下：① 直接封装（或粘合）在 LED 芯片支架上，与 LED 成为一个整体；② 由于系统面型、结构的不同，使 LED 芯片发光角度可以在 60～360 度范围内，根据不同的设计具有不同的出光效果；③ 多用 PMMA 或硅胶材料，由于材料对不同波长的透过率不同，因此除了影响光学性能外，还影响 LED 的出光效率，并可能产生黄圈等现象；④ 发展趋势是体积小、效率高、调光能力强。

2.2.2 透镜封装的光学系统具体分析

透镜形状或者环氧形状的光学分析：由于光从封装材料射出到空气中也是从光密介质到光疏介质，所以同样也存在全反射现象，为了提升出射光的比例，透镜的外形或者环氧封装的外形最好是拱形或半球形，这样光线从封装材料射向空气时，几乎是垂直射到界面，入射角都会小于临界角，因而减少产生全反射的概率。如果对光强分布和出光角度有要求的话，那就要重新考虑，不同的透镜形状和封装形状会得到不同的效果，如图 2.3 所示。

（1）折射式（见图 2.4）

折射式反射杯具有以下特点：

①当 LED 光线经过透镜时光线会发生折射而聚光，而且当调整透镜与 LED 之间的距离时角度也会变化，经过光学设计的透镜光斑将会非常均匀，但由于透镜直径和透镜模式

的限制，LED 的光利用率不高及光斑边缘有比较明显的黄边。

②聚光面包含的立体角有限，约 70%～80% 的白光从侧面泄漏，发光效率低。

③提高出光率方法：增加反光白面积，收集侧面光线。

④聚光方法：增加透镜曲率。

⑤一般应用在大角度的聚光，如台灯、吧灯等室内照明灯具。

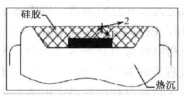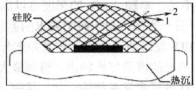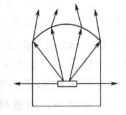

图 2.3　封装形状对光的影响　　　　图 2.4　折射式反射杯

（2）反射式

反射式包括正向反射式和背向反射式。

①正向反射式（见图 2.5）

在正向反射式的反光杯中，LED 光源发光面背向发光杯，使用抛物面侧面区域对 LED 侧面光线反射至某一方向。优点：工艺简单，纵横比适中，光束发散小，聚光效率 80% 以上，光线无遮挡。

②背向反射式（见图 2.6）

在背向反射式的反光杯中，LED 光源发光面正向发光杯，管芯位于抛物面焦点。利用反光杯所有区域对光线进行调整。优点：聚光效率高，可达到 80% 以上；缺点：芯片对光线有遮挡，要求芯片的纵横比小。

（3）折反射式（见图 2.7）

透镜的设计在正前方用穿透式聚光，而锥形面有可以将侧光全部收集并反射出去，而这两种光线的重叠就可得到最完善的光线利用与漂亮的光斑效果。这种类型透镜聚光效率高，对环氧树脂透镜的要求也高。

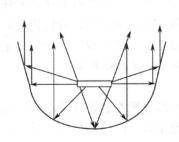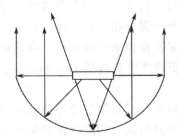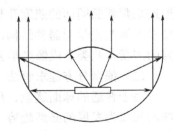

图 2.5　正向反射式　　　　图 2.6　背向反射式　　　　图 2.7　折反射式

2.3 二次光学设计

2.3.1 概述

能源问题是 21 世纪最热门的话题之一，而 LED 在其中扮演着极其重要的角色。它拥有高效、节能、环保等物理特质，还具备寿命长、体积小等优良的应用特质。当然，LED 作为照明用光源还存在一些不足，单颗 LED 的亮度难以满足大部分照明需求，目前通常采用多颗 LED 组合的方法。另一方面，由于照明要求的差异，使得 LED 在光的分布应用上存在一些不足，如何将 LED 发出的光合理、有效并充分利用成为当前光学设计的一大热点。为了使 LED 芯片发出的光能够更好地输出，得到最大程度地利用，并且在照明区域内满足设计要求，需要对 LED 进行光学系统的设计。其中，在封装过程中的设计被称为一次光学设计，而在 LED 之外进行的光学设计被称为二次光学设计，也叫做二次配光设计。

LED 二次光学设计主要考虑的是光通量、光强、照度及亮度，而这些属于新兴学科——非成像光学的研究范围。在非成像光学中，评判系统性能的优劣不再适用于成像光学中的像差理论和成像质量，而是把光能利用率作为系统的评价标准。如何提高光能利用率也是照明系统的关键问题。当然，在照明区域的光学要求是其最根本的要求。如何将 LED 发出的光线最大限度地利用起来并满足照明要求，这就是二次光学设计考虑的范畴。

2.3.2 LED 二次光学设计方法

目前，LED 的二次光学设计方法主要依托非成像光学理论，而这一理论起源于 20 世纪 60 年代中期，于 1966 年第一次被 Hinterberger 和 Winston 提出。这一理论开始是针对太阳能的聚光，对小面积光源的照明研究则起步更晚。现阶段，LED 二次光学设计主要有以下两种方法。

（1）经验法

由于非成像光学理论的不完善，应用起来还有相当大的难度，许多设计人员在做二次光学设计时，往往凭自己的经验进行，主要是通过三维建模软件 PRO/E、Solidworks 或 UG 等绘制出光学元器件的结构，将其设计的结构在非成像光学分析软件中，通过非序列光线追迹来判断照明面的照度及整个光强分布。由于这种设计的随意性很强，设计者们往往需要多次修改光学元器件结构，多次模拟来完成设计。在这种方法中，经验成了一个至关重要的因素。此类非成像光学分析软件主要包括 Tracepro、lighttools 或 ASAP 等。

（2）偏微分方程求解法

由于普通的球面透镜、反射镜及反射器已经不能满足绝大部分照明的设计要求，自由曲面就成为发展的必然趋势，如何得到合适的自由曲面成为整个设计的最终目标。目前，使用偏微分方程求解法去获得此类自由曲面成为世界的研究课题，但这一课题进展相当缓慢。此类偏微分方程的建立是基于数学模型，通过反射、折射原理以及曲面的参数化，利用能量守恒等原理而获得。此类方程属于非线性偏微分方程组，并且由于在应用时存在结构的限制，边界条件也成为要考虑的一个重要方面，由于求解难度大，往往通过数值解和拟合来得到非自由曲面。

2.3.3　二次光学设计的发展趋势

由于上面提到的两种方法在实际应用中都存在相当大的难度，并且由于不同 LED 的发光情况不尽相同，表现为配光曲线不一致，这也就使得每一个光学元件只能适应尺寸相当、配光曲线基本一致的 LED。因此不同的 LED 需要不同的光学元器件与之配合，大量的光学设计需要程序化。如何开发相对较程序化的设计方法将是以后的研究重点，主要体现在以下几个方面。

（1）非成像光学设计软件模拟分析的准确性

如何提高软件模拟的准确性，一方面需要软件自身的准确性，另一方面需要软件参数设置的准确性，两者要结合起来考虑，通过实际设计和实际测量对比，提高模型的准确性。

（2）优化设计

由于自由曲面参数众多，不可能通过人为去控制，计算机程序必将代替我们的工作。而程序的建立需要准确的模型，这就要求建立量化的模型，通过评价函数软件的优化功能，是评价函数成为整个优化的核心。目前，具有优化功能的软件基本都是利用照度作为评价函数，由于程序需要量化参数，合适的评价函数将大大提高优化设计的速度及效果。

2.3.4　设计流程

二次元学设计流程如图 2.8 所示。

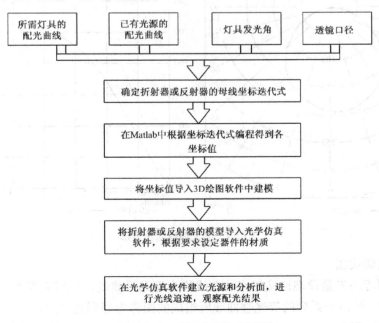

图 2.8　二次元学设计流程

2.3.5　二次光学设计的准备

1．配光曲线

配光曲线指光源（或灯具）在空间各个方向的光强分布。配光曲线的绘制方法：以灯具中的光源为球心，通过球心和光轴先得剖面作为窥知配光曲线的平面。以光源为极坐标的原点，以光轴先为 0°轴，圆的半径长短表示发光强度的大小。

配光曲线的表示方法有以下几种。

（1）极坐标配光曲线

在通过光源中心的测光平面上，测出灯具在不同角度的光强值。从某一方向起，以角度为函数，将各角度的光强用矢量标注出来，连接矢量顶端的连接就是照明灯具极坐标配光曲线。如果灯具有旋转对称轴，则只须用通过轴线的一个测光面上的光强分布曲线就能说明其光强在空间的分布，如果灯具在空间的光分布是不对称的，则需要若干测光平面的光强分布曲线才能说明其光强的空间分布状况。如图 2.9（a）所示。

（2）直角坐标配光曲线

对于聚光型灯具，由于光束集中在十分狭小的空间立体角内，很难用极坐标来表达其光强度的空间分布状况，就采用直角坐标配光曲线表示法，以竖轴表示光强图 I，以横轴表示光束的投角，如果是具有对称旋转轴的灯具则只需一条配光曲线来表示，如果是不对称灯具则需多条配光曲线表示。如图 2.9（b）所示。

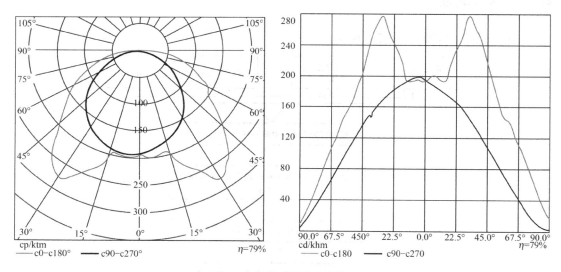

图 2.9　配光曲线表示方法

（3）光强曲线图

将光强相等的矢量顶端连接起来的曲线称为等光强曲线，将相邻等到光强曲线的值按一定比例排列，画出一系列的等光强曲线所组成的图称为等到光强图，常用的有圆形网图，矩形网图与正弧网图。由于矩形网图既能说明灯具的光强分布，又能说明光量的区域分布，所以目前投光灯具采用的等光强曲线图都是矩形网图。如图 2.9（c）所示。

2. 能量分布

分析能量分布一般有以下三步：

（1）确定所需灯具的出射光强分布，选择合适的角度间隔进行划分（见图 2.10）。

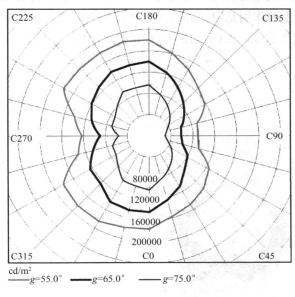

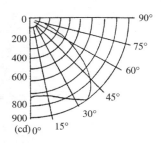

图 2.9　配光曲线表示方法（续）　　　　图 2.10　配光曲线

（2）计算所需灯具的出射光强分布中各环带内的光通量及出射总光通量，环带内光通量=光强×环带系数。如表 2.1 所示。

表 2.1　灯具的出射光强分布中各环带内的光通量

根据灯具的配光曲线计算光束中各环带的光通			
环带（度）	中间角度的光强（cd）	环带常数	环带内光通（lm）
0～10	720	0.095	68
10～20	755	0.283	214
20～30	855	0.463	396
30～40	930	0.628	584
40～50	745	0.774	577
50～60	450	0.897	404
60～70	150	0.993	149
70～80	20	1.058	21

（3）由表 2.1 可得，将表中的所有环带内光通量叠加在一起即可求得所需灯具的总光通量为 2413 lm。假设灯具发光效率仅为 70%，则设计灯具时需要寻找的光源光通量应约等于 3446 lm 才可以保证各环带的光通量达到要求。

2.4 自由曲面光学元件设计

2.4.1 花生米透镜

在对光学元件进行设计前，首先应知道需要光源达到何种要求。这种要求需要结合实际问题，进行具体分析。花生米透镜主要作用是对光源的配光曲线进行改变，扩大光斑以及使照度均匀。图 2.11 为实际光源配光曲线，而图 2.12 所示为目标灯具配光曲线。

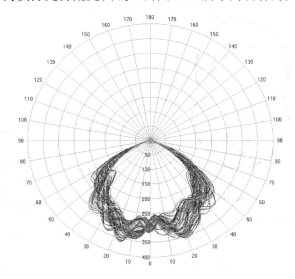

图 2.11 实际光源配光曲线

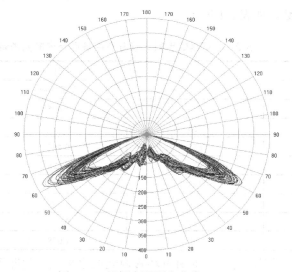

图 2.12 目标光源配光曲线

综合上述目标，对花生米透镜设计，步骤分为以下几步。

（1）由受照面大小和灯杆高度确定灯具最大发光角 θ_b（见图 2.13），由灯具尺寸确定透镜口径 r_1（见图 2.14），选择透镜材质，确定其折射率 n。

图 2.13　最大发光角 θ_b

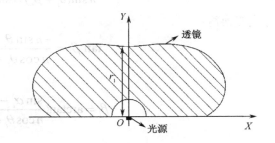

图 2.14　透镜母线

（2）采用近似算法求透镜母线点坐标的迭代式（见图 2.15）

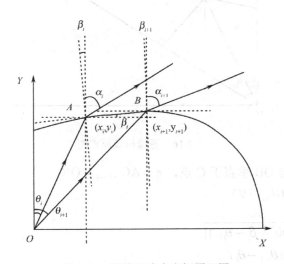

图 2.15　透镜母线点坐标原理图

图中，O 点为光源，θ_i 和 θ_{i+1} 分别为光源发出的第 i 和 $i+1$ 条光线和 Y 轴的夹角，A 点 (x_i, y_i) 和 B 点 (x_{i+1}, y_{i+1}) 为光线与透镜母线的交点，β_i 和 β_{i+1} 分别为 A 点、B 点处切线与竖直线的夹角，α_i 和 α_{i+1} 分别为 A 点、B 点处出射光线与竖直线的夹角。

在设计中，将 (x_i, y_i) 与 (x_{i+1}, y_{i+1}) 之间的母线近似为点 (x_i, y_i) 处的切线，即

$$\tan\beta_i = \frac{\mathrm{d}y}{\mathrm{d}x} = \frac{y_{i+1} - y_i}{x_{i+1} - x_i} \tag{2.6}$$

为保证灯具的出射光线在 θ_b 以内，需分配灯具的出射光线，具体方法如下：

①当 $\theta_i < \theta_b$，$\alpha_i = \arctan(\dfrac{\theta_i}{\theta_b}\tan\theta_b)$ 设折射出发散光线

②当 $\theta_i \geqslant \theta_b$，设折射出会聚光线

$$\alpha_i = \arctan[\frac{(2\theta_b - \theta_i)}{\theta_b}\tan\theta_b] = \arctan[\frac{\theta_b - (\theta_i - \theta_b)}{\theta_b}\tan\theta_b] \quad (2.7)$$

根据折射定律可得：

$$n\sin(\theta_i + \beta_i) = \sin(\alpha_i + \beta_i) \quad (2.8)$$

等式变换得：

$$\tan\beta_i = \frac{-n\sin\theta_i + \sin\alpha_i}{n\cos\theta_i - \cos\alpha_i} \quad (2.9)$$

所以

$$\beta_i = \arctan(\frac{\sin\alpha_i - n\sin\theta_i}{n\cos\theta_i - \cos d_i}) \quad (2.10)$$

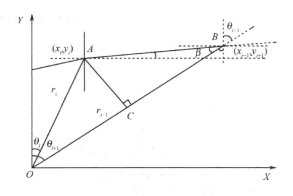

图 2.16　透镜母线原理图

图 2.16 中，AC 与 OB 垂直于 C 点，$r_i = AO$，$r_{i+1} = OB$

因为　　$AC = r_i\sin(\theta_{i+1} - \theta_i)$

$$BC = \frac{AC}{\tan[90° - \beta_i - \theta_{i+1})]}$$

$$OC = r_i\cos(\theta_{i+1} - \theta_i)$$

所以　　　　　　$$r_{i+1} = r_i[\cos(\theta_{i+1} - \theta_i) + \frac{\sin(\theta_{i+1} - \theta_i)}{\tan(90° - \theta_{i+1} - \beta_i)}] \quad (2.11)$$

而 $x_i = r_i\sin\theta_i$，$y_i = r_i\cos\theta_i$，通过迭代得到母线各点坐标。

通过将迭代式输入至 MATLAB，然后在 Rhinoceros 中对透镜模型进行建立，最后经过 teacepro 的模拟即可得出目标配光曲线。模型如图 2.17 所示。

图 2.17　透镜模型

2.4.2　球型折射透镜

　　球型折射透镜主要作用是对光源的发光角度减小，所以可以得到图 2.19 所示的目标配光曲线。图 2.18 所示为实际光源配光曲线，而图 2.19 所示为目标灯具配光曲线。

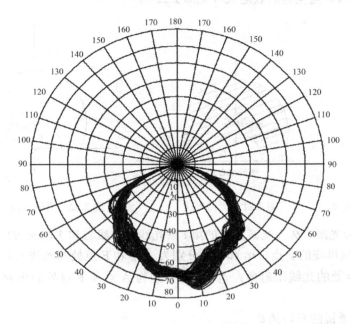

图 2.18　实际光源配光曲线

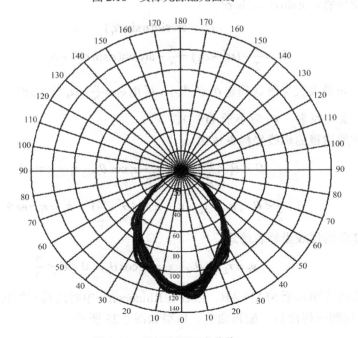

图 2.19　目标光源配光曲线

综合上述目标，对球型折射透镜设计，步骤分为以下几步。

（1）由受照面大小和灯杆高度确定灯具最大发光角 δ_1（见图 2.20），由灯具尺寸确定透镜口径 r_1 和球洞球心 r_2（见图 2.21），选择透镜材质，确定其折射率 n。

（2）求透镜母线点坐标的表达式（见图 2.22）

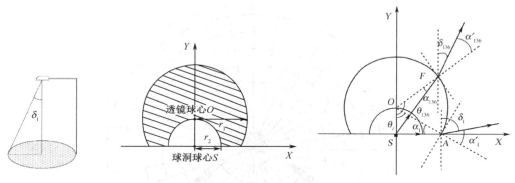

图 2.20　最大发光角 δ_1　　　图 2.21　透镜母线　　　图 2.22　透镜母线点坐标原理图

图中，S 点为光源，θ_i 为光源发出的第 i 条光线的法线与和 Y 轴负方向的夹角；A 点和 F 点为光线与透镜母线的交点；α_1 和 α_{136} 分别为 A 点和 F 点处的光线入射角；α_1' 和 α_{136}' 分别为 A 点和 F 点处的光线出射角；δ_1 和 δ_{136} 分别为 A 点和 F 点处的出射光线与竖直线的夹角。

①确定球型透镜的开口角 θ_i

据折射定律有：$n\sin\alpha_1 = \sin\alpha_1'$

可得
$$\alpha_1' = \arcsin(n\sin\alpha_1) \tag{2.12}$$

$$\delta_1 = \frac{\pi}{2} - (\alpha_1' - \alpha_1) = \frac{\pi}{2} - \arcsin(n\sin\alpha_1) + \alpha_1 \tag{2.13}$$

根据上式和最大发光角 δ_1 确定 α_1 的大小，再由 $\theta_1 = \frac{\pi}{2} - \alpha_1$ 确定球型透镜的开口角 θ_1（实际设计中为避免全反射，α_1 应小于 41°）。

②确定球型透镜的母线坐标表达式

当
$$\theta_1 < \theta_i < \frac{\pi}{2}，\quad y_i = r_2 - r_1\cos\theta_i，\quad x_i = r_1\sin\theta_i \tag{2.14}$$

当
$$\frac{\pi}{2} < \theta_i < \pi，\quad y_i = r_2 + r_1\sin(\theta_i - \frac{\pi}{2})，\quad x_i = r_1\cos(\theta_i - \frac{\pi}{2}) \tag{2.15}$$

③确定球洞的母线坐标表达式：

$$y_i = r_2\sin\theta_i，\quad x_i = r_2\cos\theta_i，\quad 0 < \theta_i < \frac{\pi}{2} \tag{2.16}$$

通过将迭代式输入至 MATLAB，然后在 Rhinoceros 中对透镜模型进行建立，最后经过 teacepro 的模拟即可得出目标配光曲线。模型如图 2.23 所示。

2.5　菲涅尔透镜设计

菲涅尔透镜由法国物理学家菲涅尔研制成功，其设计思想为：由于光线的折射，部分厚度不影响光线的方向，如图 2.24 所示，如果去掉这一部分，将不会影响光线的方向。再平移剩余部分到原透镜的底面。因为每个球面锯齿仍然具有平凸透镜的球面和平面，所以它与平凸透镜一样，具有对光的会聚作用。

用菲涅尔透镜来代替短焦距、大包角的平凸透镜或非球面透镜，可使灯具重量减轻，制造费用降低，光能的吸收损失减小，如图 2.25 所示。

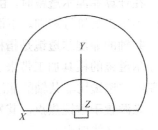

图 2.23　透镜模型

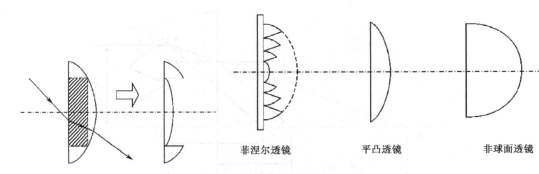

菲涅尔透镜　　　　　平凸透镜　　　　　非球面透镜

图 2.24　单环菲涅尔透镜的设计思路　　　　图 2.25　菲涅尔透镜和普通透镜的比较

透镜的焦距是指焦点到主平面的距离，而菲涅尔透镜的主平面随环带而改变，因此菲涅尔透镜的焦距是指焦点到菲涅尔透镜第一面的距离。

菲涅尔透镜的每一环带对应的透镜焦距虽然各不相同，但是各环带的焦点可设计在一点上，因此菲涅尔透镜的球差比同样形式的球面透镜大大减小，所以菲涅尔透镜不仅可以用在照明设备上，也可用作光学系统的聚光镜，甚至有可能用来制作要求不高的成像元件。

常用的菲涅尔透镜有如下几种形式：平凸菲涅尔透镜，月凸菲涅尔透镜，圆筒形菲涅尔透镜，矩形菲涅尔透镜等。其中常见的两种如图 2.26 所示。

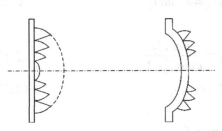

（a）平凸菲涅尔透镜　　（b）月凸菲涅尔透镜

图 2.26　两种常见菲涅尔透镜

这两种菲涅尔透镜在电影，电视，舞台，照明等灯具上得到大量的应用。由于它有焦距短，包角大等特点，使光源发光的利用率高，所得照明光斑的亮度大，对光源位置进行调节可使所得的光斑面积放大或缩小，再由于菲涅尔透镜背面的六角龟纹的散光作用，使照明光斑均匀柔和。平凸菲涅尔透镜与月凸菲涅尔透镜相比，其优点是散光小，缺点是包角不能太大，压制时平面不易压平。

在计算菲涅尔透镜时，由于菲涅尔透镜各参数正负号很少变化，所以为了使计算简化，有时不用正负符号规则。下面介绍平凸菲涅尔透镜的设计方法。

共轴的菲涅尔透镜是指构成菲涅尔透镜各阶梯的折射球面的球面在同一光轴上，这给菲涅尔透镜的模具加工带来了很大的方便，但由于球心的位置受到光轴的限制，所以共轴的菲涅尔透镜比非共轴的菲涅尔透镜的球差要大些。

光源置于透镜焦点，其发出的光线经透镜的底面折射后，被透镜环带的齿根折射成平行光轴的光线射出。

如果入射光线在入射面的入射高度为 h，通过对平面进行光路追迹可求得第二面上的高度 H。

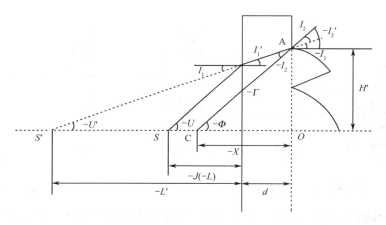

图 2.27　菲涅尔透镜的设计分析

当 S 为系统焦点，所以：

$$-I_2' = -I_2 + I_1' \qquad (2.17)$$

对出射面有

$$\sin I_2' = n \cdot \sin I_2 \qquad (2.18)$$

其中 n 为用于制造菲涅尔透镜的材质的折射率。

移项整理可得：

$$\tan I_2' = \frac{-n \sin I_2'}{n \cos I_1' - 1} \qquad (2.19)$$

由三角形的性质可知：

$$\sin^2 I_1' + \cos^2 I_1' = 1 \qquad (2.20)$$

联立式（2.19）和式（2.20）可得：

$$\tan I_2' = \frac{-n \sin I_1'}{\sqrt{n^2 - n^2 \sin^2 I_1'} - 1} \qquad (2.21)$$

对入射面有：

$$\sin I_1 = n \cdot \sin I_1' \qquad (2.22)$$

又因为
$$-U = I_1 \tag{2.23}$$

所以
$$\sin U = -\sin I_1 \tag{2.24}$$

将式（2.24）代入式（2.21）得：

$$\tan \varPhi = \frac{\sin U}{\sqrt{n^2 - n^2 \sin^2 U - 1}} \tag{2.25}$$

根据第 n 环所对应的 $\varPhi$ 角后即可求出第 n 环的半径 r。

$$r = \frac{H}{\sin \varPhi} \tag{2.26}$$

第 n 环球心 C 在光轴上的坐标：
$$x = \frac{H}{\tan \varPhi} \tag{2.27}$$

根据焦距 f，口径 D，基面厚度 d 和透射距离光斑大小等已知参数可以求解光源的调节范围。

（1）参数确定

a. 由通光口径 D 决定最大半包角：

$$\tan U_边 = \frac{D}{2f} \tag{2.28}$$

式中，$U_边$ 为光线最大半包角。

b. 分环

首先确定环数，再计算每环入射光线在第一面上的高度：$h_1, h_2, \cdots, h_k$，使使菲涅尔镜由中心至边缘的环带的宽度逐渐变小。

根据确定的高度可计算各环边缘光线与光轴夹角 $U_1, U_2, \cdots, U_k$。

$$\tan U_k = \frac{h}{f} \tag{2.29}$$

c. 计算光源调节范围

由菲涅尔透镜通光口径及透射距离、光斑大小和公式：

$$\frac{1}{f'} = \frac{1}{L'} - \frac{1}{L} \tag{2.30}$$

计算出光源到透镜的距离 L，$L-f$ 为光源的调节范围，即图 2.28 中的 W。

（2）对每环的入射光线进行平面追迹

入射光线的坐标：$L_1, L_2, \cdots, L_k$ 为菲涅尔透镜各环的物距，$U_1, U_2, \cdots, U_k$ 在分环时求得。

由折射定律得：

$$n' \cdot \sin U' = n \cdot \sin U \tag{2.31}$$

$$L' = L \cdot \frac{n'}{n} \cdot \frac{\cos U'}{\cos U} \tag{2.32}$$

（3）得到每环边缘点的高度 H_1、H_2、$\cdots$、H_k

$$H = (L' - d) \cdot \tan U' \tag{2.33}$$

（4）根据式（2.25）～式（2.27）计算出每环的球心位置 x 及曲率半径 r。

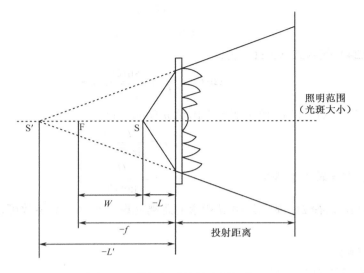

图 2.28 菲涅尔透镜的光源调节

（5）计算每环所对应的透镜的中心厚度 d_1，d_2，…，d_k。

$$d_n = x - r + d \tag{2.34}$$

（6）对每环边缘光线进行校验

根据已求得的 r,d_n，再对各环边缘光线进行计算，即可求得所需菲涅尔透镜的各项参数。

2.6　LED 照明光学设计软件

2.6.1　Tracepro 简介

TracePro 是一套能进行常规光学分析，设计照明系统，分析辐射度和亮度的软体。它是第一套以符合工业标准的货物预报信息系统（固体模型绘图软体）为核心所发展出来的光学软体，是一个结合真实固体模型，强大光学分析功能，资讯转换能力强及易上手的使用界面的仿真软件，它可将真实立体模型及光学分析紧紧结合起来，其绘图界面非常地简单易学。功能强大的 Tracepro 减轻了光学设计人员的劳动强度，节约了大量的人力资源，缩短了设计周期，还可以开发出更多品质更高的光学产品。运用 TracePro 的应用领域有：

- 导光管，背光板，前光板等等相机系统，投影显示系统；
- 杂散光分析；
- 汽车照明系统包括前头灯，尾灯，内部及仪表照明；
- 照明灯具，照明应用或 LED 的设计及应用；
- 红外线成像系统；
- 薄膜光学。

2.6.2　Tracepro 应用举例

以下为科瑞 LED 在 tracepro 中的建模以及设置过程。本例中我们将模拟一个 LED 光源模型的配光曲线测试数据。

首先插入立方体作为透镜基体。选择插入|几何物体，选择方块标签。选择圆柱选项。参数设置如图 2.29 所示。

再插入 LED 芯片，用于发光。参数设置如图 2.30 所示。由于该系列封装时芯片表面添加了一次透镜对芯片光线进行整合，所以在模型表面应该设置半球形透镜。设置如图 2.31 所示。

图 2.29　透镜基体参数设置

图 2.30　芯片参数设置

由于 TracePro 中没有直接建立半球形透镜的方法，需采用布尔运算的差集方法对透镜进行建立。布尔运算的差集方法，即对 TracePro 中两个模型进行差集运算，所以新建一个用作裁剪的方块。参数设置如图 2.32 所示。

图 2.31　半球形透镜参数设置

图 2.32　裁剪方块参数设置

在系统树中选择球体，即 sphere1。按住 Ctrl 键再选择第二个物体，即 block3。选择编辑|布尔运算|差集 。此时 block3 将会从系统树中移除，半球形透镜建立成功。

在系统树中选择 LED 物体的上表面右键选择属性，即 Surface 0。选择表面光源标签打开。参数设置如图 2.33 所示。

在光线追迹选项中将能量分析单位修改为光度学单位，即光线追迹|光线追迹选项|Analysis 单位：光度学，进行光线追迹。光线追迹|开始光线追迹。追迹效果如图 2.34 所示。

选择分析|Candela Plots 选项。然后选择方位与光线标签。随即设置法线向量和向上向

量。设置如图 2.35 所示。

选择 Candela 分布标签，并输入参数如图 2.36 所示。

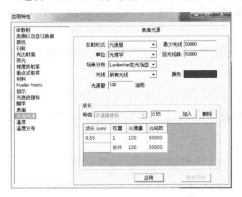

图 2.33　光源参数设置

图 2.34　光线追迹效果

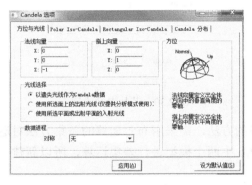

图 2.35　方位与光线设置

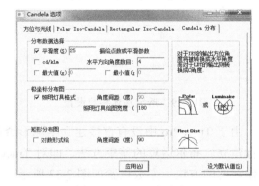

图 2.36　Candela 分布

单击应用，结果如图 2.37 所示。

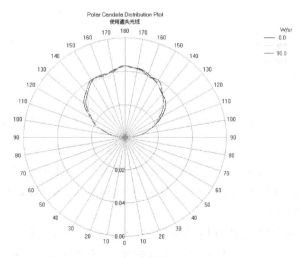

图 2.37　光强分布图

本章小结

本章从光度学基本知识的角度详细介绍了 LED 照明光学技术。本章主要针对 LED 配光问题进行阐述。从母线迭代至光路模拟，为读者详细分析了 LED 的配光步骤。

习题

2.1　针对路面照度均匀的要求，结合实际路面情况，设计一款 LED 路灯二次光学系统。

2.2　针对矿灯的照明面积与范围要求，结合矿灯的安装条件，设计一款集成芯片 LED 矿灯的二次光学系统。

参考文献

[1]　Jin Jia Chen,Chin Tang Lin. Freeform surface design for a light—emitting diode based collimating lens[J].Opt Eng,2010,49(9):093001.

[2]　苏宙平,阙立志,朱焯炜等.用于 LED 光源准直的紧凑型光学系统设计[J]. 激光与光电子学进展,2012,49(2):022203.

[3]　Guangzhen W ang,Lili W ang,Fuli Li,et a1..Collim ating lens fo r light emitting diode light source based on non-imaging optics[J].Appl Opt,2012,51(11):1654-1659.

[4]　E Chen,F H Yu.Design of an elliptic spot illum ination system in LED based color filter liquid crystal on siliconpico projectors for mobile embedded projection[J].Appl Opt,2012,51(16):3162-3170.

[5]　罗晓霞,刘华,卢振武等．实现 LED 准直照明的优化设计[J].光子学报，2011,40(9):1351-1355.

[6]　严强,高椿明,生艳梅等.LED 照明准直透镜结构优化设计[J].激光与光电子学进展,2013,50(11):112203.

[7]　Wikipedia. Nonimaging Optics[OL]. http://en.wikipedia.Org/wiki/Nonimaging optics.

[8]　宋刚，王健．灯具光学系统设计在照明节能减排中的作用. 通用电气照明有限公司.

第3章
LED 照明散热设计技术

3.1 LED 散热基础知识

3.1.1 LED 散热设计的必要性

LED（Light Emitting Diode）是一种能够将电能转换成光能的半导体，目前大功率 LED 的电光转换效率仅为 20%～30%，有 70%～80%的电能转换成了热能。如果热量不能有效地散出去，会引起 LED 芯片结温升高，导致发光波长红移、光衰加剧、寿命缩短等问题。结温过高会导致输出光通量下降，影响光效；结温过高还会使荧光粉效率下降，影响色温。因此散热问题是 LED 照明普及和发展的最大瓶颈，如何提高大功率 LED 的散热能力是实现产业化亟待解决的关键技术之一。

3.1.2 热量传递的三种基本方式

热量传递共有三种基本方式：热传导（Heat Conduction）；热对流（Heat Convection）和热辐射（Heat Radiation）。

1. 热传导

热传导是指物体之间或一个物体的各部分之间存在温差且无相对宏观运动时发生的热量传递现象。它是物质的固有本质，是表征物质导热能力强弱的一个物性参数，无论是气体、液体还是固体，都具有导热的能力。

热传导定义式（傅里叶公式）：

$$q = \lambda \frac{\Delta t}{\delta} \ \text{W} / \text{m}^2 \ \text{或} \ \Phi = \lambda A \frac{\Delta t}{\delta} \text{W} \tag{3.1}$$

导热系数 λ 的单位为 W/(m·K)，定义式如下：

$$\lambda = \frac{q}{-\mathrm{grad}\, t} \quad \mathrm{W}/(\mathrm{m \cdot K})$$

（3.2）

影响导热系数的因素包括：物质的种类、性质、温度、压力、密度以及湿度。各种物质的导热系数相差很大，其根本原因在于不同的物质其导热机理存在着差异。一般而言，金属的导热系数最大，非金属和液体次之，气体的导热系数最小。导热系数越大，说明其导热性能越好。由图 3.1 可以看出各类物质导热系数的一般大小顺序。

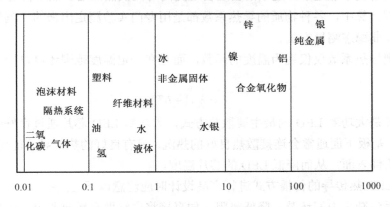

图 3.1　常温常压下各物质热导系数的取值范围

材料结构的变化与所含杂质对导热系数都有明显影响。虽然各种材料的导热系数值均可从有关资料或手册中查到，但由于温度、结构、湿度和压强等条件的不同，查到的数据往往与实际使用情况有偏差，需进行修正。

同一种物质的导热系数也会因其状态的不同而改变，由于物质温度和压力的高低不仅直接反映物质分子的密集程度和热运动的强弱程度，还直接影响着分子的碰撞、晶格的振动和电子的漂移，因此物质的导热系数与温度和压力密切相关，即导热系数可用物质温度和压力的函数表示，见表 3.1。

表 3.1　物质种类导热特性区别

物质种类	λ 数值范围 W/(m·K)	导热机理	温度增加 λ 的变化趋势	备注
气体	0.006~0.6	依靠分子热运动造成彼此间相互碰撞	增大	①相同温度时分子量越小，λ 越大；②与压力无关
液体	0.07~0.7	依靠晶格的振动	减小（甘油及水增大）	压力增加，λ 也增大
非金属	0.025~3.0	复杂	增大	无
金属	12~418	依靠自由电子迁移	减小	合金 λ 小于纯金属 λ，且 λ 随温度增加而增大

非金属材料的导热机理：非金属物质多属于多孔性材料，其内部孔隙部分充满了空气。其导热机理一般是通过材料的实体和孔隙空气两部分热量传递综合作用的结果，如果空隙大到一定程度，也会存在对流换热和辐射换热方式。导热系数低于 0.22 W/（m·K）的固体材料称为绝热材料。

不同因素对于多孔性材料导热系数的影响：多孔材料湿度越大，λ 也越大，因此建筑材料，尤其是保温材料需要防潮处理；多孔材料密度越小，即孔隙中空气量越多，导热系数越小，但密度不能过小，过小的密度会使提高对流换热，增加热量传递能力。

在工程计算中，各种物质的导热系数都是用专门实验测定出来的。测量方法包括稳态测量方法和非稳态测量方法。

一般把导热系数仅仅视为温度的函数，而且在一定温度范围还可以用一种线性关系来描述，即

$$\lambda = \lambda_0 (1 + bT) \tag{3.3}$$

热传导是大功率 LED 的最主要散热方式，大功率 LED 芯片通过良好的导热材料粘接于基板上，基板下面通常会连接散热良好的热沉，只有良好的热传导才能使 LED 的芯片温度传递到器件表面，从而降低 LED 的芯片温度。

针对 LED 热传导的传播方式进行产品设计时应注意以下几点：

（1）尽量减少中间环节，降低热阻。如直接将电路做在散热器上，减少铝基板与散热器之间的热阻，前提是必须解决工艺、结构、低温焊接等问题。

（2）采用高导热材料。在实际应用中，导热材料的选择除了考虑到导热能力（导热系数越大，导热能力越强）外，还要考虑价格及工艺性等。金属材料中，银的导热系数最高，但价格不菲，纯铜次之，但加工不易。所以散热器一般采用铝合金，这是由于铝合金的加工性好（纯铝由于硬度不足，很难进行切削加工）、重量轻、表面处理容易、成本低廉。目前，DLC 材料（类钻碳，Diamond Like Cabron）导热系数达到 476 W/（m·k），用它取代 MCPCB 的环氧树脂/陶瓷的绝缘层，可将 MCPCB 热传导率提升百倍。

（3）设计时每一个相关环节都要考虑热流向优化。当系统散热环节比较复杂时可以通过计算机模拟来优化散热的方案。

2．热对流

热对流指流体中温度不同的各部分物质在空间中发生宏观相对运动而引起的热量传递现象。热对流不以独立的方式传递热量，同时其必然伴随着热传导。

对流换热是流体流过固体壁面且由于其与壁面间存在温差时的热量传递现象，它与流体的流动机理密不可分；同时，由于导热也是物质的固有本质，因而对流换热是流体的宏观热运动（热对流）与流体的微观热运动（导热）联合作用的结果。

热对流公式（牛顿冷却公式）：

$$q = h(t_w - t_f) \ \text{W/m}^2 \ \text{或} \ \Phi = hA(t_w - t_f) \text{W} \tag{3.4}$$

式中，q 为热流密度，单位 W/m²；h 为换热系数，单位 W/（m²·K）；$t_w - t_f$ 为温度差，单位

K；A 为换热面积，单位 m^2，必须是流体与壁面间相互接触的、与热量传递方向相垂直的面积。

对流换热的影响因素包括：流体热物性（如导热系数、粘度等）、流体流态和流速、温差、几何因素等。对流换热的表面传热系数 h 只是过程量，与物性参数的导热系数 λ 不同。

针对 LED 热对流的传播方式进行产品设计时应注意以下几点：

（1）合理设计散热结构改善对流环境能够有效提高 LED 灯具的散热性能。例如改变散热片形状来破坏空气层流状态或加装风扇等。市场上部分 LED 灯具通过加装风扇来帮助散热，但是成本会相应增加，且会产生噪音和额外的能耗。经验表明，热流率低于 0.04 W/cm^2 时，不需要加装风扇。同时，由于风扇比 LED 寿命低很多，一旦风扇出现问题，LED 结温迅速升高，将导致芯片永久失效。因此，LED 灯具多采用自然对流散热，以保证散热器的工作可靠度。

（2）散热器设计中，在允许的范围内尽可能增加散热器鳍片的面积以增加与空气的接触面。

（3）户外 LED 灯具设计时应考虑环境对散热的影响。例如应考虑结构设计不合理导致灰尘、鸟粪等覆盖而造成对流散热失效。

3．热辐射

当物质微观粒子（原子）内部的电子受激或振动时，将产生并发出电场和磁场交替变化的电磁波向空间传播，即为热辐射，如图 3.2 所示。

热辐射定义公式（斯蒂藩-玻耳兹曼定律）：

$$E_b = \sigma_b T^4 \quad \text{W}/\text{m}^2 \tag{3.5}$$

式中，E_b 是一个黑体表面向外界发射的辐射热量，而不是一个表面与外界之间以辐射方式交换的热量。

热辐射的影响因素包括：物体表面辐射力、表面状况、表面空间相对位置。

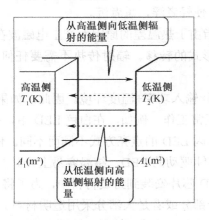

图 3.2　热辐射示意图

3.1.3 散热设计术语

（1）温升。温升指元器件的温度与环境温度的差值。如果忽略温度变化对空气中物体的非线性影响，可以将在一般环境温度下测量获得的温升直接加上最高可能的环境温度，获得在最高可能的环境温度下的元器件近似温度。例如测得某元器件温升为 40℃，则在 55℃最高环境温度下，该元器件的温度近似为 95℃。

（2）热耗。热耗指元器件正常运行时产生的热量。热耗不等同于功耗，功耗指元器件的输入功率。一般电子元器件的输入功率比较低，大部分功率都转化成为了热量。计算元器件温升时，应根据其功耗和效率计算其热耗。当仅知道大致功耗时，对于小功率设备，可认为热耗等于功耗；对于大功率设备，可近似认为热耗为功耗的 75%。有时为给设计留一个余量，可直接用功耗进行计算。

（3）热流密度。热流密度指单位面积上的传热量，单位为 W/m²。

（4）导热系数。导热系数是表征材料导热性能的参数，单位为 W/（m·K）或 W/（m·℃）。

（5）对流换热系数。对流换热系数反映两种介质间对流换热过程的强弱程度，可用当流体与壁面的温差为 1℃时，在单位时间通过单位面积的热量表示，单位为 W/（m·K）或 W/（m·℃）。

（6）黑度。黑度为实际物体的辐射力和同温度下黑体的辐射力之比，数值在 0~1 之间。它取决于物体种类、表面状况、表面温度及表面颜色。表面粗糙、无光泽的物体的黑度大且辐射散热能力强。

（7）热力学。热力学研究物质的热平衡状态，确定系统由一种平衡状态变为另一种平衡状态所需的总热量。

（8）传热学。传热学研究能量的传递速率，是热力学的扩展。传热问题必须基于热力学和传热学才能被解决。

（9）热对流。热对流指流体由支点发生位移而引起的热交换。自然对流支点位移是由于流体内部密度差引起的，使轻者浮，重者沉。

（10）热辐射。热辐射指由于热温差的原因而产生电磁波在空间传递。热辐射不仅是能量转移，也是伴随着能量形式的转移。辐射传热不需要任何介质做媒介，可以在真空中传播。

（11）结温。结温=热阻×输入功率+温度环境。因此，如果提高温度的最大额定值，即使环境非常高，LED 也能正常工作。例如，在白色 LED 中，有的 LED 芯片可容许结温最高，可达到+185℃。结温可因 LED 的点亮方式不同而不同。例如，对于脉冲驱动的 LED，结温不容易上升；而对于连续驱动的 LED，结温容易上升。

（12）封装材料。将 LED 芯片安装到封装材料中，为了将 LED 芯片发出的光提取到封装材料外部，封装材料的一部分或者是大部分采用透明材料。透明材料通常是环氧树脂或硅树脂，目前符合功能的玻璃材料也在开发中。环氧树脂常用于作为指示器和小型液晶面板背照灯光源输入功率较小的 LED，而硅树脂则常用于输入功率较大的 LED。

3.2　热量对 LED 的危害分析

LED 的基本结构是一个半导体的 PN 结。实验指出，当电流流过 LED 时，PN 结的温度将上升。严格意义上说，只有 PN 结区的温度可以定义为 LED 的结温。但通常情况下，由于元件芯片均具有很小的尺寸，因此我们也可把 LED 芯片的温度近似为结温。

3.2.1　产生 LED 结温的原因

在 LED 工作时，存在以下几种情况促使结温不同程度地上升。

（1）LED 电极中元件的结构，如视窗层衬底或结区的材料以及导电银胶等均存在一定的电阻值，这些电阻相互叠加，构成 LED 元件的串联电阻。当电流流过 PN 结时，同时也会流过这些电阻，从而产生焦耳热，引致芯片温度或结温的升高。

（2）由于 PN 结不可能极端完美，元件的注入效率不会达到 100%。也就是说，在 LED 工作时除 P 区向 N 区注入电荷（空穴）外，N 区也会向 P 区注入电荷（电子）。一般情况下，很大一部分的电荷注入不会产生光电效应，而是转化为热。即使有用的那部分注入电荷，不会全部变成光，也会有一部分与结区的杂质或缺陷相结合，最终变成热。

（3）出光效率的限制是导致 LED 结温升高的主要原因之一。目前，先进的材料生长与元件制造工艺已能使 LED 的大部分输入电能转换成光辐射能，然而由于 LED 芯片材料与周围介质相比，具有较大的折射系数，致使芯片内部产生的极大部分光子（>90%）无法顺利地溢出界面，而在芯片与介质的界面处产生全反射，返回芯片内部并通过多次内部反射最终被芯片材料或衬底吸收，并以晶格振动的形式变成热，促使芯片温度升高。

（4）LED 器件散热结构的散热能力是决定结温高低的另一个关键条件。散热能力强时，结温下降明显；反之，散热能力差时，结温下降困难。由于环氧树脂是低热导材料，因此 PN 结处产生的热量很难通过透明环氧树脂向上散发到环境中去，大部分热量通过衬底、银浆、管壳、环氧粘接层、热沉与 PCB 板向下传递。显然，相关材料的导热能力将直接影响元件的热散失效率。普通型 LED 从 PN 结区到环境温度的总热阻在 300~600℃/W 之间，对于一个具有良好结构的功率型 LED 元件，其总热阻为 15~30℃/W。巨大的热阻差异表明普通型 LED 元件只能在很小的输入功率条件下才能正常工作，而功率型元件的耗散功率可大到瓦级甚至更高。

（5）芯片的尺寸与散热有一定的关系。提高功率 LED 的亮度最直接的方法是增大输入功率。为了防止有源层的饱和，必须相应地增大 PN 结的尺寸，相应必须增大输入功率，这会使结温升高，进而导致量子效率降低。单管功率的提高取决于器件将热量从 PN 结导出的能力，在保持现有芯片材料、结构、封装工艺、芯片上电流密度不变及等同的散热条件下，单独增加芯片的尺寸，结区温度将不断上升。芯片尺寸与结温的关系如图 3.3 所示。T_{j1}：采用一般银导热胶、铝金属热沉；T_{j2}：采用新导热胶、铜金属热沉。

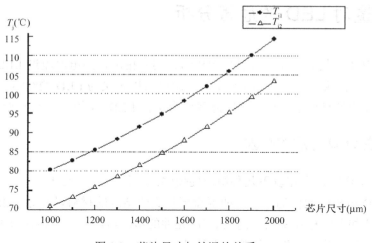

图 3.3　芯片尺寸与结温的关系

3.2.2　LED 结温对性能的影响

PN 结作为杂质半导体，在其工作过程中，同样存在杂质电离、本征激发、杂质散射和晶格散射等问题，从而使复合载流子转换成光子的数量和效能发生变化。当 PN 结上的温度（例如环境温度）升高时，PN 结内部杂质电离加快，本征激发加速。当本征激发产生的复合载流子的浓度远远超过杂质浓度时，本征载流子数量增大比迁移率减少所产生的半导体迁移率变化带来的影响更为加重，内量子效率会下降，温度升高又导致电阻下降，使同样的 I_F 下，V_F 降低。如果不用恒流源驱动 LED，那么 V_F 下降将促使 I_F 指数式增加，这个过程将使 LED 的 PN 结温度升高加快，最终温升超过最大结温，导致 LED 的 PN 结失效。

PN 结上温度升高使处于激发态的电子-空穴从激发态跃迁到基态时会与晶格原子（或离子）交换能量，产生无光子辐射，使 LED 光学性能退化。理论证明，无辐射跃迁的数量呈指数上升的规律变化，可用式（3.6）表示：

$$I_v = \frac{I_{v0}}{1 + \exp\left(-\Delta E / KT\right)} \tag{3.6}$$

式中，I_{v0} 为 PN 结发生温升前的发光强度；ΔE 为 PN 结的激活能；K 为玻尔兹曼常数；T 为绝对温度。显然（3.6）式中的 $I_v(T)$ 与 T 是指数关系。

另外，PN 结温度升高，杂质半导体中电离杂质离子所形成的晶格场会引起离子能结裂变，导致电子跃迁产生的光谱发生变化，这就是 LED 发光波长随 PN 结温升而变化的原因。

综合上述，LED PN 结的温升会引起它的电学、光学和热学性能发生变化，过高的温升还会引起 LED 封装材料（例如环氧树脂、荧光粉等）的物理性能发生变化，严重时会导致 LED 失效。所以，降低 PN 结温升是 LED 应用的关键所在。

1. 结温对光通量的影响

实验指出，LED 的光输出明显依赖于器件的结温。当 LED 的结温升高时，器件的输出光强度将逐渐减小；结温下降时，输出光强度将增大，如图 3.4 所示。当结点温度由 25℃上升至 100℃时，发光效率将会衰退 20%～75%，其中黄色光衰退 75%最为严重。结温对光输出影响的数学表达式如式（3.7）所示：

$$\phi_{v(T_2)} = \phi_{v(T_1)} \frac{\exp(-K\Delta T)}{v(T_1)} \tag{3.7}$$

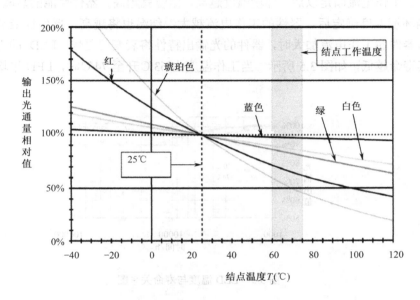

图 3.4　LED 结点温度与发光效率的关系图

其中 $\phi_{v(T_2)}$ 与 $\phi_{v(T_1)}$ 分别表示结温 T_2 与 T_1 的光通量输出；K 为温度系数；$\Delta T = T_2 - T_1$。

一般情况下，K 值可由实验测定，K 值越大，器件的光通量随温度衰减得越快。式（3.8）指出了输出光通量结温变化的另一种表达形式：

$$\phi_{T_2} = \phi_{T_1} \exp[-(T_2 - T_1/T_0)] \tag{3.8}$$

这里 T_0 表示特征温度，其值与材料有关。实验指出，对于红色的 InGaAlP LED，$T_0 = 85℃$；对于琥珀色 InGaAlP LED，$T_0 \approx 85℃$；而对于 InGaN LED，$T_0 \approx 84℃$，表明 InGaN 器件的温度系数小于发红、黄光的 InGaAlP 器件，即光通量随温度增加而减小的速率比 InGaAlP 小得多。

一般情况下，输出光通量随结温的增加而减小的效应是可逆的，即当温度回复到初始温度时，输出光通量会有一个恢复性的增长。这种效应的发生机制显然是由于材料的一些相关参数会随温度变化，从而导致器件参数发生变化。如随温度的增加，电子与空穴的浓度会增加，禁带宽度会变小，电子迁移率也将减小。这些参量的变化必定会导致器件输出光通量改变。然而当温度恢复至初态时，器件参数的变化将随之消失，输出光通量也会回复至初态值。

2. 高温下器件性能的衰变

高温下，LED 的光输出特性除了会发生可恢复性的变化外，还将随着时间产生一种不可恢复的永久性衰变。对于同一类 LED 器件，在相同的工作电流时，结温越高，器件的输出光强衰减得越快。对于一个确定的器件而言，一般来说，结温的大小取决于工作电流与环境温度。工作电流固定以后，环境温度越高，结温就越高，器件性能的衰减速率就越快。反之，当环境温度确定后，器件的工作电流越大，结温也将越高，器件性能衰减的速率就越快。当器件的工作电流加大时，器件的光输出特性将衰变得更快。LED 的工作环境温度越高，其寿命越低，如图 3.5 所示，当工作温度由 63℃升至 74℃时，LED 平均寿命将会减少 3/4。

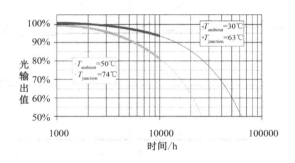

图 3.5　LED 温度与寿命关系图

为确保 LED 器件的正常工作条件，让器件的结温低于某一个确定的值 T_j 是十分必要的。为此，当环境温度升高时，应适当减小工作电流，直至当环境温度升至临界温度 T_j 时，将工作电流减至零，此时结温将等于环境温度。

3. 结温对发光波长的影响

LED 的发光波长一般可分为峰值波长与主波长两类。峰值波长表示光强最大的波长，而主波长可由 X、Y 色度坐标决定，反映了人眼可感知的颜色。显然，结温所引致的 LED 发光波长的改变将直接造成人眼对 LED 发光颜色的不同感受。对于一个 LED 器件，发光区材料的禁带宽度值直接决定了器件发光的波长或颜色。InGaAlP 与 InGaN 材料属 III-V 族化合物半导体，它们的性质与 GaAs 相仿，当温度升高时，材料的禁带宽度将减小，导致器件发光波长变长，颜色发生红移。通常可将波长随结温的变化表示如下：

$$\lambda(T_2) = \lambda(T_1) + \Delta T K \quad (\text{nm}/℃) \tag{3.9}$$

式中，$\lambda(T_2)$ 为结温 T_2 时的波长；$\lambda(T_1)$ 为结温 T_1 时的波长；K_d，K_p 为主波长与峰值波长随温度的变化系数，如表 3.2 所示。

表 3.2 指出了 InGaAlP 与 InGaN 器件主波长与峰值波长的 K 值。由该表可知，对于 InGaN 与 InGaAlP LED，峰值波长随温度的变化要大于主波长随温度的变化，其中 InGaAlP LED 尤甚。

表 3.2　LED 波长偏移系数

器件	颜色	K_d	K_p	单位
InGaAlP	红	+0.03	+0.2	nm/℃
	琥珀	+0.04	+0.15	nm/℃
InGaN	绿	±0.04	±0.05	nm/℃
	青			
	蓝			
	深蓝			

　　人眼对不同波长的颜色感知灵敏度存在着很大差异：在蓝、绿、黄区域，人眼就可以感觉到 2-5nm 的波长变化；而对红光波长段，人眼的感觉就要相对迟钝，只能感觉到 15nm 的波长差异。为了定量表明人眼对不同波长颜色的感知程度，有些公司的产品将颜色的波长间隔分得很细，仅为 2～3nm，但对于红色区域，其间隔扩大到 15nm。这就是日常生活中人们对黄色信号灯的颜色标定与均匀度要求较高，而对红色信号灯的颜色标定与均匀度要求相对可以降低。

　　基于上述原因，温升效应对蓝、绿、黄器件的发光波长影响更大，人们对此提出了更高的要求。

4．结温对 LED 正向电压的影响

　　正向电压是 LED 性能的一个重要参数，它的数值取决于半导体材料的特性、芯片尺寸以及器件的 PN 结与电极制作工艺。在小电流近似下，LED 器件的正向压降可由式（3.10）表示：

$$V_F = (nk/q)\ln(I_F/I_0) + R_S \times I_F \tag{3.10}$$

式中，V_F 为正向电压，I_F 为正向电流，I_0 为反向饱和电流，q 为电子电荷，k 为玻尔兹曼常数，R_S 是串联电阻，n 是表征 PN 结完美性的一个参量，在 1～2 之间。

　　分析式（3.10）的右边发现，只有反向饱和电流 I_0 与温度密切相关，I_0 值随结温的升高而增大，导致正向电压 V_F 值的下降。实验指出，在输入电流恒定的情况下，对于一个确定的 LED 器件，两端的正向压降与温度的关系可用式（3.11）表示：

$$V_{FT} = V_{FTO} + K(T - T_0) \tag{3.11}$$

式中，V_{FT} 与 V_{FTO} 分别表示结温为 T 与 T_0 时的正向压降，K 是压降随温度变化的系数。

　　电压随温度的变化是可以恢复的。但如果是在高温情况下，由于结区缺陷与杂质的大量增殖与集聚，也将造成额外复合电流的增加，从而使正向电压下降。通常，恒流是 LED 工作的较好模式。如果在恒压条件下，由于温升效应使正向电压下降与正向电流增加，形成恶性循环，最终将导致器件损坏。

3.2.3　降低 LED 结温的途径

　　目前，降低 LED 结温的途径主要有：减少 LED 本身的热阻，良好的二次散热结构，减少 LED 与二次散热机构安装界面之间的热阻，控制额定输入功率，降低环境温度。

减少 LED 温升效应的主要方法：一是设法提高元件的转化效率（又称外量子效率），使尽可能多的输入功率变成光能；另一个重要的途径是设法提高元件的散热能力，使 LED 产生的热通过各种途径散发到周围空气中去。

根据能量守恒定律，LED 的输入功率最终将通过光与热两种形式释放出来，光效越高放出的热量越少，LED 芯片的温升就越小，这就是提高光效可降低结温的基本原理。

实验指出，对于高亮 LED，改进出光效率是提高 LED 光效的主要途径。InGaAlP 通常是在 GaAs 衬底上外延生长 InGaAlP 发光区及 GaP 窗口区制备而成，与 InGaAlP 相比，GaAs 材料具有较小的禁带宽度，因此，短波长的光从发光区与窗口表面射进 GaAs 衬底时被全部吸收，成为器件发光效率不高的主要原因。一个有效的改进方法是先除去 GaAs 衬底，用全透明的 GaP 晶体代替，由于芯片内除去了衬底吸收区，从而能够大幅度提升了器件的出光效率。近年来，日本、中国台湾的一些公司经过大量的研究，开发了一种称为 MB 的工艺技术，获得了与透明衬底法相似的良好效果。MB 工艺的基本要点是：先去除 GaAs 衬底，然后在其表面与 Si 基底表面同时蒸镀 Al 质金属膜，然后在一定的温度与压力下熔接在一起。如此，从发光层照射到基板的光线被 Al 质金属腊层反射至芯片表面，从而使器件的发光效率提高 2.5 倍以上。除 MB 结构的器件外，台湾国联还开发了一种称为 GB 型的高亮度 InGaAlP LED 的新一代器件，该工艺是采用一种新型的透明胶，将具有 GaAs 吸收衬底的外延片与蓝宝石基板粘合在一起，随后再将 GaAs 吸收衬底除去，并在外延层上制作电极从而获得了很高的发光效率。德国欧斯朗公司开发的表面刻制大量尺寸为光波长的小结构，从而使透光效率明显提高。实验表明，表面纹理腐蚀得越深，则出光率的增加将越明显。测量指出，对于窗口层厚度为 20μm 的器件，出光效率可增长 30%，当窗口层厚度减至 10μm 时，出光效率将有 60% 的改进。对于 585～625nm 波长的 LED 器件，制作纹理结构后，发光效率可达 30lm/W，其值已接近透明衬底器件的水平。

对于一般结构的 GaN 基蓝绿光器件，P 型表面的 Ni-Au 金属电极层限制了光的输出效率，采用 GaN LED 倒装芯片结构后，由于芯片倒装于 Si 基垫上，LED 发出的光直接透过蓝宝石射出，出射的光强没有损失，从而提升了它的出光效率。实验指出，在 450～530nm 的峰值波长区域，倒装功率型 LED 器件的最小效率要比普通型器件高出 1.6 倍。

3.2.4 LED 结温计算实例

已知：3W 白光 LED、热阻 R_{th}=16℃/W。LED 工作状态：正向电流 I_F=500mA、正向电压 V_F = 3.97V。热铝基板温度 T_x=71℃。测试时环境温度 T_A = 25℃，试计算 LED 的结温 T_j。

解：由结温计算公式得：

$$T_j = P \times R_{th} + T_x$$
$$= (I_F \times V_F) \times R_{th} + T_x$$
$$= (500mA \times 3.97V) \times 16℃/W + 71℃$$
$$= 103℃$$

如果计算出来的 T_j 小于（或等于）要求的 T_{jmax}，则可认为选择的 PCB 及面积合适；若计算来的 T_j 大于要求的 T_{jmax}，则要更换散热性能更好的 PCB，或者增加 PCB 的散热面积。

在上述例题中，如果设计的 T_{jmax}=90℃，则计算出来的 T_j 不能满足设计要求，需要改换散热更好的 PCB 或增大散热面积，并再一次试验及计算，直到满足 $T_j \leqslant T_{jmax}$ 为止。

3.3　LED 散热途径分析

3.3.1　LED 散热途径

在解决 LED 散热问题之前必须了解其散热途径，进而对散热瓶颈进行改善。不同的封装技术，其散热方法也有不同，图 3.6 展示了 LED 各种散热途径。

① 从空气中散热；② 热能直接由电路板导出；③ 经由金线将热能导出；④ 若为共晶（Eutectic）及覆晶（Flip chip）制程，热能将经由通孔至系统电路板而导出。

一般而言，LED 晶粒（Die）以打金线、共晶或覆晶方式连结于其基板上而形成一个 LED 晶片，然后再将 LED 晶片固定于系统的电路板上。因此，LED 可能的散热途径为直接从空气中散热（如图 3.6 途径①所示），或经由 LED 晶粒基板至系统电路板再到大气环境。散热由系统电路板至大气环境的速率取决于整个发光灯具或系统的设计。

然而，现阶段的整个系统散热瓶颈，多是将热量从 LED 颗粒传导至其基板再到系统电路板。此部分的可能散热途径：一方面是直接借由晶粒基板散热至系统电路板（如图 3.6 途径②所示），在此散热途径里，LED 晶粒基板材料的热散能力是重要参数。另一方面，LED 所产生的热也会经由电极金属导线而到达系统电路板，一般而言，利用金线做电极的接合方式，金属线本身较为细长的几何形状限制了散热（如图 3.6 途径③所示）；近来有共晶（Eutectic）或覆晶（Flipchip）接合方式，此设计大幅减少导线长度，并大幅增加导线截面积，如此一来，借由 LED 电极导线至系统电路板的散热效率将有效提升（如图 3.6 途径④所示）。经大量实验得出，LED 各部位的散热比例如图 3.7 所示。

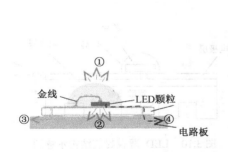

图 3.6　LED 各种散热途径

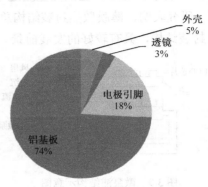

图 3.7　LED 各部位散热比例

3.3.2 封装散热

1．封装散热

封装散热主要从封装结构和封装材料入手，采用低热阻封装结构及技术。首先，选择的基板、粘结材料和封装材料等热阻要低。其次，结构设计要合理，各材料间的导热性能连续匹配，材料之间的导热连接良好，避免在导热通道中产生散热瓶颈，确保热量从内到外层层散发。

（1）封装结构

为了解决高功率 LED 的封装散热难题，国内外研究人员开发了多种结构。2001 年，LumiLeds 公司研制出了 AlGalnN 功率型倒装芯片结构，如图 3.8 所示。

与传统结构相比，倒装焊芯片结构使器件产生的热量不必经由蓝宝石衬底，而是直接由焊接层传导至 Si 衬底，再经 Si 衬底和粘结材料传导至金属底座。由于 Si 材料的热导率较高，可有效降低器件的热阻，提高其散热能力。但是，由于热阻与热沉的厚度是成正比的，因此受硅片机械强度与导热性能所限，很难通过减薄硅片来进一步降低内部热沉的热阻，这就制约了其传热性能的进一步提高。Luo 等人提出了一种微泵浦结构，如图 3.9 所示。该结构在封闭系统中，水在微泵的作用下进入 LED 的底板小槽吸收热量，然后又回到微型水容器中，通过风扇散热。这种结构制冷性虽好，但结构较复杂，难以广泛应用。

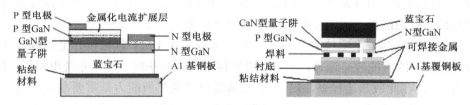

图 3.8　芯片的正装结构和倒装结构对比

王耀明等采用了磁控溅射工艺设计了一种薄膜封装结构，这种封装结构将接口电极热沉、绝缘层以薄膜形式直接制作在金属散热器上，减少了内部热沉的热阻，其结构示意图如图 3.10 所示。LED 产生的热量通过电极层、绝缘层、铝基板翅式散热器组成的散热通道释放。研究表明，薄膜散热封装结构总热阻较 PCB 结构降低了 25%。其散热性能远优于PCB 封装结构，具有较好的发展前景。

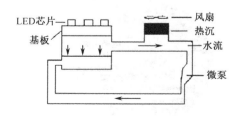

图 3.9　微泵浦结构示意图

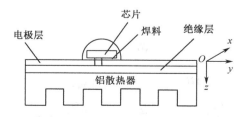

图 3.10　LED 薄膜封装结构示意图

（2）封装材料

确定封装结构后，可通过选取不同的材料进一步降低系统热阻，提高系统导热性能。目前，国内外常针对基板材料、粘贴材料和封装材料进行择优。

1）基板材料。LED 散热基板材料要求具有高电绝缘性、高稳定性、高导热性及芯片匹配的热膨胀系数（CTE）、平整性和较高的强度。常用的基板材料主要有硅、金属（铝、铜等）、陶瓷（Al_2O_3、AlN、SiC）和复合材料。目前主要的基板有金属绝缘板（IMS）、金属芯印刷电路板（MCPCB）、陶瓷基板和金属基复合基板（MMC）等。

①金属绝缘基板。由于金属材料具有导电性，为使其表面绝缘，需要通过对阳极进行氧化处理，使其表面形成薄的绝缘层。金属绝缘基板（IMS）具有高热导率、高机械强度和良好的加工性能等优点，能为器件提供良好的散热能力。铝或铝合金密度小、价格低、加工性好是 LED 封装基板的优良材料。Shin 等成功地在 3mm×3mm、60um 厚的铝基板上封装了微米级大功率芯片。导热性能良好且降低了封装成本，简化了制作工艺。铜也具有优良的导热导电性能，所以铜基板也被广泛地应用。Kneissl 等将激光剥离了蓝宝石衬底后的激光二极管直接键合到铜基板上，芯片产生的热直接通过铜基板散射出去，提高了光输出功率。但铜存在表面氧化的问题，Fan 等使用一种新的氧化方法，使生成的氧化结构中较传统方法内部散布的小微粒少得多。CuO 与芯片的粘结强度非常高，而且此工艺对其他金属镀层（Au、Ag）没有影响。然而铜基板和铝基板一样，都存在与 LED 芯片热膨胀系数失配问题，有待进一步研究。

② 金属芯印制电路板。金属芯印制电路板是由美国 Wesern Electric 公司于 1963 年首先研制成功。MCPCB 是将原有的印制电路板（PCB）附贴在另外一种热传导效果更好的金属上（铝或铜），以此来强化散热效果，MCPCB 热导率可达到 1～2.2 W/(m·K)，这种技术能有效解决大功率器件在结构紧凑的趋势下所带来的散热问题。对于常用的三种 MCPCB 对 LED 的散热效果进行比较，贝格斯铝基板散热性能最好，ANT 铝基板次之，普通铝基板最差。

③陶瓷基板。在实用陶瓷基板材料中，Al_2O_3 价格较低，从机械强度、绝缘性、导热性、耐热性、化学稳定性等方面考虑，其综合性能好，技术最为成熟。陈焕庭等通过实验研究和数值模拟得出 Al_2O_3 陶瓷基板内部热场分布，优化了 Al_2O_3 基板内部结构，对 Al_2O_3 基板的广泛应用具有重要的参考作用。但由于 Al_2O_3 热导率较低（20 W/(m·K)），已不能满足功率型 LED 散热基板的要求。近年来，Al_2O_3 陶瓷基片主要研究方向是新成形方法的尝试和烧结助剂的优化。纯 SiC 单晶体室温下的热导率可高达 490 W/(m·K)，但 SiC 陶瓷基板为多晶体，热导率仅有 67 W/(m·K)，且绝缘程度低、介电损耗大、高频特性差，故多年来一直研究较少。但在 SiC 中加入一些添加剂后（如 BeO、Y_2O_3、La_2O_3），SiC 陶瓷的性能会得到很好的改善，其热导率可达到 242～270 W/(m·K)，可作为优良的基板材料。AlN 有较好的热导性，单晶体热导率达 320 W/(m·K)，实际用的 SiC 陶瓷基板热导率为 30～260 W/(m·K)。AlN 具有良好的电绝缘性能、介电性能并且具有与 Si、SiC 和 GaAs 等半导体材料相匹配的热膨胀系数，被认为是新一代半导体基板和封装的理想材料。自然界没

有天然形成的 AlN，需要人工制造 AlN。因此 AlN 价格要比 Al₂O₃ 贵。此外，AlN 易水解，烧结时只能采用非水系溶剂，因此优质 AlN 粉体合成成本较高，基板金属化困难，开发应用受到限制。

④金属基复合基板。金属基复合材料（MMC）将金属材料的高导热性和增强体材料的低热膨胀系数结合，具有导热系数大（大于 200 W/（m·K））、热膨胀系数可以调节、比重小、强度和硬度高、制造成本低等优点，且能大大改善系统的可靠性，在功率型 LED 封装中开始获得广泛应用。具有代表性的材料为铝碳化硅（Al-SiC）和铜石墨（Cu－Graphite）复合基板。Al-SiC 综合了 Al 和 SiC 各自的优点，克服了各自的缺点，具有优良的综合性能。Al-SiC 的热导率约为可伐合金和 Al₂O₃ 的 10 倍，与 Si、Cu-W 相当。Al-SiC 的 CTE 可以调节，从而可获得精确的匹配热膨胀系数，使相邻材料界面应力降到最小。这样就可以将大功率的芯片直接安装到 Al-SiC 基板上，而不用担心它们的失配应力问题。Occhionero 等研究了 Al-SiC 在倒装芯片、光电器件、功率器件及功率型 LED 散热基板上的应用，在 Al-SiC 中加入热解石墨可以满足对散热要求更高的情况。Al-Si 与其他基板材料的物理性能、电性能、化学性能比较见表 3.3。

Al-SiC 表现出了优异的性能，可以作为优良的新型大功率 LED 封装基板材料。具有广阔的发展前景。通过控制纤维的类型和结构，改进 Cu-Graphite 复合基板的制备工艺，可以使其热膨胀系数在（7.09～15.08）×10⁻⁶/k 范围内调节，热导率高达 325.4～779.7W/(m·K)，且能与传统的金属镀层和焊接技术兼容，在大功率电子器件散热材料中亦有很大的发展空间。

2）粘结材料。正装芯片与倒装芯片的散热结构都有一个粘结层，LED 产生的热量绝大部分是通过热传导的方式传到芯片底部的热沉，再以热对流的方式耗散掉。从表 3.4 中可以明显看出，在所有传热结构中粘结材料的导热系数最小。因此，粘结材料对 LED 散热有很大的影响。常用的粘结材料有导热胶、导电型银浆和合金焊料。

表 3.3 Al-SiC 与其他基板材料的物理性能、电性能、化学性能比较

材料	组分	密度 / (g/cm³)	CET (25～150℃) / (×10⁻⁶/k)	热导率 / (W/m·k)	电阻率 / (μΩ·cm)	抗弯强度 /MPa	极限抗拉强度 /MPa	弹性模量 /GPa
Al-SiC	Al+50%～67%Sie	3.0	6.5～9	160	34	270	192	244
AlN	98%纯度	3.3	4.5	200	/	345	/	345
CU-W	W+11%～29%Cu	15.7～17.0	6.5～8.3	180～200	/	970	/	367
可伐合金	Fe-Ni-Co	8.1	5.2	11～17	49	/	551	138
Cu		8.96	17.8	398	1.7	/	207	110
Al		2.70	23.6	238	2.9	/	90	70
Al₂O₃		3.60	6.7	17	/	344	/	380

表 3.4 封装材料的热导率（单位：W/m·K）

材料	Epoxy	导热银胶	蓝宝石	铅锡材料
热导率	0.2	2.7～7.5	35～46	50

导热胶是在基体内部加入一些高导热系数的填料，如 SiC、AlN、Al_2O_3、SiO_2 等，从而提高其导热能力。导热胶的优点是价格低廉，具有较好的绝缘性能，工艺简单。但导热胶的导热性普遍较差。研究表明，导热填料的加入是改善导热胶的关键，胶粘剂热导率取决于树脂基体和导热填料以及两者之间的界面。导电银浆是将银粉加入环氧树脂中形成的一种复合材料，导电型银浆粘贴的硬化温度一般低于 200 ℃，既有良好的热导特性，又有较好的粘贴强度。但银浆对光的吸收比较大，导致光效下降，银浆在提升亮度时会发热，且含铅等有毒金属。杨颖等通过调节配方获得了一种环氧树脂－银粉复合导电银浆。该银浆具有能够室温固化，固化后线路的导电性能高，挥发性有机物少等特点，提高了导电银浆的性能。大功率 LED 芯片温度较高，一般粘结剂如导热胶、导电银浆都无法满足要求，需要一些硬钎料。最为常用的钎料有三种：Au_2Sn、Au_2Ge 和 Au_2Si。LED 对高温比较敏感，共晶键合温度分别为 361 ℃、363 ℃的 Au_2Ge、Au_2Si 不合适，而 Au_2Sn 的共晶温度只有 280 ℃，完全适合做大功率 LED 芯片的粘结材料。三种粘结材料在 LED 应用上的性能比较见表 3.5。

表 3.5 三种粘结材料在 LED 应用上的性能比较

材料	导热性能	导电性能	成本	粘结牢度	寿命	工艺难度
导热胶	差	不导电	底	底	长	简单
导热银浆	一般	导电	中	中	较长	简单
合金焊料	优良	导电	高	高	长久	复杂

3）封装材料。LED 封装材料的性能对其发光效率、亮度以及使用寿命也将产生显著的影响。环氧树脂作为 LED 器件的常用封装材料，具有优良的电绝缘性能、密封性和介电性能，但因其具有吸湿性、易老化、耐热性差、高温和短波光照下易变色，而且在固化前有一定的毒性，固化的内应力大等缺陷，易降低 LED 器件使用寿命。李元庆等使用不同的光稳定剂改进透明环氧树脂性能，得出加入光稳定剂后 LED 的使用寿命明显得到提高。尽管环氧树脂的改性方式多种多样，但不能从根本上改变它作为大功率 LED 封装材料的不足，长期以来只能限于小功率 LED 的封装，大功率 LED 的封装主要采用国外进口的有机硅封装材料。有机硅封装材料具有耐热老化和耐紫外老化、透过率高、高折射率的优异特性，是大功率 LED 封装的理想材料。总的来说，具有低热阻、良好散热能力以及低机械应力的新式封装结构是封装体的技术关键。努力寻找合适的材料，提高发热芯片向外壳传导热量的能力是研究方向。

2. 外部散热方式

为了将 LED 器件产生的热量有效散发到环境中，采用合适的散热方式是很有必要的。其主要方式包括风冷散热、热电制冷散热、液冷散热、热管技术等，现在也出现一些新的散热技术，如微喷技术、微通道冷却技术和纳米传热技术等。

（1）风冷散热

风冷由于其廉价、可靠及技术成熟等优点，是较低功率封装最常用的冷却方法。风冷主要靠空气对流来耗散热量。风冷散热有自然对流散热和强制对流散热两种方式。自然对流散热是被动散热，其散热性能较低。目前主要对热沉翅片的形状及材料进行开发研究，适用于散热温度较低的环境，技术发展较为成熟，具有结构成本低、噪音程度低及安全性能好的特点。自然对流散热受材质和形状的限制，发展空间有限，常和其他散热方式同时使用，达到增强 LED 的散热效果。Scheeper 和 Shaeri 等利用数值模拟和实验对比对 LED 散热翅片的数量、结构和排列方式进行优化分析，获得最优散热效果。陈柏仁等开发出特殊的散热结构，即蜂巢式散热鳍片，散热效果也很好。强迫对流散热主要应用风扇增强对流，从而强化传热，散热性能较好。传统的风扇因为具有结构噪音大、功耗高、安全性能低等缺点，在 LED 散热设计中很少使用。LED 散热设计中常使用压电风扇结构，是由风扇扇片发生高频率的弯曲谐振从而产生高速平稳气流对 LED 芯片进行散热。Acikalin 等利用小型压电风扇对 LED 进行强迫对流换热，研究发现，使用压电风扇后，LED 热源温度较自然对流时下降了 37.4 ℃。

（2）热电制冷散热

热电制冷利用半导体制冷，具有无机械运动、制冷迅速、无污染、无噪声等优点，并且易于与 LED 集成。国内外学者对热电制冷做了很多研究，唐政维等设计了一种采用半导体制冷技术散热的集成大功率 LED，不但可以从根本上解决大功率集成 LED 器件的散热问题，还可以使 LED 器件在高温、震荡等恶劣环境中正常工作。田大垒等提出了一种新型的基于热电制冷的大功率 LED 热管理方法，研究表明采用热电制冷的大功率 LED 阵列封装模块能够显著降低器件的工作温度，与不采用热电制冷器相比，基板温度能降低 36%以上。Liu 等对一种采用热电制冷的 1 W 的 LED 进行研究，研究发现热电制冷器在较低输入功率（0.55 W）下，LED 的发光效率约是没有热电制冷器的 1.3 倍。Zhong 等对热电制冷结合热沉翅片和风扇进行对比实验研究，研究表明，当芯片功率小于 35W 时，三者结合散热效果较佳并得出佳输入电流，发现热电制冷器的热阻对 LED 散热影响较大。但是热电制冷本身消耗电能且热电转换效率低，焊接强度低，因此热电制冷器还存在一定的不安全因素，有待进一步开发。

（3）热管制冷散热

热管是依靠自身内部工作液体相变来实现传热的传热元件，具有极高的传热效率和当量导热系数，且具有很好的等温性，散热效果好，噪音低，使用寿命长。对于 LED 电子器件冷却散热，Cotter 在 1984 年提出"微型热管"的概念。近十几年来，微热管技术用于冷却电子元器件得到很大的发展，国内外许多学者进行了研究。殷际英对一种热管式散热器的传热机理、传热路线和各传热阶段的热阻进行了定性分析和定量分析，设计了原理结构，建立了传热模型，导出了总传热系数的计算式。李勇等结合沟槽式微热管设计了一种新型的带有百叶窗的平板式大功率 LED 照明装置，并进行实验研究和数值模拟。结果表明照明装置能在自然对流的条件下有效散热，可使 LED 芯片组结温保持在 75.7℃ 以下，具有很好的散热效果。Lu 等设计了一种新的回路热管，研究表明这种回路热管热阻仅有 0.19～3.1 K/W，能有效降低 LED 系统的总热阻，与常规的散热装置相比，具有体积小、散热效率高等优点，能快速有效地对大功率 LED 阵列等大功率密度器件进行散热。Kim 等提出了一种 LED 的热管散热模型，使结点温度和热阻都得到了较大的降低。Sheu 等研究了将 LED 粘结在微热管上的散热性能，研究表明微热管能使芯片温度降低更多。

（4）液冷散热

液冷又称为水冷，依靠泵驱动液体流动，依靠液体来运走热量达到散热的效果。它的散热效率高，热传导率为传统风冷方式的 20 倍以上，且无风冷散热的高噪音，能较好地解决降温和降噪问题。微喷和微通道散热技术是两种比较新颖的液冷散热技术，具有很强的散热能力，有较大的体积/面积比、较高的对流热传导系数、较小的质量和体积等优点，非常适合于微型器件的封装冷却。Kandak-umaran 等提出多层微通道散热器，多层微通道能减小热阻，且所需压降比单层所需的小。Yuan 等通过对直微通道结构的分析，设计了一种交错结构的微通道，并且将它应用于大功率 LED 阵列的封装。罗小兵等提出了一种基于封闭微喷射流的高功率 LED 主动散热方案，依靠封闭微喷系统来实现大功率 LED 芯片组的散热，并通过数值计算与试验对其进行了研究。Liu 对微喷射流冷却系统进行实验研究和仿真优化，结果表明，单一入口和两个出口的微射流结果具有更好的散热性能，优化后的微射流结构使 LED 基板最高温度比优化前降低 23℃。

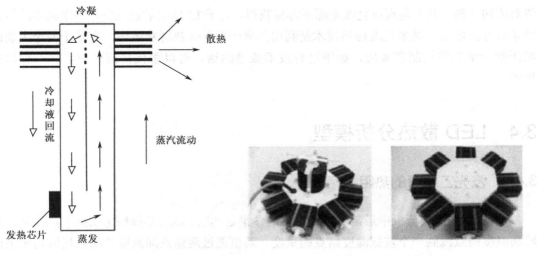

图 3.11　热管散热示意图　　　　　　　图 3.12　LED 散热应用热管图

上述几种散热方式各有优缺点，其性能对比如表 3.6 所示。

表 3.6　几种散热方式性能对比

散热方式 性能	风冷散热		热电制冷	热管制冷	液冷	
	自然对流	强迫对流			微喷射流	微通道
散热能力	差	一般	一般	好	好	很好
结构成本	较低	低	一般	较高	高	很高
工艺难度	简单	简单	较复杂	较复杂	复杂	很复杂
发展空间	低	一般	一般	较高	高	高

（5）其他散热新技术

①多孔微热沉散热。多孔微热沉采用多孔介质，有较大的比表面积以及很高的局部传热系数，具有传热能力强以及散热效率高的特点。Wan 等提出一种新型高效的基于多孔微热沉系统的散热技术，研究表明：在高热流密度下，微热沉散热表面的温度能维持较低水平。

②液态金属散热。液态金属与水相比具有很高的热导率，且本身具有很好的流动性，液态金属散热是一种很好散热方式。Deng 等对液态金属制冷性能进行实验研究和理论分析，并与水冷进行对比。研究表明，对于大功率 LED，液态金属制冷具有更高的制冷能力而且很节能。

③液体浸没散热。Arik 等设计了一种液体浸没冷却系统，通过对几种光学流体进行实验对比，发现使用 HFE7200 流体材料时，传热能力提高了 60% 以上，而且可以提高其照明亮度，发展前景可观。

④高压直流电冷却。Chau 等设计了一种用高压直流电冷却 LED 的方法，通过高压直流电电离空气来增加对流换热系数，从而提高换热效果。实验表明，获取的换热系数是自然对流的 7 倍，缺点是高压直流电源不容易获得。对于 LED 的散热瓶颈，越来越多的散热技术被开发出来。纳米尺度传热技术是利用热离子发射和热隧穿效应，有赖于两个大表面相距数个纳米的控制和实现，如果这种技术成熟的话，可以替代目前其他任何一种散热技术。

3.4　LED 散热分析模型

3.4.1　发光二极管的热阻

大功率 LED 热分析中最常用也最重要的参量是热阻。热阻是指稳定状态下热流从一个较高温度结点流到一个较低温度结点的量度。其值通过两结点间温度差除以耗散功率来计算（定义源于 JEDEC 标准 EIA/JESD51-1）。

热阻值一般常用 R 表示，可由下式计算：

$$R = \frac{\Delta T_j}{P} = \frac{T_j - T_A}{IV} \tag{3.12}$$

式中，T_j 为结面位置的温度，也是大功率 LED 使用中的最高温度，通常在结的位置；T_A 为热沉的温度（常用环境温度）；P 为输入的发热功率。

热阻反映了封装的散热能力。热阻大表示热不容易传递，难以把 LED 芯片产生的热量传递出去，因此组件所产生的温差就比较大；反之，热阻小表示封装具有强的散热能力，能迅速将热导到外界环境中。因此，设法降低灯具热阻，可降低发光二极管的温升，提高它的使用可靠性，。

热传导模型的热阻计算：

$$R_{th} = \frac{1}{\lambda S} \tag{3.13}$$

式中，L 为热传导距离（m），S 为热传导通道的截面积（m^2），λ 为热传导系数（W/（m·K））。越短的热传导距离、越大的截面积和越高的热传导系数对热阻的降低越有利，这就要求设计合理的封装结构和选择合适的材料。

设定芯片上 PN 结点生成的热沿着以下简化的热路径传导：PN 结点→热沉→铝基散热电路板→空气/环境（见图 3.13），则热路径的简化模型就是串联热阻回路，如图 3.13 表示。

PN 结点到环境的总热阻：$R_{thja} = R_{thjs} + R_{thsb} + R_{thba}$。图 3.13 中所示散热路径中每个热阻抗所对应的元件介于各个温度节点之间，其中：

R_{thjs}（结点到热沉）＝芯片半导体有源层及衬底、粘结衬底与热沉材料的组合热阻；

R_{thsb}（热沉到散热电路板）＝热沉、连结热沉与散热电路板材料的组合热阻；

R_{thba}（散热电路板到空气/环境）＝散热电路板、表面接触或介于降温装置和电路板之间的粘胶和降温装置到环境空气的组合热阻。

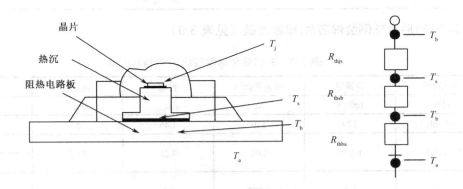

图 3.13　LED 散热模型

如果知道各个材料的尺寸及其热传导系数，可以求出以上各热阻，进而求得总热阻 R_{thja}。

以下是几种常见的 1W 大功率 LED 的热阻计算：以 1mm×1mm 的芯片为例，只考虑主导热通道的影响，从理论上计算 PN 结点到热沉的热阻 R_{thjs}。

（1）正装芯片/共晶固晶（见表 3.7）

表 3.7　正装芯片/共晶固晶

导热路径	有源层	衬底	固晶层	热沉
材料	InGaN	Al_2O_3	AuSn	Cu
λ（W/mK）	170	42	58	264
L（mm）	0.005	0.1	0.01	1.85
				1.0
S（mm^2）	1.0	1.0	1.0	7.07
				19.63
环节热阻（K/W）	0.029	2.38	0.17	1.18
总热阻 R_{thja}	3.76（K/W）			

2. 正装芯片/银胶固晶（见表 3.8）

表 3.8　正装芯片/银胶固晶

导热路径	有源层	衬底	固晶层	热沉
材料	InGaN	Al_2O_3	银胶	Cu
λ（W/mK）	170	42	5	264
L（mm）	0.005	0.1	0.02	1.85
				1.0
S（mm^2）	1.0	1.0	1.0	7.07
				19.62
环节热阻（K/W）	0.029	2.38	4	1.18
总热阻 R_{thjs}	7.60（K/W）			

3. Si 衬底金球倒装焊芯片/银胶固晶（见表 3.9）

表 3.9　Si 衬底金球倒装焊芯片/银胶固晶

导热路径	有源层	倒装焊金球	衬底	固晶层	热沉
材料	InGaN	Au	Si	银胶	Cu
λ（W/mK）	170	170	1.46	5	264
L（mm）	0.005	0.02	0.25	0.02	1.85
					1.0
S（mm）	1.0	0.027	2.5	2.5	7.07
					19.62
环节热阻（K/W）	0.029	2.337	0.68	1.6	1.18
总热阻 R_{thjs}	5.84K（W）				

可见，热阻的大小与 LED 芯片本身的结构与材料等因素有关。

LED 芯片粘结所用的材料的导热性能及粘结时的质量，是用导热性能很好的胶，还是绝缘导热的胶，或是用金属直接连接，这些都是影响热阻大小的重要因素。

对于热沉材料，影响热阻大小不仅与采用导热很好的铜，或者是铝有关外，还与铜或铝的散热面积大小有关。以下将举一实际例子，帮助理解总热阻的计算。

已知条件如下。

LED：3W 白光 LED；型号：MCCW022；RJC=16℃/W。K 型热电偶点温度计测量头焊在散热垫上。

PCB：双层覆铜板（40mm×40mm）；t=1.6mm；　焊芯片铜层面积为 1180mm^2，背面铜层面积为 1600 mm^2。

LED 工作状态：I_F=500mA、V_F = 3.97V。

用 K 型热电偶点温度计测 T_C，T_C=71℃。测试时环境温度 T_A = 25℃。

①T_J 计算

$T_J=R_{JC}\times P_D+T_C=R_{JC}（I_F\times V_F）+T_C$

$T_J=16℃/W（500mA\times 3.97V）+71℃=103℃$

②R_{BA} 计算

$R_{JA}=（T_C-T_A）/PD=（71℃-25℃）/1.99W=23.1℃/W$

③R_{JA} 计算

$R_{JA}=R_{JC}+R_{BA}=16℃/W+23.1℃/W=39.1℃/W$

如果设计的 T_{Jmax}=90℃，则按上述条件计算出来的 T_J 不能满足设计要求，需要改换散热更好的 PCB 或增大散热面积，并再一次试验及计算，直到满足 $T_J\leqslant T_{Jmax}$ 为止。

另外一种方法是，在采用的 LED 的 R_{JC} 值太大时，若更换新型同类产品 R_{JC}=9℃/W(IF=500mA 时 V_F=3.65V)，其他条件不变，T_J 计算为：

$T_J=9℃/W（500mA\times 3.65V）+71℃=87.4℃$

上式计算中 71℃有一些误差，应焊上新的 9℃/W 的 LED 重新测 T_C（测出的值比 71℃略小）。这对计算影响不大。采用了 9℃/W 的 LED 后不用改变 PCB 材质及面积，其 T_j 符合设计要求。

所以，选用一定的材料与控制相关的技术细节，可降低 LED 的热阻，从而提高 LED 的寿命与工作效能。

热阻还可以预测组件的发热状况。LED 光源产品设计时，为了预测及分析组件的温度，需要使用热阻值的数据。因而组件设计者则除了需提供良好散热设计产品，还需提供可靠的热阻数据供系统设计之用。

根据 LED 芯片 PN 结温度升高 10℃，波长会漂移 1~2nm，或当 PN 结温度升高 10℃时，光强会下降 1%，按照这种规律可测出 PN 结温度上升了多少度。

中国电子科技集团第十三研究所制造出 NC2992 型半导体器件可靠性分析仪，可用于测试热阻。这种仪器的工作原理是，利用半导体器件在恒定电流下 LED 的正向电压与温度具有很好的线性关系（测试布线图参见图 3.14）。输入电压随温度的变化关系可近似为下列公式：

$$V_{\mathrm{Tj}} = V_{\mathrm{To}} + K(T_{\mathrm{j}} - T_{\mathrm{o}}) \tag{3.14}$$

式中，V_{Tj}、V_{To} 分别是 T_{j} 和 T_{o} 时的输入电压；K 是热敏温度系数，它与芯片衬底材料、芯片结构、封装结构、发光波长等都有关系。热阻是沿热流通道上的温度差与通道上耗散的功率之比，对于 LED 来说，热阻一般是指从 LED 芯片 PN 结到热沉上的热阻，热阻计算公式可表示为

$$R_{\mathrm{th}} = (T_{\mathrm{j}} - T_{\mathrm{x}})/P \tag{3.15}$$

式中，T_{j} 为施加大小为 P 的加热功率脉冲后测得的 LED 结温；T_{x} 为热沉铝基板上的温度。

根据图 3.14，对被测 LED 施加一定的加热功率脉冲（恒流 I_{M}），被测 LED 的 PN 结发热。比较恒流脉冲施加前后，在恒流 I_{M} 偏置下所测的电压变化量。在测试前被测 LED 结温与热沉温度相同的前提下，由温度检测装置测得热沉温度，从而得到被测 LED 的初始结温。

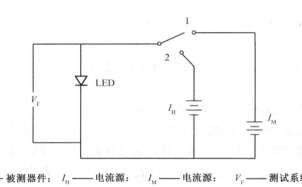

LED——被测器件： I_{H} ——电流源： I_{M} ——电流源： V_{F} ——测试系统电压

图 3.14　正向电压法二极管热阻测试示意图

由于在正向电流 I_{M} 下，PN 结温升与其正向电压变化成线性关系，因此相关系数 K 为器件的热敏温度系数（mV/℃）。通过此热敏温度系数，在恒定的偏置电流 I_{M} 下，可将功率恒流脉冲施加前后的结电压变化量 ΔV_{F} 换算为相应的结温变化量。可将式（3.14）和式（3.15）改写为式（3.16）：

$$R_{\mathrm{th}} = \frac{\Delta V_F}{KP} \tag{3.16}$$

如图 3.14 所示，首先转换开关置于"1"，则被测 LED 注入恒定电流 I_{M}，测得其正向电压 V_{F1}。然后开关切换到"2"，给被测 LED 注入恒定电流 I_{H}，使其结温升高。在一定时间之后，开关再次切换至"1"，在 I_{M} 下测得 LED 的正向电压 V_{F2}。最后就可以计算出热阻。

另外，值得一提的是，对于传统的 LED 封装模式，由于热沉热阻不能用传统的热阻公式计算，那么在这里将扩散热阻的概念引入到 LED 封装中分析扩散热阻对 LED 芯片热阻的影响。根据 Seri Lee 的热扩散模型，我们将芯片与热沉接触面作为热源，热源等效为一个面积与接触面相等的圆形面热源，如图 3.15 所示。

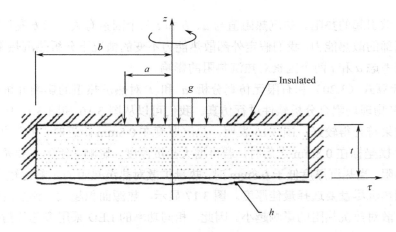

图 3.15　热阻模型扩散

极坐标下的导热微分方程为：

$$\frac{1}{r}\frac{\partial}{\partial r}\left(r\frac{\partial T}{\partial r}\right)+\frac{\partial^2 T}{\partial z^2}=0 \qquad (3.17)$$

环境温度为 T_f，热沉导热率为 k，则边界条件为：

$$\frac{\partial T}{\partial r}\bigg|_{r=0,b}=0$$

$$\frac{\partial T}{\partial z}\bigg|_{z=0}=h(T-T_f)$$

$$k\frac{\partial T}{\partial z}\bigg|_{z=1}=\begin{cases} q, & (0<r\leqslant a) \\ 0, & (a<r\leqslant b) \end{cases} \qquad (3.18)$$

其中，q 为热流密度，t 为热沉厚度，b 为热沉半径，a 为等效的圆形面热源半径，h 为热沉底部等效换热系数。通过解微分方程可以得到温度分布函数为：

$$T=\frac{qa}{k}\left[\varepsilon\left(\frac{1}{B_i}+\zeta\right)+2\sum_{n=1}^{\infty}\frac{J_1(\lambda_n\varepsilon)J_0(\lambda_\varepsilon\gamma)}{\lambda_n^2 J_0^2(\lambda_n)}\frac{\cosh(\lambda_n\zeta)}{\cosh(\lambda_n\tau)}\frac{\tanh(\lambda_n\zeta)+\dfrac{\lambda_n}{B_i}}{1+\dfrac{\lambda_n}{B_i}\tanh(\lambda_n\tau)}\right]+T_i \qquad (3.19)$$

这里，$\varepsilon=a/b$，$\gamma=r/b$，$\zeta=z/b$，$\tau=t/b$，$B_i=h_b/k$，λ_n 为在上述边界条件下一阶贝塞尔函数的第 n 个根：

$$J_1(\lambda_n)=0$$

因此可以得到热沉热阻的表达式为：

$$R=\frac{t}{k\pi b^2}+\frac{2}{k\pi a}\sum_{n=1}^{\infty}\frac{J_2(\lambda_n\varepsilon)}{\lambda_n^2 J_0^2(\lambda_n)}\frac{\tanh(\lambda_n\tau)+\dfrac{\lambda_n}{B_i}}{1+\dfrac{\lambda_n}{B_i}\tanh(\lambda_n\tau)} \qquad (3.20)$$

从式（3.20）中可以看到，热沉的热阻一部分是热沉本身在 z 方向上的热阻，另一部分是由热扩散引起的热阻。热沉热阻值与 a、b 和 t 三个因素有关。当 b 变化时实际上是改变了热沉底部的散热能力，我们假定外部散热能力不变的情况下分析热沉热阻的影响因素，因此这里只考虑 a 和 t 两个因素对热沉热阻的影响。

通过计算式（3.20）和有限元仿真分析 a 和 t 对热沉热阻的影响并进行对比，采用 COMSOL 多物理场耦合分析软件进行仿真。我们可以从图 3.16 和图 3.17 中看出，理论计算与仿真结果符合得较好。图 3.16 表明，热沉厚度在 0.8mm 附近时，热沉扩散热阻最小。图 3.17 中，横坐标在 0.8mm 之后时，若再增大热沉厚度，影响热阻的主要是热量在 z 方向上传输的热阻。当热沉厚度低于 0.8mm 时，热量扩散对热沉热阻的影响比较大。因此，LED 封装时，铜热沉尽量要选择最佳厚度。图 3.17 显示，热源面积越大，铜热沉的热阻越小也就是热量扩散对热沉热阻的影响越小。因此，相同功率的 LED 采用多芯片封装可以增加热源面积，从而具有比单芯片封装 LED 更小的热阻。我们对不同热源等效半径下热沉的最佳厚度进行分析，发现热源面积越大热沉的最佳厚度越小，如图 3.18 所示。

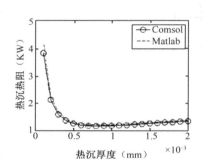
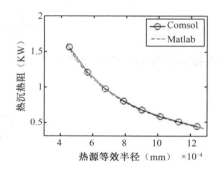

图 3.16　热沉热阻与热沉厚度的关系图　　　图 3.17 热沉热阻与热源等效半径的关系图

总结以上对扩散热阻的分析，可以得到以下几点：

①影响扩散热阻的两个主要因素为热扩散厚度和热量流进热沉表面时的传热面积；

②热沉取最佳厚度时，LED 热阻最小，并且热源面积越大最佳厚度越小；

③采用多芯片封装可以增加热源面积从而具有比单芯片封装 LED 更小的热阻。

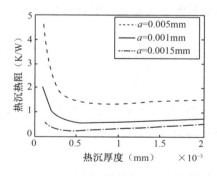

图 3.18　不同热源半径是热沉的最佳厚度

3.4.2　基于统计的常用热阻模型

典型的大功率 LED 的使用截面图如图 3.19 所示。它可以为对应的热阻模型分析提供应用背景。

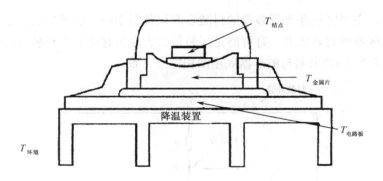

图 3.19　大功率 LED 截面图

典型的热阻模型就是用一些热阻网络代替封装的热流路径，进而可以通过计算或有限元（FEM）和计算流体力学（CFD）软件在模拟和预测芯片温度和线路板的温度分布。热阻模型又可分为稳态模型和动态模型。动态模型是以稳态模型为基础加入热容等因素而形成的，它需要考虑的环境条件因素更为复杂。常见的稳态热模型有单热阻模型、两热阻模型、星形网络模型和 DELPHI 简化模型等[62]。这些模型基于统计的观点，常用于半导体器件的封装中。

1．单热阻模型

这是最简单的热阻模型，它由 PN 结到环境的热阻 R_{JA} 来表示，目前的芯片手册上大多都有这个热阻值。在 LED 应用环境下，85%～90%的输入电功率转换为了热能量。整理得结温计算公式：

$$T_J = T_A + R \cdot P \tag{3.21}$$

通过式（3.21）即可计算芯片的结温。由于单热阻模型使用简便，现在仍在广泛使用。在大功率 LED 封装中主要也是使用此种热阻模型。

2．双热阻模型

双热阻模型是常见的简化稳态热模型，如图 3.20 所示。它由三个结点 T_J、T_C 和 T_B 以及 PN 结到壳的热阻 R_{jc} 和 PN 结到板的热阻 R_{jb} 组成。其中，T_J 表示器件的结温，T_C 表示芯片封装顶部温度；T_B 表示芯片封装外部引脚与电路板相接处或其附近区域的温度；Q 表示热功耗。目前，两热阻简化模型中的热阻值有三种方法可以得到。

第一种方法是按照 JEDEC 和 SEMI 标准得到两个热阻值，该方法建立的模型属于传统两热阻模型。其中，按 EIA/ JESD51-8（集成电路热测试方法环境条件－结到板）标准测试方法可得结到板的热阻 R_{jb}；按美军标 MIL－STD－883D 中方法 1012.1 等测试法可得壳到板的热阻 R_{jc}。

第二种方法是由 Tal 和 Nabi 提出的 PERIMA 方法。该方法原理是将现在大量芯片手册中提供的热阻 R_{ja} 和 R_{jc} 通过一种算法转化成双热阻模型中所需要的 R_{jb} 和 R_{jt}。详细理论推导见参考文献。此处有一点说明，R_{jt} 是指结到封装顶部表面的热阻，而 R_{jc} 是指结到封装外壳的热阻，主要区别在于所涉及的封装表面积范围不同：前者指顶部表面；后者指最接近芯片安装区域的封装表面，有可能是封装顶部表面也有可能是封装底部表面，如果封装表面安装散热器,则该表面与散热器底座面积完全一致。

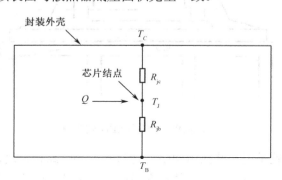

图 3.20　双热阻模型示意图

第三种方法是由 Yaniv Tal 提出的一种用 MTSA 方法改进的两热阻模型。MTSA 方法的主要思想是通过修正芯片封装顶部表面积值而近似考虑顶部表面温度剖面的影响因素，即不再像传统的两热阻模型那样认为封装顶部表面是等温表面，而是把顶部表面划分成一个中心高温区和一个边缘低温区来处理。详细理论见参考文献[64]。

但是，在大功率 LED 的封装中，使用双热阻模型有不便之处：一是大功率 LED 往上传热较为困难；二是大功率 LED 的顶部为一圆球（硅胶透镜），不满足划分顶部温度区域的条件。最近 JEDEC 准备发布"两热阻简化模型标准"，这将成为电子封装业的第一个权威标准。但其中未听说报道含有包括大功率 LED 的双热阻模型。

3．星型热阻模型与 DELPHI 热阻简化模型

星型网络模型是指在两热阻模型的基础上又添加了结到侧表面的热阻。求解星型模型的系数必须建立封装的详细有限元数值模型，通过随机产生的表面温度和耗散功率校准该模型。校准后可得到器件结温，最后利用结温可以求得星型网络模型的温度影响系数。星型网络模型现在基本被 DELPHI 多热阻模型所取代。一个 PLCC 封装星型模型与 FC-PGBA 封装 DELPHI 简化模型分别如图 3.21 和图 3.22 所示。

多热阻模型的优点是热分析行业内普遍认可的，它的精度优于两热阻模型。目前多热阻模型的精度是大部分工程应用能够接受的。国内的电子设备分析师在逐渐地使用多热阻模型，主要是购买国外软件商的多热阻数据。

在国际上，大型的芯片制造商很早就开始了对芯片热阻提取方法的研究。1993 年 11 月，来自五个欧洲成员国的六家公司开始了一个名为 DELPHI 的研究计划。该计划历时三年，于 1996 年 11 月完成。他们的研究成果就是提出了一个与环境无关的芯片热阻提取方案——DELPHI 热阻模型。至今，这一模型已经被成功应用于电子设备热设计中。并且，开发成员之一的 Flometric 公司还将此技术开发为商业软件从中获利。在其后的开发中，

DELPHI 受到了欧盟的资助，并力图将这一模型经过芯片厂商的评价和开发，最终推广到部件厂商中去，由他们给出每种新的芯片的热阻模型，这就是后来的 SEED 研究计划。最初，有三家欧洲半导体厂商参与这项计划他们是飞利浦半导体、西门子半导体、SGS-汤姆森公司，后来这一计划也将美国和日本的一些厂商加入。因此，DELPHI 热阻模型是目前世界最流行的热阻提取方法。

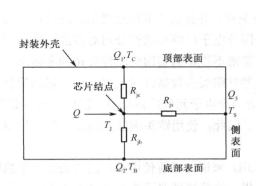
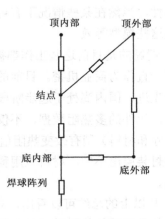

图 3.21　星型模型示意图（PLCC 封装模型）　　图 3.22　DELPHI 简化模型（FC-PBGA 封装）

　　DELPHI 简化模型在星型网络模型的基础上添加了部分表面结点之间的热阻并进一步优化简化模型。DELPHI 模型提出"边界条件独立"的概念，即满足该条件的模型可以在任何特定应用环境下使用。为了更全面的模拟器件在真实环境下的热流状况，DELPHI 工程中提出了 38 组边界条件，后改为 58 组边界条件。每一组边界条件是在器件封装的顶面、底面、侧面和引脚等部分上的传热系数的组合。经常取一些极限的传热系数看模型在各种情况下的表现，经过统计分析然后求得一个电子封装的简化模型。

　　DELPHI 模型的建立步骤主要有如下四步：

　　第一步是收集封装的详细参数，如芯片与基底等封装内部组成的物理尺寸、引脚或焊料微球的尺寸及分布特点、芯片功耗、封装内各组成部分材料的导热率等。

　　第二步是利用第一步中的参数以及封装特点通过专业热分析热设计软件对器件建立详细的热模型。以单芯片封装为例，一个详细模型由一个导热模型组成，这个导热模型是由充足网格捕获封装重要热特性的有限元或有限体积热分析软件来描述的。详细模型建好后需进行验证。主要是在各种边界条件下作热仿真然后与真实试验测得的器件结温对比分析。在 DELPHI 工程中提出了两种测量器件结温的实验方法：DCP 法（the Double Cold Plate）和 SDJI 法（the Submerged Double Jet Impingement），详见参考文献。

　　第三步是通过第二步中已验证有效的详细热模型提取简化热模型。提取热阻网络简化模型的方法主要是将详细模型的表面划分成若干部分，每部分用一个结点代表。各部分表面结点与芯片结点之间用热阻互连，有时各表面结点之间也存在热阻互连。使用考虑所有边界条件的详细热模型，可以计算器件结温和通过各个面和/或结点的热流量。进而可以计算简化模型中各个热阻的具体数值。

第四步是在与详细热模型完全相同的系统环境和边界条件下用热分析软件对简化热模型进行热仿真及误差分析。最严格的做法是针对简化模型在 38 组或更多组边界条件下分别进行热分析。然后对比详细模型在相应边界条件下的热分析参数结果(主要参数包括器件结温和热流),如果各项误差均在一定的工程允许范围内,就验证了简化热模型的准确性和有效性。当然在某些情况下有可能出现对同一个封装的多个热阻网络模型都可用有效,这时称这些模型等效。

遗憾的是目前这些工作都被欧美大公司垄断,并且由于其商业性质,这项技术的实质内容一直作为商业机密。目前的实际情况是国外电子厂商和软件公司对多热阻模型的研究比较先进,国内尚处于起步阶段。国内厂商常常不得不购买国外软件公司的多热阻数据。其中,元件的多热阻数据,不仅代价昂贵,并且购买的数据针对性极强——封装信息(包括尺寸和材料)稍有改变热阻值便不适用。而当今电子元件厂商众多,芯片产品丰富多样,新的封装层出不穷,材料应用科学日新月异。因此,使用购买的多热阻数据常常显得不够灵活。

从以上的总结可以看出,对于大功率 LED 来说,目前使用最广泛的仍然是单热阻模型。并且目前的热阻模型多为基于统计的思想。这些模型普遍的不足之处在于没有从物理的机制出发来推导大功率 LED 的热阻模型,无法在设计早期进行热阻的预估。下面从热能量方程出发,在进行合理的假设后,推导出了适用于大功率 LED 的封装热阻计算模型。

3.4.3　基于热传导能量方程的热阻模型的建立

1. 建立预估热阻模型的传热学理论基础

现今的传热学理论分为传统传热学与新兴的微纳传热学。传统传热学是在宏观现象的研究中发展起来的研究热量传递规律的一门理论,分析手段的是高等数学方法。因此必须建立在所研究的对象为连续体的假定上,即认为所研究的对象内各点的温度、密度、速度等都是空间坐标的连续函数。传热学理论中研究的传热方式有三种:导热、对流、辐射。微纳传热学是随着微电子机械系统及纳米器件的研究而发展起来的新兴理论。微电子机械系统是指那些特征尺寸在 1 毫米以内而又大于 1 微米的器件。在 GaN 基的发光芯片中,发光层的厚度通常只有几个微米,所以可以部分的归属于微纳传热范畴。在所有微电子机械或纳米器件的设计及应用中,传热和流动都是非常突出而重要的问题。全面了解系统及其组成单元在特定空间和时间尺度内的热行为,已经成为提高器件性能最关键的环节之一,并对于发展高能流密度微电子、光电器件与系统及加工某些新材料具有重要的现实意义,而其本身也是热科学向纵深发展的必然。现在,人们普遍认为,随着尺度越来越小,器件中的热和流体行为将严重偏离传统传热学和流体力学理论所描述的规律,即微尺度区域内的热流体行为将体现出强烈的尺寸效应,而那些广泛应用于连续介质体系中的物理量.如"温度"、"压强"、"内能"、"熵'、 "焓",乃至热物性如热导率、比热容、黏度等存在尺度效应，在微尺度水平上均需要重新定义和解释。一系列的研究表明，Fourier 定律不再适于分析高温超导薄膜及介电薄膜在一定温度和厚度区域内的热传导问题。因此，对于同尺度内的 LED 传热模型也需做类似考虑。微米/纳米尺度传热问题本身的微观特点使得传统分析方法受到极大挑战此时建立在宏观经验上的唯象模型不再十分有效。因此，在大功率 LED 的热分析问题上，结合传统传热理论和微纳传热理论，对一些相应的基本方程和界面条件作适度修正后，提出了新的传热方程，达到能较为准确分析大功率 LED 的内部散热问题的目的，为大功率 LED 热分析的理论创新垫砖铺路。

2. 面向大功率 LED 的热阻模型

采用 GaN 蓝光芯片和荧光粉的白光 LED 是应用最广泛的功率 LED，具有典型意义。本节对此类 LED 基于一维能量方程以及边界条件，建立了稳态热阻模型。在正方形的铝导热基板上，大功率 LED 蓝光芯片用锡膏作为粘接材料被固定，发光芯片的上面涂敷着荧光粉。基板长与宽分别为为 L_{sub} 与 W_{sub}，厚度为 d_{sub}。芯片尺寸假设为正方形，长、宽尺寸分别为 L_{ch-a} 和 W_{ch}，芯片厚度为 d_{ch}。由于示意图（见图 3.23）选取右边一半的芯片，所以数值上其长度 L_{ch-a} 为宽度 W_{ch} 的一半。锡膏同样假设为正方形，长、宽尺寸与芯片大小一样分别为 L_{ch-b} 和 W_{ch}，厚度为 d_{sn}。与芯片结构类似，锡膏长度 L_{ch-b} 同样为宽度 W_{ch} 的一半。荧光粉层盖在锡膏和芯片上方。基板的两侧，金属导线作为直流电流的输入输出端。金属线宽度为 W_m，厚度为 d_m，金属线的正方向为向右，如图中 x_m 箭头所示。设基板底部与大热沉良好接触，因而基板底部温度被假设为环境温度 T_0。当大功率 LED 通电一段时间后，温度场达到平衡。此时在芯片层中产生的热量有几条路径散发，此处主要考虑的有通过焊料向下通过基板散发。另外，芯片通过金线连接到金属引线也会带走一部分热量，由于金线较短且热导率很高，在此假设芯片产生的热量无损通过键合金线传导导金属互连线后进一步散走。虽然从芯片往上也存在着温度梯度，但是考虑到荧光粉和硅胶透镜等的热导率系数很小，暂时忽略到这一部分散热能力。由于芯片是对称结构，因此取右边一半来分析，因此图中只见一条金属连接线。

在设定边界条件时做如下假设：

- 设最热温度产生与芯片顶端结处；
- 设基板顶面与金属连接线初始端温度相同；
- 金属连接线经过一段长度后温度不在随距离发生变化；
- 在芯片顶面微小范围内的产生的热量为 $P/2$；
- 在锡膏与基板的接触面，从芯片传导来的热量分为两路散发，一路通过下面基板至热沉，一路通过金属连接线散发；
- 芯片产生热量不往上通过荧光粉层散发；
- x_{ch} 和 x_m 坐标轴方向如图 3.23 所示。

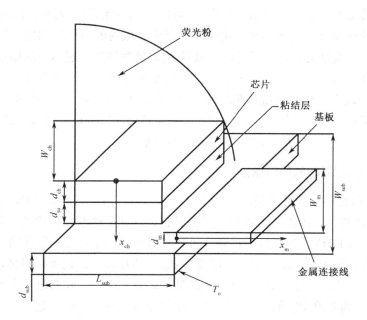

图 3.23　大功率白光热阻模型示意图

当大功率 LED 达到热平衡后，主要考虑三种热机制。一是芯片层产生热量，二是产生的热量通过基板向下散热，三是产生的热量通过金属连线散热。以基板为基准，分别考虑芯片层和金属层的热交换因子为 h_{ch} 和 h_m，如式（3.22）和式（3.23）表示：

$$h_{ch} = \frac{k_{ch} \cdot d_{ch} + k_{sh} \cdot d_{sh} + k_{sub} \cdot d_{sub}}{\left(d_{ch} + d_{sn} + d_{sub}\right)^2} \tag{3.22}$$

$$h_m = \frac{k_m \cdot d_m + k_{sub} \cdot d_{sub}}{\left(d_m + d_{sub}\right)^2} \tag{3.23}$$

于是，对于芯片向下传热和金属线传热，分别有热能量方程式（3.24）和式（3.25），

$$\frac{\partial^2 T_{ch}}{\partial x_{ch}^2} = m_{ch}^2 \left(T_{ch} - T_0\right) \tag{3.24}$$

$$\frac{\partial^2 T_m}{\partial x_m^2} = m_m^2 \left(T_m - T_0\right) \tag{3.25}$$

式子，m_{ch} 和 m_m 分别为采用微纳尺度传热方法考虑的等效热冷却长度的倒数，如式（3.26）和式（3.27）所示：

$$m_{ch} = \left(\frac{k_{ch} \cdot d_{ch}}{h_{ch}}\right)^{-\frac{1}{2}} \tag{3.26}$$

$$m_m = \left(\frac{k_m \cdot d_m}{h_m}\right)^{-\frac{1}{2}} \tag{3.27}$$

边界条件由式（3.28）和式（3.29）定义：

$$T_c = T_{ch}\left(x_{ch} = 0\right) \tag{3.28}$$

$$T_{ch}\left(x_{ch} = L_{ch}\right) = T_m\left(x_m = 0\right) \tag{3.29}$$

$$\left.\frac{\partial T_m}{\partial x_m}\right|_{x_m = L_m} = 0 \tag{3.30}$$

$$k_{ch} \cdot \frac{1}{2} W_{ch}^2 \left(\frac{\partial T_{ch}}{\partial x_{ch}}\right)_{x_{ch}=0} = \frac{P}{2} \tag{3.31}$$

$$k_{ch} \cdot \left(\frac{1}{2}W_{ch}^2\right)\left(\frac{\partial T_{ch}}{\partial x_{ch}}\right)_{x_{ch}=L_{ch}} = k_m w_m d_m \left(\frac{\partial T_m}{\partial x_m}\right)_{x_m=0} + \left(T_{m(x_m=0)} - T_0\right) \cdot k_{sub} \cdot w_{sub} \cdot L_{sub} \tag{3.32}$$

方程（3.24）和（3.25）可以解为：

$$T_{ch} - T_0 = Z_2 \exp\left(m_{ch} x_{ch}\right) + Z_3 \exp\left(-m_{ch} x_{ch}\right) \tag{3.33}$$

$$T_m - T_0 = Z_1 \cosh\left[m_m\left(L_m - x_m\right)\right] \tag{3.34}$$

将边界条件代入式（3.33）和（3.34），可得

$$Z_2 \exp\left(m_{ch} L_{ch}\right) + Z_3 \exp\left(-m_{ch} L_{ch}\right) = Z_1 \cosh\left[m_m L_m\right] \tag{3.35}$$

$$m_{ch} Z_2 - m_{ch} Z_3 = \frac{P}{2k_{ch}\left(\frac{1}{2}W_{ch}^2\right)} \tag{3.36}$$

$$k_{ch}\left(\frac{1}{2}W_{ch}^2\right)\left[Z_2 \cdot \exp\left(m_{ch} L_{ch}\right) \cdot m_{ch} + Z_3 \exp\left(-m_{ch} L_{ch}\right)\left(-m_{ch}\right)\right]$$
$$= k_m w_m d_m Z_1 \sinh\left[m_m\left(L_m\right)\right]\left(-m_m\right) + Z_1 \cosh\left[m_m L_m\right] k_{sub} w_{sub} L_{sub} \tag{3.37}$$

联立式（3.35），式（3.36）和式（3.37），得到线性方程组（3.38）：

$$\begin{bmatrix} \cosh\left[m_m L_m\right] & -\exp\left(-m_{ch} L_{ch}\right) & -\exp\left(m_{ch} L_{ch}\right) \\ 0 & m_{ch} & -m_{ch} \\ k_m w_m d_m \sinh\left[m_m\left(L_m\right)\right]\left(-m_m\right) \\ +Z\cosh\left[m_m L_m\right]k_{sub}w_{sub}L_{sub} & k_{ch}\frac{1}{2}W_{ch}^2 \exp\left(m_{ch} L_{ch}\right) \cdot m_{ch} & k_{ch}\frac{1}{2}W_{ch}^2 \exp\left(-m_{ch} L_{ch}\right)\left(-m_{ch}\right) \end{bmatrix} \cdot \begin{bmatrix} Z_1 \\ Z_2 \\ Z_3 \end{bmatrix} = \begin{bmatrix} 0 \\ \dfrac{P}{k_{ch}W_{ch}^2} \\ 0 \end{bmatrix} \tag{3.38}$$

对于方程（3.38），可以编写 MATLAB 程序对其进行求解。

3. 计算结果与讨论

求得 Z_1，Z_2 和 Z_3 后，可以用来求解方程式（3.33）和式（3.34）。若使用表 3.10 所示的典型参数，可以求得 LED 热阻为

$$R_{th} = (T_c - T_0)/P = (Z_2 + Z_3)/P = 10.83 \text{（K/W）} \tag{3.39}$$

表 3.10　大功率 LED 热阻计算模型参数表

k_{ch}(W/mK)	35	$d_{ch}(\mu m)$	150
k_{sn}(W/mK)	52	$d_{sn}(\mu m)$	100
k_{sub}(W/mK)	178	$d_{sub}(\mu m)$	3000
$L_{ch}(\mu m)$	200	$W_m(\mu m)$	300
$L_m(\mu m)$	1700	$W_{sub}(\mu m)$	4000
P(W)	1	$W_{sub}(\mu m)$	4000
k_m(W/mK)	385	$L_{sub}(\mu m)$	4000
$d_m(\mu m)$	1000	$W_{ch}(\mu m)$	1000

由于此热阻计算模型是参数化的，因此可以很容易地改变材料参数与尺寸来进行热阻计算。

首先改变芯片的发热功率分别为 1W，2W，3W，可以求得芯片热阻仍然为 10.83K/W。这个结果是正确的，因为热阻反映的是散热能力，在一定范围内与输入功率多少没有关系。如果周围环境能一直与假设保持一致，则 LED 芯片的散热能力不变。

改变芯片的衬底类型，例如将芯片衬底改为 SiC 时，芯片热导率值为 490W/mK，此时计算热阻的值为 7.26K/W，表明 SiC 衬底具有比蓝宝石衬底更好的散热特性。事实上也是如此，CREE 公司坚持采用 SiC 衬底技术，凭借其在散热上的突出技术一直占据着 LED 芯片的高端市场。

改变粘接材料的热导率会对热阻带来影响。将粘接材料热导率提高为原来一倍时，热阻值为 10.76K/W；继续提高热导率至锡膏原有热导率 10 倍，得到热阻值为 10.29 K/W。表明采用更高热导率的粘接材料对芯片散热起有益的作用。但是，将粘接材料热导率提得非常高有点难于实现，同时，粘接材料其实并不是一个完美的平面，里面可能有气泡存在，带来较大的接触热阻，并且此模型不能估计到此种现象，会带来预估热阻较真实值偏小的现象出现。

对模型进一步计算发现改变基板的厚度与热导率会对散热能力产生较大的影响。将基板厚度减薄为 1500μm 时，得到热阻值为 7.39K/W。模型计算表明通过金属连线所散发的热量在总的热量耗散里面占的比重不大，若采用如表 3.10 的参数时计算得到通过金属引线散发的热量占总的热量的 2.28%。若将基板的厚度减薄为 1500μm 时候，金属引线散发的热量百分比略有增加，为 2.79%。

3.4.4　测量、计算热阻的意义

1．为 LED 封装散热设计提供理论和实践依据

（1）选择合适的芯片。对芯片不能只要求出光效率高，必需针对制程中解决散热的能力采用足够高 T_{jmax} 的芯片。在实践中发现，某些种类的芯片只经过 24h 老化就有较大衰减，这与其耐高温性能比较差相关。

（2）评估/选择支架、散热铝基板。依 R_{thsa} 或 R_{thba} 作为目标值，查对物料供应商提供的物料资料并计算其热阻，剔除不合要求的物料。通过试样，测试、对比不同物料的热阻，可做到择优而用。

（3）评估粘结胶及其效果。一般使用到的芯片粘结胶是银胶或锡膏，热沉与散热铝基电路板间的结合胶是导热硅胶或其它散热胶，胶体的导热系数、胶的厚度、结合面的质量制约热阻的大小。粘结胶是否合适，必需通过实验，测得热阻作为评估结论的判断依据之一。

2．推测 T_j

通过热阻等参数可以推测 T_j，进而可以与设定的 T_{jmax} 比较，检验 T_j 是否符合要求。芯片温度与产品失效概率密切相关，在知悉某 T_j 时的失效概率的情况下，可以求得产品在推测出来的 T_j 时的失效概率。

3．评估 LED 工作时可能遭遇的最高环境温度

设定 T_{jmax} 后，相应地可以导出环境温度的最高值。为了保证产品的信赖性，大功率 LED 产品应给出散热铝基电路板的表面最高温度或环境（空气）温度以指导下游应用产品的开发。

3.5　LED 散热仿真软件

传热学中的温度场分析可以归结为给定边界条件下求解其控制方程（常微分方程或偏微分方程）的问题。它广泛存在于生产实际，如计算某个系统或部件的温度分布、热梯度、热应力、相变等。

对此类问题，能用解析方法求出精确解的只是属于方程性质比较简单，且集合边界相当规则的少数问题。对于大多数的传热问题，由于物体的几何形状比较复杂或者问题的某些特征是非线性的，很少有解析解。此时，就可以采用有限元计算机仿真方法来进行数值模拟。

热特性是半导体 LED 的关键特性。求解大功率 LED 的详细温度场对于大功率 LED 的热特性分析非常重要。

3.5.1　基于 ANSYS 有限元分析软件的 LED 热模拟

1. ANSYS 软件

（1）ANSYS 功能

ANSYS 作为新颖的有限元分析软件在热分析问题方面具有强大的功能，而且在涉及热学特性的多物理场耦合分析中也具有很好的处理能力。图 3.24 所示为 ANSYS 有限元分析软件图标。

图 3.24　ANSYS 有限元分析软件图标

ANSYS 软件是融结构、流体、电场、磁场、声场分析于一体的大型通用有限元分析软件。由世界最大的有限元分析软件公司之一的美国 ANSYS 开发，它能与多数 CAD 软件接口，实现数据的共享和交换，如 Pro/Engineer, NASTRAN, Alogor, I-DEAS, AutoCAD 等，是现代产品设计中的高级 CAE 工具之一。

软件主要包括 3 个部分：前处理模块，分析计算模块和后处理模块。

前处理模块提供了一个强大的实体建模及网格划分工具，用户可以方便地构造有限元模型。分析计算模块包括结构分析（可进行线性分析、非线性分析和高度非线性分析）、流体动力学分析、电磁场分析、声场分析、压电分析以及多物理场的耦合分析，可模拟多种物理介质的相互作用，具有灵敏度分析及优化分析能力。后处理模块可将计算结果以彩色等值线显示、梯度显示、矢量显示、粒子流迹显示、立体切片显示、透明及半透明显示（可看到结构内部）等图形方式显示出来，也可将计算结果以图表、曲线形式显示或输出。

软件提供了 100 种以上的单元类型，用来模拟工程中的各种结构和材料。

（2）ANSYS 热载荷

ANSYS 热载荷分为四大类：

①DOF 约束：指定的 DOF（温度）数值；

②集中载荷：集中载荷（热流）施加在点上；

③面载荷：在面上分布的载荷（对流、热流）；

④体载荷：体积或区域载荷。

ANSYS 热载荷类型见表 3-11，具体说明如下。

温度：自由度约束，将确定的温度施加到模型的特定区域。均匀温度可以施加到所有节点上，不是一种温度约束。一般只用于施加初始温度而非约束，在稳态或瞬态分析的第一个子步施加在所有节点上。它也可以用于在非线性分析中估计随温度变化材料特性的初值。

热流率：是集中节点载荷。正的热流率表示能量流入模型。热流率同样可以施加在关键点上。这种载荷通常用于对流和热流不能施加的情况下。施加该载荷到导热系数有很大差距的区域上时应注意。

表 3-11　ANSYS 中载荷类型

施加的载荷	载荷分类	实体模型载荷	有限元模型载荷
温度	约束	在关键点上 在线上 在面上	在节点上 均匀
热流率	集中力	在关键点上	在节点上
对流	面载荷	在线上（2D） 在面上（3D）	在节点上 在单元上
热流	面载荷	在线上（2D） 在面上（3D）	在节点上 在单元上
热生成率	体载荷	在关键点上 在面上 在体上	在节点上 在单元上 均匀

对流：施加在模型外表面上的面载荷，模拟平面和周围流体之间的热量交换。

热流：同样是面载荷。使用在通过面的热流率已知的情况下。正的热流率表示热流输入模型。

热生成率：作为体载荷施加，代表体内生成的热，单位是单位体积的热流率。

（3）ANSYS 分析过程

ANSYS 分析采用的是有限元分析技术。在分析时，必须将实际问题的模型转变成有限元模型，它是一种近似的模拟仿真。有限元分析问题是由几何模型的模拟（建立几何模型）、物理模型的模拟（建立材料模型）、工艺过程的模拟（建立分析过程）、结果的整理和判断及参数的调整。一个典型的 ANSYS 分析过程可分为三大步骤：建立模型，加载并求解和查看分析结果。针对模型与边界条件，采用 ANSYS 的 GUI 方式，模型用 CAD 或 Pro/E 创建后直接导入，具体过程如下：

①设定结构基本参数：确定 jobname、title、单位。

②选择单元类型：定义单元类型，设定单元选项。

③定义材料参数：对于稳态热分析，材料参数有导热系数；对于瞬态热分析，材料参数有导热系数、比热、密度、泊松比等。

④建立几何模型：在 ANSYS 中有两种建模方式，一种是自顶向下建模，首先定义一个模型的最高级图元，称作基元，如球体、棱柱等。接着程序会按照已定义的体自动定义相关的面、线及关键点。若是二维的模型，则先定义基元为面，接着程序就会自动定义与之相关的线与关键点。另一种是自底向上建模，首先定义关键点，然后依次是相关的线、面和体。但是模型的结构比较复杂时，用其他三维画图软件进行建模比较方便，使用 Pro/E 进行建模，然后通过无缝连接，将模型直接导入到 ANSYS 中进行热分析。

⑤划分网格：LED 灯具的整体模型比较复杂，包含了很多的体与面，且无规则性，不对称，故采用自由网格划分。

⑥施加载荷并求解：施加载荷即定义边界条件，设置 LED 灯具的工作环境，如环境温度、对流系数、热生成等参数。

⑦查看结果：求解结束后，进入后处理，可以选择不同的显示效果，得到温度分布图或温度变化曲线。

ANSYS 具有的强大网格划分，加载求解和后处理功能，LED 灯具的散热问题的模拟仿真也成了 ANSYS 的一个重要应用领域。

2. 采用 ANSYS 热设计实例

（1）焊接面对热阻的影响

在 LED 黏接时，固晶黏料不均匀会对 LED 的性能造成影响。如黏料的流逝、黏料孔状缺陷等，会减少 LED 向下散热的面积，增大 LED 的热阻。为此，采用 ANSYS 有限元软件模拟了不同黏接面积 LED 的温度分布。根据温度分布推得黏接面积对 LED 热特性的影响。所用的芯片为 Cree 某款大功率蓝光芯片，通过共晶焊方式固结在底部 Cu 杯碗内，Cu 杯碗再通过银胶黏接在 Al 基板上。

三种不同黏接条件下某样品的热阻：（a）为完全黏接的情形；（b）为仅有一半黏接；（c）为仅有一半黏接，中间存在圆孔状缺陷，用于表示在黏接时黏接层面某些部分无焊料的情形。图 3.25 为三种不同的芯片下层焊料分布的情况。

模拟的结果分别如图 3.26、图 3.27、图 3.28 所示，焊接面的黏接质量将影响 LED 的热阻。

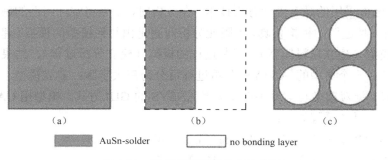

（a）　　　　　　　　（b）　　　　　　　　（c）

▮ AuSn-solder　　　　□ no bonding layer

图 3.25　芯片下层焊料分布的情况

三种不同的黏接条件能够影响整个 LED 的温度和各个部件的温度分布。焊料层不均匀，导致发光层各位置温度出现较大差值，而出光效率受温度影响明显，发光层上温度高的位置出光量变弱，这将影响 LED 的整体出光效率。

（2）倒装芯片焊点缺陷对热阻的影响

芯片采用倒装方式封装，由于出光性能及散热性能优异而备受重视，LED 芯片通过分离的凸点连接底部的散热基板。作为芯片与基板的散热通道，热电分离的倒装芯片有源区散发的热量通过底部凸点向下传导到外部，理论上，对于形状一定的凸点来说，凸点数目越多，凸点越薄，都能够降低 LED 的热阻。实际上，凸点的黏接形态和黏接质量都将影响到 LED 的热性能。

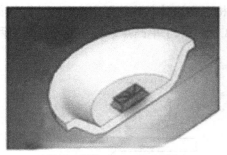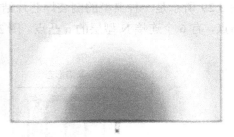

ΔT=5.45℃, T_{max}=80.31℃　　　　　ΔT=0.92℃, T_{max}=80.29℃

图 3.26　完全黏接情况下 LED 器件及有源层的温度分布

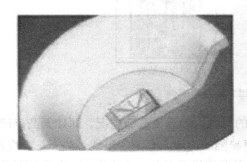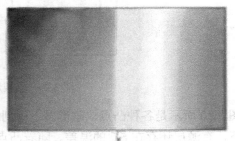

ΔT=5.45℃, T_{max}=80.31℃

图 3.27　一半黏接情况下 LED 器件及有源层的温度分布

ΔT=1.8℃　T_{max}=81.31℃

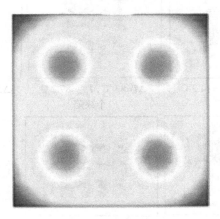

ΔT=1.8℃, T_{max}=81.31℃

图 3.28　存在孔缺陷黏接情况下 LED 有源层的温度分布

图 3.29 所示是一种典型的倒装焊芯片结构，在这种芯片结果中，有 16 个连接 P 型层的 p 凸点，有 6 个连接 N 型层的 n 凸点。图 3.29 引入了单凸点缺失和双凸点缺失两种缺陷形态。

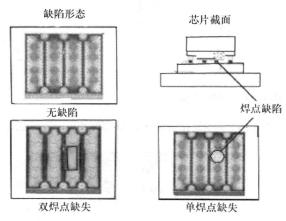

图 3.29   倒装焊芯片凸点示例

图 3.30 所示是各种凸点缺陷形态下得到的有源层的温度分布情况。即使无凸点确实的情况下，有源层还存在 5℃的温差。随着凸点缺陷的出现，有源层出现了热点，温度增大，有源层的温差也随着加大。倒装焊芯片的凸点焊接质量及形态对 LED 的热性能有着重要影响。

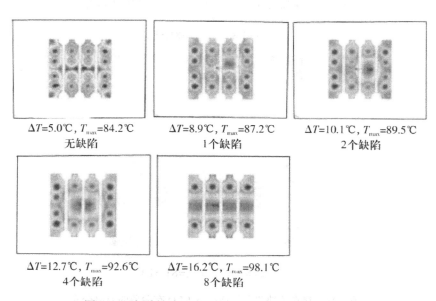

图 3.30   各种缺陷形态下 LED 发光层的温度分布图

（3）封装结构对热阻的影响

对于白光 LED 而言，蓝光 LED 激发荧光粉产生白光，白光 LED 的热模拟需要考虑荧光粉的影响。荧光粉激发时也产生少量的热量,白光 LED 也存在不同的荧光粉涂敷方式。不同的涂敷方式中,白光 LED 的温度场分布如何,如荧光粉近域激发、远域激发、荧光粉层与散热基板的接触与否,这些因素都将影响白光 LED 的温度分布。如何影响,我们分析了两种封装结构。

图 3.31 展示了两种荧光粉涂覆方式,一种是传统的荧光粉涂覆方式,荧光粉直接覆盖在芯片的表面上,另外一种是热隔离的封装结构,荧光粉涂层与芯片之间有一层隔热层。两种结构的温度模拟图如图 3.31 所示,明显可以看出,传统结构中由于芯片对荧光粉层的加热,使得荧光粉层升高,而热隔离的封装结构使得芯片的热量加载不到荧光粉层上去,降低了荧光粉层的温度。

实验量测了不同电流下两种封装结构荧光粉层的温度曲线,如图 3.32 所示,随着注入电流的加大,在 500 mA 电流注入下,两种封装结构荧光粉层的温差高达 20℃,而热隔离封装结构的荧光粉层温度比较一致,这对于白光 LED 光色的稳定性是有利的。

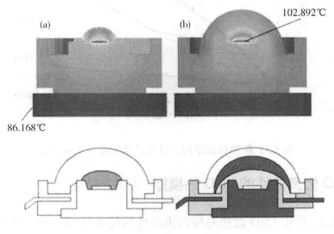

图 3.31　两种荧光粉涂覆方式对比

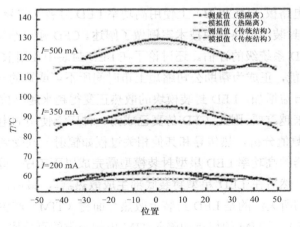

图 3.32　温度分布图

两种封装结构色温及光通量随注入电流的关系如图 3.33 所示，热隔离的封装结构有更优异的色温稳定性及更高的光通量饱和点。

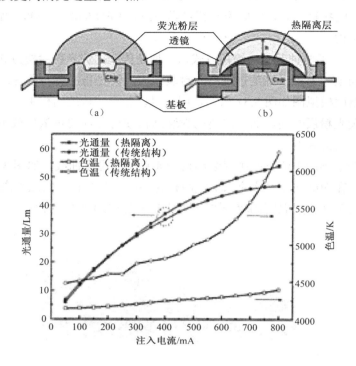

图 3.33 两种封装结构色温及光通量随注入电流的关系

3.5.2 基于 CFD 仿真软件的 LED 热模拟

对热设计师来说，防止 LED 过热是极具挑战性的任务。因此，通过计算流体动力（CFD）模拟 LED 组件在应用设计过程中变得越来越重要。以下分别比较了有散热器和无散热器时在星型金属芯印刷电路板（MCPCB）上使用高功率 LED 封装的实验结果。比较讨论之后，就带散热器时 LED 封装的散热建模技术案例做了阐述。CFD 建模结果充满了希望，并说明这种技术可用于 LED 系统级的评估。还讨论了在 LED 封装中使用散热介面材料的影响。

预测 LED 热性能，正成为帮助公司缩短上市时间所不可或缺的一种能力。然而，随着热通量和封装密度日益增加，LED 封装模块的散热正变得越来越具挑战性，热分析和 LED 模块设计也变得越来越重要。因此，CFD 仿真已成为一种广泛使用的电子产品热分析方法，CFD 与流体流动的数值分析，热传导和其他相关过程如辐射一同受到关注。

建立带有散热器的高功率 LED 星型封装模型需完成以下工序。首先，生成详细的 LED 封装星型衬底模型，然后在 LED 星型封装底部生成散热器。最后，将模拟数据同实验数据相比较。另外我们所关注的是 LED 封装上散热介面材（TIM）产生的影响，目的是显示不同焊线厚度（BLT）下 TIM 的特点和陷入 TIM 内的空隙的百分比。

1．热建模技术

使用 Flotherm——来自 Flomerics 公司的 CFD 工具，模拟 LED 封装即星型衬底 (MCPCB)。如图 3.34 所示为 LED 封装配置。焊料填补在封装和衬底间。当封装达到最大功率 1.3W 时，标准自然和强迫对流空气冷却都无法将结温保持在可接受范围之内，即 125℃ 及以下。附加的散热器作用在于帮助达到降低温度的要求。为了在 LED 上安装散热器，需将热粘合带连接到散热器背面，并将该散热器安放在 LED 衬底底部。

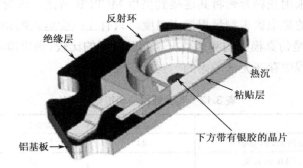

图 3.34　LED 封装配置

2．网格与边界条件

对于 CFD 分析，下列属性可假设为：三维，稳态，静态气流和空气属性是常数，环境温度为 25℃，计算域为 305×305×305mm，且通过自然对流，传导和辐射进行散热。

带有详细散热器模型（见图 3.35）的 LED 封装衬底的总网格单元大约为 200000。对于网格单元的生成，建议散热器翅片间至少采用 3 个单元。

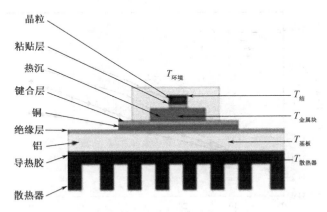

图 3.35　散热模型

计算热阻值，需测量垂直通过芯片，芯片连接层，管芯焊盘，散热介面材，散热器和电介质层直到衬底的热流情况。通过使用下列方程，可计算得到从芯片（交界处）到四周的热阻值：

$$R_{JA} = R_{J\text{-}MS} + R_{MS\text{-}A} \tag{3.40}$$

$$R_{MS-A} = (T_{MS} - T_A)/P \qquad (3.41)$$

$$R_{J-MS} = 10℃/W \qquad (3.42)$$

$$R_{JA} = R_{J-MS} + R_{MS-A} \qquad (3.43)$$

其中 R_{JA} 代表热量如何从 LED 芯片向四周消退，这意味着较低的 R_{JA} 值有更好的热性能。

LED 封装安装在星型 MCPCB 上。散热器是典型的翅片式，共有 110 个翅片，其底座是由挤压铝制成，采用热粘合带将其连接到星型 MCPCB 背面。该封装以 1.2W 功率驱动，通过封装金属芯上的热电偶来测量焊接点温度。只有在温度达到饱和后才能进行测量。

如表 3.12 所示是仿真模型的测量数据与实验数据的比较。当模拟温度高于测量温度时，它表明数值模型过程中存在无法考虑的一些冷却现象。

表 3.12 实验数据与模拟数据对比

	测量数据	实验数据	误差百分比
LED 封装在没有热沉 MCPCB 板	44	47	6
LED 封装在有热沉 MCPCB 板	28	30	7

3. TIM 的影响

热量从 LED 封装扩散到电路板或散热器过程中 TIM 发挥了关键性作用。TIM 位于 LED 封装和衬底间。下面介绍使用不同的热导率值和不同的焊线厚度进行仿真模拟。

如图 3.36 所示，衬底上带有散热器的 Moonstone 封装，随着焊线厚度的增加，TIM 热传导率对介面热阻的影响也不断增加。这表明，随着焊线厚度的增加，热阻增加对热传导率更为敏感。不过，不同热传导率值和不同焊线厚度的影响并不显著。

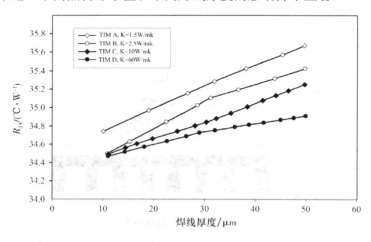

图 3.36 Moonstone 封装温度与焊线厚度的关系

两不一致的固体表面间的空隙会减少热传导，而 TIM 符合相邻固体表面的微观表面轮廓，并增加 LED 金属片（热源）与金属芯 PCB/FR4 PCB（散热器）间的接触面积。因此，它能够减少接触面积的温降。

除利用 TIM 提高热性能以外，以下是其他热设计方面的改进：散热器的几何形状和表面构造，以及它的方向位置；系统采用封闭式空气流动路径设计，促进自然对流冷却；使用能动式制冷系统，如风扇和热管、消除热空气、增加自然对流冷却等。

3.6　LED 散热材料的选择

3.6.1　散热材料的选择

大功率白光 LED 采用两种新技术，分别用来提高电流密度与发光效率。提高电流密度是利用金属封装方式将 LED 的热能高效率扩散，提高输入功率，相对于普通 LED，大功率白光 LED 则提高 20～40 倍。

散热对于大功率 LED 是至关重要的，如果不能将 LED 产生的热量及时散出，保持 PN 结的结温在允许范围内，将无法获得稳定的光输出和维持正常的器件寿命。在常用的散热材料中，银的热导率最好，但是银基散热基板的成本较高，不适宜做通用性散热器。铜的热导率比较接近银，且其成本较银低。铝的热导率虽然低于铜，但综合成本最低，有利于大规模制造。实验对比发现较为合适的做法是：连接芯片部分采用铜基或者是银基热衬，再将该热衬连接到铝基散热器上采用阶梯型导热结构，利用铜或银的高热导率将芯片产生的额热量高效传递到铝基散热器，再通过铝基散热器将热量散出，具体结构如图 3.37 所示。这种做法的优点是：充分考虑散热器性能价格比，将不同导热性能的材料结合在一起做到高效散热、成本控制合理化。

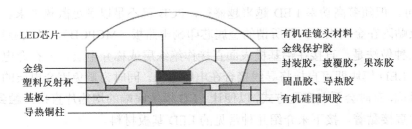

LED芯片　　　　　　　　　　　　有机硅镜头材料
　　　　　　　　　　　　　　　　金线保护胶
金线　　　　　　　　　　　　　　封装胶，披覆胶，果冻胶
塑料反射杯　　　　　　　　　　　固晶胶、导热胶
基板　　　　　　　　　　　　　　有机硅围坝胶
导热铜柱

图 3.37　芯片封装结构

值得注意的是，连接铜基热沉与芯片的材料选择是十分重要的，LED 行业常用的芯片连接材料为银胶。但是经过研究发现，银胶的热阻极高，为 10~25W/（m·K）。如果采用银胶作为连接材料，就等于人为地在芯片与热衬之间加上一道热阻。另外，银胶固化后的内部结构为：环氧树脂骨架+银粉填充式导热导电结构，这样的结构的热阻极高，且 T_g 点较低，对器件的散热与物理特性稳定极为不利。解决此问题的做法是：以锡片焊作为芯片与热衬之间的连接材料（锡的热导率为 67W/（m·K）可以取得较为理想的导热效果（热阻约为 16℃/W），锡的导热效果与物理特性远优于银胶。不同材料的热导率见表 3.13。

表 3.13 不同材料的热导率

序号	材质	热导率λ （W/(m·K)）	序号	材质	热导率λ （W/(m·K)）
1	碳钢（C=0.5～1.5）	39.2～36.7	13	纯铜	398
2	镍钢（Ni=1%～50%）	45.5～19.6	14	黄金	315
3	黄铜（70cu-30Zn）	109	15	纯铝	236
4	铝合金（60cu-40Ni）	22.2	16	纯铁	81.1
5	铝合金（87Al-13Si）	162	17	玻璃	0.65～0.71
6	铝青铜（90cu-10Al）	56	18	塑料	0.0768
7	镁	156	19	Al 热沉	230
8	钼	138	20	硅衬底	150
9	铂	71.4	21	环氧树脂	0.15～0.25
10	银	427	22	硅树脂	0.228
11	锡	67	23	PCB	178
12	锌	121			

3.6.2 散热材料基板类型的选择

在 LED 产品应用中，通常需要将多个 LED 组装在电路基板上。电路基板一方面要承载 LED 模块结构；另一方面，基板必须将 LED 芯片产生的热传出去，因此在材料选择上必须兼顾结构强度及散热方面的要求。

传统 LED 由于发热量不大，散热问题不严重，因此只要运用一般的铜箔印刷电路板（PCB）即可。但随着高功率 LED 越来越盛行，PCB 已不足以满足散热需求。因此需再将印刷电路板贴附在金属板上，即所谓的金属芯印刷电路板（MCPCB），以改善其传热路径。另外也有一种做法是，直接在铝基板表面直接作绝缘层或称介电层，再在介电层表面作电路层，如此 LED 模块即可直接将导线接合在电路层上。同时为避免因介电层的导热性不佳而增加热阻抗，有时会采取穿孔方式，以便让 LED 模块底端的均热片直接接触到金属基板，即所谓芯片直接黏着。接下来介绍几种常见的 LED 基板材料。

1. 印刷电路基板（PCB）

常用 FR4 印刷电路基板，其热传导率为 0.36W/(m·K)，热膨胀系数在 13～17ppm/K。可以单层设计，也可以是多层铜箔设计（见图 3.38）。优点：技术成熟，成本低廉，可适用在大尺寸面板。缺点：散热热性能差，一般用于传统的低功率 LED。

2. 金属基印刷电路板（MCPCB）

由于 PCB 的热导率差、散热性能差，只适合传统低功率的 LED。因此后来再将印刷电路基板贴附在金属板上，即金属芯印刷电路板。金属基电路板是由金属基覆铜板（又称绝缘金属基板）经印刷电路制造工艺制作而成。

• 78 •

根据使用的金属基材的不同，分为铜基覆铜板、铝基覆铜板、铁基覆铜板，一般 LED 散热大多应用性价比高的铝基板。结构如图 3.39 所示。

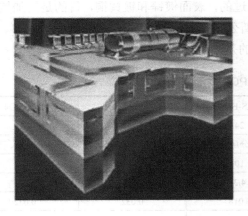

图 3.38　多层 PCB 的散热基板

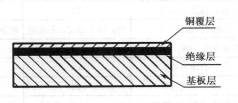

铜覆层
绝缘层
基板层

图 3.39　金属基电路板的结构

MCPCB 具有以下几个优点：

①散热性好。常规的印制板基材如 FR4 是热的不良导体，层间绝缘，热量难以散发。而金属基印制板可解决这一散热难题。

②抗热膨胀性能好。热胀冷缩是物质的共同本性，不同物质的 CTE（Coefficient of thermal expansion）即热膨胀系数是不同的。印制板（PCB）的金属化孔壁和相连的绝缘壁在 Z 轴的 CTE 相差很大，产生的热不能及时排除，在 Z 轴方向形成的温度梯度比较大，以致热胀冷缩使金属化孔开裂、断开。金属基印制板可有效地解决散热问题，从而使印制板上的元器件不同物质的热胀冷缩问题缓解，提高了整机和电子设备的耐用性和可靠性。

③尺寸稳定性强。金属基印制板，显然尺寸要比绝缘材料的印制板稳定得多。铝基印制板、铝夹芯板，从 30℃加热至 140～150℃，尺寸变化为 2.5～3.0%。MCPCB 的结构，目前市场上采购到的标准型金属基覆铜板材由三层不同材料所构成：铜、绝缘层、金属板（铜、铝、钢板），以铝基覆铜板最为常见。

1）金属基材。以美国贝格斯为例，见表 3.14 所示。

表 3.14　金属基材

类别	材质	厚度规格（mm）	扩张强度（kgf/mm²）	延伸率
铝基材料	LF、L4MLy12 铝材	1.0、1.6、2.0、3.2	30	5%
铝基材料	C11000 铜合金	1.0～3.2	25~32	15%
铁基材料	冷轧钢、殷铜	1.0、2.3		

2）绝缘层。起绝缘作用，厚度通常是 50～200μm。若太厚，能起绝缘作用，防止与金属基短路的效果好，但会影响热量的散发；若太薄，能较好散热，但易引起金属芯与组件引线短路。

绝缘层（或半固化片），放在经过阳极氧化，绝缘处理过的铝板上，经层压在表面的铜层牢固结合在一起。

3）铜箔。铜箔背面是经过化学氧化处理过的，表面镀锌和镀黄铜，目的是增加抗剥强度。铜厚通常为 0.5、1.2 盎司。如美国贝格斯公司使用的是 ED 铜，铜厚有 1、2、3、4、6 盎司 5 种。通信电源配套制作的铝基板使用的是 4 盎司的铜箔（140μm）。

表 3.15　MCPCB 技术参数

产品型号	IMS-HO1	IMS-HO2	IMS-HO3	IMS-HO4
抗剥强度（N/cm）	24	24	22	22
热冲击起泡试验	两分钟不分层、不起泡	两分钟不分层、不起泡	两分钟不分层、不起泡	两分钟不分层、不起泡
击穿电压（kV（AC））	10	10	4	3
介电常数	4.6	4.3	3.7	3.7
介质损耗因数	0.015	0.018	0.032	0.032
表面电阻率（107MΩ）	6.2	6.1	0.1	0.1
体积电阻率	1.7×107 MΩ	1.4×107 MΩ	1×1012 MΩ	1×1012 MΩ
导电系数（W/（m·K））	1.13	1.3	0.75	
平均热阻（℃/W）	0.95	0.75	1.42	

产品特点：①绝缘层薄，热阻小；②机械强度高；③标准尺寸：500×600mm；④标准尺寸：0.8、1.0、1.2、1.6、2.0、3.0mm；⑤铜箔厚度：18μm、35μm、70μm、105μm。

3. 陶瓷基板（Ceramic Substrate）

陶瓷基板（见图 3.40）以烧结的陶瓷材料作为 LED 封装基板，具有绝缘性、无须介电层和不错的热传导率等优点，热膨胀系数（4.9～8ppm/K），与 LED 芯片、Si 基板或 Sapphire 较匹配，不易因热而产生热应力及热变形。

典型的陶瓷基板如 AIN，其热传导率在 170～230W/（m·k）之间，热膨胀系数 3.5～5ppm/K。价格较贵，尺寸限于 4.5 平方英寸以下，因其韧性差无法用于大面积面板，但陶瓷高温性能好，适合高温环境高功率 LED 使用。AIN 陶瓷基板有不错的热传导率，热膨胀系数与 LED chip（CTE=5ppm/K）较匹配。

4. 直接铜结合基板（DBC Substrate）

直接铜结合基板特点是在金属基板直接共烧接合陶瓷材料，兼具高热传导率及低热膨胀性，还具介电性。允许制程温度、运作温度达 800℃以上。

由德国 Curamik 公司所发展的直接铜接合基板，是在铜板与陶瓷（Al_2O_3、AIN）之间，先通入 O_2 使其与 Cu 反应生成 CuO，同时使纯铜的熔点由 1083℃降低至 1065℃的共晶温度。接着加热至高温使 CuO 与 Al_2O_3 或 AIN 反应形成化合物，而使铜板与陶瓷介电层紧密接合在一起。此种含介电层的铜基板具有很好的热扩散能力，且介电层，如为 Al_2O_3，其热传导率为 24W/（m·k），热膨胀系数 7.3ppm/K；如为 AIN，则其热传导率为 170W/（m·k），热膨胀系数 5.6ppm/K，比前几种基板具有更佳的热效能，同时适合于高温环境及高功率或高电流 LED 之使用。图 3.41 为直接铜板接合基板的制作流程。

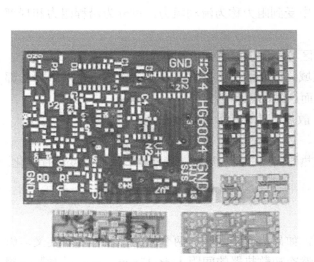

图 3.40　陶瓷材料基板 AlSiC　　　　图 3.41　直接铜板接合基板之制作流程

　　应根据实际产品应用选择基板材料，低功率 LED 发热量不大，用 PCB 基板即可，对高功率 LED，为满足其散热要求，采用 MCPCB 基板，陶瓷基板或 DCB 基板，满足性能要求时，则应考虑其成本。

3.6.3　散热片的选择与设计

　　目前，很多大功率 LED 的驱动电流达到 350mA、700mA，甚至超过 1A，这将会引起芯片内部热量聚集，导致发光波长漂移、出光效率下降、荧光粉加速老化以及使用寿命缩短等一系列问题。业内已经对大功率 LED 的散热问题作了许多努力：通过对芯片外延结构优化设计，使用表面粗化技术等提高芯片内外量子效率，减少无辐射复合产生的晶格振荡，从根本上减少散热组件负荷；通过优化封装结构、材料，选择使用以铝基为主的金属芯印制电路板（MCPCB）、陶瓷、复合基板等方法，加快热量从外延层向散热基板散发。多数厂家还在高性能要求场合中使用散热片来增大散热面积，依靠自然对流、强对流散热等方法促进大功率 LED 散热。尽管如此，单个 LED 产品目前也仅处于 1～10W 级的水平，散热能力仍亟待提高。相当多的研究将精力集中于寻找高热导率热衬与封装材料上。然而当LED 功率达到 10W 以上时，即使加了风冷强对流方式，牺牲了成本优势，也未能获得令人满意的效果。

　　需从影响大功率 LED 散热的因素中，寻找散热的关键因素。研究方法为有限元分析法，该方法已有实验验证了 LED 有限元模型与其真实器件之间的差别，证明其在误差范围内是准确可行的。

1. 散热设计方法

LED 散热设计一般按流体动力学软件仿真做基础设计，流体流动的阻力受流体的粘性和固体的边界的影响，流体在流动过程中受到阻力称为流动阻力，可分为沿程阻力和局部阻力两种。

①沿程阻力。在边界沿程不变的额区域，流体沿全部流程的摩擦阻力。

②局部阻力。在边界急剧变化的区域，如断面突然扩大或者是突然缩小、弯头等局部位置，是流体的流体状态发生急剧变化而产生的流动阻力。

通常，LED 采用散热器自然散热，散热器的设计分为以下三步：

①根据相关约束条件设计外轮廓图。

②根据散热器的相关设计准则对散热器齿厚、齿的形状、齿间距、基板厚度进行优化。

③进行校核计算。

2. 自然冷却散热器的设计方法

考虑到自然冷却时温度边界层较厚，如果齿间距太小，两个齿的热边界层易交叉，影响齿表面的对流，所以一般情况下，自然冷却散热器的间距大于 12mm。也可以对散热翅片进行开缝处理或使用交错翅片，可以有效改变流体的流场分布，增强散热性能。如果散热器齿高低于 10mm，可按齿间距大于等于 1.2 倍齿高来确定散热器的齿间距。

自然冷却散热器之间表面的换热能力较弱，在散热齿表面增加波纹不会对自然对流效果产生太大的影响，所以散热齿表面不加波纹齿。自然对流的散热器表面一般采用氧化处理，以增大散热表面的辐射系数，强化辐射换热。由于自然对流达到热平衡的时间较长，所以自然对流散热器的基板及齿厚应能抗击瞬时热负荷的冲击，应大于 5mm 以上。

3. 散热片要求

①外形与材质。散热片所占体积以最小为原则；如果器件密封技术要求不高，可与外界空气环境直接发生对流，可采用带鳍片的铝材或铜材散热片。

②有效散热表面积。1W 大功率 LED 白光散热片的有效散热表面积总和大于等于 $50{\sim}60\text{cm}^2$。对于 3W 产品推荐散热片的有效散热表面积总和大于等于 150cm^2，更高功率视情况和实验结果增加，尽量保证散热片温度不超过 60℃。

③连接方法。大功率 LED 基板与散热片连接时应保证两接触面平整，接触良好。为加强两接触面的结合程度，应在 LED 基板底部或散热片表面涂敷一层导热硅脂，导热硅脂要求涂敷均匀、适量，再用螺丝压合固定。

④PCB 背光加散热片。若计算出来的结温 T_c 比设计要求的 T_{cmax} 大得多，而且在结构上又不允许增加面积时，可考虑将 PCB 背面粘在 "U" 形铝型材上，或粘在散热片上，如图 3.42 所示。这两种方法是在多个大功率 LED 的灯具设计常用的。如果计算出 T_c=103℃，在 PCB 背后粘贴一个 10℃/W 的散热片，其 T_c 降到 80℃左右。

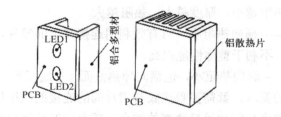

图 3.42   U 形铝型材

这里要说明的是，上述 T_c 是在室温条件下测得的。若 LED 灯具使用的环境温度 T_a 大于室温，则实际的 T_c 比在室温测量后计算的 T_c 要高，所以在设计时要考虑这个因素。若测试时在恒温箱中进行，其温度调到使用时最高环境温度为最佳。另外，PCB 的安装角度对散热性能也会有影响，是水平安装还是垂直安装，其散热条件不同，T_c 也会不同，灯具的外壳材料、尺寸及有无散热孔对散热也有影响。因此，在设计时要留有余地。

在热传导的角度，主要从以下几个方面进行考虑。

（1）吸热设计

散热片的吸热效果主要取决于散热片与发热物体接触部分的吸热底设计。性能优秀的散热片，其吸热底应满足四个要求：吸热快、储热多、热阻小、去热快。

吸热快，即吸热底与发热设备间热阻小，可以迅速吸收其产生的热量。要求吸热底与发热设备结合紧密，直接接触，最好能够不留任何空隙。

储热多，即在去热不良的状态下，可以吸收较多的热量而自身温度升高较少。目的是为了应付发热设备功率突然提升或风扇停转等散热器性能突然丧失的状况。

热阻小，即传导相同功率热量时，吸热底与发热设备及鳍片两个接口间的温差小。散热片热阻就是由与发热设备的接触面逐层累计，需要吸热底有较好的横向热传导能力。

去热快，即能够将从发热设备吸收的热量迅速的传导到鳍片部分，进而散失。吸热底与鳍片部分间的结合情况，即结合面积与热传导的接口阻抗。

采取措施如下：

① 导热膏。为了减小接触空隙，提升吸热传热能力，应采用具有较低热阻及导热系数高的材料填充接触面之间空隙。要想根本上提高散热片吸热底的吸热能力，就必须提高其底面平整度。平整度是通过表面最大落差高度来衡量的，通常散热片的底部稍经处理即可达到 0.1mm 以下，采用铣床或多道拉丝处理可以达到 0.03mm。

② 比热容。为了满足储热的要求，就需要利用比热容（J/（kg·K），指 1kg 的物质温度升高 1K 需吸收的热量）。铜的比热容为 385J/（kg·K），铝的比热容则为 903 J/（kg·K）。具体物体的储热能力还决定于其质量，相同体积下，材质密度：铜的密度为 8933 kg/m³，铝的密度为 2702 kg/m³。相同体积的铜与铝材，发生相同的温度变化时，铜可以比铝多吸收约 40% 的热量。

③ 铜。要降低吸热底内部热阻，采用热传导系数更高的铜的确是比铝合金更好的选择。确定了吸热底的材质，还可以通过调整吸热底的形状设计改变其热阻。根据热传导的基本

常识：截面积越大，热阻越小，厚度越大，热阻越大。

厚度大，面积小——横向热阻小，可有效利用连接其上的鳍片，但纵向热阻大，增加了散热片的整体热阻，不利于整体性能提高。

厚度小，面积大——纵向热阻小，但横向导热截面（与底面垂直）狭小，横向热阻大。

为了满足去热快的要求，就需要吸热底与鳍片间的连接面积尽量大，热传导接口阻抗尽量小，同样要令吸热底与鳍片尽量紧密的结合，需要较好的接口平整度。结合程度则基本上取决于散热片整体成形或吸热底与鳍片间的结合工艺。

（2）导热设计

散热片的根本作用就是热量的传导及散发，自然在每一个部分都会强调其导热能力。传热途径重要的环节：发热设备-吸热底、吸热底内部、吸热底-鳍片、鳍片内部。

鳍片是散热片与周围环境（空气）进行热交换的主要场所，因此，要迅速的散掉吸热底吸收来的热量，就应该增加鳍片的对流换热能力。

吸热底与鳍片间的导热能力，在结构设计上取决于结合方式与连接面积。两者间的结合方式主要分为"先天"与"后天"两种："先天"方式即散热片为一体成形，吸热底与鳍片本就是一片金属，并不需经过后续处理，没有接口阻抗，且设计简单。"后天"方式即吸热底与鳍片分别成形后，采用一定工艺结合，结合所采用粘结材料的导热系数对导热能力影响很大。

采用热管进行吸热底到鳍片的热量传导具有一些传统结合方式无法比拟的优势：

①热阻小——热管在设计功率以内，其热阻是同体积铜柱的几分之一、十几分之一，甚至几十分之一。通常全功率工作时，吸热段与放热段间的温差也只有2、3℃，因此才有热的"超导体"之称。

②重量轻——目前计算机散热所采用的热管通常为铜-水热管，吸液芯结构不外乎单层或多层网芯、金属粉末烧结与轴向槽道式三种，而小尺寸热管主要采用后两种。不论是何种内部结构，类真空的内部加上不足管径 1/5 厚度的铜质管壳，热管相比同体积的金属可大幅减小重量。

③适应性好——小尺寸热管都具有不错的机械性能，只要不超过弯折半径的规定范围（根据吸液芯结构存在一定差别，通常要求弯折半径不小于三倍管径），可以进行各种角度的弯折，实现吸热底与鳍片间的灵活组合，可适应各种摆放方式。

④接触面积大——热管的吸热段可以内嵌到吸热底内，管壳一周均与周围金属接触，实际连接面积可大于其底面积；与鳍片连接的放热段长度可以达到热管总长度的50%以上，连接面积更可达到传统连接方式的数倍以上，且可多点结合，能够直接将热量扩散到鳍片更广的范围上。

当然，利用热管实现热量由吸热底到鳍片的传导同样存在一些亟待解决的不足之处：

①成本高——一根采用轴向槽道式吸液芯的 6mm 铜-水热管，长度约 4cm，最大截面热通量 30W 左右，价格在 20～30 元左右；采用金属粉末烧结式吸液芯的产品，同样处于此价位。相对传统的铜、铝合金等金属，材料成本提高了数倍以上。

②加工复杂——由于增加了热管这种相对独立且细长的组件，散热片的成形过程复杂了很多，需要更多的人为干预，提高了加工成本，限制了产量。

③存在接口阻抗——采用热管进行吸热底到鳍片的热传导，不可避免的需要将三者连接起来，则必然会产生接口阻抗，且由于热管对加工条件的一些特殊要求（例如温度——当热管温度超过一定水平时，会由于内部压力过大而爆炸），无法采用一些可获得低接口阻抗的结合工艺，难免损失一些性能。

④易损坏——热管的正常工作要求完全的密封及吸液芯结构的完好，因此外部的物理损伤非常容易导致性能的大幅甚至全部丧失。

⑤工作温度不合适——虽然目前市场上散热器所采用的热管均为 0～250℃ 的常温热管，但实际上目前半导体芯片正常工作的温度（不超过 100℃），不足以令热管发挥出完全的效果，即无法达到最大热传导功率。

（3）散热设计

不论是被动散热的空冷散热片，还是需要风扇强制对流辅助的风冷散热片，鳍片的职责都是通过与周围环境（空气）的接触将由吸热底传导来的热量散失出去。为了履行此职责，要求鳍片满足以下四项要求，每项要求又对应着鳍片的一项参数：

①可迅速吸收热量，即吸热底与鳍片间的热传导，对应与吸热底的连接面积（连接比例）。

②可大范围扩散热量，即能够将吸收的热量传导到可与环境进行热交换的每个角落，对应鳍片内部的热传导能力（横截面积、形状）。

③散热面积大，即提供更多与环境进行热交换的面积，对应鳍片的表面积（数量）。

④空气容积大，风阻小，即鳍片间为空气留有足够的空间，可使空气顺畅通过，减弱热边界层的重叠，对应鳍片的间距。

散热器采用鳍片的形状是为了加大散热及辐射面积。以利于对流散热和辐射散热。散热器的最重要指标就是它的散热面积 A，但是散热器的不同部位其散热效果是不同的。根部流体流动阻力大，散热效果就差；而顶部与环境流体直接接触，散热效果就好。所以散热器有一个有效散热面积。它通常是实际面积的 70% 左右。从经验得出，一般要散 1W 功率的热量大约需要 50～60 平方厘米的有效散热器面积。

散热器的材料通常是用铝合金，和铜相比，虽然其热传导只有铜的一半，但是它重量轻、易加工、价格便宜，所以还是广泛地应用于散热器之中。

为了加大散热面积，通常会采用增加高度的方法。但是，高度增加到一定程度以后其作用会越来越小。图 3.43 表明增加高度对于降低结温的影响的一个例子。由图中可以看出，高度增加到 40mm 以后，结温的降低就很慢了。加大长度也是加大面积的一个方法，如图 3.44 所示是结温和长度的关系。结温随长度先减小后增大，存在一个最佳长度，超过这个长度后，结温不但不再降低，反而会升高。这是因为空气在沿长度方向的流动受到阻碍所致（主要对于垂直放置的鳍片为如此）。

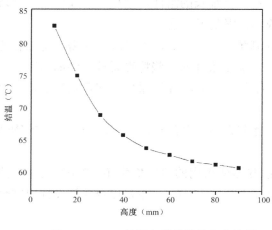

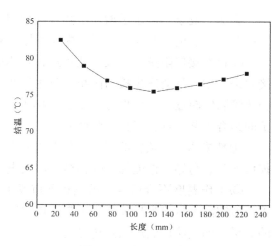

图 3.43 LED 结温与散热器的高度关系   图 3.44 结温和长度的关系

所以对于散热器来说，除了加大面积以外，如何加速空气的对流是很重要的事，尤其是像 LED 路灯这类安装在室外的路灯更为重要。由于室外的风向是不定的，为了在各种风向情况下都能有很好的对流，最好采用针状鳍片散热器。但这也减小了其等效散热面积所占的百分比。

鳍片形状基本都可归入两大类之中——片状与柱状。

1）片状

片状：利用片状"宽广"的侧面与"单薄"的厚度，可以在相对狭小的空间内获得大的表面积。

平行：平行排列的鳍片，片间距离均匀，空间连贯，利于空气通过。排列整齐、规律，成形与结合工序相对简单，适合于工业化大规模生产。

a．风槽式。鳍片与吸热底面垂直相连，空气由顶部进入，侧面流出（吹风），或由侧面流入，顶部抽出（吸风）。空气由鳍片与吸热底形成的槽道中通过，且其间流动方向会发生变化，故而将其称为"风槽式"，如图 3.45 所示。

风槽式鳍片设计的目标同样是增大散热面积，除了增大吸热底面积外，最重要的手段就是提高"瘦长比"——即鳍片高度与鳍片底部厚度的比值。在不增大吸热底面积，不改变连接比例的情况下，瘦长比的提高可以增加鳍片的数量或高度，都可以加大鳍片总表面积。当然，考虑到鳍片内部热量传导的要求，瘦长比也不应无限制的提高，当其超过一定限度时，鳍片的末端已经不能计入有效散热面积之内了。这个限度的确定需要考虑到鳍片材质的热

图 3.45 风槽式鳍片散热器

传导能力，例如铜质鳍片就可以比铝合金鳍片采用更高的瘦长比。

但它却存在着一项设计者们一直寻求解决的弊端：散热片的中心区域都会形成一个空气流动较少的高压区（吹风）或低压区（吸风），如果再加上轴流风扇轴心风力盲区的影响，此区域的范围有时可以达到散热片底面积的 20%以上，倘若又遇到风扇性能不济，可能会使整个鳍片底部区域的空气流动都非常微弱。此处的空气受两侧气流的影响，运动非常混乱，虽然所形成的紊流可以与鳍片进行更多的热交换，但由于流动不畅，热量无法排出散热片外；而且，此处往往是发热设备（例如 CPU 核心）所处位置，是散热片热量最为集中的部分，如不加以处理，会对性能造成相当不利的影响。虽然可以采用更大风压、更小甚至无盲区的风扇，尽量减小高压区（或低压区）的范围，但难免会造成耗电的增加与噪音的增大，影响散热器整体的应用。

增加吸热底中心位置的厚度，在空气沿鳍片流动的方向上形成坡道，既能够形成类似风道的导流作用，消除高压区（或低压区），又能够增加吸热底的热容量，并利用增大的连接面积将热量更加均匀的扩散到鳍片上。

图 3.46　平行鳍片示例图

当然也可以在原本基础上进行简单改变而取得不错的效果，例如这种在平行鳍片（见图 3.46）的侧面开出几道风槽，令中心的高压（低压）区可以与外部空气连通，气流走向更接近于下文中采用柱状鳍片的情况，代价则是减少了表面积。实际产品都是在表面积与空气流动间进行权衡后，才确定侧面风槽数量、宽度与排列位置的。一般而言，对应发热设备的中心位置都会开出一条或对称的两条风槽，以达到中心"卸压"的目的。

作为最经典的一种鳍片设计，采用的产品也是目前市场上的绝对主流，涵盖各种档次与品牌，用户应改对判断其设计水平与特点的几大因素有所了解：

瘦长比——既然是设计中的诉求点，实际选购时自然也应关注，通常情况下越高越好，但不应超过一定限度。

连接比例——涉及到具体制造工艺间的差别，连接比例过小，即鳍片稀疏而单薄的产品无法提供较大的表面积，性能通常难以令人满意。

特殊设计——针对以上提到的弊端，如果实际产品能够采用一些特殊手段解决，在性能上必然能够取得较大的提升。

风扇搭配——根据鳍片的高度与密度，会对所搭配风扇提出一定要求：鳍片高度高、密度大，则需要风扇具有较大的风压；鳍片数量多、厚度薄，则会产生较多的风噪，不利于满足静音需求。

b. 风道式。空气由一侧进入平行排列的鳍片所构成的风道，流过鳍片间的空隙，并与之进行热交换，再由另一侧排出。鳍片的另外两侧闭合，或采用导流罩限制，空气流动过程中无法从其它途径流出，只能沿鳍片方向由一端流至另一端，故而将其称为"风道式"，如图 3.47 所示。采用风道式设计的散热片定位较高。

风道式设计通常采用非常细薄的铜或铝合金片层迭焊接而成，片间距离可以非常小，因此可在小空间内安装大量的鳍片，获得巨大的表面积。虽然鳍片数量众多，间距较小，但平行排列，且空气通过时无需改变方向，整体风阻很小，可轻松获得较大的风量。

此种设计由于鳍片细薄，内部导热能力不足，往往需要多个热量"输入点"才能发挥大表面积、大风量的优势，因此目前的产品中风道式鳍片设计主要配合热管或弯折的液体导管（液冷、压缩机等）使用。

c 放射状。鳍片与中心位置面积相对较小的吸热底连接，呈放射状向四周延伸，正是因此而得名，如图 3.48 所示。空气由顶部流入，直接通过伸展而出的鳍片，或者在中心位置转为横向流动通过四周环绕的鳍片。空气在流动过程中虽然可能发生方向改变，但转向角度并不大，且没有明显的阻碍，鳍片间的空隙也相对均匀、平顺，整体风阻较小。

图 3.47　采用大管径热管的 Akust Pipe Tower，热管+风道式鳍片+侧吹风扇的示例图　　　图 3.48　放射状鳍片

放射状鳍片设计通常而言具有一个较为明显的特点——具有小而厚实的吸热底。所有散热片都会汇聚至此，可以保证一定的储热能力，又可令热量均匀的传导至四周的鳍片上，有效利用鳍片的表面积。

d 环形。在内置风扇的放射状鳍片设计之上稍加变通，将鳍片改为套在风扇外侧的环形片状，并通过热管与吸热底相连，就得到了这种独特的环形片状鳍片设计。目前采用此种设计的只有一线板卡大厂技嘉在"闲暇之余"推出的 3D 散热器，如图 3.49 所示。

3D 散热器将风扇由传统的轴流风扇换为了出风更加平顺的涡轮扇叶。没有导流罩的涡轮扇叶将顶部进入的空气依靠离心效应抛甩出去，经过环绕其周围的环形片状鳍片。由于鳍片特殊的排列方式，无法与吸热底直接连接，为此，它采用了 2 根热管将热量由底部传导到鳍

图 3.49　3D 散热器

片的四角，令其均匀分布，有效利用众多鳍片的较大表面积进行热交换

2）柱状

柱状鳍片是与片状并驾齐驱的另外一种典型鳍片形状设计，如图 3.50 所示。柱状鳍片与片状相比，在表面积上毫不示弱，而且可具有更大的截面积，内部导热能力更强，更有效地发挥大表面积的优势。

柱状鳍片相对片状最大的劣势在于鳍片单体成形复杂，造成加工成本过高，质量控制困难，不利于大量生产。

柱状鳍片设计较通常的片状鳍片可以获得更好的性能，这除了得益于更大的表面积与更好的内部导热能力外，更主要是来自柱状鳍片周围空气流动方式的优势。

既然要利用柱状鳍片周围形成的小"旋风"增强散热效果，柱体的侧面就不应过于"粗糙"，产生过大风阻，阻碍"旋风"的形成。

此类散热片通常具有大量、密集的柱状鳍片，片间距离短，保留空间少，而且在各个鳍片周围都会形成一定的湍流，往往风阻很大。不过得益于较大的表面积，以及充分的热交换，即便风量较小也可获得不错的散热效果。实际使用中通过对风扇进行控制，可在性能与静音间自由选择，缺点则是重量较重，且价格不菲。

a．多边形。鳍片的形状为多边形底面柱体，较常见的也只有方形与六边形。

方形柱状散热器多数为切削而成，即在具有片状鳍片的形材上进行切削，开出横向沟槽，将较厚的"片"分割为具有更大表面积的"柱"。典型代表为曾名噪一时的"无酸素铜"散热片——Kanie Type-W，如图 3.51 所示。

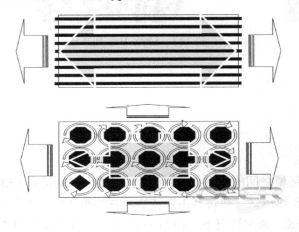

图 3.50　柱状鳍片

图 3.51　"无酸素铜"散热片

b．圆形。螺丝型鳍片（正式名称为"螺旋面插指"），应用于其品牌下 MCX 系列散热器上，如图 3.52 所示。此种设计由螺旋面插指旋入铜质吸热底之中，替代传统的柱状鳍片。相比纯圆柱与多边形底面柱体鳍片，螺旋面插指可以提供更大的表面积，而且螺旋状的侧面更加有利于"旋风"的产生。

柱状鳍片设计中，主要有矩阵、三角与放射状三种排列方式。

矩阵排列即鳍片整齐的排列在横行与纵列之中。典型的产品代表是 Kanie Type-W 与 Swiftech 的早期产品 MCX-370（见图 3.53）等。

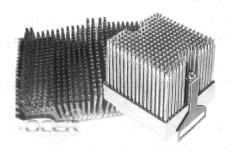

图 3.52　螺丝型鳍片　　　　　　　　　　图 3.53　MCX-370

三角排列即鳍片列于 3 排互成 120°的直线上，摆放位置与可铺满平面的六边形相同。典型产品即 Alpha 的六边形鳍片系列（见图 3.54）以及后续产品。

柱状鳍片的放射状排列与片状鳍片有所不同，只是将环形紧密排列的鳍片向外围倾斜一定角度，角度向外逐层增大。典型产品即 Swiftech 的后续 MCX-V 系列产品（见图 3.55）。

图 3.54　Alpha 的六边形鳍片　　　　　　图 3.55　MCX-V 系列产品

3.7　LED 散热设计过程

3.7.1　LED 散热设计流程

LED 散热设计的目的是减小芯片到环境之间的热阻，控制芯片的结温，从而提高 LED 的性能。散热设计的方法主要有热仿真和热测试，热仿真主要依靠软件模拟实现，而热测试主要采用手板样品测试和工程样品测试。通常情况下，LED 散热设计的过程如图 3.56 所示。

其中，评估产品要求需要在已有产品和现有技术的基础上，对产品的指标的实现与否进行评估。这需要阅读大量相关资料，并对市场进行广泛的调研获取第一手信息，以求用最低的成本和最简单的技术达到产品所需的散热要求。

初步制定散热方案后，需要在计算机上进行仿真模拟。仿真模拟就是通过建模、定义参数、有限元计算等步骤对初步制定的散热方案进行可行性分析，同时考虑电子、光学、散热的要求。在分析过程中不断地修改和优化各种参数、评估散热方案的效果、改善散热设计，使散热方案最终满足产品需求。仿真模拟要求真实和可靠，需要考虑生产过程中可能遇到的各种问题，切不可想当然的进行模拟，否则在实际生产中将造成无法解决的困难，使散热方案无法实施，导致仿真模拟失去意义。

如果仿真模拟的结果不可行，则需要重新制定散热方案。如可行，就可以进入手板样品热测试阶段。手板样品初始被称为"首板"，意思就是研发完成后的第一个样板，随着工业技术的飞速发展，手板已经成为产品研发与生产过程中不可或缺的一个组成部分。手板样品测试是实验产品可行性的关键一步。由于仿真模拟是对理想化环境下的散热性能进行预测，其结果与真实工业制造有一定的差距，甚至可能无法满足预期要求，如果直接生产可能全部报废，造成资源和时间的损失。而手板样品制作周期短、损耗人力物力少，通过手板样品测试，能够最大程度地找出散热设计方案的缺陷，从而对缺陷进行针对性的改善，为产品定型量产提供充足的依据。手板测试主要进行以下三方面的内容，即外观测试、结构验证与功能检测，评估散热方案的真实效果，分析各个传热环节热阻大小，在必要的情况下进一步改进热阻较大环节的传热。如果测试结果满足产品需求，证明该散热设计方案可以采用。

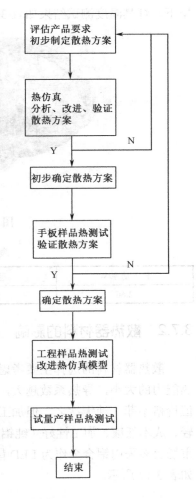

图 3.56　LED 散热设计的流程

工程样品热测试指对量产的一小部分的产品进行试用，通过较多的样本测试，从而对产品的散热设计进行最终的评价。由于手板样品热测试阶段样品不会很多，其测试结果只具有相对说服力。对基数较大的样品进行测试，能够更全面、更深入的发现一些潜在的问题。再次验证散热方案，并将热测试结果与热仿真结果进行对比，在确定热仿真结果存在偏差的情况下对热仿真模型进行修正，提高热仿真准确度，反过来通过精确的热仿真指导散热设计方案，通过一些改良设计使相关问题得到解决，最终实现量产。

为了说明灯具的各种因素如何影响灯具散热性能，下文将以 MR16 照明灯具（以下简称 MR16）进行散热分析。

MR16 照明灯具配置三颗 Cree XR-E 光源（见图 3.57），额定电压 9.6V，额定电流 350mA。灯体选用 6063T5 材料，散热方式为自然对流，灯座内安装恒流驱动源，为了减少驱动源发热的影响，参考点取杯口上缘。样品的铝基板热阻约 1℃/W，在室温 26℃时的自然对流环境下，灯具温度测试结果如表 3.16 所示。

测试点1　　　　　　测试点2

图 3.57　MR16 外形及其温度测试点

表 3.16　MR16 杯灯外壳温度测试

输入功率/W	室温/℃	测试值 1	测试值 2
2.66	26	58.3	59.1

3.7.2　散热器材料的影响

散热器材料的选择主要考虑材料的导热能力、价格及工艺性。导热系数的大小表明导热能力的大小，导热系数越大，导热能力越强。在金属材料中，金和银的导热系数最高，但价格不菲；纯铜次之，但加工不容易。散热器一般采用铝合金，这是因为铝合金的重量轻、成本低廉、加工性好（纯铝由于硬度不足，很难进行切削加工）、表面处理容易。目前市场上多采用铝合金作为 LED 散热器的材料，通常由压铸或挤压成型，铝合金的导热系数如表 3.17 所示。

表 3.17　铝合金导热系数表

牌号	状态	导热系数(W/m.℃)
6061	O	180
	T4	154
	T6	167
6063	O	218
	T1	193
	T5	209
	T6	200
A360	/	113
A380	/	96

从功能上说，MR16 的灯体即为散热器。为了分析散热器材料对灯具的影响，保持其

他条件不变，仅改变散热器的材料，以 6063T5、6061T6 为例进行分析，铝材挤压成型，经阳极氧化或耐酸铝处理来提高表面质量及辐射率，两种材料对应的热分布结果如图 3.58 与图 3.59 所示。

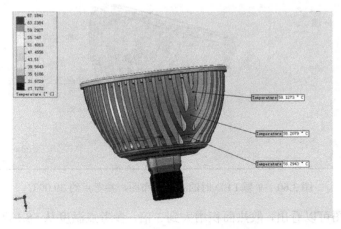

图 3.58　铝材 6063T5 的温度分布图，参考点约 58.13℃

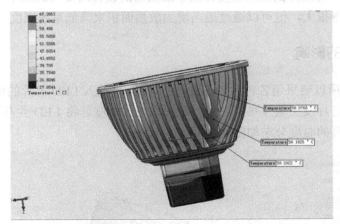

图 3.59　铝材 6061T4 的温度分布图，参考点约 58.08℃

从图 3.58 来看，散热器的仿真温度与实验测试温度最大误差约 1℃，符合工程需求。由图 3.58 和图 3.59 可知，由于铝合金材料热阻很小，对散热器的影响不明显，不需要一味地为了提高热导率而使成本成倍的增加。但是，如果采用压铸成型，压铸缺陷和外喷涂层的热阻相对较大，使热量不能及时散发到空气中，因此 LED 散热器常通过挤压成型。

3.7.3　有效散热面积的影响

为了研究散热面积的影响，在 MR16 散热器上配置 1 颗 LED 光源(铝基板中心)进行分析，其余条件不变，相当于将散热面积增加到原来的三倍。温度分布如图 3.60 所示。

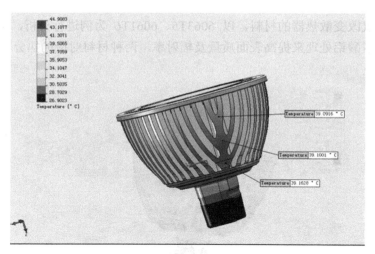

图 3.60　单颗 LED 时的温度分布图，参考点约 39.09℃

从温度分布图可以看出，散热面积增大到 3 倍，参考点温度从 58.13℃骤降到 39.09℃，增加散热面积可以有效降低系统温度。由于散热器的设计需要考虑成本及工艺美观性，散热面积不可能做得很大，但可以通过适当增加散热面积来降低系统温度。

3.7.4　生热率的影响

LED 灯具之所以要采用各种散热部件，关键原因是输入 LED 芯片的电能绝大多数转换成为热能。降低芯片发热量及热阻，可以降低热设计难度。将 LED 生热率降低到 1/3，其余条件不变，灯具的温度分布如图 3.61 所示。

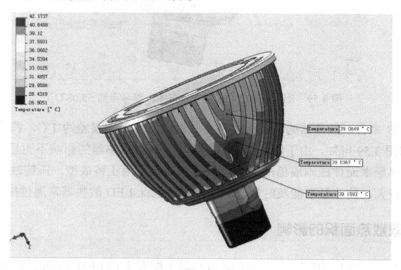

图 3.61　生热率 1/3 时的温度分布图，参考点约 39.08℃

从图 3.61 可以发现，减小生热率可以明显降低系统温度及 LED 结温。随着 LED 光效的提高，生热率会逐步降低，这是现阶段 LED 发展的核心内容。

3.7.5　金属基板的影响

金属基板在 LED 灯具中充当 PCB 和热通道两种作用，市场上也有其他材质的基板（如陶瓷基板），但作用机理相同。金属基板一般由铜覆层、绝缘层和基板层组成（如图 3.62）。在计算机分析时，金属基板常简化为热阻模型或热导率模型，热阻和热导率都是材料的固有特性。

金属基板法向由于受到绝缘层的影响，热阻较大，导致法向和其余方向的热导率大小不同，可理解为各向异性材料。热阻模型可采用一热阻值来模拟金属基板，不需要 CAD 模型，使用时较方便；热导率模型用金属基板 CAD 模型来模拟，该模型需要赋予一平均导热系数（法向），其余方向可赋为基板的导热系数，基板常用铝或铜等高热导率材料制成。金属基板的热阻可由厂家提供或实验测得，然后根据导热的傅里叶公式进行导热系数的计算。傅里叶公式作为理论公式，与实际情况有一定差异。

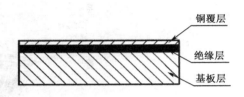

图 3.62　金属基板结构图

（铜覆层）
（绝缘层）
（基板层）

热阻定义为：

$$R_T = \frac{\Delta T}{Q} \tag{3.44}$$

式中：R_T 为热阻，单位 ℃/W；Q 为热流量，单位 W；ΔT 为温度差，单位 ℃。

温度梯度的笛卡尔坐标表达如下：

$$\text{grad } t = \frac{\partial t}{\partial x}\boldsymbol{i} + \frac{\partial t}{\partial y}\boldsymbol{j} + \frac{\partial t}{\partial z}\boldsymbol{k} \tag{3.45}$$

式中，t 为温度，$\boldsymbol{i}$、$\boldsymbol{j}$、$\boldsymbol{k}$ 分别为 x、y、z 的方向向量。

导热的傅里叶公式为：

$$q = \frac{Q}{A} = -K\frac{\partial}{\partial} = K\frac{\Delta T}{d} \tag{3.46}$$

$$K = \frac{Q}{\Delta T} \cdot \frac{d}{A} \tag{3.47}$$

式中，正负号表示传递方向；Q 为热流量，单位 W；q 为热流密度，单位 W/m^2；K 为热传导系数，单位 W/m·℃；A 为传热面积，单位 m^2。

设金属基板的法向为 z 向，其余方向（x 向、y 向）热导率很高，温度梯度很小，可忽略。设法向厚度为 d（单位 m），温差为 ΔT（单位 ℃），等效处理时，将材料法向视为导热系数为 K 的匀质材料，该值比 x、y 向的导热系数小得多，它是金属基板性能的主要表征，称为金属基板的导热系数。以铝基板样品在麦可罗泰克实验室的测试数据为例。铝基板样品长 30mm、宽 40mm、厚 1.5mm，样品的平均热阻为 1.03℃/W。此时的傅里叶公式和金属基板的法向导热系数 K 分别可以由以下计算获得。

将数据代入式（3.47）中计算，可得法向导热系数：

$$K = \frac{Q}{\Delta T} \cdot \frac{d}{A} = \frac{1}{103} \times \frac{1.5 \times 10^{-3}}{30 \times 40 \times 10^{-6}} \, \text{W/m} \cdot \text{℃} = 1.21 \text{W/mm} \cdot \text{℃} \qquad (3.48)$$

常见的金属基板的法向导热系数可达 5W/m℃以上，陶瓷基板的法向导热系数可达到 25 W/m℃。分别设定铝基板法向导热系数为 1.21 W/m℃、3 W/m℃和 5 W/m℃，其余条件不变。图 3.63 和图 3.64 分别为法向导热系数为 3 W/m℃和 5 W/m℃时的温度分布图。表 3.18 所示为铝基板法向导热系数对灯具的影响

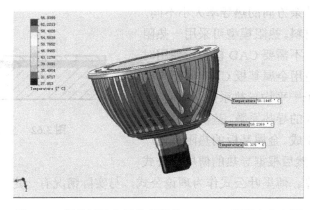

图 3.63　铝基板法向导热系数为 3 W/m℃的温度分布图

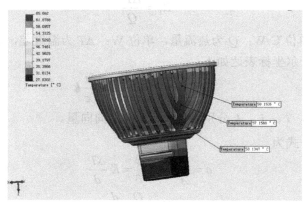

图 3.64　铝基板法向导热系数为 5 W/m℃的温度分布图

表 3.18　铝基板法向导热系数对灯具的影响

铝基板法向导热系数/ W/m.℃	最大结温/℃	参考点温度/℃	备注
1.21	67.2	58.1273	
3	66.0	58.1445	仅改变铝基板热导率，其余参数不变
5	65.7	58.1536	

从表 3.18 可以看出，减小铝基板的热阻可以降低 LED 结温。值得注意的是，通过实验测试散热器外表面温度来评价整体散热性能比较困难，原因是温度测量值变化较小，且实验测试本身也存在一定误差。值得注意的是，在相同条件下，仅改变特定部件的热阻，散热器外表温度越低，则结温越高。原因是不能及时传导 LED 芯片产生的热量。

3.7.6　封装填充材料的影响

目前 LED 灯具零件结合面多采用导热垫片、导热硅胶或导热膏填充。市场上的导热填充材料的热导率一般为 1 W/℃～5W/℃。但是，单纯使用高导热率的硅胶对提高灯具整体散热性能帮助不大。以热阻值 1℃/W 的铝基板为例，分别选用热导率为 2 W/℃ 和 5 W/℃ 的硅胶进行热分析，假定硅胶厚度 0.1 毫米，涂抹面积 Φ24。由式（3.44）、式（3.47）可得热阻的另一表达式：

$$R_{\mathrm{T}} = \frac{\Delta T}{Q} = \frac{d}{KA} \tag{3-49}$$

代入上式可得硅胶热导率分别为 2 W/℃ 和 5 W/℃ 时的热阻，分别记作 $R_{\mathrm{T-2}}$，$R_{\mathrm{T-5}}$；

$$R_{\mathrm{T-5}} = \frac{01 \times 10^{-3}}{5 \times \pi \times 12^2 \times 10^{-6}} = 0.044℃/W \tag{3-50}$$

$$R_{\mathrm{T-2}} = \frac{01 \times 10^{-3}}{2 \times \pi \times 12^2 \times 10^{-6}} = 0.111℃/W \tag{3-51}$$

这部分热阻比铝基板的热阻小很多，图 3.65 为热导率 2 W/℃ 时的温度分布。从温度分布图可知，硅胶热导率对散热器温度及芯片结温的影响不大，结温仅降低 0.1℃ 左右。选用导热硅胶时，导热率仅须略高于金属基板的法向导热系数。需要注意的是，控制硅胶的厚度，厚度越厚，热阻越大，实际应用中，常用螺钉固紧以压缩硅胶厚度。

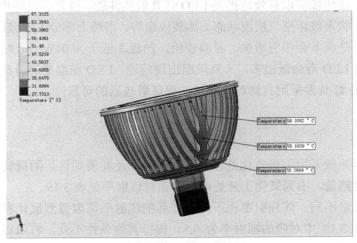

图 3.65　硅胶热导率 2 W/℃ 时的温度分布图

3.7.7 对流条件的影响

常见对流散热方式有两种：自然对流和强制对流。一般来说，自然对流的换热系数较小，可用流体软件进行模拟计算，也可用如下经验公式表示：

$$内表面：h = 2.5 + 4.2v \qquad (3-52)$$

$$外表面：h = (2.5 \sim 6.0) + 4.2v \qquad (3-53)$$

式中，h 为空气对流系数，v 为空气流速。

为了说明改变对流条件对 LED 灯具散热的影响，在灯具法向（Z 向）添加风速 0.1m/s（类似于添加轴流风扇），通过 FloEFD 进行强制对流模拟，温度分布如图 3.66 所示，参考点温度从 58.13℃降低到 50.81℃。

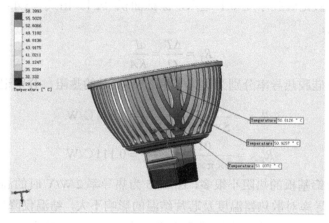

图 3.66　Z 向添加风速 0.1m/s 时的温度分布

通过改善对流环境可以有效地提高 LED 灯具散热性能。改善对流环境的措施很多：通过改变散热片形状来破坏空气层流状态、加装风扇等。市场上部分 LED 灯具通过加装风扇来帮助散热，但是成本会相应增加。经验表明，热流率低于 0.04W/cm² 时，不需要加装风扇。由于风扇比 LED 寿命低很多，一旦风扇出现问题，LED 结温迅速升高，导致芯片永久失效。所以 LED 灯具多采用自然对流散热，保证散热器的可靠度。

3.7.8 辐射

灯具散热器一般采用阳极氧化处理来提高辐射率及其美观性。阳极氧化的铝材以近红外线的形式发射热量，不同氧化工艺处理后的铝材辐射率见表 3.19。

阳极氧化质量不同，其辐射率也不同。样品的辐射率可取强烈氧化和浅灰暗哑阳极氧化的平均值，表 3.19 中对应的辐射率为 0.8。保持其他条件不变，将阳极氧化质量提高到辐射率 0.97 的较高水平，灯具温度分布图如图 3.67 所示。

表 3.19　铝材辐射率（黑度）表

表面处理	测试温度(℃)	光谱	辐射率
抛光	50~100	T	0.04~0.06
未加工板	100	T	0.09
粗糙表面	20~50	T	0.06~0.07
强烈氧化	50~500	T	0.2~0.3
薄板，4 件不同程度刮花样品	70	LW	0.03~0.06
薄板，4 件不同程度刮花样品	70	SW	0.05~0.08
铸件，经强风净化	70	LW	0.46
铸件，经强风净化	70	SW	0.47
阳极氧化，浅灰，暗哑	70	LW	0.97
阳极氧化，浅灰，暗哑	70	SW	0.61
阳极氧化，黑色，暗哑	70	LW	0.95
阳极氧化，黑色，暗哑	70	SW	0.67

※光谱参数：T：全光谱 ；LW：8～14μm；SW：2～5μm

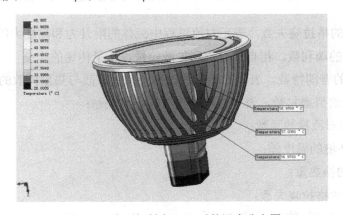

图 3.67　表面辐射率 0.97 时的温度分布图

表 3.20　不同辐射率下的温度对比

辐射率	结温/℃	参考点温度/℃
0.8	67.18	58.13
0.97	65.98	56.98

　　结果表明，提高散热器表面的辐射率，通过红外辐射可以带走一部分热量，有利于 LED 灯具的系统散热，少量的红外辐射对环境的影响也不大。目前，部分厂家通过深度阳极氧化来提高辐射率，也有厂家在灯具表面喷涂辐射涂料（厚度约 0.1mm）来提高辐射率。

　　上文主要对 LED 灯具各部分结构对散热效果的影响进行了分析，接下来，将主要讨论 LED 散热器外形对 LED 灯具散热效果的影响。

　　目前，在 LED 散热上应用的主流散热器还是被动型翅片（即散热片）散热器，这种散热器成本低、加工方便，在室外灯具中，功率不是特别大的情况下这种散热器完全可以满足散热需求。

不做表面处理的情况下，辐射散热的热量在被动型散热中所占比重较小，主要是对流散热。对流散热设计最主要的一步是计算对流换热系数，对于图 3.68 所示的被动式散热器，一旦换热系数和散热器表面温度定下来，根据散热器本身的参数可以很容易计算散热器的散热量。另一方面，对于同类型的散热器，我们也可以根据所需的散热量计算表面温升。

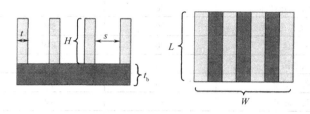

图 3.68　被动型翅片散热器

一般地，可以采用自然对流实验关联式进行换热系数的计算，首先对一些参数进行说明：

Gr_{bp} 基板上的格拉晓夫数，表示对流过程中流体的附升力和黏性力的关系；

Ra_{bp} 基板上的瑞利数，指自然对流和扩散热量、质量传递的比；

Pr_{bp} 基板上的普朗特数，表示流体流动过程中动量扩散与热量扩散的关系；

Nu_{bp} 基板上的努塞尔数，表示对流换热与导热的关系；

h_{bp} 基板上的对流换热系数；

θ_{bp} 基板与环境的温度差；

Q_{bp} 基板上的换热量；

Gr_{fin} 翅片上的格拉晓夫数；

Ra_{fin} 翅片上的瑞利数；

Pr_{fin} 翅片上的普朗特数；

Nu_{fin} 翅片上的努塞尔数；

h_{fin} 翅片上的对流换热系数；

θ_{fp} 翅片与环境的温度差；

Q_{fin} 翅片上的换热量；

g 重力加速度；

k 空气的导热系数；

v 空气的运动黏度；

β 空气的体膨胀系数；

s 翅片间距；

L 翅片长度；

H 翅片高度；

n 翅片数量。

计算公式如下：

（1）基板表面未被翅片覆盖部分与环境的对流换热

当 $s/H<0.28$ 时，作为受限自然对流处理。

$$Gr_{bp} = g \cdot \theta_{bp} \cdot H^3 / v_{bp}^2 \tag{3-54}$$

$$Ra_{bp} = Gr_{bp} \cdot Pr_{bp} \tag{3-55}$$

$$Nu_{bp} = 1 + 1.44 \cdot (1 - 1708/Ra_{bp}) + [(Ra_{bp}/5830)^{1/3} - 1] \tag{3-56}$$

当 $s/H>0.28$ 时，作为大空间自然对流考虑。

$$Gr_{bp} = g \cdot \beta \cdot \theta_{bp} \cdot ((s+L)/2)^3 / v_{bp}^2 \tag{3-57}$$

当 $Ra_{bp} < 2\times10^4$ 时，$Nu_{bp} = 1$

当 $2\times10^4 < Ra_{bp} < 8\times10^6$ 时，$Nu_{bp} = 0.54 \cdot Ra_{bp}^{1/4}$

当 $8\times10^6 < Ra_{bp} < 10^{11}$ 时，$Nu_{bp} = 0.15 \cdot Ra_{bp}^{1/3}$

根据上述公式计算出 Nu_{bp} 后，可以根据 Nu 的定义以及牛顿冷却公式得到换热系数和换热量：

$$h_{bp} = Nu_{bp} \cdot k / H \tag{3-58}$$

$$Q_{bp} = h_{bp} \cdot (n-1) \cdot \theta_{bp} \cdot s \cdot L \tag{3-59}$$

（2）翅片与环境的对流换热

当 $s/H<0.28$ 时，作为受限自然对流处理

$$Gr_{fin} = g \cdot \beta \cdot (Q_{fin}/(2 \cdot H \cdot L)) \cdot H^4 / (k \cdot v^2) \tag{3-60}$$

$$Ra_{fin} = Gr_{fin} \cdot Pr_{fin} \tag{3-61}$$

$$Nu_{fin} = 0.6 \cdot Ra_{fin}^{1/5} \tag{3-62}$$

当 $s/H>0.28$ 时，作为大空间自然对流考虑

当 $Ra_{fin} < 10^4$ 时，$Nu_{fin} = 1$

当 $10^4 < Ra_{fin} < 10^7$ 时，$Nu_{fin} = 0.42 \cdot Ra_{fin}^{1/4} \cdot Pr_{fin}^{0.012} \cdot (H/(s/2))^{-0.3}$

当 $10^7 < Ra_{fin} < 10^9$ 时，$Nu_{fin} = 0.46 \cdot Ra_{fin}^{1/3}$

同样可以根据公式得到：

$$h_{fin} = Nu_{fin} \cdot k / H \tag{3-63}$$

$$Q_{fin} = h_{fin} \cdot \theta_{fp} \cdot 2 \cdot n \cdot H \cdot L \tag{3-64}$$

根据各种条件的约束，可以根据上述公式进行散热量的计算，从而求解出一个比较适合的散热器尺寸。

得到了散热器的具体设计公式，接下来将按照以下条件对 LED 隧道灯散热器进行设计：

①LED 功率为 48W，热功率按 80%计算取 38.4W；

②在 25℃环境下，散热器表面温度不高于 55℃；

③为保证实际制作，散热片间距 s 大于 1cm；

④满足散热要求前提下，散热片质量尽可能小。

根据公式进行计算，分别计算不同 s/H 时的自然对流散热量。考虑到隧道中的散热环境相当恶劣，还要在外部加上灯罩防尘，为保守起见，我们不考虑辐射散热。计算中用到的空气物理参数采用查表加插值计算的方法得到。散热器基板的尺寸定义为 270mm×220mm×5mm，散热片厚度为 3mm。图 3.69 和图 3.70 分别是散热片数量与散热功率和散热质量的关系。

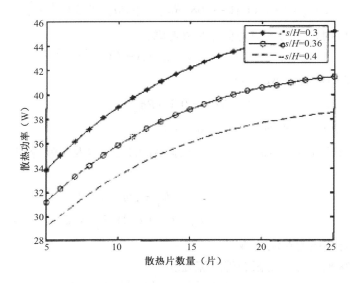

图 3.69　散热片数量和散热功率的关系

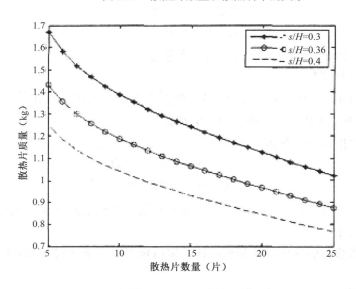

图 3.70　散热片数量和散热片质量的关系

因为基板尺寸是不变的，所以散热片数量越多翅片间距就越小，翅片高度也就越小。当散热片增多时，散热量是越来越大而散热片质量也是越来越小，两方面都符合我们对散热器的设计要求。但是，我们还必须考虑翅片间距 s 不能太小，不然实际加工没法制作。当 s/H 的值变大时，散热量变小，散热片总质量也变小。综合考虑散热功率和散热质量以及翅片间距，最终取 s/H=0.35，散热片数为 16。图 3.71 是隧道灯的结构，图 3.72 是隧道灯仿真的温度云图，仿真得到散热器外表面的温度为 51.0℃，完全符合要求，证明该散热系统是可行的。

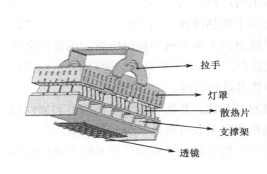

图 3.71　LED 隧道灯结构图

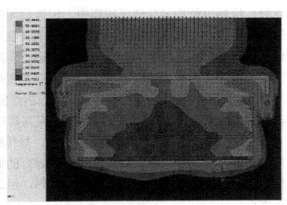

图 3.72　加入通孔后的隧道灯热仿真温度分布

通过对影响 LED 灯具散热因素进行分析，我们可以得到如下结论：

①通过系统散热设计可以降低 LED 结温，但是不能无限制的降低系统温度；

②减小热阻较大部件的热阻值可以有效的降低 LED 结温；

③改善对流环境（添加风扇）可明显降低系统温度，但需要注意系统的寿命和可靠度；

④利用红外辐射也可以有效的帮助散热；

⑤降低系统温度的根本原因是提高 LED 光效、减少生热率，也是 LED 发展的核心内容。

3.8　LED 新型散热技术

3.8.1　新型散热材料

1．导热塑料

导热塑料利用导热填料对高分子基体材料进行均匀填充，以提高其导热性能，在 LED 散热技术中得到广泛应用，导热性能的好坏主要用导热系数（单位：W/m.k）来衡量。一般而言，导热性能好的材料都是导电性能好的材料，反之导电性能差的塑料，其导热性能也较差，所以金属要比塑料的导热性能好。但是，最近国际上研发了多种导热塑料，其导热能力约为传统塑料的 5～100 倍。这样的导热塑料大多以工程塑料和通用塑料为基材,在塑料中填充某些金属氧化物粉末、碳、纤维或陶瓷粉末而成。例如将聚苯硫醚(PPS)与大颗粒氧化镁(40～325 目)相混合就可以制成一种绝缘性的导热塑料。其典型的热传导率范围为 1～20 W/(m·K),某些品级可以达到 100 W/(m·K)。如果为了得到高导热率而添加过多的金属粉末,就会变成具有导电性。

导热塑料的导热性能是由其材料导热系数决定的。导热塑料的导热系数取决于塑料和导热填料的共同作用,分散于树脂中的导热填料有粒状、片状、纤维状等形状。当用量较小时,填料虽能均匀分散于树脂中,但彼此间尚不能形成接触和相互作用,因而此时材料的导热性提高不大;当填料用量提高到某一临界值时,填料间能相互接触和相互作用,使体系内形成了类似网状或链状的结构形态,即形成了导热网链,当导热网链的取向与热流方向一致时,材料导热性能提高很快;但若在热流方向上未形成导热网链时,则填料会在热流方向上造成很大的热阻,导致材料导热性能很差。因此为获得高导热聚合物复合材料,在体系内部形成最大程度的导热网链是提高其导热系数的关键。

表 3.21 为铝型材与导热塑料的对比,与传统材料相比,导热塑料有较高的耐屈挠性和拉伸刚度,但抗冲击强度较差,而且其固有的低热膨胀系数可有效减少制件收缩。铝材料虽然作为散热系统技术方面已经比较成熟,但仍有一些不足,导热塑料相对铝来说存在以下优点。

表 3.21 铝型材与导热塑料的对比

铝型材	导热塑料
热传递方式主要是热传导	热传递方式主要是热辐射
导热系数高	导热系数小
散热系数小	散热系数高
压铸,电镀,修毛边,加工工艺复杂	一次注塑成型,环保,加工工艺简单
比重:2.7	比重:1.6
优点:导热效果好,工艺成熟。缺点:加工工艺复杂,循环利用成本高	优点:密度轻,加工工艺简单,环保。缺点:导热效果比铝的差一些

(1)质量轻。在室内照明中,灯具的重量对多方面都有影响,比如重量增加会加大灯具的安装、运输难度,也会对人身安全造成隐患等。纯铝的密度为 2700kg/m³,铝合金的密度将会更大,而导热塑料的密度为 1420 kg/m³ 左右,约为铝合金的一半,所以在外形相同的情况下,重量也仅为铝合金的一半左右。

(2)绝缘。不用担心因为灯的外壳导电而产生的安全隐患。在耐高压测试方面,塑料具有绝对的优势。

(3)可塑性强。铝壳的主要生产方法是压铸或拉伸成型,在生产过程中无法进行较复杂形状的加工。另外在表观效果来说,注塑产品会更加容易生产,还可以加上与其它企业不同的自身标志。效率更高塑料导热材料与其他塑料件一样,可以一次成型,无需后加工,而且在注塑成型时，模具可设计为一出四，所以工作效率很高。铝材料在挤出成型后往往还要有去毛边的程序，如果对外形的要求比较高的话，铝材料还要进行镀镍等工序，加工周期还将增长。

（4）成本低。就单价来说，单位质量的导热塑料价格必然是高于铝的，但系统成本却持平或较低，且数量越大，塑料的成本优势越明显。另外，塑料导热材料目前处于一个初级阶段，将来的价格随产业的发展和产品量的增加一定会降低，而铝作为有色金属的价格却不太可能有明显的降低。塑料降低成本主要体现在加工费用方面，这也就降低了成本的压力。

芬兰 Kruunutekniikka Oy 公司在其最新专利 Coolics™ LED 导热部件中，采用 Therma-Tech™导热塑料成功取代了铝合金。增加了设计的灵活性、降低了灯具总体重量，再加上热塑性塑料的易加工性，达到提高生产效率的目标，这种新型塑料正越来越多地被用于 LED 灯具的导热部件，包括灯座、冷却散热灯杯和外壳等。飞利浦公司和帝斯曼公司通过合作研发，飞利浦生产的 MASTER LED MR16 新式灯具成为了全球首例大功率 LED 应用，其铝质外壳被一种具有热传导性能的塑料 Stanyl TC 所取代。这种新型导热塑料在保持一般塑料材料优点的基础上，增加了导热系数，使其导热系数达到一般塑料的 10～50 倍，它所拥有的质量轻、更加环保和安全、提高设计自由度、加工方便、效率更高、启动系统简化等优点是传统金属材料所不能比拟的。表 3.22 所示是国外生产导热塑料的主要厂商以及应用领域。

表 3.22　国外生产导热塑料的主要厂商以及应用领域

公司	聚合物	牌号	热导率 W·(m·K)$^{-1}$	应用
Cool Polymers	LCP	D5506	10	板插件
	PPS	E5101	20	散热器
	PPS	D5108	10	基板
	PC	E4505	4	外壳，反射器
Laticonther	PPS	Lati80/50	10	散热器
	PA6	Lati62GR/70	15	散热器
DSM	PA46	Stanyl-TC153	8	散热外壳
	PA46	Stanyl-TC551	14	散热外壳
	PA46	Stanyl-TC154		LED 塑料包装
Albits	PPSGF45	Tedur 9519		灯支架，插口
	PP66	AlcomTCE10	10	散热外壳，部件
	PA6	AlcomTCE10	10	散热外壳，部件
	PBT	AlcomTCE10	10	散热外壳，部件
Ticona	PPS	Fortron PPS		
	LCP	Zenite LCP		
Sabic	PPS	OTF2A	2.2	散热器
	PPS	OTF2B	1.05	散热器

如表 3.22 所示，导热塑料已经成为 LED 灯具产业化进程中一个重要的原材料，导热塑料可以制作 LED 部件，如外壳、散热器、基板、反射器、插件等。近几年来国际上许多塑料公司研发出了多种导热塑料，大多选用工程塑料和通用塑料为基材，如 PA、LCP、PPS、PET、PBT、PE EK、ABS、PP 等。

2. 陶瓷材料

人类对陶瓷材料的使用已有几千年了，现代技术制备的陶瓷材料有着绝缘性好、热导率高、红外辐射率大、膨胀系数低的特点，目前，陶瓷材料主要用于 LED 封装芯片的热沉材料、电路基板材料和灯具散热器材料。陶瓷材料是人类利用已久的绝缘材料，氧化铝陶瓷以其价格便宜、导热率高、辐射率大等特点逐步进入 LED 散热器市场，可望成为未来 LED 主流的二次散热材料。陶瓷密度约为 3～4g/cm2，相对质量大，多用于小型室内照明灯具。陶瓷属于非金属材料，晶体结构中没有自由电子，具有优秀的绝缘性能。它的传热属于声子导热机理，当晶格完整无缺陷时，声子的平均自由程越大，热导率就越高。陶瓷晶体材料的最大导热系数高达 320W/mK。在影响陶瓷材料导热率的诸多因素中，结构缺陷是主要的影响因素。在烧结的过程中，氧杂质进入陶瓷晶格中，伴随着空位、位错、反相畴界等结构缺陷，显着地降低了声子的平均自由程，导致热导率降低。现代陶瓷技术通过生成第二相，把氧固定在晶界上，减少了氧杂质进入晶格的可能性，随着晶界处的氧浓度大大降低，晶粒内部的氧自发扩散到晶界处，使晶粒基体内部的氧含量降低，缺陷的数量和种类减少，从而降低声子散射几率，增加声子的平均自由程。由于制备技术的不同，陶瓷材料的热导率也不一样。

常用陶瓷材料的导热系数如表 3.23 所示，陶瓷材料的热导率与添加剂含量也有着密切的关系。河北工业大学的梁广川等人对稀土氧化物 Y_2O_3 含量与密度和导热率的关系也做了实验研究。他们采用的一种氮化铝（AlN）陶瓷粉体为：平均粒度 3m，氧杂质含量 0.97wt%，添加剂为纯度 99.95%的 Y_2O_3。经过常压氮气环境烧结、抛光（光洁度 0.25m）处理，可以使氮化铝陶瓷的导热系数达到 160W/（m·K）左右，已经超过了压铸铝材 ADC12 的导热系数（ADC12 的导热系数为 96.2W/（m·K）），完全可以用作散热器的制作材料.

表 3.23　陶瓷材料导热系数表

陶瓷材料	导热系数/$W·m^{-1}K^{-1}$	陶瓷材料	导热系数/$W·m^{-1}K^{-1}$
硅铝氧氮	15～22	铝红柱石（$3Al_2O_2·2SiO_2$）	5.9
氧氮化硅（Si_2N_2o）	8～10	尖晶石（$MgO·Al_2O_2$）	15
氮化铝（AlN）	40～170	氧化锆（$Mg·PSZIZP$）	2
六方氮化硼（平行于晶片）	20	氧化铝/氧化锆（$Al_2O_3、ZrO_2、Y_2O_3$）	3.5
六方氮化硼（垂直于晶片）	33	碳化物陶瓷 B_4C	28
氧化铝（Al_2O_2）	16～30	碳化物陶瓷 SiC	83.6

氧化铝陶瓷的导热系数与氧化铝的成分（纯度）有很大的关系，如表 3.24 所示，常用的 Nom.95%氧化铝陶瓷（简称为 95 陶瓷）导热系数约 22.4W/（m·K），耐压 10kV/mm。

表 3.24 氧化铝陶瓷性能参数

型号	导热系数/ W·m⁻¹K⁻¹	密度/ g·cm⁻²	抗热震性 /℃	比热/ J·kg⁻¹·K⁻¹	耐压/ Kv·mm⁻¹
Nom.85%Al₂O₃	16.0	3.42	300	920	10
Nom.90%Al₂O₃	16.7	3.60	250	920	10
Nom.95%Al₂O₃	22.4	3.70	250	880	10
Nom.96%Al₂O₃	24.7	3.72	250	880	10
Nom.98.5%Al₂O₃	27.5	3.80	200	880	15
Nom.99.5%Al₂O₃	30.0	3.90	200	880	15
Nom.99.8%Al₂O₃	30.0	3.92	200	880	15

LED 灯具散热器用于将热量散发到周围的空间中，常采用氧化铝（Al_2O_3）陶瓷材料，氧化铝陶瓷价格便宜，技术成熟，采用压铸烧结技术，设计自由度大，价格较低，现阶段得到一定规模的应用。现代工艺制备的陶瓷材料导热率较高，空气自然对流下，完全可以充当 LED 照明灯具的散热材料。氮化铝陶瓷可以直接作为封装晶架或线路层；氧化铝陶瓷价格便宜，烧结技术成熟，可釉成不同颜色，由于其电绝缘性能优良，并耐酸碱性，受到很多客户的青睐。但是，陶瓷材料并不是完美无瑕的，陶瓷散热器鳍片不能太薄（厚度≥1.5mm），密度稍大（约为铝的 1.5 倍），中高应力下会产生裂纹，无釉表面容易污染等。总的来说，陶瓷材料用于 LED 的前景良好，特别适于体积较小的照明灯具.

3．纳米辐射散热材料

自然界中产生的辐射主要包括紫外线、可见光和红外线（800～1400nm），前两者主要辐射能量，红外线才是辐射热量。如果要加速物体散热降温的速度，就要增加物体的红外辐射量，物体本身的辐射量是有限的，这样就要在物体表面覆盖一种材质，这种材质具有高辐射率、高发射率和高反射率，能辐射走的热量要比物体本身辐射走的热量快得多、大得多。

纳米辐射散热材料是一种辐射热量的涂料，采用高导热及热辐射纳米液，能够以 8～13.5μm 波长形式发射走所涂刷在物体上的热量，降低物体表面温度并以干膜层内的纳米空心陶瓷微珠组成的真空腔体群，形成有效的隔热屏障，从而达到降温隔热的效果。

辐射降温涂料固化成膜后，首先涂膜表面形成良好的热反射界面，在较宽的频率范围内其热反射率达到 60%～90%，而膜面吸收的热仅为 10%～40%，涂层膜面将大部分的热以反射的形式挡在涂层外层。当膜面吸热蓄积升温的同时，吸热界面将向膜外空间辐射散热。由于基料的材质和膜层内结构的作用，膜面的热辐射发射率可达 90%左右，能把膜面吸热蓄积的热能以辐射的方式发射出去。

4．石墨烯散热材料

石墨烯（Graphene）是一种由碳原子构成的单层片状结构的新材料。石墨烯一直被认为是假设性的结构，无法单独稳定存在，直至 2004 年，英国曼彻斯特大学物理学家安德烈·海姆和康斯坦丁·诺沃肖洛夫，成功地在实验中从石墨中分离出石墨烯，而证实它可以单独存在。

石墨烯是传统石墨材料中层状结构中的一层或几层，它是由碳原子组成的具有六边形点阵的规则网络结构。这种规则的二维平面网络结构，显示出了非常奇特的物理性能，并预示了若干重要的应用前景。由于石墨烯具有高透光率（透光率为 97.7%）、高热导率、高电导率、强度大等优良特性，利用这些特性人们已经制备了多种电子元器件。

5. 铝碳化硅散热材料

把陶瓷采用高科技的手段跟铝合金合起来的复合材料——铝碳化硅。它是一种颗粒增强金属基复合材料，采用 Al 合金作基体，按设计要求，以一定形式、比例和分布状态，用 SiC 颗粒作增强体，构成有明显界面的多组相复合材料，兼具单一金属不具备的综合优越性能。通过改变 SiC 的含量，可以对 AlSiC 材料的机械性能和热性能进行调整（即其性能是可裁剪的），包括热膨胀系数、热导率、硬度、扭曲和抗张强度。

在以往，电子工业中的导热和结构方面的问题都是单独依靠金属或者陶瓷来解决，经常影响产品的性能和限制设计方案。铝碳化硅材料为解决这些问题提供了一条全新的思路。AlSiC 材料可以满足各种各样的性能和设计要求，提高系统的整体可靠性。

6. 声子散热材料

LED 散热是声子、热子、光子、磁子热能量量子（准粒子）综合运动的结果。其中声子是以准谐振方式（波的形式）进行散热主运动，是在物质内部典型的微运动。声子运动频率越快，与介质交换的速度越快，散热效率越高。根据以上原理，我们利用纯铝为基材，采用量子调控技术，加入热运动简谐振动频率高的声子晶体材料，并加入扼制非同谐运动的声子材料，制成比热容高，热平衡速度快，与空气热交换频率高的高效散热材料。

在 LED 芯片工作时，产生的热能会转换成电磁能向空间辐射散热。同时可用技术手段加速热流运动的频率，就像加速电流运动频率一样，对 LED 芯片进行主动散热。由于热能转换电磁波频域宽，热上升平衡时间与断热下降平衡时间短，为 5~6 分钟，而传统铝为 30~40 分钟，因此散热速度快，靠近热源端温度低于远离物源端 5~10℃。

7. 热磁散热材料

热子是热能近距离向空间（或介质）辐射散热的主要方式，其表现形式为宏观，是声子将其运动到表面区域，使更多的热能积聚在物质表面。在传热表面附着热发射率高物质，能加速热子向空间发射。由于热声子运动频率加快，引发除光子以外的电磁运动，也就是热能转成电磁波向空间幅射。

很多物质在特定环境下内部结构的排列顺序会发生变化，例如铁在磁场环境下可以有序排列，形成 N 极和 S 极，而热磁子材料在热场环境下也能够顺序排列，形成热极和冷极。在电流通过导线时，导线的周围会形成螺旋磁场。同样，在热流通过条形热磁子材料时，条形热磁子材料的周围也会形成螺旋形的热场，在螺旋热场作用下形成热气流动，我们称之为热场气流。热场气流与冷空气形成主动交换，达到散热的目的，因此，热磁子散热器属于动态散热类别。

与传统散热器对比：LED 散热器应用热磁散热材料、磁冷散热材料，可以实现 100W 的 LED 光源散热器重量小于 2kg，减少金属重量 5～10 倍，温升小于 20 度，使 LED 成为真正成为温度低、寿命长、成本低、用得起的新型光源。

热磁散热材料有如下特点：

材料合成简单：在铜、铝等散热材料中加入微量的热磁子添加剂，即可制成热磁子散热材料。由于添加剂中主要成分的比重与纯铝比较接近，熔点均低于 400℃，因此材料的合成非常简单。

动态散热：热磁子散热器属于动态散热类别，与冷空气的交换能力非常强。散热效果比普通的铜、铝制散热器效果好很多。

生产效率高：热磁子散热器采用添加热磁子材料的板材冲压制造，生产效率非常高，比压铸、挤压后再切削等散热器制造工艺提高生产效率数十倍。

成本低：热磁子散热器的材料成本比普通铝材的成本略低，同时又具备了重量轻、耗材少、加工效率高等特点，因此，散热器的总成本大大低于普通铝制散热器。

传热层与散热层、散热体相结合的板式散热器，将 LED 直接用 SMD 方法固晶在板式散热器上面，开 LED 封装先河，较好地解决了 LED 发热、成本高、安装困难等世界级难题，世界照明将正式步入 LED 照明时代。

3.8.2　散热新技术

1. 微槽群复合相变冷却技术

微槽群相变冷却技术（MGCP）是依靠技术手段把密闭循环的冷却介质（若介质为水）变为纳米数量级的水膜，水膜越薄，遇热蒸发能力越强，潜热交换能力越强，大功率电子器件的热量被蒸气带走，图 3.73 所示。

它的工作原理是，在毛细微槽群取热器内表面加工的微槽道，形成微槽群结构，利用微细尺度复合相变强化换热机理，实现在狭小空间内，对小体积的高热流密度及大功率的器件的高效率地取热。毛细微槽群复合相变取热器取出的热量由蒸汽经蒸汽回路输运到远程的高效微结构凝结器中，在微结构冷凝器内微细尺度凝结槽群结构表面上进行高强度微尺度蒸汽凝结放热。冷凝器凝结所释放的热量可迅捷地扩散到微细尺度凝结槽群结构表面，并经壁面向外传导到微结构冷凝器的外壁的肋表面上，通过与外界环境进行对流换热将热量释放到环境中去。凝结液通过凝结液体回路，在压力梯度作用流回到微槽群复合相变取热器。从而实现系统自身取热与放热的高效率、无功耗的封闭循环，达到器件冷却的目的。

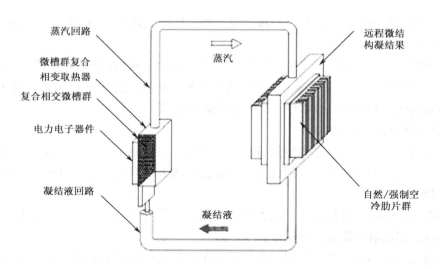

蒸汽回路

微槽群复合
相变取热器

复合相交微槽群

电力电子器件

凝结液回路

蒸汽

凝结液

远程微结
构凝结果

自然/强制空
冷肋片群

图 3.73　微槽群复合相变技术原理图

微槽群复合相变 LED 大功率光源冷却器有如下特点：

（1）超导热能力

微槽群复合相变冷却技术具有超导热能力，其导热能力是铝基板的 10000 倍，该技术能把 LED 芯片的热量及时送到面积无限大铝基板各个散热面上。导热系数大于 106W/（m·℃）。铜是优良导体，也是优良导热体，铜的导热系数约为 400W/（m·℃）；MGCP 导热能力与铜比，具有超导热性质。用一根长 60cm、直径 1.3cm 的实心铜棒在 100℃工作温度下输送 200W 的热能量，铜棒两端温度差高达 70℃。用上述铜棒重量的一半做成 MGCP 取热器，也在 100℃工作温度下输送 200W 的热能量，热输送距离也是 60cm 远，其温度只降了 0.5℃，实验表明 MGCP 技术具有超导热能力。

（2）冷却能力超强

取热热流密度可达 400W/cm²，比水冷高 1000 倍，比热管高约 100 倍。取热能力比强制水冷高 100 倍，比强制风冷高 1000 倍。1 个标准大气压下，水的沸点是 100℃，1kg 水从 99℃升温到 100℃，需要的热能量为 4200 焦尔，1kg 的 100℃水吸热变 100℃的蒸气，温度没有变化，但是吸取的热量为 2260000 焦尔。水冷为显热交换，换热热量低，MGCP 技术是潜热交换，换热能力超强。1kg 水升温 1℃只需 4200 焦尔热量，1kg 的 100℃水吸热变 100℃的蒸气，温度没有变化，但是吸取的热量为 2260000 焦尔，两者吸取的热量相差 500 多倍，因此，两者换热能力有巨大差别。

（3）无功耗冷却

被动式散热，无需风扇或水泵，无冷却用能耗，无动力运行，节能。MGCP 技术是巧妙利用大功率电力电子器件发热的能量使取热介质蒸发产生动能和势能，蒸气流动到冷凝器放热冷凝成液体，借助取热器微槽群的毛细力和液体重力回流到与大功率电力电子器件紧贴的取热器，从而实现无外加动力的闭式散热循环。

（4）重量轻、体积小

重量不到现有散热器的 25%，体积可减小到 20% 以下。

（5）可靠性高

装置简洁紧凑，工作稳定，无启动问题，可靠性远高于风扇、水冷和热管散热器。

2．SynJet 替代风扇

合成射流最早起源于 1950 年，Ingard 等人在实验室中利用声波驱动圆管内气体产生振动，从而在圆管两端的小孔外观察到一系列的涡环结构。南京航空航天大学明晓等人在 1992 年也提出了通过空腔的 Helmholtz 共振效应，可以将声能最有效地转化为流体振动能量，从而实现对流动分离的控制。然而直到 1994 年，Wiltse 等人才在实验室中将这种方法作为一种主动流动控制技术，由此才吸引了众多科研工作者的关注。在国内，2000 年罗小兵等人开展了关于合成射流的机理及数值模拟方面的研究。

SynJet 替代风扇应用到 LED 照明散热上面，SynJet 的大致原理是一个类似振动膜的元件以一定频率振动压缩腔内的空气，空气受压缩后从细小的喷嘴高速喷出，形成空气弹喷向散热片，同时空气弹带动散热片周围的空气流动带走热量。该技术原先用于芯片的散热，LED 照明兴起之后，被用于替代硕大的风扇，如图 3.74 所示。

相对于风扇来说，SynJet 散热模组有以下几个特点：

功耗比风扇低：SynJet 散热模组主要的耗能部分是一个驱动模块——振动膜，相对风扇的电机部分功耗要低。

体积小、质量轻：由于 SynJet 散热模组的特殊结构，所以可以做到比较小的体积，可以用在一些无法安装风扇的筒灯中。小尺寸，良好的散热可以使小尺寸的 LED 灯具实现较大功率和亮度。

低噪音：风扇的电机在转动是不可避免的产生噪音，如果是用在室内照明，夜深人静时这样的噪音会比较明显。SynJet 散热模组的振动膜在人耳不敏感的频率下振动，噪音很小，甚至感觉不到噪音。而且 SynJet 散热模组有三组频率可调。

图 3.74　SynJet 散热过程

寿命长：SynJet 散热模组结构简单，寿命可达 10 万小时，而风扇通常只有 5000 小时，对于长寿命著称的 LED 灯来讲，5000 小时显然有点拖后腿。在应用 SynJet 散热模组时，有一点要特别注意的就是整个灯杯要有开口，保障内部空气可与外界交换，否则 SynJet 的散热效果会打折扣。

SynJet 主动散热技术解决了一直困扰 LED 照明由于被动散热而受制于有限的换热能力的技术难题，通过强制对流换热的高效散热能力快速带走热量，降低 LED 芯片的温度，并且同时减小了散热器的体积及重量，更好地满足照明设计小型化的要求。

合成射流技术使 LED 灯具光效强度更强。通过使用合成射流散热技术，Ledon 公司专门生产具有照明强度极高的 LED 灯具；这使该公司的具有广阔的发展前景。

为了使驱动器电子件能冷却，驱动器一端连接在合成射流器的另一端。打开驱动器外壳底端的通风口通风，从而使驱动器电子件得到有效冷却，使 LED 灯具达到 75W 以及 100W 的效率。假使合成射流器的灵活性没有得到充分发挥，所有这些设计程序将没法运转，无法达到理想的散热效果。

Nuventix 也为其 PAR38 置换灯具研发了一种散热管理参照设计方案。这种参照设计，在与 Nuventix 的 SynJet 配合的情况下，能为照明设计者提供设计 LED 组件的系统；设计出的 LED 组件效率高达 2500 流明，并且适用于 PAR38 规格灯具。而目前 LED PAR38 置换灯具效率仅为 1500 流明。SynJet 散热模组在 PAR38 参照设计中冷却量可达 40W，消耗能量低于 500mW。另外，SynJet 和 TI 的 IC 为灯具设计者们带来更多的选择余地；灯具规格更小而照明强度更高，这使 LED 灯具的发展空间更具可能性。

3. 均热板技术

热能有个规律，它会往热阻值低的地方传递。如果热量无法通过散热介质传导出去，它就会传递到 PCB 上，长时间运行会导致 PCB 过热变形、损坏。因此，满载做功时单位面积内的巨大热能是一个显卡最难克服的散热问题。下面是目前几种传统散热方式在热传密度上的横向比较。

一个 $5cm^2$，6mm 厚的真空均温板 Heat Flux 热传密度可达 $115W/cm^2$，是铜热管的 10 倍以上，真空腔均热板比纯铜基板具有更好的热扩散性能，特别适合于大功率的 CPU、GPU 的使用。

如图 3.75 所示，为真空腔均热板散热过程示意图，芯片产生热能通过大面积均热板迅速吸收和传导，使封装的介质开始由液体转化为气体，通过蒸发区将热能带出。气态介质膨胀至整个真空腔，将带出的热能迅速传导到整个封装的铜内腔体中并传导到铝鳍片上。铝鳍片的热能经过风扇强制对流冷却后，使气体失去热能冷却，变化为液态通过内腔管壁毛细作用，然后回流到底部蒸发区，又吸收到新的热能，并再度气化将热带出，形成一个循环。

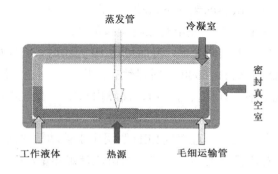

图 3.75 真空腔均热板散热过程示意图

总结起来，真空均热板优势有：

① 均热板的阻抗为业界中最低之一，将 300W 应用于 25mm×25mm 时的测量值为

0.05C/W。

② 尺寸外型非常灵活，均热板面积可达 200mm×200mm。

③ 克服了方向性限制，全面提升了电子组件/系统的效能。

4．自激式振荡流热管/环路热管

1994 年，一种新型的回路热管型式自激振荡流热管（Self-Exciting Mode Oscillating-Flow HeatPipe，SEMOS HP）被日本学者 Akachi H 提出。据相关报道，内径为 0.5mm、以 R141b 为工质的自激振荡流热管，其单位面积传输的热量已达到 1 000W/cm^2，即相当于常规热管最高传热能力的 20 倍。其巨大的应用潜力日益受到国际传热学界的高度重视。原理图及外形如图 3.76 所示。

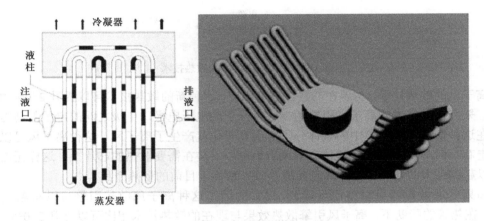

图 3.76　自激式振荡流环路热管示意图

SEMOS HP 运行的基本原理是：当热管管径足够小时，真空条件下封装在管内的工作介质（通常液体工质的充装率小于 60%～80%）将在管内形成液、气相间的柱塞。在加热段，气泡或气柱与管壁之间的液膜因受热而不断蒸发，导致气泡膨胀，并推动气－液柱塞流向冷凝端冷凝收缩，从而在冷热端之间形成较大的压差。由于气－液柱塞交错分布，因而在管内产生强烈的往复振荡运动（若在某些直管段上加装部分单向阀，亦可形成单向振荡运动）。其振荡频率远远高于传统热管内的气－液循环频率。而且，其工作介质与热管壁面间的对流换热过程也因受到剧烈脉动流的作用而大大强化。SEMOS HP 作为传统热管技术的延伸，也是依靠液体相变实现换热的，传热能力较烧结热管提高 20%～30%，具有传热效率高、结构简单、成本低、适应性好、热输运距离远等特点，今后可能成为解决大功率 LED 灯散热问题的有效方法之一。但目前，自激振荡流热管的研究尚处于初创时期。迄今为止，国内外所做的研究仅仅局限于认识和揭示这种热管的工作过程，而对于如何进一步改进、强化和控制其传递过程还需要做很多的工作。

5．离子风散热技术

一家名为 Tessera 的芯片封装企业曾经展示过一种全新概念的笔记本散热技术，并把这种技术命名为 EHD（Electro Hydro Dynamic 电子液动力）散热。其概念相当简单，基于正负电子中和的原理，由一对电极的一端产生正电离子，飞向另一端的负电离子，便能带动空气形成稳定气流，即"离子风"带走热量，在完全没有活动部件的情况下实现了静音散热，如图 3.77 所示。

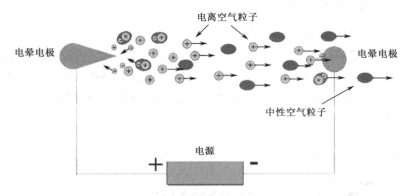

图 3.77　离子风的散热技术

离子风的散热技术，与现在的散热技术相比，这种新的散热技术可以提升 250% 的散热效率。采用这种技术的离子风引擎两端各有一个高电压电极，电极之间的电压差高达数千伏，在这种情况下，空气中的气体分子实现离子化就产生了离子风，这种离子风可以高效的带走芯片所产生的热量。这种离子风引擎可以安装在需要散热的芯片上，这样无需风扇就可以起到强大的散热作用，并且其散热效率远高于目前的散热产品。

如果普通散热器可以将温度降到 60℃ 的话，这种离子风散热引擎可以将温度降至 35℃。在热管的帮助下，离子风引擎散热效果与现在的散热技术相比可以提升 250%。目前相关技术人员正在努力使离子风技术支持低电压运行环境。

6．PDC 热处理技术

PDC（Polycrystalline Diamond Composite）即聚晶金刚石复合片，是聚晶金刚石（PolyCrystallin Diamond，PCD）和硬质合金底层形成的一种复合材料，它既有 PCD 的高硬度又有一定的韧性和抗冲击性能，是一种重要的超硬刀具材料。表 3.25 给出了 PDC 热处理技术与 LED 热处理的比较。

表 3.25　PDC 热处理技术与 LED 热处理比较

项目	PDC 热处理技术	一般 LED 热处理
热处理材料	非银、非铜、非铝、非纳米碳管	以铝合金、铜、陶瓷基板为主
材料处理方式	可喷涂	鳍片、热导管、风扇
热处理原理	主动式（"导热"和"散热"）	被动式（以"导热"为主）
使用空间	不占空间，不受重量限制	占空间、易受重量限制

PDC 的产品属被动式非金属散热材料（Passive Dimensional Dissipation，PDD），并将导热及散热的功能结合，成为最佳热处理解决方案。

有 Coating PDC 材料的散热片，其散热效果与 Coating ITRI（奈米碳球）的散热性能相当。

7．基于纳米碳球的辐射散热技术

受限于节能与产品轻薄短小之需求，非主动散热日益受重视，应用辐射红外线的涂料散热方式是目前相当热门的研究领域，特别是应用于高功率 LED 与太阳电池等产品，其散热好坏会直接反应在产品效能上，并且为了节能减碳的诉求，这类产品通常不会加装风扇散热。一般导热材必须有高的传输能力，藉由填充粒子间的界面接触传导热，因此界面阻抗成为主要的热能传递障碍。碳簇材料（黑体）辐射冷却效果佳。在相同温度（90℃）下，以红外线摄相仪观测，有涂装的很火红（辐射发射率达 98%），并且明显降温速度较快，显示涂层具辐射冷却效果。将此应用于单颗 5W LED 台灯制品，LED 温度可由 75.1℃降至 50.8℃，亮度增加 30%且寿命可大幅提升。辐射散热的效果常随散热鳍片之设计而略有不同，一般来说，涂装纳米碳球之鳍片可较相同形状未涂装样品降温达 6℃以上。因应节能与非主动散热需求，产品可藉简易的涂布技术应用于铝鳍片散热、LED 照明、车灯、工业计算机、太阳能电池散热、随身装置、游戏机等应用产品。相关产品市场产值大，目前成果已商品化应用于 LED 台灯产品。

8．类钻碳镀膜技术

台湾的钻石科技开发出了钻石岛外延片（Diamond Island Wafer，DIW）作为生产超级 LED 的基材。这种 LED 的热阻可以小于<5℃/W。用它制成的超级 LED 可发出极强的紫外光，其强度不因高温而降低，反而会更亮。其结构如图 3.78 所示。

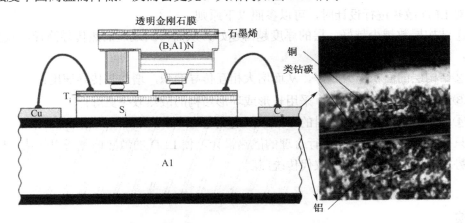

图 3.78   类钻碳镀膜技术结构示意图

通常高导热的材料（金属）的热辐射率奇低（<1%），然而热辐射系数高的材料（如树脂）的热导又奇低（<1W/（m·K）），DLC 则是两者兼备，既有高导热又有高热辐射率。事实上，DLC 像是黑体可在常温下以红外方式把热辐射给空气中的分子，按照这种机理，我们可在 PCB 的暴露面也镀一层 DLC，这样 LED 产生的热就可以持续向四周辐射，好比于增加了风扇的外衣。

本章小结

散热技术是 LED 灯具设计的关键技术之一，良好的散热效果是 LED 灯具性能的保证，只有了解 LED 灯具热量产业及传递的路径，散热技术方案的设计才会更有针对性。LED 灯具散热问题分为芯片 P-N 结到外延层；外延层到封装基板；封装基板到外界环境三个层次。这三个环节构成了热传导的通道。

芯片 P-N 结到外延层的散热：在氮化镓材料的生长过程中，改进材料结构，优化生长参数，获得高质量的外延片，提高器件内量子效率，从根本上减少热量的产生，加快芯片 P-N 结到外延层的热传导。

外延层到封装基板的散热：在芯片封装上，采用倒装芯片结构、共晶焊封装、金属线路板结构。在器件封装上，选择合适的基板材料，比如金属印刷电路板、陶瓷、复合金属基板等导热性能好的封装基板，以加快热量从外延层向封装基板散发。

封住基板到外界环境的散热：目前的 LED 路灯一般是将大功率白光 LED 通过回流焊的方式阵列焊接在金属封装基板上，然后再把金属封装基板紧密安装在大体积的铜、铝材料的散热器上。另外还可以采取新型的散热技术，提高灯具的散热性能。

此外通过掌握材料的热学、光学参数，借助热电类比分析模型，从影响热量传递的各个环节上优选最合适的材料；并且可以借助散热仿真软件，模拟分析 LED 灯具的热量分布，节省时间和成本，优化散热设计方案；同时 LED 电源设计、LED 光学设计与 LED 散热设计息息相关，需综合考虑。

对 LED 散热进行设计时，可以参照以下原则：

①结构层数越少越好，层的厚度越薄越好，从而得到最短的热传导路径，减少热传导阻力；

②结构层的面积越大越好，从而增大相互传导面积，增加热传导速度；

③结构层的面积一定时，采用长形或环形结构的散热效果更好；

④对于材料的选取，材料的导热系数越大越好。

只有通过对 LED 灯具进行合理的散热设计，使 LED 的散热问题得以解决，LED 照明的优势才能显示出来，才能取代传统照明。

习题

3.1　LED 通过热传导、热对流和热辐射三种散热方式如何散发热量？针对不同的散热方式分别有哪些设计要求？

3.2　在 25℃的环境中，功率 1W、热阻 16℃/W 的白光 LED 接通电源正常发光，利用电流表和电压表分别测得 LED 两端的电流和电压为 300mA 和 3.9V，再利用热成像仪，测得该状态下铝基板的温度为 70℃，请利用相关知识计算此时 LED 的结温。一临界温度为

85℃的散热器结构是否满足该白光 LED 正常工作的散热要求？

3.3　LED 灯具外壳一般用什么材质？并说出特性和表面处理以及设计时要注意那些问题？

3.4　请简述 LED 结温上升的原因？

3.5　从理论上解释结温升高对 LED 的电学特性、光学特性的影响。

3.6　LED 灯具的热传导通道依次为：芯片 PN 结到外延层；外延层到封装基板；封装基板到外界环境三个层次。请从这三个散热通道简述提高 LED 散热能力的方法。

3.7　一个 3W 的白光 LED，型号为：MCCW0222，其 $R_{JC}=16℃/W$。K 型热电偶点温度计测量头焊接在覆铜板底部，覆铜板尺寸为 40mm×40mm，厚度为 1.6mm，导热系数 λ 为 1W/(℃m)。忽略界面的接触热阻，可知热电偶点温度 TC=71℃，散热器外壳温度 T_A=25℃，求出此时 LED 的结温，并提出降低结温的方法。

3.8　如何在 Ansys 中查看内部的热应力分布？

3.9　简述导热塑料与铝型材在半导体照明散热应用中的优劣。

3.10　简述三种半导体照明新型散热技术及其工作原理。

参考文献

[1]　周志敏，纪爱华. LED 热设计与工程应用[M]. 北京：电子工业出版社，2012.

[2]　勾昱君，刘中良. LED 照明散热技术现状及进展 [J]. 中国照明电器 2012，2.

[3]　周文英，齐暑华. 导热塑料性能研究 [J]. 工程塑料应用，2004，32(12)：62.

[4]　OFweek 社区. LED 灯具散热详细计算 [EB/OL]. http://bb s.ofweek.com/thread-443591-1-1.html.

[5]　周志敏，纪爱华. 大功率 LED 照明技术设计与应用[M]. 北京：电子工业出版社，2011.

[6]　罗元，魏体伟，王兴龙. 基于倒装焊芯片的功率型 LED 热特性分析 [J]. 半导体光电，2012，33(3)：321-324.

[7]　李文彤，李志尊，胡仁喜. ANSYS13.0[M]. 北京：机械工业出版社，2011.

[8]　于勇. FLUENT 入门与进阶教程[M]. 北京：北京理工出版社，2008.

[9]　新世纪 LED 网. 半导体 LED 百问百答 [EB/OL]. http: //www.ledth.com/jishuziliao/n308524688.html.

[10]　中国半导体照明网. LED 散热模块热传材料介绍 [EB/OL]. http://www.360doc.com/content/10/1129/23/4135217_73589219.shtml

[11]　王文进，李鸿岩. 高导热绝缘高分子复合材料的研究进展[J]. 绝缘材料，2008，41(25)：30-33.

第4章

LED 照明驱动设计技术

4.1 LED 驱动电源概述

LED 驱动电源把电源供应转换为特定的电压电流以驱动 LED 发光的电压转换器，通常情况下，LED 驱动电源的输入包括高压工频交流（即市电）、低压直流、高压直流、低压高频交流（如电子变压器的输出）等。而 LED 驱动电源的输出则大多数为可随 LED 正向压降值变化而改变电压的恒定电流源。LED 电源的核心元件包括开关控制器、电感器、开关元器件（MOSFET）、反馈电阻、输入滤波器件、输出滤波器件等。根据不同场合要求，还要有输入过压保护电路、输入欠压保护电路、LED 开路保护、过流保护等电路。

4.1.1 LED 驱动电源的特点

LED 驱动电源具有以下特点：

（1）高可靠性

开关型稳压电源必须稳定可靠，特别像 LED 路灯的驱动电源，装在高空，维修不方便，维修的花费也大。

（2）高效率

LED 是节能产品，驱动电源的效率要高。对于电源安装在灯具内的结散热非常重要。电源的效率高，它的耗损功率小，在灯具内发热量就小，也就降低了灯具的温升。对延缓 LED 的光衰有利。

（3）高功率因数

功率因素是电网对负载的要求。一般 70W 以下的用电器，没有强制性指标。虽然功率不大的单个用电器功率因素低一点对电网的影响不大，但晚上使用照明量大，同类负载太集中，会对电网产生较严重的污染。对于 30W 到 40W 的 LED 驱动电源，据说不久的将来，也许会对功率因素方面有一定的指标要求。

（4）浪涌保护

LED 抗浪涌的能力是比较差的，特别是抗反向电压能力。加强这方面的保护也很重要。有些 LED 灯装在户外，如 LED 路灯，由于电网负载的启用和雷击的感应，从电网系统会侵入各种浪涌电压，有些浪涌电压会导致 LED 的损坏。因此 LED 驱动电源要有抑制浪涌的侵入，保护 LED 不被损坏的能力。

（5）保护功能

电源除了常规的保护功能外，最好在恒流输出中增加 LED 温度负反馈控制电路，防止 LED 温度过高[1]。

4.1.2　开关电源的技术指标及术语

1．输入特性

（1）输入电压相数

对 AC/DC、AC/AC 型变换器，一般都是采用单相二线和三相三线，也有采用单相三线或三相四线式的。该供电方除供给电源的相数外，还要标明包括漏电流规格在内的输入线的使用条件，例如单相三线或三相四线中的一线和中线及供电系统的接地条件等。

（2）输入电压范围

中国及欧洲的供电电压是 AC220V，美国是 AC120V，日本有 AC100V 和 AC200V。不同的国家和地区有差异，变动范围一般是±10%，考虑配电线路和各国不同的电源情况，其改变范围多为-15%～+10%，但在我国农村及边远地区，供电条件要恶劣得多，要考虑为±20%。

（3）输入频率

工业用额定频率有 50Hz 和 60Hz。开关电源对频率变动范围等特性影响不大，多为 47～63Hz。作为特殊标准，船舶及飞机等用的是 400Hz。

（4）输入电流

开关电源输入电流的最大值发生于输入电压的下限和输出电压电流的上限，因此要标明该条件下的有效输入电流。额定输入电流是指输入电压和输出电压、电流在额定条件下的电流。三相输入时各相电流会发生失衡现象，应取其平均值。

（5）输入冲击电流

接通电源时交流回路的最大瞬时电流值称为输入冲击电流。受输入功率限制，100W 以下为 20A～30A；100W～400W 为 30A～50A；400W 以上大于 50A。

（6）功率因数

在交流电路中，电压与电流之间的相位差（Φ）的余弦叫做功率因数，用符号 $\cos\Phi$ 表示，在数值上，功率因数是有功功率和视在功率的比值，即 $\cos\Phi=P/S$。

由于 AC-DC、AC-AC 型开关电源的输入部分大多采用整流加电容滤波的方式，因此输入电流的波形为脉冲状而不是正弦波，因而其功率因数只有 0.6 左右。采用功率因数补偿（无源或有源）后，功率因数可达 0.93～0.99。

（7）效率

效率是指额定的输出功率除以有效功率所得的数值，一般在 70%～90%之间。

2. 输出特性

（1）输出电压

输出电压是指出现于输出端子间的电压（直流或交流）的标称值。常见直流输出电压有：3.3V、5V、12V、24V、48V 等。

（2）输出电压可调范围

输出电压可调范围是指在保证稳压精度的条件下可从外部调节输出电压的范围，一般为±5%或±10%左右。在多路输出情况下，要标明输出电压可按与控制非稳定输出的输出大致相同的比率发生变化。

（3）过冲电压

接通输入电压后，输出电压有时会超过标称的输出电压值，随后又回到标称的输出电压值，其超过标称值的电压称为过冲电压。过冲电压通常用标称输出电压的百分数表示。

（4）输出电流

输出电流是指可由输出端子供给负载的电流，取其最大平均值。在多路输出的开关电源中，如有某一路输出电流增加．其他路的输出就会减小，使总的输出不会发生大的变化。

（5）稳压精度

稳压程度也叫输出电压精度，是在出现改变输出电压的因素时，输出电压的变动量或变动量除以额定输出电压的值。

（6）电压稳定度

在 25℃环境下，满载条件时，所有其他影响量保持不变时，使输入电压在最大允许变化范围内，而引起输出电压的相对变化量。

（7）负载稳定度

在 25℃环境和额定负载下，其他影响量保持不变时，由于负载的变化，引起输出电压的相对变化量。

（8）负载调整率

电源负载的变化会引起电源输出的变化，负载增加，输出降低，相反负载减少，输出升高。好的电源负载变化引起的输出变化减到最低，通常指标为 3%～5%。负载调整率是衡量电源好坏的指标。好的电源输出接负载时电压降小。

（9）温度系数

在 25℃环境，额定输入电压和额定输出负载下测量输出电压，然后将温度调整至极限，在温度的各个极限值时注意电压的变化。用电压的变化值除以相应温度的变化值，两个百分数中较大的一个即为温度系数。

（10）纹波噪声

纹波是出现在输出端子间的一种与输入频率和开关频率同步的成分，用峰—峰（P-P）值表示。一般在输出电压的 1%以下。

噪声是出现在输出端子间的纹波以外的一种高频噪声成分。同纹波样，用峰—峰（P-P）值表示，通常是所输出电压的 2%以下。纹波和噪声有时不能明显区别，大多数电源产品将其统一按纹波噪声处理，约为输出电压的 2%以下。实际应用中．当开关电源和电容器及负载连接时，这一数值会大幅度衰减。若电源规定的指标要求太小，就会提高电源产品的成本。

（11）暂态恢复时间

由于输入电压或输出负载的突然变化，引起输出电压偏离额定值。开关电源的控制回路进行调整，经一段时间后，输出又回到额定值。这段时间，即表征开关电源的瞬态响应，通常在 30～100ms 的数量级。

4.2　LED 驱动电源分类

4.2.1　LED 驱动电源按驱动方式分类

LED 驱动电源按驱动方式可分为：恒压式 LED 驱动和恒流 LED 驱动。

1．恒压式 LED 驱动

恒压式 LED 驱动电源的基本构成如图 4.1 所示。主要由以下 5 部分构成：①输入整流滤波器：包括从交流电到输入整流滤波器的电路；②功率开关管（VT）及高频变压器（T）；③控制电路（PWM 调光器）；④输出整流滤波器；⑤反馈电路。

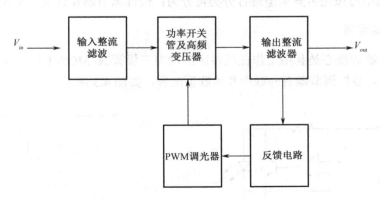

图 4.1　恒流式 LED 驱动的基本结构

恒压驱动时，LED 两端电压保持基本恒定，但由于电压中存在纹波，使得 LED 电流随着电压的波动而波动。根据 LED 的 *V-I* 特性，微小的电压波动会引起 LED 电流的较大波动，另外由于 LED 负温度效应的影响，电流波动有可能造成结温和电流的恶性循环，严重时甚至烧毁 LED，因此 LED 采用恒压驱动时，对驱动电源的恒压精度要求较高[2]。

2．恒流式 LED 驱动

恒流源也称稳流源，是指使流过 LED 的电流保持恒定的驱动方式，当外界干扰使得电流增大或减小时，LED 电流都可以在恒流电路的调节作用下回到预设值。由于 LED 具有非线性 V-I 特性，小电压波动将引起电流的大波动，因此，采用恒流驱动 LED 可以达到较好的性能。

在线性恒流电路中，主功率器件与 LED 负载串联，且工作在线性放大区，其典型电路如图 4.2 所示。

图 4.2 中主功率器件为 NMOS 管 VT，工作在线性放大区，由门极电压调节漏源极间电压，从而调节相应 LED 上的电压电流。图中 VT 漏极与 LED 负载相连，电阻 R 串联在主回路中，用于负载电流反馈，运算放大器 A 的反相输入端接电流反馈信号，正相输入端与预先设定的参考电压 V_{ref} 相连，运算后得到相应的 VT 门极控制信号，控制电阻 R 上的电压恒定，即保持了 LED 负载电流恒定。恒流源稳流效果好，电路成本较低，且 EMI 小，在中小功率场合应用较广泛，但由于串联在电路主回路中的功率管工作在线性放大区，输出端电压较高，功率管上的损耗较大，加上采样电阻上的能耗，电路效率不高，因此在大功率场合应用较少。

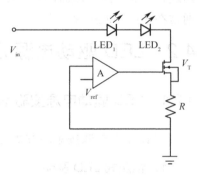

图 4.2 LED 线性恒流驱动电路

4.2.2 LED 驱动电源按是否开关型分类

LED 驱动电源按是否开关型进行分类可分为：线性调节器和开关式型调节器。

1．线性调整器

线性调节器的核心是利用工作在线性区的功率三极管或 MOSFET 作为一动态可调电阻来控制负载。线性调节器有并联型和串联型两种，如图 4.3 所示。

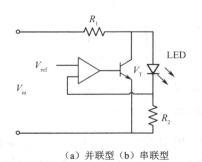
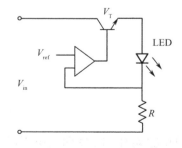

（a）并联型（b）串联型

图 4.3 线性调整器

图 4.3（a）所示为并联型线性调节器，又称为分流调节器，它与 LED 并联，当输入电压增大或者 LED 减少时，通过分流调节器的电流将会增大，这将会增大限流电阻上的压降，以使通过 LED 的电流保持恒定。由于分流调节器需要串联一个电阻，所以效率不高，而且在输入电压变化范围比较宽的情况下很难做到恒定的调节。

图 4.3（b）所示为串联型调节器，当输入电压增大时，调节动态电阻增大，以保持 LED 上的电压恒定。

由于功率三极管或 MOSFET 管都有一个饱和导通电压，因此输入的最小电压必须大于该饱和电压与负载电压之和，电路才能正确地工作。

线性调整器的缺点：

①它的输出与输入之间有公共端，在输入和输出之间，或多路输出之间需要直流隔离时电路的设计会变得非常复杂。

②其初始直流输入电压一般由工频变压器次级整流获得，而工频变压器的体积和重量限制了它的推广应用。

③线性调整器效率非常低，造成非常大的功率损耗，需要较大的散热片。

2．开关型调整器

开关型调整器按照输入电压和输出电压的大小关系来分类，有三种拓扑结构，分别为：降压型变换器、升压型变换器和升降压型变换器。

（1）降压型变换器

降压式变换器也称为 Buck 变换器，是 LED 驱动电源中最简单且最容易实现的一种变换器，它可以把一种直流电压变换成更低的直流电压，例如把+24V 或+48V 电源变换成+15V、+12V、或+5V 电源，并且在变换过程中的电源损耗小。降压式变换器可以用一只 NPN 型功率开关管 VT（或 N 沟道功率场效应管 MOSFET）作为开关器件 VT。工作原理如图 4.4 所示。VT 导通，V_{in} 开始向负载提供能量，同时在电感 L 中储存一部分能量，此时整流二极管不能导通。当 VT 关断时，因为电流不能发生突变，所以 L 两端产生反向电压，此时整流二极管可以导通，在 L 中储存的能量得以释放，用来维持负载稳压。VT 导通和关断的时间段里，根据电感上产生的电流变化量应该相等可以得到：

$$\Delta I_{ton} = \Delta I_{toff} \tag{4.1}$$

即：
$$\frac{(V_{in} - V_{out})t_{on}}{L} = \frac{V_{out}t_{off}}{L} \tag{4.2}$$

解得：
$$V_{out} = DV_{in} \tag{4.3}$$

电压的增益系数为：
$$M = \frac{V_{out}}{V_{in}} = D \tag{4.4}$$

降压型变换器的工作模式是不连续的，如果储能电感很小，当电感中能量释放完时可能输入还没有导通而造成电流断流，此时输出电压纹波较大，而且电源调整率差。

降压式变换器具有以下特点：

① V_{in} 先通过开关器件 VT，经过储能电感 L。

② $V_{in} = V_L + V_{out}$，因 $V_{out} < V_{in}$，故称之为降压，它具有降压的作用。

③输出电压与输入电压的极性相同。

（2）升压型变换器

升压式变换器简称 Boost 变换器，它也是 LED 驱动电源经常使用的一种拓扑结构。工作原理如图 4.5 所示。VT 导通后电感 L 被充电，整流二极管不导通。VT 不导通时，因为电流不能突变，电感 L 两端自然电压反向，从而整流二极管导通，输出电压等于输入电压和电感电压之和。VT 导通和截止的时间里，根据电感电流变化量相等可以得到：

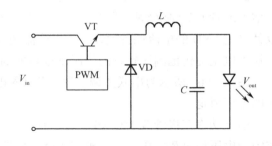

图 4.4 降压型变换器

$$\frac{V_{in}.t_{on}}{L} = \frac{(V_{out} - V_{in}).t_{off}}{L} \quad (4.5)$$

$$V_{out} = \frac{1}{1-D} V_{in} \quad (4.6)$$

电压的增益系数：

$$M = \frac{V_{out}}{V_{in}} = \frac{1}{1-D} \quad (4.7)$$

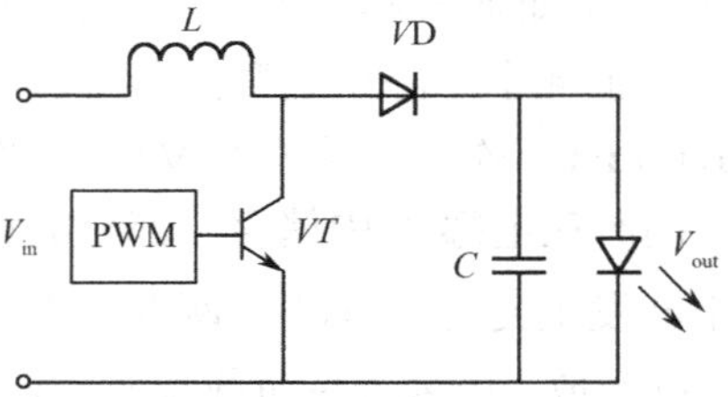

升压式变换器具有以下特点：

① V_{in} 先通过电感 L，再经过开关器件 VT。

② $V_{out} = V_{in} + V_L - V_D \approx V_{in} + V_L > V_{in}$，故称为升压式，它具有提升电压的作用，使 $V_{out} > V_{in}$。VT 为电感 L 上压降。V_D 为整流二极管 V_D 的压降，通常可忽略不计。

③输入电压与输出电压的极性相同。

④由于升压式变换器的输出电压比输入电压高，因此输出电流必须低于输入电流。

图 4.5　升压型变换器

升压型变换器的应用并不广泛，因为需要将低压转变为高压的场合不是很多，而且有更好的方法得到高压。虽然如此，但是对升压型变换器的研究还是有一定的价值和意义的，如果用变压器取代电感，那么升压型变换器马上可以变成应用广泛并且使用价值高的反激变换器拓扑。

（3）升降/压型变换器

升降压型式变换器也称 Buck/Boost 变换器。其特点是当输入电压高于输出电压时，变换器工作在降压模式，即 $V_{out} < V_{in}$；当输入电压低于输出电压时，变换器工作在升压模式，即 $V_{out} > V_{in}$。在各种工作模式下均可输出连续电流。工作原理如图 4.6 所示。

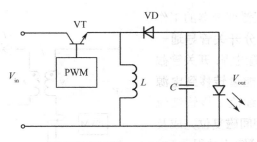

图 4.6　升降压型变换器

VT 导通后电感 L 被输入电压进行充电，直到 L 两端电压等于输入电压为止，在 VT 截止时，因为电流不可能突变，为了维持输出电压稳定，电感 L 上产生反向电压，此时整流二极管导通，为了维持输出电压稳定，电感 L 开始释放能量，可以得到：

$$\frac{V_{in} \cdot t_{on}}{L} = \frac{V_{out} \cdot t_{off}}{L} \tag{4.8}$$

$$V_{out} = \frac{1}{1-D} V_{in} \tag{4.9}$$

所以电压的增益系数为：

$$M = \frac{V_{out}}{V_{in}} = \frac{D}{1-D} \tag{4.10}$$

升压/降压式变换器主要有以下特点：

①升压/降压式变换器工作在不连续模式，其输入电流和输出电流都经过了斩波，是不连续的。

②它只有一路输出，且输出与输入不隔离。其中的升压式输出不能低于输入电压，即使关断功率开关管，输出电压也仅等于输入电压。

③输出电压的极性总是与输入电压的极性相反，但是电压幅度可以较大，也可以较小。

升降压型变换器的电压增益随 D 的变化而变化，它的特别之处是既能够降压也能够升压。然而它的实际应用电路会相对复杂，由于输入和输出电流都是脉动的，所以要加上滤波器才能平波。

4.2.3　隔离型 LED 开关电源

1.　正激式 LED 变换器

正激式变换器也称 Forward Converter，它从降压式变换器演变而来，二者区别是正激式变换器增加了高频变压器，实现一次侧与二次侧的隔离。正激式变换器可用于几百瓦 LED 驱动电路，其应用领域非常广泛。正激变换器组成部分为：直流交流逆变电路、输出整流滤波电路、反馈控制脉宽调节驱动电路。正激式变换器原理图如图 4.7 所示。开关功率管 VT 的工作方式为 PWM，通过改变导通占空比 D 来控制电压和电流的输出，二极管 VD_1 的作用是输出整流，二极管 VD_2 的作用是电感续流，电感 L 的作用是储能滤波，电容 C 用来滤波。

其工作原理为：正激变换器的工作
原理可按其工作状态分开关管导通一
次侧能量向二次侧传输过程；开关管截
止磁复位电路将磁化能量转移到电源
及二次侧电感储能经续流二极管续流
的过程；开关管截止期间磁复位完成及
电感储能经续流二极管续流过程。

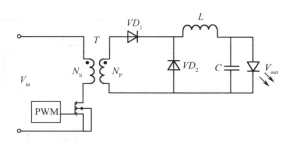

图 4.7　正激式变换器

第一过程，当开关管 VT 加入正脉
冲信号而导通后，加在变压器一侧绕组
上的电压为 V_{in}，根据电磁感应定律磁芯被磁化，磁通的增长率与所施加电压成正比，与线
圈匝数成反比。由于此时 VD_1 正向导通，VD_2 反向截止，二次绕组电压与输出电压之差等
于滤波电感上的电压，此时 L 中的电流线性增长。第二过程，开关管截止，此时变压器二
次电压极性相反，整流管 VD_1 截止，电感电流经续流二极管 VD_2 续流并为负载提供输出电
流，在这个过程中电感 L 上的电流开始线性下降。第三过程，磁复位完成。

正激式变换器主要有以下特点：

①一次绕组的同名端与二次绕组的同名端极性相同，并且一次绕组的另一端接功率开
关管的驱动端。当功率开关管导通时高频变压器传输能量，高频变压器上基本不储存能量。

②正激式变换器必须在输出整流二极管与滤波电容之间串联滤波电感，该滤波电感还
能起到储能作用，因此也称储能电感。

③正激变换器的输出电压表达式为：

$$V_{out} = \frac{N_s}{N_p} \cdot \frac{t}{T} V_{in} = \frac{N_s}{N_p} D V_{in} \tag{4.11}$$

④适合构成低压、大电流输出的变换器。

2. 反激式 LED 变换器

反激式变换器是开关稳压器及开关电源最基本的一种拓扑结构，其应用领域非常广泛。
反激式变换器也称回扫式变换器。凡是在功率开关管截止期间向负载输出能量的统称为反
激式变换器，它从降压/升压式变换器演变而来，即将升降压型电路中的电感换成变压器得
到的，因此反激型电路中的变压器在工作中总是经历着储能-放电的过程，在开关管被导通
后，电源的能量将存储在变压器一次侧电感中，开关管截止以后，将一次侧电感中存储的
能量传输到二次侧供给负载，因此叫做反激变换器。反激变换器的原理图如图 4.8 所示。

从图中可以看出，正激式变换器由开关管 VT、高频变压器 T、整流管 VD 和滤波电容
C 及反馈控制和 PWM 驱动组成。工作方式也有电流连续、不连续和临界三种状态。由于
开关管截止期间初级电感上没有电流流动，所以反激变换器中所指的电流是连续还是断续
要看截止期间次级侧电感上是否有电流流过。如果截止期间次级侧电流没有降到零，还有
能量没有传递则称之为电流连续导通模式。若在导通之前次级侧电流已经降到零，能量全

部传递则称之为电流断续模式。若在导通结束和导通开始瞬间，次级侧电流降到零，则称之为临界导通模式。

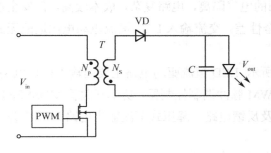

图 4.8 反激式变换器

开关管 VT 在加上正脉冲而导通后，输入电压 V_{in} 直接加到一次绕组 N_p 上，电感电流线性上升。因二次绕组同名端在图示下方，N_s 感应电压为负，整流二极管 VD 反偏截止，二次侧电流为零，负载电流由储能滤波电容 C 放电提供。当开关管加上负脉冲而截止后，变压器次级绕组感应电压使得次级整流二极管管 VD 正向导通，存储在变压器中的能量会通过整流管 VD 给输出滤波电容从 C 充电，同时提供输出电流给 LED。

反激式变换器主要有以下特点：

①高频变压器一次绕组的同名端与二次绕组的同名端极性相反，并且一次绕组的同名端接 V_{in} 的正端，另一端接功率开关管的驱动端。

②当功率开关管导通时，将能量储存在高频变压器中；当功率开关管截止时再将能量传输给二次侧。高频变压器就相当于一个储能电感，不断地储存能量和释放能量。

③输出电压的极性可正、可负，这取决于绕组极性和输出整流管的具体接法。输出电压可低于或高于输出电压，这取决于高频变压器的匝数比。

④反激式变换器的输出电压表达式为：

$$V_{out} = D\sqrt{\frac{TV_{out}}{2I_{outL_p}}V_{in}} \tag{4.12}$$

其中，V_{out}/I_{out} 代表反激式变换器的输出阻抗。

⑤反激式变换器不能在输出整流二极管与滤波电容之间串联低频滤波电感，否则不能正常工作。

4.3 LED 恒流驱动电源单元电路设计

LED 光源的广泛应用离不开 LED 恒流驱动技术的快速发展。早期的 LED 恒流驱动大都采用限流控制驱动和电流线性调节器驱动，往往导致能量损耗高及效率不高的问题。随着开关电源技术的不断发展，各种 LED 恒流驱动电路应运而生。尽管交流输入 LED 恒流驱动电源集成电路种类繁多，但其外围电路中很多单元电路具有共性，是类似的。本节选择代表性较强的单元如交流输入保护电路，输入整流滤波及 PFC 电路，电磁干扰滤波，高频变压器及二次侧输出电路进行阐述，介绍其设计原理及注意事项。

4.3.1 交流输入 LED 恒流驱动电源的基本构成

交流输入 LED 恒流驱动电源属于 AC/DC 转换器，分为隔离式、非隔离式两种。隔离式是通过高频变压器来实现 LED 负载与电网的电气隔离，电路复杂，成本较高，但安全性好；而非隔离式电路简单，成本低，但其安全性差。交流输入 LED 恒流驱动电源适配无源功率因数校正器，可大幅提高电源功率因数。

LED 恒流驱动电源的基本构成如图 4.9 所示。LED 恒流驱动电路主要由输入保护电路，EMI 滤波电路，输入整流电路，PFC 电路，PWM 脉冲调制控制器，功率开关管 MOSSFET，漏极钳位保护电路；高频变压器，恒流控制及反馈电路，降压式恒流输出电路，LED 开路及短路保护电路，调光电路。

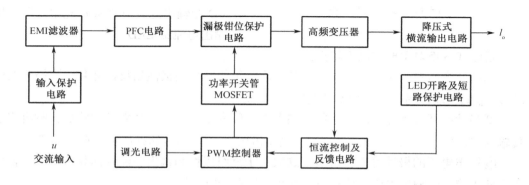

图 4.9　LED 恒流驱动电源的基本构成图

4.3.2 EMI 滤波器

LED 驱动电源属于高频开关电源，高频开关电源由于其在体积、重量、功率密度、效率等方面的诸多优点，已经被广泛地应用于工业、国防、家电产品等各个领域。在开关电源应用于交流电网的场合，整流电路往往导致输入电流的断续，这除了大大降低输入功率因数外，还增加了大量高次谐波。同时，开关电源中功率开关管的高速开关动作，形成了 EMI 骚扰源。

电磁干扰滤波器是近年来被推广应用的一种组合器件，它能有效抑制电网噪声，提高电子设备的抗干扰能力及系统的可靠性。EMI 滤波器是由电容器、电感等元件组成的，其优点是结构简单、成本低廉。

1. EMI 滤波器的基本电路

EMI 滤波器的基本电路如图 4.10 所示。

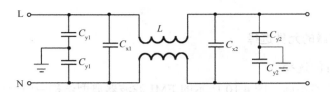

图 4.10　EMI 滤波器的典型结构

从图中可以看出，该结构有五个端口：两个输入端、两个输出端和一个接地端，同时外壳是要与地相连接的。EMI 滤波器是一种由电感和电容组成的低通滤波器，它能让低频的有用信号顺利通过，而对高频干扰有抑制作用。它只对共模干扰有抑制作用，对差模干扰却没有抑制作用。图中的 L 就是共模电感，它是在同一个磁环上绕制两个绕向相反、匝数相同的线圈所形成的。当电网输入共模干扰时，这两种方向相同的纵向噪声电流，由右手螺旋定则可知，两个线圈产生的磁通 Φ_f 顺向串联磁通相加，电感呈现出高阻抗，阻止共模干扰进入开关电源。同时也阻止了开关电源所产生的干扰向电网扩散，以免污染交流电网。差模干扰和工频交流电在形式上是一样的，所以共模电感对差模干扰和工频交流有用信号都没有影响。C_{X1} 和 C_{X2} 采用薄膜电容，容量范围大致是 0.01~0.47μF，主要用来消除串模干扰。C_{Y2} 跨接在输出端，并将电容器的中点接通大地，能有效抑制共模干扰。为了减小漏电流，电容量不宜超过 0.1μF。图中电容耐压值均为 630V_{DC} 或 250V_{AC}。

2．EMI 滤波器的主要参数

EMI 滤波器等效原理图如图 4.11 所示。EMI 滤波器的主要技术参数有：额定电压、额定电流、漏电流、测试电压、绝缘电阻、直流电阻、使用温度范围、工作温升、插入损耗、外形尺寸、重量等。其中最为重要的技术参数是插入损耗，它是评价 EMI 滤波器性能优劣的主要指标。它的定义是：没有接入滤波器时从干扰源传输到负载的功率 P_1 和接入滤波器后从干扰源传输到负载的功率 P_2 之比，用分贝（dB）表示。

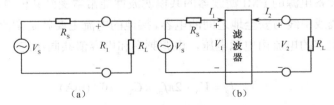

图 4.11　EMI 滤波器等效原理图

$$I_L = 10\log\frac{P_1}{P_2}，\text{其中 } P_1 = \frac{V_1^2}{R_L}，\quad P_2 = \frac{V_2^2}{R_L} \tag{4.13}$$

$$I_L = 10\log\frac{V_1^2}{V_2^2} = 20\log\frac{V_1}{V_2} \tag{4.14}$$

由于插入损耗是频率的函数，理论计算繁琐而且误差较大，通常是由生产厂家进行实际测量，根据噪声频谱逐点测试出所对应的插入损耗，然后绘出典型的插入损耗曲线，向客户提供。

3. EMI 滤波器的元件选择

（1）滤波电容的选择

与一般的滤波器不同，图 4.10 所示的 EMI 滤波器典型结构中电容使用了两种下标 C_X 和 C_Y，C_X 接于相线和中线之间，称为差模电容，C_Y 接于相线或中线与地之间，称为共模电容，下标 X 和 Y 不仅表明了它在滤波电路中的作用，还表明了它在滤波电路中的安全等级。

（2）差模电容器的选择

C_X 指的是应用于这样的场合：当电容失效后，不会导致电击穿现象，不会危及人生安全。C_X 除了要承受电源相线与中线的电压之外，还要承受相线与中线之间各种干扰源的峰值电压。根据差模电容应用的最坏情况和电源断开的条件，C_X 电容器的安全等级又分为 C_{X1} 和 C_{X2}。两个等级具体规定见表 4.1。所以设计滤波器时应根据不同的应用场合来选择不同安全等级的电容器。

表 4.1　差模电容的分类

C_X 电容等级	用于设备的峰值电压 V_P	应用场合	在电强度试验期间所加的峰值电压 V_P
C_{X1}	$V_P>1.2kV$	出现瞬态浪涌峰值	对 $C<0.33uF$，$V_P=4kV$
			对 $C>0.33uF$，$V_P=4e^{(0.33-C)}kV$
C_{X2}	$V_P<1.2kV$	一般场合	1.4kV

若 C_X 的安全性能（即耐压性能）欠佳，在上述的峰值电压出现时，它有可能被击穿，这虽然不危及人生安全，但会使得滤波器的功能下降或丧失。通常 EMI 滤波器的差模电容必须经过 1500～1700V 直流电压 1 分钟耐压测试。

（3）共模电容及其漏电流控制

用于电子设备电源的 EMI 滤波器的共模滤波性能常常受到共模电容 C_Y 的制约。C_Y 电容即跨接在相线或中线与安全地之间的电容。接地的电流主要就是指流过共模电容 C_Y 的电流，由于流过电容的电流由电源电压，电源频率和电容值共同决定，所以漏电流可以由下式估算：

$$I_g = V_m \times 2\pi f_m \times C_Y \times 10^{-6} (\text{mA}) \tag{4.15}$$

其中 V_m 为电源电压，f_m 为电源频率。

由于漏电流的大小对于人生安全至关重要，不同国家对不同电子设备接地漏电流都做了严格的规定。若对最大漏电流做出了规定，则可由式（4.15）可以求出最大允许接地电容值（即 C_Y 电容的值）：

$$C_{Y\max} = \frac{I_g}{V_m \times 2\pi f_m} \times 10^{-3} (\mu\text{F}) \tag{4.16}$$

如 GJB151A-97 中规定，每根导线的线与地之间的电容值，对于 50Hz 的设备，应小于

0.1μF；对于 400Hz 的设备，应小于 0.2μF；对于负载小于 0.5kW 的设备，滤波电容量不应超过 0.3μF。标准中的规定除了要满足式（4.16）外，还要求 C_Y 电容在电气和机械安全方面有足够的余量，避免在极端恶劣的条件下出现击穿短路的现象。因为这种电容要跟安全地相连，而设备的机壳也要跟安全地相连，所以这种电容的耐压性能对保护人生安全有至关重要的作用，一旦设备或装置的绝缘失效，可能危及到人的生命安全。因此 C_Y 电容要进行 1500～1700V 交流耐压测试 1 分钟。

4.3.3　整流桥的选择方法

整流桥就是将整流管封在一个壳内的半导体器件，分全桥和半桥。全桥是将连接好的桥式整流电路的四个二极管封在一起。半桥是将两个二极管桥式整流的一半封在一起，用两个半桥可组成一个桥式整流电路，一个半桥也可以组成变压器带中心抽头的全波整流电路，其具有体积小、使用方便、各整流管的参数一致性好等优点，可广泛用于开关电源的整流电路。全桥的正向电流有 0.5A、1A、1.5A、2A、2.5A、3A、5A、10A、20A、35A、50A 等多种规格，耐压值（最高反向电压）有 25V、50V、100V、200V、300V、400V、500V、600V、800V、1000V 等多种规格。小功率的整流桥可以直接焊在印刷板上，大、中功率硅整流桥则要用螺钉固定，并且需要安装合适的散热器。几种常见硅整形桥的外形图如图 4.12 所示。

图 4.12　几种常见硅整形桥的外形

整流桥主要参数有反向峰值电压 U_{RM} (V)、正向降压 U_F (V)、平均整流电流 I_F (A)、正向峰值浪涌电流 I_{FSM} (A)、最大反向漏感电流 I_R (μA)。整流桥的反向击穿电压 U_{BR} 应满足下式要求：

$$U_{BR} \geqslant 1.25 u_{max} \qquad （4.17）$$

若当交流输入电压范围是 85～132V 时，u_{max} =132V，由式（4.17）计算出 U_{BR} =233.3V，可选耐压 400V 的成品整流桥。对于宽范围输入交流电压，u_{max} =265V，同理求得 U_{BR} =468.4V，应选耐压 600V 的成品整流桥。需要指出，假如用 4 只硅整流管来构成整流桥，整流管的耐压值还应进一步提高。辟如可选 1N4007(1A/1000V)、1N5408(3A/1000V) 型塑封整流管。这是因为此类管子的价格低廉，而且按照耐压值"宁高勿低"的原则，能提高整流桥的安全性与可靠性。

（1）整流桥的导通时间与选通特性

50Hz 交流电压经过全波整流后变成脉动直流电压 u_1，再通过输入滤波电容得到直流高压 U_1。在理想情况下，整流桥的导通角应为 180°（导通范围是从 0°～180°），但由于滤波电容器 C 的作用，仅在接近交流峰值电压处的很短时间内，才有输入电流流经过整流桥对 C 充电。50Hz 交流电的半周期为 10ms，整流桥的导通时间 $t_c \approx 3ms$，其导通角仅为 54°（导通范围是 36°～90°）。因此，整流桥实际通过的是窄脉冲电流。桥式整流滤波电路及整流电压电流的波形如图 4.13 所示，其中图 4.13（a）为桥式整流滤波电路的原理图，图 4.13（b）和（c）分别为整流滤波电压和整流电流的波形图。

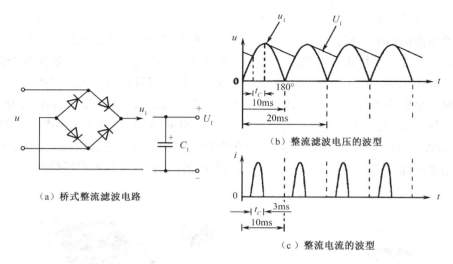

（a）桥式整流滤波电路　　（b）整流滤波电压的波型　　（c）整流电流的波型

图 4.13　桥式整流滤波电路及整流电压和电流的波形

最后总结两点：

①整流桥的上述特性可等效成对应于输入电压频率的占空比大约为 30%。

②整流二极管的一次导通过程，可视为一个"选通脉冲"，其脉冲重复频率就等于交流电网的频率（50Hz）。

4.3.4　漏极钳位保护电路

对于反激式 AC/DC LED 驱动电源而言，每当功率 MOSFET 由导通变成截止时，在一次绕组上会产生尖峰电压和感应电压。其中的尖峰电压是由于高频变压器存在漏感形成的，它与直流高压 U 和感应电压叠加在 MOSFET 的漏极上，很容易损坏 MOSFET。因此，增加漏极钳位保护电路，对尖峰电压进行钳位或吸收十分重要。

1．MOSFET 漏极上各参数的电位分布

下面分析输入直流电压的最大值 U_{Imax}、一次绕组的感应电压 U_{OR}、钳位电压 U_B 与 U_{BM}、最大漏极电压 U_{Dmax}、漏-源击穿电压 $U_{(BR)DS}$，以便对这 6 个电压参数的电位分布情况有一个定量的概念。

对于 TOPSwitch—XX 系列单片开关电源，其功率开关管的漏-源击穿电压 $U_{(BR)DS} \geqslant$ 700V，现取下限值 700V；感应电压 U_{OR}=135V（典型值）。本来钳位二极管的钳位电压 U_B 只需取 135V，即可将叠加在 U_{OR} 上由漏感造成的尖峰电压吸收掉，实际却不然。手册中给出的 U_B 参数值仅表示工作在常温、小电流情况下的数值。实际上钳位二极管（即瞬态电压抑制器 TVS）还具有正向温度系数，它在高温、大电流条件下的钳位电压 U_{BM} 要远高于 U_B。实验表明，二者存在下述关系：

$$U_{BM} \approx 1.4 U_B \tag{4.18}$$

这表明 U_{BM} 大约比 U_B 高 40%。为防止钳位二极管对一次侧感应电压 U_{OR} 也起到钳位作用，所选用的 TVS 钳位电压应按下式计算：

$$1.4 U_B = 1.5 U_{OR} \tag{4.19}$$

此外，还须考虑与钳位二极管相串联的阻塞二极管 VD 的影响。VD 一般采用快恢复或超快恢复二极管，其特征是反向恢复时间(t_{rr})很短。但是 VD_1 在从反向截止到正向导通过程中还存在着正向恢复时间(t_{fr})，还需留出 20V 的电压余量。考虑上述因素之后，计算 TOPSwitch—XX 最大漏-源极电压的经验公式应为：

$$U_{Dmax} = U_{Imax} + 1.4 \times 1.5 U_{OR} + 20V \tag{4.20}$$

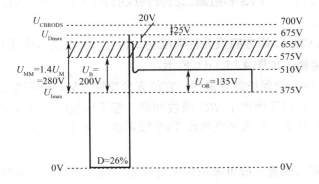

图 4.14　MOSFET 漏极上各个电压参数的电位分布图

TOPSwitch—XX 系列单片开关电源在 230V 交流固定输入时，MOSFET 的漏极上各电压参数的电位分布如图 4.14 所示，占空比 $D \approx 26\%$。此时 u=230V±35V，即 u_{max}=265V，$U_{Imax} = \sqrt{2}\, u_{max} \approx 375V$，$U_{OR} = 135V$，$U_B = 1.5 U_{OR} \approx 200V$，$U_{BM} = 1.4 U_B = 280V$，$U_{Dmax}$=675V，最后再留出 25V 的电压余量，因此 $U_{(BR)DS}$=700V。实际上 $U_{(BR)DS}$ 也具有正向温度系数，当环境温度升高时 $U_{(BR)DS}$ 也会升高，上述设计就为芯片耐压值提供了额外的裕量。

2．漏极钳位保护电路的基本类型

四种漏极钳位保护电路如图 4.15 所示。

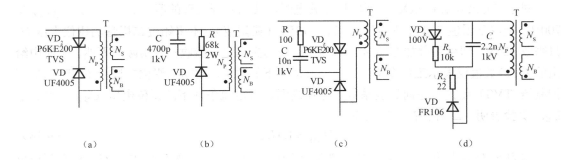

（a）　　　　　　　（b）　　　　　　　（c）　　　　　　　（d）

图4.15　四种漏极钳位保护电路

（1）利用瞬态电压抑制器TVS（P6KE200）和阻塞二极管（超陕恢复二极管UF4005）组成的TVS、VD型钳位电路，如图4.15（a）所示。图中的N_P、N_S和N_B分别代表一次绕组、二次绕组和偏置绕组。但也有的开关电源用反馈绕组N_F来代替偏置绕组N_B。

（2）利用阻容吸收元件和阻塞二极管组成的R、C、VD型钳位电路，如图4.15（b）所示。

（3）由阻容吸收元件、TVS和阻塞二极管构成的R、C、TVS、VD型钳位电路，如图4.15 (c)所示。

（4）由稳压管（VDz）、阻容吸收元件和阻塞二极管（快恢复二极管FRD）构成的VDz、R、C、VD型钳位电路，如图4.15（d）所示。

上述方案中以（4）的保护效果最佳，它能充分发挥TVS响应速度极快、可承受瞬态高能量脉冲之优点，并且还增加了RC吸收回路。鉴于压敏电阻器（VSR）的标称击穿电压值（U_{1mA}）离散性较大，响应速度也比TVS慢很多，在开关电源中一般不用它构成漏极钳位保护电路。

需要指出，阻塞二极管一般可采用快恢复或超快恢复二极管。但有时也专门选择反向恢复时间较长的玻璃钝化整流管1N4005GP，其目的是使漏感能量能够得到恢复，以提高电源效率。玻璃钝化整流管的反向恢复时间介于快恢复二极管与普通硅整流管之间，但不得用普通硅整流管1N4005来代替1N4005GP。

4.3.5　反激式LED电源的高频变压器设计

反激式开关电源的高频变压器相当于一只储能电感，其储能大小直接影响开关电源的输出功率。因此，反激式开关电源的高频变压器设计实际上是功率电感器的设计。需要计算一次侧电感量L_P、选择磁芯尺寸、计算气隙宽度δ、计算一次绕组匝数N_P等几个步骤。

1. 计算一次侧电感量 L_P

根据电感储存能量的公式：

$$W=\frac{1}{2}I^2L \qquad (4.21)$$

每个开关周期传输的能量正比于脉动电流 I_R 的平方值。若设开关频率为 f、输出功率为 P_o、电源效率为 η、一次侧电感量为 L_p，则输入功率为：

$$P = \frac{P_o}{\eta} = \frac{1}{2}I_R{}^2 L_p f \tag{4.22}$$

2. 选择磁芯尺寸

反激式开关电源高频变压器的磁芯尺寸选择可采用 AP 法。经验公式如下：

$$A_e = 0.15\sqrt{P_M} \tag{4.23}$$

其中，P_M 为高频变压器的最大承受功率，A_e 为磁芯的有效横截面积。可根据表 4.2 选取合适的磁心。

表 4.2 常用 EE 型磁心的尺寸规格

型号	A	B	C	D	E	F	A_e (cm²)	L_e (cm)	V_e (cm³)	A_L (nH/N²)	M_e
EE10	10.2	8	2.4	4.75	5.5	1.3	0.12	2.61	0.315	1006	1767
EE13	13	10	2.7	6.15	6	1.3	0.171	3.02	0.517	1100	1550
EE16	16	12	4	5	7	2	0.19	3.40	0.65	1200	1728
EE19	19	14	4.8	4.9	8	2.6	0.22	3.90	0.86	1350	1880
EE25	25	15.6	6.6	6.5	9.5	3.3	0.40	4.90	1.96	2000	1952
EE30	30	20	11	11	13	5	1.09	5.80	6.32	4750	2000
EE33	33	—	—	13.7	13.8	—	1.15	7.55	8.71	3840	2000
EE35	34.9	26.5	9.3	9.5	14.2	4	1.06	7.00	7.39	3790	1990
EE40	40	28	11	11	16.5	6.5	1.48	7.70	11.40	4250	2040
EE42	42	29.6	12.2	15.2	21	6.2	1.82	9.70	17.60	4700	2510
EE50	50	35	15	15	21	8.5	2.26	9.60	21.7	6250	2125
EE55	56	37.6	17.2	21.0	27.5	9	3.54	12.3	43.5	7100	1977
EE60	60	44.6	16	16	22	8.3	2.47	11.0	27.2	6000	2135
EE70	71	46.6	22.2	20	54	11.1	4.45	23.18	103.0	4820	1990
EE72	72.3	53.5	19	19	20		3.58	13.4	48.1	6700	1995
EE80	79.3	59.4	20	19.8	37.5	9.5	3.81	18.3	69.8	5200	1980

3. 计算绕组匝数和导线的直径

（1）绕组匝数计算

选择好磁心后，可根据磁心参数来计算高频变压器的绕组匝数。由于二次绕组匝数可以通过变压比推算，所以核心问题就是确定一次绕组匝数。对于单端反激式变换器，通常是在输入最小电压是占空比达到最大。所以有：

$$N_p = \frac{U_1\sqrt{D}\times 10^4}{B_M K_{RP} f} \tag{4.24}$$

选择二次绕组匝数时，需要考虑感应电压 U_{OR} 和功率开关管能承受的最大漏极电流。最大漏极电压等于输入直流电压、感应电压与高频变压器漏极产生的尖峰电压之和。其中，U_{OR}，一次匝数（N_P）、二次绕组匝数（N_S）和输出电压（U_O）有如下关系：

$$U_{OR} = \frac{N_P}{N_S} \times (U_o + U_{F1}) \tag{4.25}$$

在反激式开关电源中，U_{OR} 是不变的，通常取值在 85～165V 之间，典型值为 135V。式（4.25）中，U_{F1} 为输出整流管的正向压降。肖特基二极管通常取值 0.4V，快速恢复二极管的典型值取 0.8V。当 U_O 较高时，可以忽略 U_{F1}。

$$N_s = \frac{N_P}{U_{OR}} \times (U_o + U_{F1}) \tag{4.26}$$

如果变压器有多个二次绕组，可按照不同的输出电压值和相同的 U_{OR} 值分别计算各自的匝数。

（2）导线直径的计算

导线直径的选取与流过电流的有效值和允许电流密度有关。根据公式可得：

$$S_d = \frac{\pi}{4} d^2 \tag{4.27}$$

其中，S_d 为导线的横截面积，d 为直径。再根据流过导线的电流有效值 I_{RMS} 与横截面积 S 和电流密度 J 的关系：

$$I_{RMS} = SJ \tag{4.28}$$

可以得出线径公式：

$$d = \sqrt{\frac{4I_{RMS}}{\pi J}} \tag{4.29}$$

对于反激式开关电源，变压器绕组的电流有效值与最大占空比和脉动系数有关。一次侧电流有效值公式为：

$$I_{RMS} = I_p \sqrt{D_{max}\left(\frac{K_{RP}^2}{3} - K_{RP} + 1\right)} \tag{4.30}$$

其中，I_P 为一次侧峰值电流。

二次侧电流有效值的公式为：

$$I_{SRMS} = I_{SP} \sqrt{(1 - D_{max})\left(\frac{K_{RP}^2}{3} - K_{RP} + 1\right)} \tag{4.31}$$

将有效电流值带入到线径公式中就可以计算出一次绕组、二次绕组的导线直径。

4.3.6 正激式变压器设计

由于反激式开关电源中的高频变压器起到储能电感的作用，因此反激式高频变压器类似于电感的设计，但需注意防止磁饱和的问题。反激式在 20～100W 的小功率开关电源方面比较有优势，因其电路简单，控制也比较容易。而正激式开关电源中的高频变压器只起到传输能量的作用，其高频变压器可按正常的变压器设计方法，一般不需要考虑磁饱和问题，但需考虑磁复位、同步整流等问题[4]。正激式适合构成 50～250W 低压、大电流的开关电源。在大功率 LED 电源驱动使用的是正激式变压器，下面介绍其设计步骤。

（1）设计步骤：计算总输出功率→用面积乘积（AP）法选择磁心→计算一次绕组匝数→计算二次绕组匝数→计算线径等参数。

（2）主要计算公式。一次绕组匝数：

$$N_{p(min)} = \frac{U_{I(min)}D_{max}}{\Delta B A_e f} \tag{4.32}$$

其中，$N_{P(min)}$ 为一次绕组匝数的最小值；$U_{I(min)}$ 为直流输入电压的 U 最小值；D_{max} 为最大占空比；ΔB 为磁通密度的变化量，单端正激式的 $\Delta B = B_m - B_r$；A_e 为磁心有效截面积（cm^2），f 为开关频率。

（3）计算匝数比 n：

$$n = \frac{N_p}{N_s} = \frac{U_{I(min)}D_{max}}{U_o + U_{F1}} \tag{4.33}$$

（4）计算二次绕组匝数

$$N_S = nN_p \tag{4.34}$$

（5）计算一次平均绕组的线径。

首先，计算出输入电流的平均值：

$$I_{AVG} = \frac{P_o}{\eta U_{min}} \tag{4.35}$$

其次，计算出一次侧峰值电流：

$$I_p = \frac{I_{AVG}}{(1 - 0.5K_{RP})D_{max}} \tag{4.36}$$

然后，计算出一次侧有效值电流：

$$I_{RMS} = I_p\sqrt{D_{max}(\frac{K_{RP}^2}{3} - K_{RP} + 1)} \tag{4.37}$$

最后选择合适的电流密度，计算线径。一次绕组导线的电流密度可选 4～6A/mm²。根据值可计算出一次绕组的导线的线径：

$$d_P = \sqrt{\frac{4I_{RMS}}{\pi J}} \tag{4.38}$$

（6）计算二次绕组导线的线径。

首先，计算出二次侧峰值电流 $I_{sp}(A)$：

$$I_{SP} = I_p \times \frac{N_p}{N_s} \tag{4.39}$$

其次，计算出二次侧有效值电流 $I_{SRMS}(A)$：

$$I_{SRMS} = I_{SP}\sqrt{(1 - D_{max})(\frac{K_{RP}^2}{3} - K_{RP} + 1)} \tag{4.40}$$

然后，计算滤波电容上的纹波电流 I_{R1} (A)：

$$I_{R1}=\sqrt{I_{SRMS}^2-I_o^2}\tag{4.41}$$

最后，计算出二次绕组的最小直径 D_{Sm}(mm)：

$$D_{Sm}=1.13\sqrt{\frac{I_{SRMS}}{J}}\tag{4.42}$$

注意事项：

①对于低压、大电流的正激式开关电源，可选择同步整流技术。

②单端正激式开关电源的磁复位问题。单端正激 DC／DC 变换器的缺点是在功率管截止期间必须将高频变压器复位，以防止变压器磁芯饱和，因此一般需要增加磁复位电路（亦称变压器复位电路）。

③设计推挽式、半桥/全桥输出式正激变换器时，不需考虑磁复位问题。因其一次绕组中正负半周励磁电流大小相等，方向相反，变压器磁心的磁通变化是对称的上下移动，磁通密度 B 的最大变化范围为 $\Delta B=2B_m$，磁心中的直流分量能够抵消。

4.3.7 输出整流管选择方法

开关电源的输出整流管一般采用快速恢复二极管、超快速恢复二极管或者肖特基二极管。它们具有开关特性好、反向恢复时间短、正向电流大、体积小、安装简易方便等特点。[5]这里主要介绍一下快速恢复二级管。

快速恢复整流二极管属于整流二极管中的高频整流二极管，之所以称其为快速恢复二极管，这是因为普通整流二极管一般工作于低频（市电频率为50Hz），其工作频率低于3kHz，当工作频率在几十至几百 kHz 时，正反向电压变化的时间慢于恢复时间，普通整流二极管就不能正常实现单向导通了，这时就要用快速恢复整流二极管。快速恢复二极管的特点就是它的恢复时间很短，这一特点使其适合高频整流。快速恢复二极管有一个决定其性能的重要参数——反向恢复时间。反向恢复时间的定义是，二极管从正向导通状态急剧转换到截止状态，从输出脉冲下降到零线开始，到反向电源恢复到最大反向电流的 10%所需要的时间，常用符号 t_{rr} 表示。普通快速恢复整流二极管的 t_{rr} 为几百纳秒，超快速恢复二极管的 t_{rr} 一般为几十纳秒。t_{rr} 越小的快速恢复二极管的工作频率越高。

4.4 带功率因数校正（PFC）的 LED 照明驱动电源

电力公司利用煤炭、石油、天然气等一次能源来发电，考虑到能源是有限的，所以人人都希望其他能源转换为电能的效率尽可能高，电能的利用率尽可能大，消耗的热能最少而且环境污染最小。发电和配电设备包括旋转机械、60/50Hz 变压器和输电线，所有的这些设备都是在负载为纯电阻、使用与被加电压同相的正弦波电流没有谐波时效率更高。正如我们已知的，在电抗和电阻组合的负载电路中即使通过电流为正弦电流，也会在电流和电压之间引起一定的相移，这样就会降低配电设备的效率。而且，对于非线性的负载，还会引起电流波形失真，在供电和配电系统中引入谐波电流，这种谐波电流会对电力设备和电网造成非常大的损害和污染。而 LED 驱动电源很多也是用市电供电的，因此，在 LED 电源系统中引入功率因数校正是非常有必要的。

4.4.1 功率因数基本定义及分类

1．功率因数基本定义

功率因数 PF（Power Factor）定义为负载中的有功功率与负载的视在功率的比值，不考虑波形影响，功率因数的计算如下[6]：

$$PF=有功功率/视在功率 \tag{4.43}$$

有功功率是指单位时间内的平均功率，它产生了热量或者是做了机械功，也可理解成我们"真正"得到的能量。视在功率是指单位时间内电压的有效值与电流的有效值的乘积的平均值，它是未经过相移或者失真调整的，通常可理解为输入伏安（VA）值，表示如下：

$$视在功率（VA）=V_{rms} \times I_{rms} \tag{4.44}$$

我们也可以用数学的方法来理解它们。对于不失真的正弦波来说，即电路中的负载只引起了电流相位的变化，其输入电压与输入电流的表达式如下所示：

$$u = \sqrt{2}U \cos \omega t$$
$$i = \sqrt{2}I \cos(\omega t - \varphi) \tag{4.45}$$

其中，u、i 代表瞬时值；U、I 代表有效值；φ 代表相位角。交流输入的视在功率 $S=UI$，而有功功率 $P=ui=UI\cos\varphi$。

功率因数的国际符号为 λ。那么根据功率因数的定义，有：

$$\lambda = \frac{P}{S} = \frac{UI\cos\varphi}{UI} = \cos\varphi \tag{4.46}$$

为了更加直观的来显示视在功率，无功功率和有功功率的关系，可以用一个矢量图来表示不失真情况下的三者关系，如图 4.16 所示。

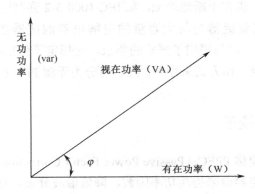

图 4.16　视在功率、无功功率和有功功率的矢量图

当交流输入电流波形不再是严格的正弦波时，我们称之为产生了失真或者说是畸变。

由傅里叶分析可知,失真的波形是由一系列幅值和相位不同的相关正弦波的谐波组成的(例如全波整流后的电流波形)。此时,式(4.45)已经不再适用了。我们引入另一个公式:

$$i(t) = \sqrt{2}I_1 \cos(\omega t - \varphi_1) + \sum I_n \cos(\omega t - \varphi_n) \tag{4.47}$$

其中,I_1 为基波电流;I_n 为 n 次谐波电流。

$$\sum I_n = \sum \sqrt{I_0^2 + I_1^2 + I_2^2 + \cdots + I_n^2} \tag{4.48}$$

I_0 为电流中的直流成分,对于纯交流电源,$I_0=0$。那么重新定义功率因数为:

$$\lambda = \frac{P}{S} = \frac{I_1 \cos \varphi_1}{I_n} = \frac{I_1}{\sqrt{I_1^2 + I_2^2 + \cdots + I_n^2}} \cos \varphi_1 \tag{4.49}$$

其中,$\cos \varphi_1$ 为相移功率因数 DPF(Displacement Power Factor)或者基波功率因数。

这里还需要引入另一个十分重要的概念,即总谐波失真 THD。总谐波失真是指:信号源输入时,输出信号比输入信号多出的谐波成分,一般用百分数表示。功率因数(λ)与总谐波失真(THD)之间的关系如下式所示:

$$\lambda = \frac{1}{\sqrt{1 + (\text{THD})^2}} \cos \varphi \times 100\% \tag{4.50}$$

其中 φ 为输入电流和输入电压之间的相位角。当输入电流电压同相位时,$\cos \varphi = 1$。则上式变为:

$$\lambda = \frac{1}{\sqrt{1 + (\text{THD})^2}} \times 100\% \tag{4.51}$$

这就是平时读者最为熟悉的两个概念,功率因数和总谐波失真之间的关系。

2. 功率因数校正方法

功率因数校正器的英文缩写为 PFC(Power Factor Correction)。习惯上,"PFC"既表示功率因数校正器,也表示为功率因数校正[7]。正如我们之前提到的 PFC 的作用,它能使交流输入电流与交流输入电压保持同相位并且滤除电流谐波。目前,PFC 技术已经越来越重要,有关的国际标准中也在不断地增加,如 IEC 1000-3-2 强制标准中就要求,在 25W 以上的电源变换器的桥式整流器与与大容量的电解电容滤波器之间必须要有 PFC;EN 61000-3-2 对电气设备的谐波也提出了严格的要求,它规定了包括高达 39 次谐波在内的工频谐波的最大幅值。按照工作方式来划分,PFC 可分为无源 PFC 和有源 PFC 两种类型,以下是它们的具体介绍。

4.4.2 无源功率因数校正

无源功率因数校正简称 PPFC(Passive Power Factor Correction),也叫被动式 PFC。它需要用到线性电感器和电容器来提高功率因数、降低谐波分量。这种方式在简单无失真的电抗负载情况下工作效果较好,在这种情况下不需要的电抗分量(或者说的相移)可以采用与其等幅反相的电抗分量抵消掉。当非线性的负载产生了谐波(或失真)时,我们就要在其基础上加入一定的滤波器,因此在较大的供电系统中,就需要大量的电感电容器件,这样就不太经济，所以一般这种技术应用在小功率的地方效果会比较好。

1. 常用的无源 PFC 技术

首先介绍一种无源 PFC 技术，就是利用电抗和滤波器来实现的功率因数校正。典型的应用是荧光灯管的镇流器，如图 4.17 所示。

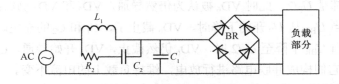

图 4.17 荧光灯管的镇流器

电感 L_1 通常被限制约为 250mH，C_1 通常被限制在 2μF～4μF，关断频率约为 200Hz，附加的 C_2 用来吸收高次谐波。尽管这不是理想的状态，但实际上它可以将功率因数从 0.6 上升到大约 0.9，改进还是可观的。使用这种无源功率因数校正电路的副作用和缺点是，L_1 和 C_1 可能会变成串联谐振，而且楞次定理的作用使得 L_1 两端电压较高；电感可能需要占用很大的体积，会大大的限制实际使用。

下面介绍一种比较新颖的无源 PFC 电路：基于"填谷式"的 PFC 电路。填谷电路的本质是利用二极管和电容器，通过改变存储电容的充电和放电阶段来提高功率因数，也就是所谓的填平谷点，使输入电流从尖峰脉冲为接近正弦波的波形。这种方法是由 Spangler 于 1988 年提出的，计算机模拟结果表明该方法可以使得功率因数可能达到 98%。与传统的电抗式无源 PFC 电路相比，其优点是电路简单，提高功率因数效果显著，并且还不用在输入电路中使用体积较大的电感器。典型的填谷电路如图 4.18 所示。

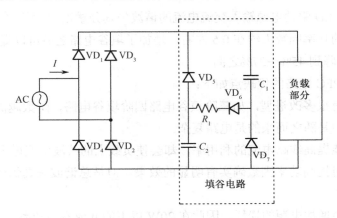

图 4.18 填谷电路

其工作原理是：设交流输入电压的有效值为 u，峰值电压为 U_P，整流桥输出脉动直流电压为 U_{BR}，VD_5 负极端电压为 U_A（即 C_1 和 C_2 上的总电压，且这里假设 U_{BR} 和 U_A 为不同的概念）。

第一阶段：在交流电正半周期的上升阶段，由于此时 $U_{BR} > U_A$，VD_1、VD_6、VD_2 导通，VD_5 和 VD_7 截止，U_{BR} 沿着 $C_1 \rightarrow VD_6 \rightarrow R_1 \rightarrow C_2$ 的路线给 C_1 和 C_2 充电；同时向负载提供电流。这个充电过程要求很快。

第二阶段：当 U_{BR} 到达 U_P 时，C_1 和 C_2 上的总电压 $U_A = U_P$；因为 C_1 和 C_2 容量相等，所以他们的压降都是 $U_P/2$。此时 VD_6 被认为仍然导通，VD_5 和 VD_7 仍然截止。

第三阶段：当 U_{BR} 从 U_P 开始下降时，VD_6 截止了，C_1 和 C_2 的充电阶段马上停止。

第四阶段：当 U_{BR} 下降至 $U_P/2$ 时，VD_6 仍然截止，VD_5 开始导通，C_1 对负载放电，C_2 通过 VD_5 放电，它们构成并联电路进行放电，维持负载上的电流不变。

综上所述，利用无源填谷电路能大大的延长整流管的导通时间，使之在正半周期的导通范围扩展到 30°～150°（30°刚好对应 $U_A = U_P\sin30° = U_P/2$，150°对应 $U_A = U_P\sin150° = U_P/2$）。

同理，在输入相位 180°～360°时，用相同的方法分析，得到导通角扩展为 210°～330°。这样就相当于尖峰脉冲电流波形中的谷点区域被"填平"了很大一部分，所以形象地称上述电路为填谷电路。典型的波形图如图 4.19 所示。

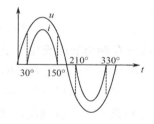

图 4.19　填谷电路典型的波形图

市电供电的 LED 驱动电源输入交流电流的谐波失真分量很大，可以高达 100%～150%。不用填谷电路时的功率因数大约在 0.5 左右，增加了填谷电路之后可以提高到 0.92～0.96，对应的 THD 也下降到 45%～27% 之间。

填谷式无源 PFC 电路的优缺点如下：

①填谷电路有很多改进型，如三阶填谷电路四阶填谷电路，阶数越高，改善功率因数的效果越明显，但是随之而来的是电路复杂。

②填谷电路能提高线路电流的利用率，却会使负载上的纹波电流增大。

③填谷电路对提高功率因数确实有明显的效果，但是总谐波失真仍然较大，无法满足一些国际标准。

④填谷电路会增加电源的损耗，因此在 20W 以下的低成本小功率场合使用比较合适，使用的区域性不强。

2．无源 PFC 电路的设计实例

基于 TinySwitch-III 系列产品 TNY279PN 的 18W LED 驱动电路设计，如图 4.20 所示。

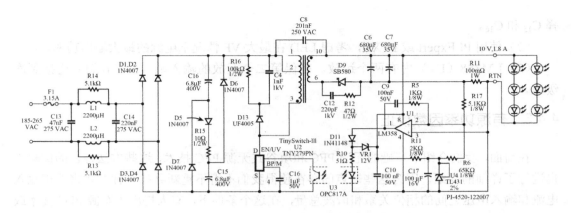

图 4.20　基于 TNY279PN 的 18W LED 驱动电路图

该电路的设计特色为：

①非常高的效率：≥82%；

②元件数量少：只需要 40 个元件；

③不需要共模电感就能满足 EN55022B 对 EMI 的要求；

④填谷电路使电源满足 IEC61000-3-2 的 THD 限制；

⑤ON/OFF 控制抑制由填谷（THD）校正电路硬气的较高工频纹波电压。

该电路的工作方式为：

（1）图 4.20 所示反激式转换器使用了 TinySwitch-III 系列的一个器件（U_2，TNY279PN）给 6 个高亮度流明 LED（LXHL 系列）提供高达 1.8 A 的负载电流。

（2）输出电压比 LED 串的正向电压降稍高。因此当 LED 灯串连接到电源时，电源工作在恒流（CC）模式。如果 LED 串没接到电源，稳压管 VR1 提供电压反馈，将输出电压调整在 13.5 VDC 左右。一个 100 mW 的电阻（R_{11}）检测输出电流，通过一个运放（U_1）驱动光耦给 U_2 提供反馈。TinySwitch-III 系列器件通过关断或跳过 MOSFET 开关周期进行稳压。当负载电流达到电流设置阈值时，U_1 驱动 U_3 导通。U_3 内的光三极管从 U_2 的 EN/UV 脚拉出电流，使 U_2 跳过周期。一旦输出电流降到电流设置阈值以下，U_1 停止驱动 U_3，U_3 停止从 U_2 的 EN/UV 脚拉出电流，开关周期重新使能。TL431（U_4）给 U1 提供一个参考电压，以和 R_{11} 两端的电压降做比较。

（3）输出整流管（D_9）位于变压器（T_1）次级绕组的下管脚以降低 EMI 噪音的产生。RCD 箝位（R_{16}、C_4 和 D_{13}）保护 MOSFET 漏极免受反激电压尖峰的损害。

（4）填谷电路（D_5、D_6、D_7、C_{15}、C_{16} 和 R_{15}）限制工频电流的 3 次和 5 次谐波值，使电源满足 IEC61000-3-2 规定的总谐波失真（THD）要求。

（5）U_2 的频率抖动功能、T_1 内的屏蔽绕组和横跨 T_1 的 Y 电容（C_8）一起减小传导 EMI 的产生，因此一个简单的 π 型滤波（C_{13}、L_1、L_2 和 C_{14}）就能使电源满足 EN55022B 的限制。

电路的设计要点：

（1）取 PI Expert 或 PI Xls 计算的输入电容值，除以 2，取整到紧邻的较大标准值来选

择 C_{15} 和 C_{16}。

（2）使用 PI Expert 或 PI Xls，考虑 LED 在最大 VF 情况下电源的最大输出功率。

（3）LM358（U1）内有两个运放。确保第二个运放的输入端（5 和 6 脚）连接到次级地。

4.4.3 有源功率因数校正

在前面，我们介绍了基础的无源 PFC 和填谷式无源 PFC 技术，这些方法各自的优缺点也进行了详细的介绍。因为这些缺点的存在使得我们不得不重新寻找一种方式来校正输入电流和输入电压之间的相位关系和谐波总量，在这个条件下，有人提出了有源 PFC 技术或者 APFC 技术。概括地讲，使用各种所谓的有源 PFC 技术，实际是迫使输入电流强行跟随输入电压变化，为了得到更好的效率，应用中使用了开关电源系统。它的主要优点是如下：

①可以得到较高的输入功率因数，一般在 0.97 以上，甚至是接近 1；

②可以使市电电网输入电流的 THD 小；

③可以在较宽的输入电压范围和宽频带下工作；

④在调节输入电流波形同时，利用电流反馈技术，可以保持输出电压基本恒定不变。

1. 有源功率因数校正办法的分类

因为用到的是开关电源技术，有源功率因数校正技术的分类方法可以按照拓扑结构分为：

（1）升压式。其特点是：简单电流型控制，PF 高，THD 低，效率高。适用于 75W～2000W 功率范围内。

（2）降压式。其特点是：噪声大，滤波困难，功率开关管上电压应力大，控制驱动电平浮动，故很少被采用。

（3）升/降压式。其特点是需要 2 个功率管，电路复杂，应用较少。

（4）反激式。其特点是：输入与输出隔离，输出电压可以任意选择，采用简单电压型控制，适用于 150W 以下的功率场合。

既然都是用控制输入电流的方式来工作，也有按照不同的输入电流控制方式分类的方法：

（1）平均电流型。工作频率固定，以输入电流连续模式（CCM）的控制方法工作如图 4.21（a）所示。这种控制方式的优点是：恒频率控制，工作在电感电流连续状态，开关管电流的有效值小，EMI 滤波器体积小；能抑制开关噪声；输入电流波形失真小。主要缺点是：控制电路复杂，需要检测电感电流，需要电流控制环路。

（2）滞环电流型。其特点是：工作频率可变，电流达到滞环带内发生功率管的开关操作，使输入电流上升下降。电流波形平均值取决于电感输入电流，波形图如图 4.21（b）所示。

（3）峰值电流型。其特点是：工作频率变化，电感电流不连续模式控制（DCM）。DCM 采用跟踪器方法，具有电路简单、易于实现的优点。但存在以下缺点：PF 和输入电压与输出电压的比例有关，即当输入电压变化时，PF 值也将发生变化，同时输入电流波形随输入电压和输出电压的比值加大而使 THD 变大；开关管的峰值电流大，开关损耗增加。所以，大功率的 PAFC 常采用 CCM 模式。其波形图如图 4.21（c）所示。

（4）电压控制性。工作频率固定，电流不连续，采用固定占空比的方法，电流自动跟踪电压。这种控制方法一般用在输出功率比较小的场合，另外，在单级功率因数矫正中多采用这种方法。其波形图如图 4.21（d）所示。

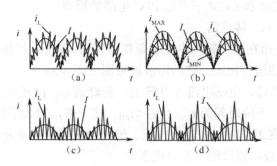

图 4.21　4 种控制方法的输入电流波形图

这里说明一下：I 为流过电感的平均电流，i_L 为流过电感的瞬态电流。

下面主要介绍升压型功率因数校正拓扑。

2．升压功率因数校正拓扑电路

基本升压电路如图 4.22 所示，通过此图可以用来解释有功功率因数校正系统的工作原理。

工作原理：从图中可以看出，交流输入为经过全波整流后的正弦波，这种正弦波叠加在高频升压校正电路的输入端，同样也叠加在控制电路的 1 端，流入 1 端的波形信号经过处理作为参考信号来确定输入电流所要求的相位和波形，输入电流通过 L_1 并经过电流检测电阻器 R_S 返回，把实际电流波形的取样值提供给控制电路上的 3 脚和 4 脚。

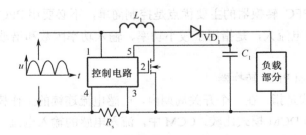

图 4.22　基本升压电路

为了在 L_1 上得到平均的 100Hz（假设输入为 50Hz 的市电）的叠加正弦波电流波形，功率开关管会以高频率实现开和关（或者占空比调整）。

如果能在短时间内（如一个周期）准确地控制开关管开关过程，那么在此周期内，L_1 和 R_S 上的电流会跟随输入的正弦波电压波形和相位变化。L_1 上的叠加的正弦波电流的幅值还会在更长的周期内调整，通过对输出电容的上电压的检测（即 5 脚），我们还能使整个调整的过程中保持对负载的变化的适应。

升压 PFC 转换器有 3 种工作模式：①电感电流断续模式 DCM；②电感电流连续模式 CCM；③临界连续模式 CRM（也称为 BCM）。

下面主要介绍 DCM 和 CCM 下升压 PFC 电路的原理。

（1）DCM Boost PFC 转换器

DCM 工作模式是指在整个输入电压和负载范围内，Boost 转换器的电感电流在一个开关周期内总是不连续的运行模式。它的电波波形图如图 4.23 所示。其工作原理是：在 1 个周期内，开关管导通器件，电感电流 i_L 从零上升到峰值 i_P；在开关管关断器件，电感放电，i_L 从峰值 i_P 下降到零，下降时间为 t_d，且 $t_d < t_{off}$。接下来，用数学的方法来更直观地说明。

假设转换器在稳定工作时，即输入电压、输出电压和负载都是不变的，占空比和开关管的导通时间 t_{on} 为常数，假设输入整流电压为：

$$i_P = \frac{U \cdot t_{on} |\sin \omega t|}{L} \tag{4.52}$$

那么在开关管导通期间，根据 Boost 的拓扑结构可以得到：

$$u_{dc} = L \frac{di}{dt} = L \frac{i_P}{t_{on}} \tag{4.53}$$

因此，变换得到：

$$i_P = \frac{U \cdot t_{on} |\sin \omega t|}{L} \tag{4.54}$$

可见，由峰值电流 i_P 的关系式可知，在每个开关周期内，DCM Boost PFC 转换器的输入电流峰值按正弦规律变化，而且与输入电压同相位。但是由于 t_{off} 阶段电感电流下降，使得每个开关周期的电感电流平均值并不是按照再选规律变化的，有一定的畸变。值得注意的是，电感电流下降的时间越长，输入电流波形越差，输入功率因数越差。从图 4.23 中可以很明显就能看出，输入电流实际上是靠峰值的包络来实现的，且误差是相当大的。

DCM Boost PFC 转换器的主要优点是控制简单，不必要用 PFC 控制芯片；缺点是开关管和电感的峰值电流大，是指用于较小功率、输入功率因数和谐波电流要求不是很高的电路。

（2）CCM Boost PFC 转换器

CCM 工作模式是指：在一个开关周期内，电感电流连续的工作模式。它的电流波形图如图 4.24 所示。和 DCM 模式比较，CCM 中，流入电感的输入电流在下降时间内，不会变为零。虽然输入电流有高频纹波，但每一个高频开关周期内的电流平均值或者峰值为接近正弦波（电流纹波很小时，高频电流平均值包络线与峰值包络线很接近）。

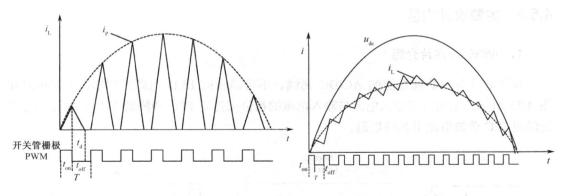

图 4.23　DCM 模式电感电流波形图　　　　图 4.24　CCM 模式电感电流波形图

CCM Boost PFC 转换器的主要优点是：输入电流连续，高频电流纹波小；电感及开关管的电流峰值小；通过适当的控制，可以使输入电流的低次谐波很小，功率因数接近于 1。这种模式比较适合大功率（大于 300W）场合。

4.5　LED 照明驱动电源设计举例

4.5.1　设计目标

设计一款具有有源功率因数校正的 LED 开关电源。具体参数要求如下：

①宽范围输入电压：$85V_{AC} \sim 265V_{AC}$。

②最大输出功率：40W。

③输出电压和电流：$40V_{DC} \sim 56V_{DC}$，0.7A，限压、恒流输出。

④期望效率：>85%。

⑤输出电压精度：±1%。

⑥无源功率因数 90% 以上；有源功率因数 95% 以上。

4.5.2　设计背景

开关电源可分成无 PFC、无源 PFC 和有源 PFC 三种类型。按照美国"能源之星"的认证标准，5W 以上的 LED 驱动电源必须加 PFC。住宅用 SSL 灯具：功率因数 $\lambda \geq 0.70$；商业用 SSL 灯具（包括 LED 路灯）：$\lambda \geq 0.90$。另外，国际电工委员会 IEC 1000-3-2 标准对电源的输入谐波提出了严格要求，并将谐波电流分为 A、B、C、D 四大类，照明（含调光）设备属 C 类。

在低功率的 LED 驱动电源中，如果采用传统的两级功率因数校正方案，不仅成本高，而且效率低，所以在市场上没有竞争优势。单级功率因数校正技术在提高功率因数、效率和减少成本方面是现在比较热门的技术点，会增强产品的市场竞争力。

4.5.3　主要设计内容

1．iW3623 芯片介绍

该款芯片是一款高性能的 AC/DC 离线、不可调光的 LED 电源控制器，典型电路如图 4.25 所示。主动改变输入电流与输入电压的相位来提高 PFC 和降低 THD，可以很容易地满足 IEC 谐波电流限制的规范。

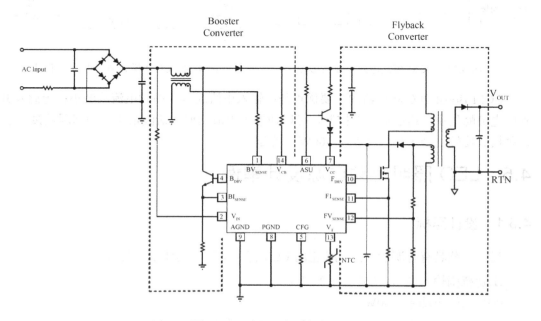

图 4.25　iW3623 典型电路

iW3623 工作在准谐振模式下提高效率和简化 EMI 设计。此外，iW3623 内置了很多重要的保护功能。iW3623 使用了 iWatt 最先进的原边反馈技术，消除了二次反馈电路，实现优秀的线路负载的调节。iW3623 不需要循环补偿电路来保持稳定。通过逐脉冲波形分析进行精确的 LED 电流调节。

iW3623 提供多个保护功能，包括限流保护、过电压保护和过热保护。芯片常用引脚介绍如下。

BV_{SENSE}：功率因数电感信号检测输入端，控制功率因数开关管的关断。

V_{IN}：线电压输入端，提供芯片内部的启动电压，该引脚还具有过压和欠压保护功能。

BI_{SENSE}：PFC 模块峰值电流控制端，用于控制峰值电流大小。

B_{DRV}：BJT 开关管驱动端口，用于驱动开关管。

V_{CC}：芯片内部电源供电端口，启动电压典型值 12.5V，欠电压保护典型值为 6.5V，由于其高频开关管转换纹波很容易通过导线进入到该引脚内，对芯片内工作电压的稳定产生影响，因此需要在该引脚和地之间加一个耦合电容，该电容的最小值不得小于 0.1μF，并且需要与该引脚尽可能地接近。

F_{DRV}：MOS 管驱动端口，用于驱动 MOS 管。

FI_{SENSE}：原边峰值电流控制端，用于控制原边峰值电流的大小。

FV_{SENSE}：输出电压反馈检测端口，用于控制输出电压大小。

V_T：特殊功能控制引脚，用于过温保护、过压保护。

2. iW3623 芯片主要外围参数的选择

（1）V_{IN} 和 V_{CB} 引脚外部输入电阻的选择

该芯片对于输入电压的衰减标度因数是 0.004，V_{IN} 内部的输入阻抗 $Z_{VIN}=5k\Omega$，V_{CB} 内部的输入阻抗 $z_{Vcb}=15K\Omega$，所以其输入电阻值可分别通过式（4.55）和式（4.56）给出：

$$R_{VIN} = \frac{Z_{Vin}}{0.004} - Z_{VIN} \tag{4.55}$$

$$R_{VCB} = \frac{Z_{Vcb}}{0.004} - Z_{VCB} \tag{4.56}$$

代入数值可得：$R_{VIN}=1245k\Omega$，$R_{VCB}=3735k\Omega$。

（2）F_{vsense} 引脚上的电阻的选择

这两个电阻用来反馈工作电压的大小，稳定电路的输出状态，所以至关重要。通过计算得出理论结果，然后再根据实际电路进行微调，以便得到最佳工作状态。芯片引脚 Vsense 的内部比较电压为 1.538V，R_1 和 R_2 可由式（4.57）得出：

$$\frac{R_1}{(R_1 + R_2)} \times \frac{N_{bias}}{N_{sec}} = \frac{U_{sense}}{U_{out}} = \frac{1.538}{46.7} = 0.033 \tag{4.57}$$

（3）F_{ISENSE} 引脚反馈电阻的选择

初级侧电流检测电阻的阻值 R_Z 有式（4.58）给出：

$$R_z = \frac{N_{tr} \times 0.5V}{2 \times I_{out}} \times \eta = \frac{1.22 \times 0.5V}{2 \times 0.7A} \times 0.85 = 0.37\Omega \tag{4.58}$$

（4）PFC 电感的计算

电路输入电压 85V～264V，输入电压的峰值 120V～373V，对于耐压值取 50%裕量 373×（1+50%）=560V。

PFC 电路的升压电感值可通过下式给出：

$$D = \frac{U_{dc} - U_{in(min)}}{U_{dc}} = \frac{400 - \sqrt{2} \times 85}{400} = 0.7 \tag{4.59}$$

$$L = \frac{U_{\text{in}} \times D}{f_{\text{s}} \times I_{\text{pk}}} = \frac{\sqrt{2} \times 85 \times 0.7}{90 \times 10^3 \times 0.87} = 1.05\text{mH} \tag{4.60}$$

3. 其他外围参数的选择

（1）输入电解电容的选择

电解电容的容量需满足功率的要求，保证电路正常工作，电容 C 的选择有下式给出：

$$C = \frac{2 \times P_{\text{in}} \left[0.25 + \frac{1}{2\pi} \times \arcsin(\frac{U_{\text{indc(min)}}}{\sqrt{2} \times U_{\text{inac(min)}}}) \right]}{(2 \times U_{\text{inac(min)}}^2 - U_{\text{indc(min)}}^2)} \tag{4.61}$$

P_{in} 为输入功率，由下式给出：

$$P_{\text{in}} = \frac{P_{\text{out}}}{\eta} = \frac{40}{0.85} \approx 47\text{W} \tag{4.62}$$

$U_{\text{inac (min)}}$ 为 AC 最低输入电压，为 85V；$U_{\text{indc (min)}}$ 为 DC 最低电压，为 120V；$F_{\text{in (min)}}$ 为最低线路频率，为 $F_{\text{in (min)}} = 50\text{H}_{\text{Z}}$。代入公式可得 $C = 57.3\mu\text{F}$。

（2）输出电容的选择

输出电容对输出电压的稳定起到至关重要的作用，原则上是越大越好，但是这会增加成本和电路体积[9]。计算输出电容首先要算出输出峰值电流 $I_{\text{sec(pk)}}$，由式（4.63）给出：

$$I_{\text{sec (pk)}} = \frac{(U_{\text{in}} \times T_{\text{on}})_{\text{max}}}{L_{\text{m}}} \times N_{\text{tr}} \times \eta \tag{4.63}$$

代入数据可得 $I_{\text{sec(pk)}} = 1.37\text{A}$，当次级侧电流低于输出电流的情况下，输出电容给负载供电，其电荷公式由下式给出：

$$Q_{\text{out}} = \frac{L_{\text{m}} \times (I_{\text{sec(pk)}} - I_{\text{out}})^2}{2 \times N_{\text{tr}}^2 \times \eta \times U_{\text{out}}} \tag{4.64}$$

代入数据可得 $Q_{\text{out}} = 1.15\mu\text{C}$，在静态下为了保证输出电压纹波小于 200mV，输出电容容量计算公式如下：

$$C_{\text{out}} \geqslant \frac{Q_{\text{out}}}{U_{\text{out(rip)}}} = \frac{1.15\mu\text{C}}{200\text{mV}} = 5.75\mu\text{F} \tag{4.65}$$

在动态情况下输出电容由式（4.66）、式（4.67）和式（4.68）给出：

$$T_{pl} = \frac{R_{out} \times (U_{in} \times T_{on})_{pfm}{}^2}{2 \times L_m \times U_{out} \times U_{out}} \times \eta_{nl} = 379.5\mu s \tag{4.66}$$

$$U_{d(sense)} = (U_{sense} - 1.48V) \times \frac{U_{out}}{U_{sense}} = 1.76V \tag{4.67}$$

$$C_{out(dyn)} = \frac{I_{out} \times T_{p(nl)}}{U_{dyn} - U_{d(sense)}} \tag{4.68}$$

$T_{p(nl)}$ 为负载最大周期；U_{dyn} 为动态响应时允许的电压降，取 U_{dyn}=4V；$U_{d(sense)}$ 为 V_{sense} 信号降低到足够低前寄存器的动态压降。设定无载情况下电源效率为 50%，带入相关数据可算得 $C_{out(dyn)}$=101μF。本设计中为了更好地输出波形效果，采用了两级滤波电路，两个 100μf/100V 电容并联能够更好的滤除高频噪声干扰，使输出波形更加稳定，减少毛刺。

4. 钳位电路的设计

在开关电源的应用中使用的比较多的是 RCD 钳位电路，在本设计中采用的是 RCD 钳位电路。高频变压器在开关管关断瞬间会产生尖峰脉冲，该尖峰脉冲的能量将会通过二极管，转移到钳位电容 C 上，然后通过钳位电阻 R 消耗掉，通过这种方式来减少开关管上的脉冲电压。但是如果钳位电阻 R 的阻值选择的过小，电阻 R 上的损耗较大；如果电阻 R 的阻值选择过大，钳位电容上所存储的能量在一个开关周期内不能完全的消耗吸收掉，那么吸收的效果就不理想。因此，需要选择合适的电阻、电容和超快恢复二极管才能达到理想的吸收效果。

首先，设钳位电容的峰值最大电压为 VC(MAX)，其中降额使用系数为 0.9，VC(MAX) 的值可由式（4.69）给出：

$$V_{C(MAX)} = 0.9V_{DS(MAX)} - V_{IN(MAX)} \tag{4.69}$$

其中，计算漏源间电压的经验公式由式（4.70）给出：

$$V_{DS(MAX)} = V_{IN(MAX)} + (1.4 \times 1.5 \times V_{OR}) + 20 \tag{4.70}$$

$$V_{DS(MAX)} = 373.3 + (1.4 \times 1.5 \times 110) + 20 \approx 624.3V \tag{4.71}$$

$$V_{C(MAX)} = 0.9 \times 624.3 - 373.3 = 188.57V \tag{4.72}$$

电容 C 上的能量由式（4.73）给出：

$$P_C = \frac{1}{2} L_K I_P^2 f_s \qquad (4.73)$$

钳位电阻 R 上消耗的功率由下式给出：

$$P_R = \frac{V_{C(MAX)}^2}{R} \qquad (4.74)$$

通过对钳位电路的分析，电容储存的能量跟电阻消耗的能量相同，故可得钳位电阻的计算公式如下：

$$R = \frac{2 \times V_{C(MAX)}^2}{L_K I_{PK}^2 f_s} \qquad (4.75)$$

代入数据计算，得钳位电阻 $R=27\text{k}\Omega$。

钳位电容值应当取得足够大，用来保证吸收漏感能量时自身的电压值较小，其值也不能过大，以免降低变压器效率。通常取脉动电压钳位电压的 5%~10%，本设计取最大值 10%，可由下式来确定电容 C 的值：

$$C \geqslant \frac{V_{C(MAX)}}{\Delta V_{C(MAX)} R_C f_s} \qquad (4.76)$$

把 R_c 代入可得到 C 的值最小为 5.6pF。

5. EMI 设计及分析

电磁干扰简称 EMI，是指用电设备或系统中无意产生并传导或辐射的能量，在所有开关电源中无时不在。根据电磁兼容国标的规定，能滤除掉共模干扰的电容，称之为 Y 电容；能滤除掉差摸干扰的电容，称作为 X 电容。Y 电容和 X 电容统一称为安全电容 [0]。EMI 滤波器是降低电磁干扰的一种常用设备，有别于传统的滤波器，其性能指标和参数有其特定的选择和计算方法[10]。

（1）X 电容 C_X 的选择。X 电容主要包括三大类 X1、X2 和 X3 电容。在 EMI 中常用的是 X2 电容，其容量范围为 1nF～1μF。在开关电源电路中，最佳电容量的选择在 0.1～0.47μF 之间。本设计采用是 X1 电容，器容量为 0.47μF。

（2）Y 电容 C_Y 参数的选择。Y 电容主要有四种类型 Y1、Y2、Y3 和 Y4。在开关电源中常用的是 Y1 和 Y2 电容。Y1 电容的额定电压为交流 250V。Y1 电容的常用容量范围是 1～6.8nF，适当增加 Y1 电容的容量可降低共模 EMI 噪声，但同时会增加对地的漏电流，设计时应采用折中的方法。本设计采用 Y1 陶瓷电容，容量大小为 4.7nF。

（3）共模电感的选择。共模电感也称共模扼流圈，包括一对匹配的耦合电感。共模电感是指在同一个磁芯上，绕制两个独立的同匝线圈，保证良好的耦合状态。通常所使用的是环形磁芯，因为其具有漏磁小、效率高等优点。在该环形磁芯上沿着相同的方向绕制两个相同的绕组，因此在电网中的差模信号在磁芯中所产生的磁通量相反，互相之间抵消掉，而共模信号所产生的磁通量之间互相的加强，线圈起到一个大电感的作用。在电路设计中，共模电感通常取 4～33mH，典型值为 10～33mH，本设计取经验值 10mH[11]。所设计的防护电路如图 4.26 所示。

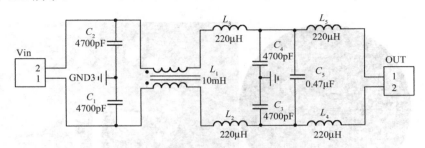

图 4.26　EMI 防护电路

该电路包括两级滤波，C_1、C_2、C_3 和 C_4 与共模线圈 L_1 和电感 L_2、L_3 组成共模滤波，滤除共模电磁干扰；C_5 与 L_4、L_5 组成差模滤波，滤除差模干扰。C_1、C_2、C_3 和 C_4 为线地电容，称为 Y 电容，Y 电容失效会造成触电等危险事情，所以一定要选择经过安规认证的器件，脉冲测试的典型峰值应在 5kV 以上，其电容值最好不要超过 0.47μF，过大会导致漏电流大，达不到安规要求。C_5 为 X 电容也需是安规电容，其脉冲实验典型值应在 2.5kV 以上。

6. 最终电路图和实物图

40W LED 驱动电路图如图 4.27 所示。

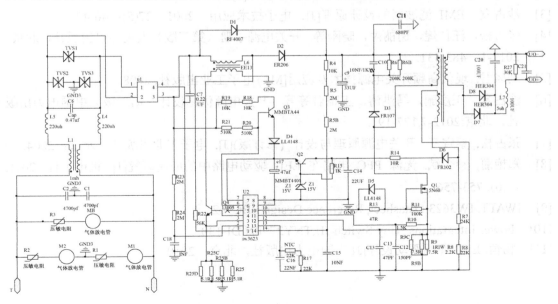

图 4.27　40W LED 驱动电路图

从图中可以看出，该电路采用了原边反馈控制技术，该技术避免了光电耦合和副边反馈技术的应用，简化了电路结构，减少了电路成本和体积。可驱动 40WLED 灯珠，耐压效果好，可用于防静电等应用场合，例如防爆灯。经验证，输入电流总谐波 IEC 为 5.1%，输入电压总谐波 CSA 为 5.1%，PFC 总谐波失真小，完全符合标准要求，另外其他各项指标均达到了预期理想值。有源 PFC 电路 PCB 图和电路板实物图如图 4.28 所示。

图 4.28　有源 PFC 电路 PCB 图和电路板实物图

参考文献

[1]　王丽. EMI 电源滤波器的设计和研究[D]. 北京交通大学，2007.

[2]　李鹏，何文忠. 开关电源电磁干扰滤波器设计[J]. 激光与红外，2007，37（1）：80-81.

[3]　沙占友. EMI 滤波器的设计原理[J]. 电子技术应用. 2001，27(5)：46-47.

[4]　张占松，汪仁煌，谢丽萍，晓刚等. 开关电源手册（第三版）人民邮电出版社，北京，2012-1，483-531.

[5]　刘凤君. 现代高频开关电源技术及应用[M]. 电子工业出版社, 2008.

[6]　沙占友，王彦鹏，马洪涛，王晓君等著，开关电源优化设计（第二版）中国电力出版社，北京:2012-7,177-191.

[7]　张占松，蔡宣三. 开关电源原理与设计 (修订版)[J]. 电子工业出版社，北京：2004.

[8]　郑艳丽，秦会斌. 无源 PFC 电路在 LED 驱动电路中的应用研究[J]. 机电工程，2011，28(6): 753-756.

[9]　IWATT. IW3623 Datasheet, Reference Design EBC962.

[10]　Power Integrations ,Tiny Switch-III,TNY279PN,DI-130.

[11]　杨恒. LED 照明驱动设计[J].中国电力出版社，北京：2010.

第 **5** 章

LED 智能照明控制技术

节约能源与保护环境是当今社会的两大主题。随着社会经济的不断发展和人们生活水平的提高，当今社会对照明控制的要求已越来越高，传统的照明控制已远远满足不了生活和生产需要，于是智能照明控制系统应运而生，它不仅具有舒适、节能、自动场景切换等功能，还可与其他智能系统联动从而产生多种高级功能。

5.1 概述

随着科学技术的发展，控制技术、计算机技术、网络技术等得到了全面的普及和推广，它们在照明领域的应用，使得照明控制有了长足的进步，尤其是智能照明控制技术，大大增强了照明设计的效果。LED 作为绿色环保的第 4 代照明光源，对其进行智能照明控制对绿色照明工程的实施具有重要的意义。

5.1.1 智能照明控制的基本概念

智能控制是一类无需人的干预就能独立地驱动智能机器实现其目标的自动控制，它是自动控制、人工智能、信息论和运筹学等学科的交叉。智能控制的控制对象通常是具有多方面复杂特性的系统或过程，这类系统或过程的主要特征表现为高度的不确定性、高度的非线性以及高度复杂的任务要求，采用传统的控制方法和手段难以取得满意的控制性能，或者根本无法实现有效的控制。

智能控制技术（Intelligent Control Technology,ICT）是控制理论发展的新阶段，主要用来解决那些用传统控制方法难以解决的复杂系统的控制问题。常用的智能控制技术包括模糊控制、神经网络控制、专家系统控制、学习控制、分层递阶控制和遗传算法等。以智能控制为核心的智能控制系统具备一定的智能行为，如自学习、自适应、自组织等。

智能照明控制是指采用现代电力电子技术、智能控制技术、计算机技术和网络技术并辅助以其他手段、技术或控制策略，对电气照明实行智能控制，在提供合适照明光环境的同时降低照明能耗和其他使用费用。智能照明控制有两点内涵：一是能够达到节能环保的目的，二是能够按照人们的需求提供适度的光源。只有将照明与智能控制技术结合才能使照明更进一步地满足不同个体、不同层次群体的照明需求，实现以人为本，按需照明。

智能照明控制分为两类，一类是单灯的智能照明控制，通过外部输入信号对驱动电源进行智能控制，从而实现单灯的智能照明控制；另一类是整个照明系统的智能照明控制，简称智能照明控制系统。

5.1.2 LED 智能照明控制技术

LED 智能照明控制技术是利用智能控制技术使 LED 能根据场景、环境、人为需求进行自动调光、调色、变换场景模式，并可以实时监控 LED 运行状态的技术。它充分利用了 LED 半导体器件的性质，具有以下优点：①可采用集中式直接 DC 驱动，淡化了驱动可靠性和寿命问题；②多个 LED 灯组成系统，相互协调，整体更加节能，真正凸显 LED 灯的节能特性，节省使用成本；③提供更加灵活和自动化的节能策略，减轻 LED 的散热压力；④还可以利用 LED 的半导体芯片特性，作为信息传递的载体。LED 智能照明控制技术能够帮助 LED 灯进入室内照明应用的广阔市场，在 LED 照明的普及过程中发挥关键的作用。

LED 智能照明控制技术的技术难点主要包括：LED 调光下的光效保持技术、LED 精细调光技术、LED 和驱动 IC 及智能 IC 的集成技术、LED 调光下的色温保持技术、LED 调光下荧光粉的效率研究、LED 调光和光衰关系的研究、LED 调光和显色指数关系的研究，以及 LED 对人体健康影响的研究等方面。

LED 智能照明控制技术的核心目标是使 LED 更加节能、更加人性化，虽然自动调光可以根据场景和环境使 LED 光功率输出总体减小，但同时会影响 LED 器件的光电效率。针对 LED 调光下的光效保持研究，丹麦奥尔堡大学的研究团队发现采用不同的 LED 调光驱动方式可以对光效的降低进行补偿，认为采用 AM（幅度调制）和 PWM（脉宽调制）的混合方式能够得到较高的调光时光效。如何优化 AM 与 PWM 的混合调光方式还需要进一步的研究。

5.2 LED 调光技术

LED 照明具有很好的颜色性好、发光效率高、体积小、工作电压低、易于调光控制和工作寿命长等一系列优点，因此应用前景广阔。LED 调光和 LED 的发光颜色、LED 的光输出、LED 的发光效率及调光曲线等因素有关。有关调光控制方法、散热管理、驱动方案、驱动电路拓扑架构和已有的照明基础设施等因素对 LED 调光的使用和调光控制性能的发挥有很大的影响。

5.2.1　LED 调光工作原理及特点

1．LED 调光工作原理

LED 正向工作电流和输出流明的关系曲线如图 5.1 所示，可见在很宽的一段区间内，LED 的正向工作电流（I_F）与输出流明之间呈线性关系，当 I_F 较大时呈非线性关系。当 LED 的正向工作电流处于非线性工作区时，LED 的发光效率降低，LED 的发热加大。

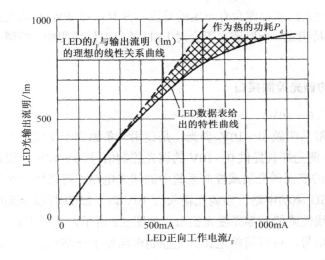

图 5.1　LED 光输出与 I_F 的关系曲线

由图 5.1 可知，LED 的光输出和正向工作电流有关，加大 LED 的正向工作电流，LED 的光输出加大。但是，用调节 LED 正向工作电流 I_F 的方法来调节 LED 的光输出会产生一个问题，那就是在调亮度的同时也会改变 LED 光输出的光谱和色温。目前，白光 LED 大多是用蓝光 LED 激发黄色荧光粉来产生的，当 LED 的正向电流减小时，蓝光 LED 输出蓝光亮度减小，而黄色荧光粉的厚度并没有按比例减薄，从而使 LED 的发光色温发生变化，并且 LED 光输出的波长和 LED 的正向工作电流 I_F 也有关，所以对发光颜色要求高的应用场合不宜采用这种调光控制方法。

同时，LED 的正向工作电压 V_F 和 LED 的正向工作电流 I_F 也有关，当 LED 的正向工作电流减小时，LED 负载串的总正向电压降可能低于 LED 驱动电源的输入直流电压。而当 LED 的正向工作电流加大时，LED 负载串的总正向电压降可能大于 LED 驱动电源的输入直流电压。这样单纯升压型输出或降压型输出 LED 驱动电路不能适应 LED 负载串调光工作的需要，使用中需合理选用 LED 驱动电路的拓扑结构。

采用 PWM（脉宽调制）调光控制不会改变 LED 的峰值工作电流，通过 PWM 改变 LED

输入供电电流的脉冲占空比 D，就可以改变 LED 正向工作电流的平均值，从而实现 LED 调光控制。PWM 调光的开关控制频率一般需要大于 200Hz 或更高，这样可以避免 LED 发光的闪烁对人眼视觉的影响，LED 的 PWM 调光工作电流平均值正比于调光脉冲占空比 $D_{调光}$，计算公式如下：

$$I_{调光} = D_{调光} \times I_{峰值} \tag{5.1}$$

式中，$I_{调光}$ 是通过 LED 的平均电流；$D_{调光}$ 是 PWM 调光脉冲占空比；$I_{峰值}$ 是 LED 的峰值工作电流。

由式（5.1）可以看出，在 PWM 调光控制方式下，如果调光脉冲占空比 $D_{调光}$ 的调节范围为 0.1%～100%，则调光控制范围可达 100 / 0.1，即可以达到 1000 倍，而模拟调光如要达到 1000 倍的调光控制范围会有一定的难度。并且，在 PWM 调光控制方式下，由于 LED 的峰值电流保持恒定，所以调光不会对 LED 的色温造成影响，即调光过程中不会产生色度漂移。

2．LED 常用的调光控制接口

（1）模拟调光（0～10V）

模拟调光，也常常叫做 0～10V 调光，是使用一条独立于交流输入市电供电线输入的控制线路来给 LED 调光灯具提供 0～10V 的调光控制信号。0～10V 模拟调光控制器一般是一个 0～10V 输出的墙面调光器或控制系统中的调光电路，可以用一个控制信号来并行地控制多个灯具或 LED 驱动电路。当调光输入为 10V 时，LED 灯以全亮度输出，并随调光控制电压的减小而线性降低到零亮度光输出，如图 5.2 所示。如果不需要使用 LED 调光灯具的调光输入控制信号，可以简单地让调光控制电路处于开路状态，控制器内部会将调光控制电压上拉到 10V。

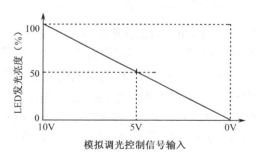

图 5.2　0V～10V 模拟调光控制工作特性

（2）数控调光

数控调光采用数字调光控制方法，可以通过有关数字通信协议传输数字调光信号。数控调光信号的常用传输接口分有线和无线两类，有线传输接口有以太网、DMX、DALI、电力线载波等，无线有 Zigbee、WiFi 等。不同调光接口的性能对比如表 5.1 所示。

表 5.1　相关调光接口的性能对比

调光接口	优点	缺点
交流电力线（后沿相控）	1. 无需控制电路； 2. 可以利用现有后沿相控调光电路	1. 不能平滑调光到零亮度光输出； 2. 一些调光器要求有最小负载； 3. 可能存在调光发光闪烁的问题； 4. 难以宽范围的实现交流输入市电电压变化范围调光控制
交流电力线（电源控制）	无需控制电路	只适用于专用场合
模拟控制（0～10V）	1. 可以使用现有的 0～10V 照明控制方法； 2. 可以平滑的调光到零亮度输出； 3. 驱动电路实现简单	1. 增加了控制线路的成本； 2. 需要有调光控制器
数字式（DAL1）	1. 是一种控制多组调光灯具的现已使用标准； 2. 可以具备 LED 灯具工作状态的监控能力	1. 增加了控制线路的成本； 2. 需要控制器
数字式（DMX）	1. DMX 是一种专用于剧院/舞台照明调光控制的标准； 2. 可以提供例如移动、倾斜、放大、色彩、图像等效果的复杂调光控制	1. 增加了控制线路的成本； 2. 需要有控制器
无线（Zigbee）	1. 无需控制线路； 2. 可以提供复杂的调光控制	1. 驱动信号和控制器更加复杂； 2. 无线信号覆盖范围有限
无线（WiFi）	1. 无需控制线路； 2. 可以提供复杂的调光控制	1. 驱动信号和控制器更加复杂； 2. 可控范围有限

3. LED 调光基本要求

LED 调光就是调节 LED 灯具的光照强度，得到一个舒适的照度环境，以满足人们对不同时间段内的不同照明需求。调光是 LED 驱动技术发展的一大方向。调光的目的分为三类：一是功能型调光，如进门的玄关、会议室、办公室等；二是生活型调光，它是家居生活中舒适性和生活格调的体现，灯光的明暗搭配既可以美化环境，也可以起到烘托气氛的作用；三是环保节能型调光，它是能源之星提出的最新要求。

LED 调光的基本要求如下：

①调光范围足够大，并且在整个调光范围内保证 LED 色彩的一致性，无色度漂移；

②在整个调光范围内保证 LED 无闪烁；

③在整个调光范围内，不影响主电路的正常操作和性能；

④保证调光控制电路和装置与主电路之间的隔离绝缘，符合相关标准规定的安全要求。

目前，LED 照明主要有三种调光方式：模拟调光、相控调光、PWM 调光。

5.2.2　模拟调光

在小型 LED 照明系统中，简单的模拟开关调光控制电路（例如 0～10V）表现优越。

1．LED 模拟调光工作原理

LED 的亮度几乎与它的驱动电流成正比关系。模拟调光通过改变 LED 灯电流幅值来调整灯的亮度。显然，电流越大，LED 灯越亮；电流越小，LED 灯越暗。

2．LED 模拟调光的特点

（1）模拟调光的方法简单，但是调光范围小，一般仅为 10:1。

（2）LED 驱动电源的转换效率随 LED 电流的减小和灯光变暗急速降低，影响发光质量，易产生色度漂移。

（3）调节电流会产生使恒流源无法工作的严重问题，易产生闪烁。

（4）长时间工作于低亮度有可能会使降压型恒流源效率降低、温升增加而导致 LED 无法工作。

（5）正向电流和光输出并不完全成正比关系，而且不同的 LED 会有不同的正向电流与光输出的关系曲线，所以这种方法很难实现精确的调光控制。

5.2.3 相控调光

相控调光易于使用，符合人们原有的使用习惯，所以推广 LED 相控调光有很好的市场前景。但是，在 LED 调光的应用场合，相控调光在电路的功率因数、调光闪烁等调光控制性能方面还需进一步努力，以扩大相控调光在 LED 调光方面的应用范围。

1．LED 相控调光工作原理

相控调光的工作原理是将输入电压的波形通过导通角切波之后，产生一个切向的输出电压波形。相控调光最早用于白炽灯调光，相控调光的主要优点是使用、安装方便。LED 相控调光的频率应不低于 100Hz，以避免人眼感到发光闪烁，相控导通角越大则 LED 的发光亮度越大，相控半导体器件可用可控硅（也称晶闸管）、场效应晶体管等半导体功率器件。

现有的相控调光器主要设计用于白炽灯（近似阻性负载，功率大多为 20～50W）调光，而 LED 的发光效率较白炽灯要高，因此在相同光输出的情况下，LED 灯所需输入电功率较白炽灯要小，交流输入电流也相应要小，这就需要一些额外的电路才能允许现有的相控调光器用于 LED 照明调光应用场合。

2．LED 相控调光分类

按 LED 相控调光的工作方式可以分为前沿相控调光、后沿相控调光和数字相控调光三类，下面分别对他们的工作原理加以介绍。

（1）前沿相控调光

前沿相控调光（前切调光）由于电路实现简单所以得到了广泛的应用，开关器件常用晶闸管，通过控制晶闸管的导通角来实现对输出交流电有效值的控制，达到调光控制目的。典型的晶闸管前沿相控调光电路与 LED 灯负载的电路连接图如图 5.3 所示，晶闸管的擎住电流（在晶闸管加上触发电压，当晶闸管从阻断状态刚转为导通状态就去掉触发电压，此时要保持晶闸管继续导通所需要的最小阳极电流，称为擎住电流）和维持电流（在室温并且门极开路时，晶闸管从较大的通态电流降至刚好能维持它导通所需的最小阳极电流，称为维持电流）足够时，晶闸管前沿相控调光器的工作电压波形如图 5.4 所示，晶闸管前沿相控调光器的电路工作原理图如图 5.5 所示。晶闸管前沿相控调光器整流后输出的理想总线电压和电流波形如图 5.6 所示。

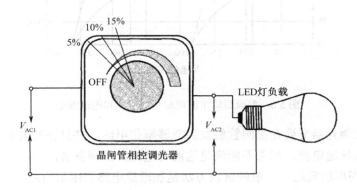

图 5.3　LED 相控调光接线图

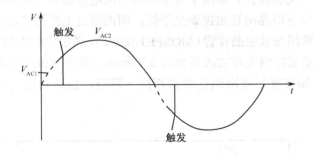

图 5.4　擎住电流和维持电流足够时相控调光器的工作波形

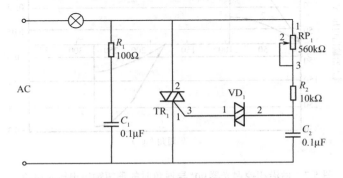

图 5.5　晶闸管前沿相控调光器的电路工作原理图

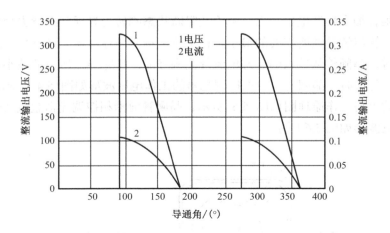

图 5.6　整流后输出的理想总线电压和电流波形

晶闸管相控调光器需要在晶闸管触发后能够擎住电流，并且在触发后的导通期间内能够维持晶闸管的导通电流。如果不能满足这两种电流，晶闸管前沿相控调光器会出现误触发和 LED 发光闪烁的问题。一般的解决方法是加泄放电路和阻尼电路。

（2）后沿相控调光

后沿相控调光（反切调光）常用于电子变压器低电压卤钨灯调光的应用场合，后沿相控调光的电压变化较前沿晶闸管相控调光平缓，因而通过电路的浪涌电流小，后沿相控调光的功率开关器件常用场效应晶体管（MOSFET/IGBT），通过定时电路控制 MOSFET/IGBT的导通和关断，后沿相控调光有关波形如图 5.7 所示。当后沿相控调光器驱动低功率 LED负载时，简单的控制方案很难准确检测到相控下降沿。后沿相控调光电路工作原理图如图 5.8 所示。

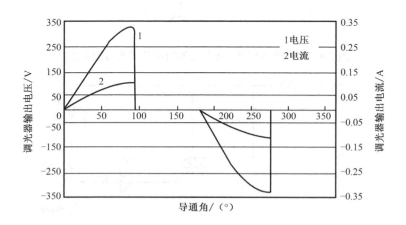

图 5.7　后沿相控调光器 90° 导通角时的理想输出电压及电流波形

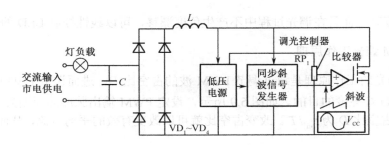

图 5.8 后沿相控调光工作原理图

由于后沿相控调光器的相控导通在过零点开始，高电流浪涌和线路振荡对电路正常工作不是问题。在使用后沿相控调光器时，一般不需要加衰减电路和泄放电路。

（3）数字相控调光

数字相控调光采用数字电路的方法将输入交流市电电压的相位信息转换为数字相位信息，通过有关的数字控制电路完成对前沿相控晶闸管或后沿相控开关器件导通角的控制，完成数字相控调光控制功能。

数字相控调光具有控制准确度高，工作稳定性好，控制灵活等一系列优点，通过控制集成电路内部有关工作状态参数的寄存器中有关参数的设定，就可以完成有关调光控制工作状态的修改，使用灵活、方便。例如 Cirrus Logic 公司的 CSl 6XX 系列 LED 相控调光控制器，采用 Cirrus Logic 的全新数字 TruDim 技术，内置调光控制算法，可与目前市面上的众多相控晶闸管调光控制器实现接近 100％的兼容。

3．LED 相控调光的特点

相控调光的优点在于工作效率较高，性能稳定。但在应用时也存在一些设计问题。

（1）晶闸管相控调光破坏了正弦波的波形，降低了电路的功率因数，并且晶闸管相控调光器的导通角越小时，功率因数越低。

（2）非正弦的波形加大了谐波系数，会在线路上产生严重的干扰信号（EMI）。

（3）在普通晶闸管相控调光电路输出到 LED 的驱动电源时，由于交流市电供电输入端的 LC 滤波器，有可能使晶闸管相控调光电路产生振荡，引起 LED 驱动电源产生音频噪声和调光闪烁的问题。

（4）LED 负载低调光亮度输出时电路很容易出现工作不稳定，为使晶闸管相控调光电路可靠工作还必须加泄放电路，而泄放电路的添加会降低电路的工作效率。

传统的相控调光器是用来控制白炽灯这类纯电阻性负载的，而 LED 负载是一个非线性系统，因此传统的相控调光器不能直接用于 LED 产品，但这种方式在 LED 替换传统照明灯具的方案中颇具优势，可以完全使用原有的系统而无需做任何改变。

5.2.4 PWM 调光

PWM 调光是目前公认的 LED 最有前途的调光方式。PWM 调光不仅简单方便、效率高、调光精度高，而且在调光过程中不产生色度漂移，可以线性控制 LED 的光输出。

1. PWM 调光工作原理

PWM 调光的工作原理是通过调节 PWM 波的占空比 D，进而调节 LED 的平均电流，实现调节 LED 灯亮度的目的。如图 5.9 所示，设定 PWM 输出脉冲的周期为 T，脉冲宽度为 t_{on}，则其占空比 D 为 t_{on}/T。改变占空比就可以改变有效的平均电流，从而改变 LED 的亮度。

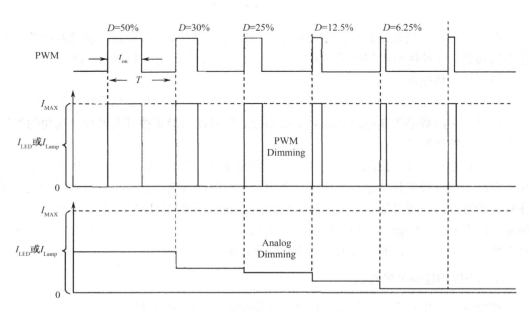

图 5.9　PWM 调光原理

$$\text{PWM 调光范围} = D_{max} / D_{min} \qquad (5.2)$$

式中，D_{max} 为最大调光占空比，D_{min} 为最小调光占空比。

2. PWM 调光的特点

（1）无论调光比有多大，LED 一直在恒流条件下工作。

（2）颜色一致性好，亮度级别高。在整个调光范围内，由于 LED 电流要么处于最大值，要么被关断，通过调节脉冲占空比改变 LED 的平均电流，能避免在电流变化过程中出现色度漂移。

（3）能提供更大的调光范围和更好的线性度。只要 PWM 调光频率高于 100Hz（也有说是 165Hz），就观察不到 LED 的闪烁现象。

（4）调光使占空比调节范围最高可达 1%～100%。

（5）采用 PWM 调光时，LED 驱动器的转换效率高。

（6）可以和数字通信（DALI/DMX 512/Zigbee 等）技术相结合来进行控制，因为数字信号很容易变换成为一个 PWM 信号。

PWM 调光被认为是最有前景的 LED 调光方式，它更符合人们对 LED 调光精度、效率和效果的要求，但 PWM 调光频率不要落在 200Hz～20kHz 之间，否则会引发 LED 驱动器中的电感及输出电容器发出人耳听得见的噪声。

5.3　LED 智能照明控制系统

智能照明控制系统对照明的控制是以模块式的带智能化的自动控制为主，手动控制为辅。照明系统的各种信息存储在控制计算机的内存中，这些信息的设置和更换十分方便，使照明管理和设备维护变得更加简单。

5.3.1　照明控制的发展

照明控制的发展经历了手动控制、自动控制和智能化控制三个阶段。

1．手动控制

手动控制是利用开关等元器件，以最简单的手动操作来启动和关闭照明设备，从而满足照明的要求，达到控制的目的。此时照明的控制仅停留在让使用者有需要时手动开启照明电器，不能自动开启和关闭它。手动控制装置结构简单，操作方便，可靠性高，价格低廉，在大多数家庭用户和小范围区域内有很强的使用价值，但是，手动控制不灵活，是否关灯完全决定于人为因素，难免造成电能浪费。

2．自动控制

自动控制的照明系统利用了光、电、声等技术来控制照明设备，它的控制范围可大可小，使用灵活方便，不仅可以控制电路的通断，还可以进行连续调光，这使得照明控制更为有效、科学、准确。

但是随着照明环境的日益复杂化与多变化，自动控制也存在一些缺点：

（1）一般的自动化控制系统没有专用的控制面板，现场通常不设置开关，所有照明回路通过系统中控室来控制，因此，不能得到及时的灯光状况的反馈，无法根据实际情况改变照明状态，进而难以完成网络化的监控任务。

（2）自动化控制系统只能进行简单的定时、开关控制，与人的互动较少，若要实现场景预设、亮度调节等复杂的功能，其技术难度较大，且照明系统不是一个独立的系统，当设备自动化系统一旦出现故障，照明系统也将受到影响。

3．智能控制

智能控制的照明系统，即智能照明控制系统是利用计算机技术、网络通信技术、自动控制技术、微电子技术等现代科学技术，根据环境变化、客观要求、用户预设等条件自动采集系统中的各种信息，并可对所采集的信息进行相应的逻辑分析和判断，同时对结果按特定的形式存储、显示、传输及反馈控制等处理，营造出不同的氛围和环境，实现最佳的照明效果。

智能照明控制和自动照明控制是两个不同的概念，自动照明控制是在设定的不变条件下进行控制。例如，路灯的控制，当室外照度低于设定值时，自动点亮，到规定的时间时减半点亮或满足照度时关灯。智能照明控制是在设定的条件下，进行比较后实现满足需要照度的控制，除具备自动照明控制的功能外，还具有光源寿命的记忆功能，电流、电压、故障等的检测功能，室内照明与室内外环境照度（亮度）的比较功能，室内环境的检测、鉴别进而进行控制的功能等。

5.3.2　LED 智能照明控制系统的基本特征

随着科学技术的发展，当今人们越来越多地把智能控制策略应用到照明控制系统中来，从而形成了当今照明控制的主流：智能照明控制系统。

1. 智能照明控制系统的基本功能

一般来说，智能照明控制系统至少应具备以下基本功能：

（1）专用的系统。它是专门应用于照明的、网络式的控制系统，能够以弱电控制强电，自成系统，直接应用于对照明系统的控制及供电与断电。

（2）以环境的调光为主要特征，可对照明实现智能化控制。

（3）具备针对多场景进行预置照明的控制功能。

（4）具有与电动窗帘、自动门等电动装置的联动功能。

（5）具有灵活的结构、合理的设计、简单易安装、更改、扩展方便等特点。

（6）具备人性化的操作界面。

（7）使用通用的接口，可与其他系统（如楼宇自动化 BA 系统等）互联，在更广的范畴集成或被集成。

（8）具有断电储存记忆功能、全面控制日志记录机制和较强的分析能力。

2. 智能照明控制系统的特点

（1）系统集成性。是集计算机技术、网络技术、自动控制技术、微电子技术、数据库技术和系统集成技术于一体的现代化控制系统。

（2）智能化。具有信息采集、传输、逻辑分析、智能分析推理及反馈控制等智能特征的控制系统。

（3）网络化。传统的照明控制系统大都是独立的、本地的、局部的系统，不需要利用专门的网络进行连接，而智能照明控制系统可以是大范围的控制系统，需要包括硬件技术和软件技术的计算机网络通信技术支持，以进行必要的信息交流和通信。

（4）使用方便。由于各种控制信息可以用图形化的形式显示，直观方便，并可以采用编程灵活改变照明效果。

3．智能照明控制系统的优点

智能照明控制系统是最先进的一种照明控制方式，它采用全数字、模块化、分布式的系统结构，通过控制总线或无线网络将系统中的各种控制功能模块及部件连接成一个照明控制网络，它可以作为整个建筑物自动化管理系统（BAS）的一个子系统，通过网络软件接入 BA 系统，也可作为独立系统单独运行，在照明控制实现手段上更专业、更灵活，可实现对各种照明产品的调光控制或开关控制，是显示舒适照明的有效手段，也是节能的有效措施。

智能照明控制系统具有以下优点：

（1）节能。智能照明控制通过各种不同的智能化控制方式，对不同的场景、各个不同的时间段及不同光照需求环境下的照明亮度、色温等进行最大效益和最佳使用量的控制，这种人性化、合理性的控制在完全不影响用户对照明需求的情况下，可达到最佳的节能效果。

（2）美观。随着人们生活水平的提高和光源技术的发展，人们对照明的需求越来越高，要求利用灯光营造和谐的气氛、舒适的环境，能够创造一种动态的效果，并且在操作上十分简便。如现今的许多景观照明就是利用各种智能照明组合对某种景观进行灯光、色彩的搭配和组合，使其具有很好的艺术观赏效果。再如在舞台，利用各种不同的光源进行不同间隔时间、频率等控制，以营造光彩夺目的炫丽舞台效果，再如在建筑物的外立面、展厅、会议厅及大堂等配以预先设定好的智能照明控制方案，对其场景进行控制，也可以实现丰富的艺术效果。

（3）人性化。智能照明以人的行为、视觉功效、视觉生理、视觉心理为基础，通过深度调光和改变色温，实现动感照明，真正满足个体在不同时期的感光需求及不同层次群体的照明需求，使人们在室内也能感受到自然光的效果，实现真正以人为本的高效、舒适、健康的照明。

（4）延长灯具寿命。智能照明控制系统能抑制电网的冲击电压和浪涌电压，加上采用软启动软关断技术，避免了对灯的热冲击，使灯具不会因为上述原因而过早损坏，延长灯具寿命。

（5）管理方便。智能照明控制系统通过网络技术对系统进行远程监控与管理，能够及时准确地发现问题，增强了系统的维护性，减少系统的维护成本。

（6）与其他系统联动。智能照明控制系统可以与楼宇自动化系统、监控管理系统、地下车库刷卡系统等联动。

LED 智能照明的发展方向：MCU 集成度的提高，所需外设的减少，各种通信协议的融合，系统的灵活扩展，更好地融入智能家庭，实现以人为本、按需照明。

5.3.3　LED 智能照明控制系统的组成

LED 智能照明控制系统采用模块化分布式结构，一般由输入单元、输出单元及系统单元三部分组成。在某些复杂的智能照明控制系统中，还需要有辅助单元和系统软件。智能照明控制系统的基本结构如图 5.10 所示。

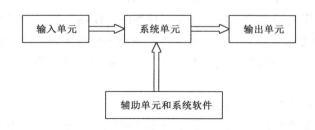

图 5.10 智能照明控制系统的基本结构

1．输入单元

输入单元的功能是：将外界的控制信号转换为系统信号，并作为控制依据。输入单元包括控制面板、液晶显示触摸屏、智能传感器、时钟管理器、遥控器。

1）控制面板

控制面板是供人们直观操作控制灯光场景的部件，相当于传统照明系统中的照明开关，安装在便于操作的地方，由微处理器进行控制，可以通过编程完成各种不同的控制要求。

通常控制面板有如下一些功能：

（1）启动或改变一个场景：控制面板上的每个数字键分别表示一种照明场景，按下一个按键就实现一种场景。一块控制面板上可按场景需要选配键数。

（2）场景记忆：当突然断电或因为其他故障导致照明系统停止工作，那么随着故障的解除，照明系统会恢复运行至故障前的场景状态。

（3）临时改变灯光亮度：某种场合下可能还需要对现有场景作细微的调整，就需要使整个场景的各路灯光同时渐渐增亮或渐渐减暗，满足临时改变场景的要求。

（4）更改场景设置：当所需的场景设置需要发生改变时，借助于一些编程设备，可以对原设置的场景重新修改。

（5）区域分割或归并：根据区域的分割，当分成若干个小区域时，控制面板可实现对各小区域的单独控制；当几个小区域合并成大区域时，面板又可实现联动控制。

（6）信号整形：对发送命令的信号进行整形，大大降低了操作命令的误码率，具有极高的可靠性。

（7）可编程时序和逻辑控制：可编程控制面板，功能强大，可独立存储和编写调用多个预置的时序和逻辑程序。

有的控制面板还具有其他一些功能,如可以选择背景音乐声源（像 **CD/VCD/DVD/SATV** 等）或调节音量的大小等。

2）液晶显示触摸屏

当需要在控制面板上清晰地表达场景控制状况的图像时，可选择液晶触摸显示屏。它是一种较高级的人机界面，具有信息存储记忆功能，能显示多种画面图像及相关信息，实现直观的多功能、多区域控制。

通常液晶触摸显示屏有如下一些功能：

（1）具有场景选择、场景编辑和多种状况定时控制的功能，甚至是灯光场景的启动和场景的淡入淡出。

（2）带有内置时钟，一般是 365 天的天文时钟，可根据日照的变化来充分利用天然采光。

（3）内部具有存储器，比一般的控制面板具有更多的场景记忆功能，并不受外界供电状况的影响。

（4）有的甚至可设置密码保护和实现多级用户管理。

3）智能传感器

智能传感器是系统中实现照明智能管理的自动信息传感元件，具有动静检测（用于识别有无人进入房间）、照度动态检测（用于自动日光补偿）和接收红外线或无线遥控等功能。

传感器接口模块用于连接照度探测、占有探测、移动探测等传感器。

4）时钟管理器

时间管理模块的时钟能与控制系统总线上的所有设备互相接口，实现自动化事务和实时事件控制。它可以用于一星期或一年内复杂照明事件和任务的时序设定，可对客厅、餐厅、卧室、洗手间、走廊、景观照明等系统具有周期性控制特点的场所实施时序控制。一台时钟管理器可管理多个区域，每个区域可有多个回路、多个场景。

2．输出单元

输出单元的功能是：接收总线上的控制信号，控制相应的负载回路，实现照明控制。输出单元包括开关控制模块、调光控制模块、开关量控制模块及其他模拟输出单元。

1）开关控制模块

开关控制模块的基本原理是由继电器输出节点控制电源的开关，从而控制光源的通断。在 LED 照明电路中，LED 驱动电源可以控制 LED 灯的开关。根据应用场合及需求的不同，LED 驱动电源有内置和外置两种形式。

2）调光控制模块

调光控制模块是控制系统中的主要设备，它的主要功能是对照明灯具实现阶段性调光或无级连续调光。按调光方式的不同，调光控制分为模拟调光、相控调光和 PWM 调光三种。

调光控制模块可以储存控制场景，通过调试软件编程后，用户可以很方便地在面板上调出不同组合、不同明暗的灯光效果，以满足实际的照明需求。同时，当系统因外在因素掉电后，恢复通电时将会自动恢复掉电前的场景。

调光控制模块还具有自定义灯光场景控制序列的功能，可以使照明控制和照明效果更加丰富多彩。

3. 系统单元

系统单元由控制计算机、系统网络、网络配件、编程接口、控制单元及 UPS 电源等具有独立功能的部件组成，在系统控制软件的支持下，通过计算机对照明系统进行全面的实时控制。

（1）控制计算机

智能照明控制系统是一个数字式控制系统，可通过控制计算机对照明控制网络进行实时监控、管理和对有关信息的网络远程传输。

（2）编程接口

采用便携式编程器或计算机插入编程接口与系统网络相连接，就可对系统任何一个调光区域的灯光场景进行预设置、修改或读取，并显示各调光回路预设置值。

（3）控制单元

控制单元是智能照明控制系统的智能控制节点，它以微处理器为核心，附加相应的外围电路，既能接受控制计算机的统一管理，又能按着预设置程序进行单路或多路控制。

（4）网络配件

网络配件包括网关、服务器、交换机、网络适配器等网络设备。

4. 辅助单元

（1）多个房间分割模块

合并或分割多个房间的面板控制，干节点输入设置合并或分割，中转控制目标，场景、序列、通用开关、单回路调节。

（2）电源模块

对于比较大的系统，负载较多时，可增加电源模块。

（3）红外、无线遥控器

便于人们对工作、生活的光环境进行自我控制，红外、无线遥控器有着更多的应用空间。

5. 系统软件

智能照明控制系统软件应该是一种功能强大、使用方便并具有图形化功能的软件，一般包括控制软件、编辑软件、图形监控软件。

（1）控制软件

多媒体联动控制软件是集灯光控制、音频控制、视频控制、表演控制等为一体的多媒体集中控制软件，提供第三方控制接口，方便照明控制系统的扩展。

（2）编辑软件

编辑软件能根据用户的效果需求进行节目编程，对音频、视频、图像等媒体进行控制。

同时，通过网络可对智能照明控制系统或专业舞台灯光控制系统及第三方提供的系统或设备进行联动控制。

通过艺术与科技的结合，完成一系列用户需要或满意的效果，从而达到声光电同步表演的目的，给人们耳目一新的身心感受。

（3）图形监控软件

智能照明控制系统图形监控软件是一种功能强大而方便的图形化软件，它以图形方式对照明灯具状态进行监测与控制，具有运行数据统计、状态显示与报警、定时控制、场景控制、调光控制，超级链接等先进功能。

5.3.4　LED 智能照明控制策略

智能照明控制系统的结构发展建立在对照明控制策略研究的基础上，同时，照明控制策略也是进行智能照明控制系统方案设计的基础。智能照明控制策略通常可以分为两大类：一类是讲求节能效果的策略，包括时间表控制、天然采光控制、维持光通量控制、亮度控制、作业调整控制和平衡照明日负荷控制等；另一类是讲求艺术效果的策略，包括人工控制、预设场景控制和中央控制。

1．节能效果控制策略

1）时间表控制

时间表控制分为可预知时间表控制和不可预知时间表控制两种。

（1）可预知时间表控制

对于每天活动时间、内容比较规律的场所，采用可预知时间表控制策略。这种控制策略通过定时控制方式来满足活动要求，适用于普通的办公室、按时营业的商场、餐厅或者按时上下班的厂房。

可预知时间表控制策略通常采用时钟控制器来实现，并进行必要的设置来保证特殊情况（如加班）时能亮灯，避免使活动中的人突然陷入完全的黑暗中。

（2）不可预知时间表控制

对于每天使用内容及活动时间经常发生变化的场所，采用不可预知时间表控制策略。这种控制策略采用人体活动感应开关控制方式，以应付事先不可预知的使用要求，主要适用于会议室、档案室、复印中心和休息室等场所。

2）自然采光控制

若能从窗户或天空获得自然光，即自然采光，则可以通过关闭电灯或调暗电灯来节能。利用自然采光节能与许多因素有关，如天气状况、建筑物的造型、材料、朝向和设计、传感器的选择、照明控制系统的设计和安装、建筑物内活动的种类和内容等。主要适用于办公建筑、机场、集市和大型廉价商场等场所。

自然采光控制一般使用照度传感器来实现，与人工照明相互补偿。通过测定工作面的照度，与设定值比较来控制照明开关，以最大限度地利用自然光，达到节能的目的。利用自然光控制房间照度的示意图如图 5.11 所示，图 5.12 是敞开式办公室自然光控制的实际效果。

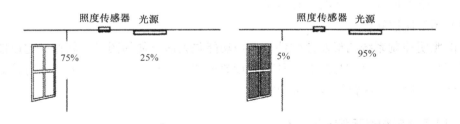

图 5.11　利用自然光的控制

图 5.12　敞开式办公室自然光控制的实际效果

由于外界自然光的变换错综复杂，而且常常夹杂着人为的干扰或瞬时突变的情况，所以自然光控制策略的要点是必须正确识别自然光变化的长期趋势，同时要考虑控制的整体性。

自然采光控制策略的缺点在于系统的整体节能效果较难做到最优化，房间照度的变化会出现阶跃性跳变等问题。

3）维持光通量控制

维持光通量控制策略就是指根据照度标准，对初装的照明系统减少电力供应，降低光源的初始光通量，而在维护周期未达到最大的电力供应，这样就可减少每个光源在整个寿命期间的电能消耗。

维持光通量控制采用照度传感器和调光控制相结合的方法来实现。然而，当大批灯具采用这一控制方式时，初始投资会很大。

4）亮度平衡控制

亮度平衡控制策略利用了明暗适应现象，即平衡相邻的不同区域的亮度水平，以减少眩光和阴影，减小人眼的光适应范围。可利用格栅或窗帘来减少日光在室内墙面形成的光斑；可在室外亮度升高时开启或调亮室内人工照明；在室外亮度降低时，关闭或调暗室内人工照明。主要适用于隧道照明的控制，室外亮度越高，隧道内照明亮度也越高。

5）局部光环境控制

在一个大空间内，通常要维持恒定的照度。采用局部光环境控制策略，可改变局部的小环境照明。根据工作者自己的视觉作业要求、爱好等需要来调整照度。目前，利用局部的调光面板或遥控技术等可实现局部光环境控制。

局部光环境控制能给予工作人员控制自身周围环境的权利，有助于工作人员心情舒畅，提高工作效率。局部光环境控制策略可通过对一盏灯或几盏灯调光实现。

6）平衡照明日负荷控制

电力公司为了充分利用电力系统中的装置容量，提出了"实时电价"的概念，即电价随一天内不同的时间段而变化。我国已经推出"峰谷分时电价"，将电价分为峰时段、平时段、谷时段，即电能需求高峰时电价贵，低谷时电价便宜，鼓励人们在电能需求低谷时段用电，以平衡电能日负荷曲线。

智能照明控制系统可以在电能需求高峰时降低一部分非关键区域的照度水平，降低电费支出。

2．艺术效果控制策略

艺术效果控制策略有两方面含义：一方面，像多功能厅、会议室等场所，其使用功能是多样的，要求产生不同的灯光场景以满足不同的功能要求，维持好的视觉环境，改变室内空间的气氛；另一方面，当场景变化的速度加快时，就会产生动态变化的效果，形成视觉的焦点，即动态的变化效果。

当照度水平发生变化时，人眼感受的亮度并不是线性变化的，而是遵循"平方定律"曲线，即如图 5.13 所示的调光曲线。许多厂家的照明控制产品都利用了这一曲线，当照度调节至初始值的 25%时，人眼感受的亮度变化已达到初始亮度的 50%。

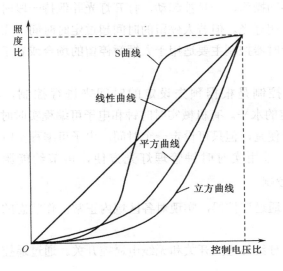

图 5.13　平方定律曲线

艺术效果控制策略可以通过人工控制、预设场景控制和中央控制来实现。

（1）人工控制：指通过开关或调光来实现，直接对各照明灯具或照明回路进行操作。人工控制方式多用于商业、教育、工业和住宅照明中。

（2）预设场景控制：将所有待定的场景都经过预设，每一个按键储存一个相应的场景。预设场景控制方式多用于场景变化较多的场所，如多功能厅、会议室等，也可用于家庭的起居室、餐厅和家庭影院等。

（3）中央控制：它是最有效的灯光组群调光控制手段。如舞台灯光的控制，需要利用至少一个以上的调光台进行场景预设和调光，也适用于大区域内的灯光控制，并可以与多种传感器联合使用，以满足要求。对于单独划分的小单元，也可采用若干控制小系统的组合集中控制，这常见于酒店客房的中央控制。近年来出现较多的还有整栋别墅的控制，主要利用中央控制及人工控制、预设场景控制等相结合，并需要与电动窗帘、电话、音响等配合使用，必要时还需要与报警系统有接口。

实际工程中，由于建筑物包含了各种空间以进行不同的活动，多种策略可以满足各种不同空间类型的需求。因此，设计智能照明控制系统时常常使用一种全面的方法，即结合几种不同类型的控制器和控制策略，以满足各种不同空间类型的需求。

5.3.5　LED 智能照明控制方式

根据现有的智能照明控制系统的控制方式，分为开环控制、闭环控制和特殊照明控制。

1．开环控制

1）定时控制

定时控制是一种常用的控制方式，分为计时器和实时时钟两种。

（1）计时器由手动操作，一旦被起动，打开灯光并保持一段时间，时间的长短是预设的，计数时间到就关闭灯光。但若人停留的时间超过定时时间，需再次起动，可能会造成灯光频繁地开关。计时器控制主要适用于人短暂停留的场合或者正常工作时间以外偶尔有人逗留的区域。

（2）实时时钟控制是根据预先设定的时间来进行控制，根据时间开关灯光或调节灯光到某一设定的水平。有机械实时时钟和电子可编程实时时钟两类。机械实时时钟简单易用，价格相对便宜，但只可设定一个时间。电子可编程实时时钟则可设定很多不同的灯光区域和时间。采用实时时钟管理灯光方便，可节约能源，但较为刻板。

2）手动遥控器控制

在正常状态下，通过遥控器，实现对各区域内正常工作状态的照明灯具的手动控制和区域场景控制。

（1）遥控开关。分红外遥控开关和无线电遥控开关。通过遥控操作，使光源实现开关或者调光。

（2）区域场景控制。在智能照明中，回路级别是根据使用要求和其他因素（如进入建筑物的日照水平）预先编程的。照明设备可以独立控制，或者在回路中成组控制。每个回路或者设备可设置成不同的亮度水平。这些亮度水平可以储存为一个"场景"，它可以看作为一个房间或区域的一个完美外观。一旦设计完成，场景可以很容易地通过操作墙上的控制面板或遥控器实现。也可以通过定时器，光传感器或者根据活动区域探测器自动地实现场景照明。一旦新的场景被选中，照明设备将以预先设定的速率淡入到新的设置水平。

区域场景控制可以实现多种照明效果，创造视觉上的美感，其不足点是修改场景必须通过编程。

2．闭环控制

1）照度检测控制

为了充分利用自然光，节约能源，通过照度检测器检测窗户外边的自然光照度，根据日光系数计算出室内某一点的水平照度，由计算得出的水平照度开启相应的灯光并调节到相应的亮度，使该区域内的照度不会随日照等外界因素的变化而改变，始终维持在照度预设值左右。照度检测控制方式主要适用于办公照明。这种照度平衡型昼间人工照明的控制方式，有利于节约电能，能够保证该区域内的照度均匀一致，但是利用昼间照明存在两方面的问题：

（1）建筑设计者需要确定一年中哪些时期的日光在室内产生的照度超过日常工作所需的照度，以便调节百叶窗或者窗帘等的开度，使室内照度满足工作要求。

（2）工程师安装由日光控制的人工照明系统时，需要有一个准确的控制参数，以保证有一个舒适的视觉环境。照明工程师需要每时每刻的局部室内日光水平，建筑设计师需要知道工作时间内局部日光水平的利用率。但到目前为止，用天空亮度模式预测室内照度的精确度还非常有限，需要进一步的研究。

2）活动区域探测控制

活动区域探测器安装在建筑物内，它能检测出某个房间或区域内是否有人走动，并把这个信息反馈到控制器，从而控制相应灯光的开启或关闭。一旦探测到有一段时间没有人走动，房间或区域内的灯光将关闭或调暗到节约能源的水平。如果更长一段时间没有人走动，灯光将完全关闭。使用活动区域探测器可以节约能源，但必须注意探测器的安装位置，如果安装不当，探测到窗帘或空调风扇的运动信号也会触发探测器，会造成不当的开关灯。这种控制方式适用于图书馆书库、仓库、会议室、储藏室、盥洗室、走廊和住宅的门厅前等处。

3）照明与窗帘的联动控制

电动窗帘控制系统是整个居室照明系统的一个重要功能部分，它把家中的窗帘系统纳入整个智能照明中。电动窗帘控制系统的核心就是窗帘电动机控制器，通过它就可以用系统中的某些控制手段对窗帘进行控制。窗帘的开闭可由光线探测器来控制，白天可感测到足够的亮度，自动打开窗帘；当夜幕降临，又可以将窗帘自动关闭。除此之外，还可以根据喜好自行设计窗帘开关程序，比如开 1/2、开 1/3 位置等。由于季节不同，同一时间的日光水平不同，控制窗帘开闭的亮度在不同的季节应设置在不同的水平。

窗帘的联动控制可用于智能化小区、居民住宅、写字楼、别墅、宾馆、医院、体育馆、教学楼、实验室、科研场所等处。

3. 特殊照明控制

1）应急照明的控制

应急照明的控制属于特殊控制，主要是指智能照明控制系统对特殊区域内的应急照明所执行的控制。通过每个对正常照明控制的调光模块等电气元件，实现在应急状态下对各区域内用于正常工作状态的照明灯具的减免数量和放弃调光等控制。应急照明控制包含以下两项控制：

（1）正常状态下的自动调节照度和区域场景控制，与调节正常工作照明灯具的控制方式相同。

（2）应急状态下的自动解除调光控制，通过每个控制应急照明的调光模块等电气组件，实现在应急状态下，对各区域内的照明灯具放弃调光等控制，使照明强迫切换到应急照明。

2）与其他智能化系统的联动

特殊控制还包括智能照明控制系统与安防系统、消防报警系统和楼宇自控系统等建筑内的其他智能化系统的联动。

在特殊控制中，由于智能照明控制系统要与建筑智能化的其他子系统建立联系，涉及计算机硬件、软件开发和系统集成等技术，一般应由专业技术人员来完成，智能照明控制系统的灯光设计师要做好配合和协调工作。

以上分析了智能照明控制系统中通常采取的几种照明控制方式，合理的照明控制方式是实现舒适照明的有效手段，也是节能的有效措施。在实际的智能照明控制系统中，应根据需要及可行性，确定采用其中的一种或几种组合的控制方式。

5.4 LED 智能照明控制系统中的网络技术

LED 智能照明已开始进入我们的生活，而在未来随着物联网、光通信等技术的进步，LED 智能照明将带来更多的改变。网络技术作为 LED 智能照明控制系统的"桥梁"，在整个系统中起着至关重要的作用。

5.4.1 LED 照明控制系统网络概述

1. 照明控制网络的基本类型

按照控制系统的控制功能和作用范围，照明控制网络可以分为以下几类。

（1）点控型

点控型就是指可以直接对某盏灯进行控制的系统或设备，这种控制方式结构简单，仅使用一些电气开关、导线及组合就可以完成灯的控制功能，是使用最为广泛和最基本的照明控制系统，也是照明控制系统的基本单元。

（2）区域控制型

区域控制是指能在某一区域范围内完成照明控制的系统，特点是可以对整个控制区域范围内的所有灯具按照不同的功能要求进行直接或间接的控制。由于照明控制系统在设计时基本上是按回路容量进行的，即按照每条回路进行分别控制，所以又称为路（线）控型照明控制系统。

（3）网络控制型

网络控制是通过计算机网络技术将许多局部小区域内的照明设备进行连网，从而由一个控制中心进行统一控制的照明控制系统。在照明控制中心，由计算机对控制区域内的照明设备进行统一的控制管理。

2．照明控制网络的传输介质

传输介质是连接照明控制网络上各个照明设备和控制设备的物理通道。传输介质可分为有线传输介质（如双绞线、同轴电缆、光纤等）和无线传输介质（如红外线、无线电波、无线射频等）。

（1）双绞线

双绞线是由两根相互绝缘的铜导线按照一定的规格互相缠绕在一起，是一种最普通、最便宜的传输介质。它的原理是：如果外界电磁信号在两根导线上产生的干扰大小相等而相位相反，则这个干扰信号就会相互抵消。双绞线既可以传输模拟信号，也可以传输数字信号。双绞线分为屏蔽双绞线与非屏蔽双绞线两大类。

①屏蔽双绞线，有一圈金属屏蔽保护膜环绕芯线，减少了电磁波对信号产生的干扰，但价格较贵。它支持较远距离的数据传输，可有较多的网络节点，用于远程中继线时，最大距离可达十几千米。

②非屏蔽双绞线，没有金属屏蔽保护膜，对电磁干扰敏感，电气特性较差，传输速率不高，传输距离有限，一般为 100m。

（2）同轴电缆

同轴电缆由内导体铜质芯线（单股实心线或多股绞合线）、绝缘层、网状编织的外导体屏蔽层及塑料保护外层组成。与双绞线相比，同轴电缆的抗干扰能力强、屏蔽性能好、传输数据稳定，广泛应用于较高速率的数据传输中。同轴电缆按特性阻抗数值的不同，可分为 50Ω 和 75Ω 两种。50Ω 同轴电缆应用于数据传输，用于传输基带信号；75Ω 同轴电缆应用于模拟传输系统，是有线电视系统中的标准传输电缆。

（3）光纤

光纤是一种由石英玻璃纤维或塑料制成的以光脉冲的形式来传导信号的传输介质。光纤由光纤芯、包层和外部保护层（也叫保护套）组成。光纤中的光源可以是发光二极管或注入式激光二极管。光纤的优点是信号的损耗小、频带宽、传输速率高，从 100～1000Mb/s，甚至更高，且不受外界电磁干扰。另外，光纤本身没有电磁辐射，因此传输信号不易被窃听，保密性能好。光纤主要应用于长距离的数据传输和网络的主干线。

（4）无线介质

可以在自由空间利用电磁波发送和接收信号进行通信。无线电微波通信在数据通信中占有重要地位。微波的频率范围为 300MHz～300GHz，但主要使用 2～40GHz 的频率范围。微波在空间中主要是直线传播。由于微波会穿透电离层而进入宇宙空间，因此它不像短波通信那样可以经电离层反射传播到地面上很远的地方。微波通信有两种主要的方式：地面微波接力通信和卫星通信。

传输介质的选择取决于网络拓扑结构、实际所需的通信容量、可靠性要求及能承受的价格等多种环境因素。

3. 照明控制网络的拓扑结构

计算机网络常见的拓扑结构有星型、总线型、环型、树型和混合型，而照明控制网络采用的拓扑结构主要分为总线型和以星型结构为主的混合式结构。总线型灵活性较强，易于扩充，控制相对独立，成本较低。混合式可靠性较高，故障的诊断和排除简单，存取协议简单，传输速率较高。

（1）集中式

集中式系统结构主要为星型拓扑，即以中央控制器为中心，把若干外围节点连接起来的辐射式互连结构，如图 5.14 所示。

各照明控制器、控制面板等设备均连接到中央控制器上，由中央控制器向照明控制器等末端执行单元传送数据包。该系统的优点：照明的控制功能集中，故障的诊断和排除简单，传输速率较高。缺点：因过分依赖中央控制器，故系统的可靠性和经济性相对较低。虽然采用多种改进措施后，可提高中央控制器和系统的可靠性，但其价格上的劣势仍十分突出。

（2）集散式

集散式系统结构主要为星状拓扑（多层次），即以中央控制器为中心，把分中心控制器连接起来，再由分中心控制器把若干外围节点连接起来的辐射式互联结构，如图 5.15 所示。

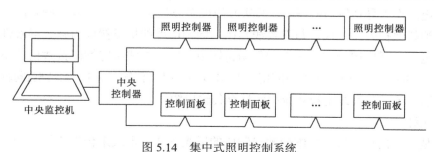

图 5.14　集中式照明控制系统

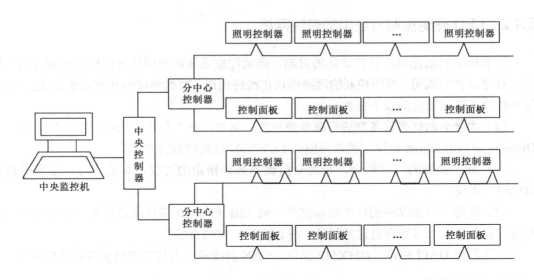

图 5.15　集散式照明控制系统

该系统层层相套,中央控制器向各分中心控制器传送数据包,各照明控制器、控制面板等设备均连接到分中心控制器上,由分中心控制器向照明控制器等末端执行单元传送数据包。该系统的优点:除具备集中式系统的优点外,系统将控制分散至分中心,因而可靠性也相对提高了一些。缺点:系统的经济性相对更低,可靠性虽有提高却仍不能让人满意。

（3）分布式

分布式系统结构主要为总线拓扑,如图 5.16 所示。该系统将控制功能下放至最末端的灯具（含简易的智能电器元件）,处于最末端的灯具既是被控对象,同时也是控制元件。利用灯具原有的电源线加载信号,实现对光源的控制和监测功能。该系统的特点:可靠性更高、灵活性和扩充能力极高。现阶段受控制技术的影响,该系统的经济性稍差。

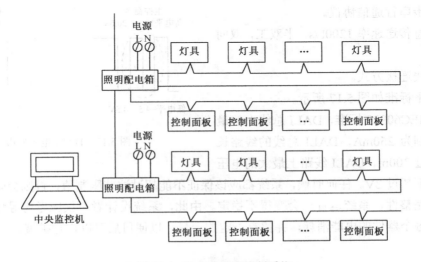

图 5.16　分布式照明控制系统

5.4.2　LED 照明控制系统中的有线网络

随着楼宇自动化和办公自动化的兴起，照明控制系统的应用从舞台灯光控制逐渐拓展到各种建筑物的照明，照明控制的网络协议也纷纷出现。根据协议的开发背景和功能特点，这些协议大致可以分为以下三类：

（1）由著名的灯光设备制造厂商单独开发，例如，澳大利亚 Clipsal 的 C-Bus 协议和 Dynalite 公司的 Dynet 协议，美国路创的 LUTRON 灯光控制技术等。

（2）某一领域的厂商联合，针对专门调光系统指定的协议，如数字可寻址照明接口（DALI）协议。

（3）智能家居协议中的灯光控制部分，如 EIB 和 X-10 系统的灯光控制子系统等。这些协议在各自的领域均有自己的优势，分别占据一定的市场。

下面仅对 DALI 协议、DMX512 协议、CAN 总线和电力线载波通信进行简单介绍。

1．DALI 协议

1）概述

DALI（Digital Addressable Lighting Interface），数字可寻址照明接口是照明控制的一个标准，协议编码简单明了，通信结构可靠。DALI 协议是用于满足智能化照明控制需要的非专有标准，是一种定义了实现电子镇流器/驱动电源与控制模块之间进行数字化通信的接口标准。

DALI 协议是基于主从式控制模型建立起来的，主从设备通过 DALI 接口连接到 2 芯的控制总线上。控制人员可通过主控制器操作整个系统，可对每个从控制器（电子镇流器/驱动电源）分别寻址，能够对连在同一条控制线上的每个灯具的亮度分别进行调光。

2）电气特性

①异步串行通信协议。

②信息传送速率 1200b/s，半双工，双向编码。

③双线连接方式。

④电平标准如图 5.17 所示。

根据 IEC60929 标准，DALI 总线上的最大电流限制为 250mA，DALI 总线的线路长度不得超过 300m。DALI 线路上最大的电压

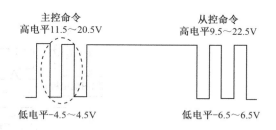

图 5.17　DALI 电平标准

降应确保不超过 2V。任何时候，系统都应该保证不能超过这些限制值，否则会降低信号的安全性和完整性，系统运行也会变得不稳定。由此，系统设计者不仅应考虑寻址的方便，也要考虑每个器件的电能消耗，并留有一定的余量，以便日后可以进行扩展。

3）DALI 协议的数据通信

（1）DALI 协议的编码

DALI 协议采用双向曼彻斯特编码，如图 5.18 所示。值"1"和"0"表示两种不同的电平跃变，从逻辑低电平转变到高电平表示值"1"，从逻辑高电平转变到低电平表示值"0"。

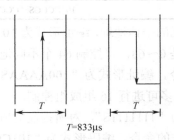

$T=833\mu s$

图 5.18　DALI 协议的编码方式

DALI 协议的主控单元向从控单元发出的指令数据由 19 位数据组成，如图 5.19 所示。第 1 位是起始位，第 2～9 位是地址位（这就决定了只能对 64 个从控单元进行单独编址），第 10～17 位是数据位，第 18、19 位是停止位。

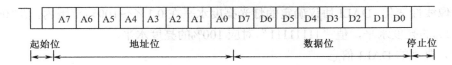

图 5.19　DALI 主控命令

在 DALI 协议中，从控单元只有在主控单元查询时，才向主控单元发送数据。从控单元向主控单元发送的数据由 11 位数据组成，如图 5.20 所示。第 1 位是起始位，第 2～9 位是数据位，第 10、11 位是停止位。

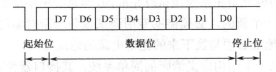

图 5.20　DALI 从控命令

（2）DALI 协议的指令信息

DALI 指令信息包含地址信息和调光信息。

① 地址信息

DALI 协议允许多种指令，地址部分决定信息是控制哪个 DALI 模块，所有的模块都执行带有广播式地址的指令。指令的地址字节有多种形式，见表 5.2。

表 5.2　DALI 地址信息

地址形式	字节形式
短地址	0AAAAAS（AAAAAA-0～63，S-0/1）
组地址	100AAAAS（AAAA-0～15，S-0/1）
广播地址	111111S（S-0/1）
专用地址	101CCCCS（CCCC-命令码，S-0/1）

- 单独控制某个从控单元的个体地址，编址形式为"0AAAAAAS"，其中"AAAAAA"是地址位，编址范围是 0～63，可控制 64 个不同地址，称为短地址。
- 成组控制的组地址指令，编址形式为"100AAAAS"，其中"AAAA"是地址位，编址范围是 0～15，最多可进行 16 组成组控制。
- 广播命令，编址形式为"1111111S"，对所控制的所有从控单元的统一指令。
- 专用指令，可进行特殊的命令，编码形式为"101CCCCS"，其中"CCCC"为指令代码。

②调光信息

在 DALI 信息中，用 8 位表示调光的亮度水平。值"00000000"表示灯没有点亮，DALI 协议按对数调节规则决定灯光亮度水平，在最亮和最暗之间包含 256 级灯光亮度，按对数调光曲线分布。在高亮度具有高增量，低亮度具有低增量。这样整个调光曲线在人眼里看起来好像线性变化。DALI 协议确定的灯光亮度水平在 0.1%～100%范围内，值"00000001"对应 0.1%的亮度水平，值"11111111"对应 100%的亮度水平。

（3）典型的 DALI 信息

①调节灯光到某一亮度水平；

②设置灯光亮度渐变速度；

③调节到某一灯光场景；

④询问目前的灯光亮度水平；

⑤询问目前驱动电源/灯的状态。

DALI 驱动电源的编址是在系统调试时完成的，当系统中某个驱动电源发生故障需要更换时，不是简单地换一个新的，必须借助专用调试设备重新对驱动电源进行编址，使新替换上去的驱动电源的地址必须与换下来的驱动电源的地址相同，否则会产生地址冲突。

DALI 协议是建立一个结构定义清晰的简单系统，其接口器件安装简单方便。DALI 系统布线时，每个 DALI 单元除了主电源线，只需要两条控制线，对线材无特殊要求，安装时也无极性要求，只要求主电源线与控制线隔离开，控制线无须屏蔽。

DALI 协议能够实现驱动电源的单独或成组控制，0.1%～100%的亮度调节，灯光场景控制，以及获得驱动电源或灯的状态，主要的应用场合包括根据不同的活动采用不同的照明方式，或根据不同的自然光适当、自动调节室内照度的场合。

2．DMX512 协议

1）概述

DMX512 协议是一种多路复用协议，由美国剧场技术协会于 20 世纪 80 年代初制定。1990 年，美国剧场技术协会将 DMX512 协议更规范，形成了 DMX512-1990，该协议成为数字灯光控制的国际标准，几乎所有的灯光及舞台设备生产厂商都支持此控制协议。DMX512 协议的统一使得各厂家的设备可相互连接，兼容性大大提高。

DMX512 协议采用总线型结构，适用于一点对多点的主从控制网络系统，采用串行方式传送数字信号。根据 DMX512 数据传输速率的要求以及控制网络分散的特点，其物理层的设计采用 RS485 总线收发器，控制器和调光器之间用一对双绞线连接即可，其系统结构如图 5.21 所示。RS485 总线采用平衡发送和差分接收，接收灵敏度高，而且抗干扰的能力强，信号传输距离可达 1000m。DMX512 协议的数据是从控制器到调光器的单向发送，因此不存在各个调光器之间争夺总线使用权而导致信息堵塞的现象。

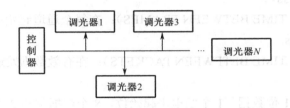

图 5.21　DMX512 系统结构

2）DMX512 协议的特点

①信号是基于差分电压进行传输的，抗干扰能力强。

②采用 RS485 总线收发器，信号可以进行长距离传输。

③数据刷新快，不论调光器的输出是否需要改变，控制器都必须发送控制信号，数据帧与数据帧之间的时间小于 1s，如果调光器在 1s 内没有收到新的数据帧，便可知数据已经丢失。

④实现简单，不需要专门的硬件设备支持。

3）DMX512 协议的数据格式

DMX512 协议通过总线上发送数据包来实现对灯光设备的亮度调节。协议对数据包内每一部分的时序都作了极为严格的规定，协议规定数据传输速率为 250kb/s，一个数据包最多可包含 512 帧数据，如图 5.22 所示。

DMX512 信号的数据包格式分为以下几个部分。

IDLE（or NO DMX situation）：当没有 DMX 数据包输出时，将是一个高电平信号。

BREAK：DMX 数据包的开始是一个至少 88μs 的低电平输出的预报头。根据经验，人们发现一个大于 88μs 的 BREAK 将更有利于发送和接收，在实际应用中一般取 120μs。

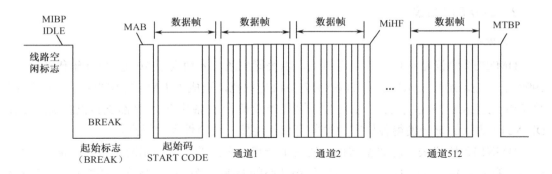

图 5.22　DMX512 的数据包格式

MAB（MARK AFTER BREAK）：MAB 是 BREAK 的一个至少 8μs 的高电平或 2 个脉冲。在实际应用中一般取 8～14μs。

START CODE：起始码是数据流开始的通道数据，它具有与通道数据相同的格式，一般为 11 个脉冲或 44μs。

MTBF（MARK TIME BETWEEN FRAMES）：在每个通道起始位前可以有 MTBF，为高电平，时间小于 1s。

MTBP（MARK TIME BETFWEEN PACKETS）：在有效数据发送完毕后发送高电平，时间小于 1s。

每个数据帧有 11 位数据，1 个低电平起始位，8 个数据位和 2 个高电平停止位，没有奇偶校验。每一位的宽度是 4μs，发送一个数据帧需要 44μs 的时间。8 个数据位代表灯光设备的亮度信息，0～255 级亮度。每帧都有编号，序号从 1～512，并且帧号与地址号对应。

4）信号的传输与设备的连接

（1）信号的传输及接口

DMX512 信号的传输采用平衡传输差模信号方式，这种方式能有效地抑制干扰。因为干扰信号一般是同相（共模）加在信号的正负端上，经差分放大器后，共模信号被相互抵消，滤除了干扰信号，有效地提高系统的抗干扰能力。DMX512 信号的电器接口标准为 EIA-485，接插件为 5 芯的 XLR 插头、座（也有采用 3 芯 XLR 接口的），引脚定义见表 5.3。

表 5.3　DMX512 的引脚定义

引脚编号	功　能	线颜色
1	信号地	屏蔽线
2	信号 1（−）	黑色
3	信号 2（+）	白色
4	信号 2（−）	烁色
5	信号 2（+）	红色

一般的 DMX 设备使用 1、2、3 三个引脚，有时为了实现信号的备份，如一个可控硅箱对应两个调光台（一主一备），则一路信号用 2、3 两脚，另一路信号用 4、5 两脚，地线共用。

（2）DMX 设备之间的连接

DMX 设备之间的连接采用菊花链的形式，一般每个设备都有一个信号输入口和一个信号输出口。下一台设备的输入口接上一台设备的输出口，如此相互串联。一个 DMX512 输出口可以控制 512 个控制通道，当设备较多或传送距离较远时，需使用 DMX 信号放大器。

为了消除信号传输中的杂波反射现象，在一个有多台设备单元的 DMX 链路中，应在最后一台灯光设备的信号输出口接一个阻抗约为 1200、功率为 0.25W 的终接负载，实现阻抗匹配。

DMX512 信号有较为广泛的应用，包括可控硅箱的控制，以及计算机灯、换色器、512 信号控制电源的开关等。

3．CAN 总线

1）概述

控制器局域网（Controller Area Network，CAN）属于现场总线的范畴，是由德国博世公司在 20 世纪 80 年代专门为汽车行业开发的一种串行通信总线。CAN 是一种很高保密性、有效支持分布式或实时控制的串行通信网络。CAN 总线克服了传统工业总线的缺陷，非常适合工业过程监控设备的互联，其应用范围遍及高速网络到低成本的多线路网络。

CAN 采用线性总线结构，控制网络一般由控制器节点、传感器节点、执行器节点及监控节点组成，CAN 作为局域网还可以通过网关和其他网络（如以太网）互连构成大型复杂的控制网络结构，如图 5.23 所示。CAN 节点的关键部分是 CAN 网络控制器和总线收发器，由它们来实现 CAN 总线的物理层和数据链路层协议，实现 CAN 网络的通信。

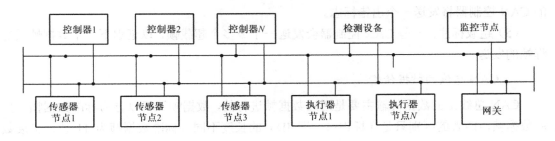

图 5.23　CAN 总线控制系统结构

2）CAN 总线系统的通信方式

CAN 总线系统根据节点的不同，可以采取不同的通信方式，以适应不同的工作环境和效率，主要分为多主式结构和主从式结构两种。

（1）多主式结构

网络上任意一个节点可在任何时刻主动向网络上的其他节点发送信息而不分主从，不需站地址节点信息，通信方式灵活。在这种工作方式下，CAN 网络支持点对点、一点对多点和全局广播方式接收传送数据。

（2）主从式结构

CAN 总线在主从式通信方式下工作时，其网络各节点的功能是区分的。整个系统的通信活动要依靠主节点的调度器来安排，如果系统的调度策略设计不当，系统的实时性、可靠性会很差，容易引起瓶颈问题，妨碍正常有效的通信。

3）CAN 总线的通信协议

（1）总线访问：CAN 是共享媒体的总线，采用载波监听多路访问（Carrier Sense Multiple Access，CSMA）的媒体访问机制。CAN 控制器只能在总线空闲时开始发送，并采用硬同步，所有 CAN 控制器同步都位于帧起始的前沿。

（2）仲裁：当总线空闲时呈隐性电平，此时任何一个节点都可以向总线发送一个显性电平作为一个帧的开始。如果有两个或两个以上的节点同时发送，就会产生总线冲突。CAN 总线是按位对标识符仲裁；各发送节点在向总线发送电平的同时，也对总线上的电平进行读取，并与自身发送的电平进行比较，如果电平相同则继续发送下一位，不同则说明网络上有更高优先权级的信息帧正在发送，即停止发送，退出总线竞争。剩余的节点则继续上述过程，直到总线上只剩下一个节点发送的电平，总线竞争结束，优先级最高的节点获得了总线的使用权，继续发送信息帧的剩余部分直到全部发送完毕。

（3）编码／解码：帧起始域、仲裁域、控制域、数字域和 CRC 序列均使用位填充技术进行编码。在 CAN 总线中，每连续 5 个同状态的电平插入一位与它相补的电平，还原时每 5 个同状态的电平后的相补电平被删除，从而保证了数据的透明。

（4）出错标注：当检测到位出错、填充错误、形式错误或应答错误时，检测出错条件的 CAN 控制器将发送一个出错标志。

（5）超载标注：一些 CAN 控制器会发送一个或多个超载帧，以延迟下一个数据帧或远程帧的发送。

4）CAN 总线的数据传输

CAN 总线上的数据传输主要是通过数据帧进行的，数据帧又可以分为标准数据帧和扩展数据帧，两者的区别只是在标识域（即 ID）的长度不同，标准数据帧为 11 位，扩展数据帧为 29 位，其结构如图 5.24 所示。

CAN 的直接通信距离最远可达 10km（传输速率 5kb/s 以下），通信速率最高可达 1Mb/s（此时通信距离最长为 400m）。CAN 上的节点数主要取决于总线驱动电路，目前可达 110 个。CAN 的通信介质可为双绞线、同轴电缆或光纤，选择灵活。

图 5.24　CAN 的数据帧结构

4．电力线载波通信

1）概述

电力线载波通信技术已有 100 年的历史，它以电力线路为传输通道，具有通道可靠性高、投资少、见效快、与电网建设同步等得天独厚的优点。电力线载波通信是电力系统特有的通信方式，它是利用现有电力线，通过载波方式高速传输模拟或数字信号的技术，是唯一不需要线路投资的有线通信方式。由于电力线的实现成本低、覆盖范围广、一线两用、各类电器均可直接作为网络终端等优势，成为通信研究的一个热点领域。欧洲和美国对于电力线载波技术已取得了很高的进展，欧洲主要研究方向是高压载波通信，致力于将电力线载波通信技术与 Internet 高速接入，而美国的主要研究方向是低压载波通信，把精力放在电力载波通信在智能小区建设及智能家电领域的应用，较为著名的是 Home Plug 标准：只需在事先安装好的插座上插入电源插头即可构建电力线家庭局域网，数据传输速度可达14Mb/s。

电力线作为世界上最大的网络，主要的功能是输送电能，利用低压电力线进行数据传输时，存在以下几个不利因素。

（1）脉冲噪声，它是电力线上最大的噪声源。线路上负载的启停瞬间都会产生脉冲噪声，它具有突变、高能和覆盖频率范围广的特点，对载波信号影响很大，不仅会造成信号误码率升高，而且可能使接收设备内部产生白干扰，严重影响整个系统的工作。

（2）信号衰减和阻抗变化大，线路上的电力负载复杂，这些负载的启停易导致电力总体负载产生很大的变化，使得电力线阻抗可从 0.1Ω 变至 100Ω，信号衰减从 55dB 至 100dB。

（3）谐波干扰，如开关电源产生的谐波频率在 50kHz 以上，恰好处于载波信号的频率范围。

（4）低压电力线路的拓扑特性较为复杂，而且与一般的无线、有线信道有较大的差异，尚无准确的模型描述电力线信道。

电力线载波通信系统的框图如图 5.25 所示。

电力载波技术是利用电力线传输信号。在输入端，先利用调制技术将信号进行调制，通过电力线进行数据传输；在接收端，信号通过耦合电路和滤波电路，再将调制信号从线路上滤出，还原成原来的信号。

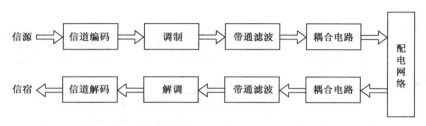

图 5.25   电力线载波通信系统框图

2）电力线载波的调制方式

为了提高电力线载波通信系统数据传输的稳定性，必须对传输信号进行合适的调制，主要调制方式有窄带通信、扩频通信、OFDM 调制等，见表 5.4。

表 5.4   各种调制方式的原理与特点

调制方式	调制方法	特点
窄带调制	ASK（幅移键控）：载波幅度随着调制信号变化而变化，1 表示有载波信号，0 表示没有 FSK（频移键控）：用数字信号去调制载波的频率，在 0 与 1 变化间改变载波的频率 PSK（相移键空）：根据数字基带信号的两个电平使载波相位在两个不同的数值之间切换	优点：电力耦合性好，价格低，容易实现； 缺点：抗干扰能力差，传输距离短，数据传输率低
扩频通信	直接序列扩频：直接利用高效率的扩频序列在发送端扩展信号的频谱，然后将信号和由时钟控制的伪噪声码进行模二加，用得到的复合码序列控制载波的相位 调频扩频：通过发射机调制扩频序列码，使其频率跳跃在一个指定频率范围内，用一组高速变化的扩频序列码来控制载波频率的变化 线性脉冲调频：载波在给定的时间间隔范围内线性地变化，扩展发射机的频谱	优点：抗干扰和噪声的能力强，保密性强； 缺点：电力线混合度低，通信速率低，不适合有线信道的传输
正交频分复制（OFDM）	OFDM 是一种多载波传输技术，它将初始信号分解成许多子信号，再用这些子信号分别调制相互正交的子载波，经过发送到接收端，将数据合并，提高了数据传输速率	优点：传输速率高，抗码间干扰和信道衰落能力强，频道利用率高； 缺点：电路成本高，平均功率较高

3）电力线通信协议

（1）X-10

X-10 是苏格兰皮可公司在 1976 年以不需重新布线的前提下，利用既有的电力线网络来控制家中电子电器产品所开发的计划，也是全球第一个将家庭自动化产品成功商业化的技术。X-10 协议基于电力线载波技术，以 60Hz（或 50Hz）为载波，叠加 120kHz 脉冲信号的电力线窄带载波技术，并在此基础上，制定了一套完整的通信协议，发展成著名的 X-10 控制标准。

X-10 系统由发送控制盒和多个接收控制组件组成，各组件可设定不同编码以示区别。使用时，控制盒和组件可插入室内不同的电源插座，家用电器设备就插在这些控制组件上。在理想状态下传输距离可达到 21km。但是，由于电力线上带有很多负载设备，所以控制信号会有一定程度的衰减，一般在家庭环境下有效的信号传输可达到 500m。通过与控制盒连接的键盘，用户可输入控制命令和组件编码，实现家用电器设备的远程控制。

基本的 X-10 数据帧由寻址指令和功能指令两部分组成，每个 X-10 数据帧共 22 位。X-10 的帧头标识符为 1110；控制命令由 120kHz 脉冲串组成，在 1ms 时间内，有脉冲表示为 "1"，无脉冲则表示为 "0"，电源频率过零点同步。为了和三相交流电的过零点相一致，必须连续传送三次。寻址指令包括起始码，房间码和单元码；功能指令包括起始码，房间码和指令码。字母（A，B，C，…，P）和数字（1，2，3，…，16）分别对应为房间码和单元码，两者结合，共有 256 种组合，因此一套 X-10 系统可容纳 256 个不同的地址，可以执行的指令包括开、关、调亮、调暗、全开和全关。

X-10 是家庭自动化众多技术中历史最悠久的产物，其产品已达 5000 多种，不论是基本的灯光控制、安防系统、家庭剧院、温度或行动感应还是与计算机相关接口等产品皆已完备。在美国的市场占有率最高，目前有超过 600 万户家庭在使用它。

（2）PLC-BUS

PLC-BUS 是荷兰 ATS 电力线通信有限公司于 2002 年 6 月 9 号宣布研发出的一种高可靠、低成本的电力线通信技术，并在此基础上推出了一整套基于 PLC-BUS 技术的智能灯光控制系统，它重新定义了家居内部高可靠、低成本智能灯光控制的新标准。

与 X-10 技术相比较，PLC-BUS 技术采用低频、广谱技术产生电力通信信号，具有强抗干扰性，无须再安装中继器和阻波器，可靠性达 99.95%以上，而现在 X-10 产品的可靠性只能达到 70%～80%。PLC-BUS 技术全面实行双向通信，能使被控设备反馈状态信号，以确定控制命令是否真正得以正确执行。

PLC-BUS 的信号传输速度是 X-10 技术的 20～40 倍，这相当于每秒钟可完成 10 个指令。此外 X-10 信号在国内电力环境中一般较理想传输距离是 200m 左右，而 PLC-BUS 信号一般较理想的距离可达到 2000m 以上。

PLC-BUS 系统总共可以分配最多 64 000 个不同的地址码，这样更适合于楼宇小区内每家每户的智能家居功能实现。如果必要，也可以加密后应用于网络，而不需要通过加装阻波设备来防止相邻用户的错误控制。

PLC-BUS 技术设备可以与 X-10、CE Bus 和 LonWorks 设备兼容，不会产生任何信号冲突，它采用与宽带、窄频和扩频技术完全不同的频率范围。并且 PLC-BUS 技术的通信方式与 X-10、CE Bus 和 LonWorks 的调制／解调技术也完全不同。同时，只要安装了 X-10 与 PLC-BUS 信号转发器，就可实现与原有 X-10 智能家居系统的通信功能。

现有 PLC-BUS 的产品主要有三大类：发射器系列、接收器系列和系统配套设备。顾名思义，发射器和接收器主要发送和接收 PLC-BUS 控制信号，相互之间进行地址核对，如果一致则执行控制信号里的相关指令。系统配套设备主要是保障系统正常工作的辅助设备，包括用在三相电中的三相耦合器、X-10 和 PLC-BUS 信号互通的信号转换器、安装调试用的信号综合分析仪等。

PLC-BUS 系统自诞生以来，在智能控制领域得到了广泛的应用与传播，据 ATS 公司 2004 年市场调查报告证实，现已占有欧洲民用智能控制市场 43.75% 的市场份额，在全世界民用智能控制市场占有 10.4% 的市场份额；ATS 公司于 2005 年全面进入美国市场，它已跟美国最著名的 SMART HOME 公司建立了商业合作关系；2005 年 8 月，PLC-BUS 亚洲联盟在上海成立，标志着 ATS 公司迈出了进军亚太市场战略计划的第一步。

（3）Home Plug

Home Plug 全称 Home Plug Power Line Alliance，译为家庭插座电力线联盟。Home Plug 是一个非营利的组织，该联盟由松下、英特尔、惠普、夏普等 13 家公司于 2000 年 3 月成立，现已发展成为由 90 家公司组成的企业联盟，其宗旨是联合包括应用电子、消费电子、软件、硬件、零售等行业的著名公司，致力于为各种信息家电产品建立开放的电力线互联网络接入规范。

从 2000 年成立以来，Home Plug 陆续制定了一系列 PLC 技术规范，包括 Home Plug 1.0、Home Plug 1.0-Turbo、HomePlug AV、HomePlug BPL、HomePlug Command&Control，形成了一套完整的 PLC 技术标准体系，基本上覆盖了所有电力通信技术的应用领域。

Home Plug 代表了电力线通信在智能家居的发展方向，而就其本身而言，其发展方向如下：

①Home Plug 产品应有竞争性的价格。

②采用现有的家庭电力线网络作为通信媒介。

③提供以太网速率的高速互联。

④允许消费者用家庭的任何一个插座就能将计算机及其他设备方便地连接起来。

Home Plug 的目标是让消费者通过该技术，使家庭的计算机、摄像机、音响、电话等设备以电力线共享高速的互联网连接。

鉴于电力线载波通信的特殊性，国内外许多厂家都设计并生产了不同的载波芯片，应用较多的几类芯片分别为：①ST7536、ST7538、ST7540，采用 FSK 调制方式，最高波特率为 400b/s；②SSCP200 / 300、INT5130、INT51X1，采用 OFDM 技术，通信速率达到 1.4Mb/s；③PLT-22，采用窄带 BPSK 调制 / 解调技术，通信速率达到 5400b/s；④MAX2990、MAX2992，采用 OFDM 调制解调技术，通信速率达到 100kb/s～300kb/s；⑤国产芯片 M1200E，SC1128、RISE3301 等。

使用电力线载波通信的照明系统使用电力线传递数据，无须另外敷设通信控制线，具有易于安装实施的优点，可应用于智能家居、路灯的智能控制、监测、计能和故障诊断等。

5.4.3　照明控制系统中的无线网络

在有线通信领域，信道的硬件成本在整个通信系统中占有较大的比重，而无线通信系统以其免布线、安装方便、灵活性强、性价比高等特点，已经广泛应用于监控和远程管理等领域。照明控制中的无线传输技术包括红外线、蓝牙、无线广播、Zigbee、GSM/GPRS 和 WiFi 等几种技术。

下面仅对 Zigbee、GSM/GPRS 和 WiFi 进行简单介绍。

1．Zigbee 通信

1）概述

Zigbee 是一种提供固定、便携或移动设备使用的低复杂度、低成本、低功耗、低速率的无线通信技术。这个名字来源于蜂群使用的赖以生存和发展的通信方式，蜜蜂通过跳 ZigZag 形状的舞蹈来分享新发现的食物源的位置、距离和方向等信息。Zigbee 主要适合于自动控制和远程控制领域，可以嵌入在各种设备中，同时支持地理定位功能，非常适合于无线传感器网络的通信协议。

Zigbee 技术的基础是 IEEE802.15.4，在标准化方面，IEEE802.15.4 工作组主要负责制定物理（PHY）层和媒体控制（MAC）层的协议，其余协议主要参照和采用现有的标准，高层应用、测试和市场推广等方面的工作将由 ZigBee 联盟负责。Zigbee 联盟成立于 2002 年 8 月，由英国 lnvensys 公司、日本三菱电气公司、美国摩托罗拉（现 Freescale）公司以及荷兰飞利浦半导体公司组成，如今已经吸引了上百家芯片公司、无线设备公司和开发商的加入。

2）Zigbee 技术的主要特点

（1）省电：由于工作周期很短、收发信息功耗较低、并且采用了休眠模式，可以确保用两节五号电池就能支持节点工作长达 6 个月到 2 年左右的时间，免去了充电或频繁更换电池的麻烦。

（2）可靠：采用了碰撞避免机制，同时为需要固定带宽的通信业务预留了专用时隙，避免了发送数据时的竞争和冲突。MAC 层可以采用完全确认的数据传输机制，每个发送的数据包都必须等待接收方的确认信息。

（3）成本低：模块的初始成本估计在 6 美元左右，很快就能降到 1.5～2.5 美元，且 Zigbee 协议是免专利费的。

（4）时延短：针对时延敏感的应用做了优化，通信时延和从休眠状态激活的时延都非常短。设备搜索时延典型值为 30ms，休眠激活时延典型值是 15ms，活动设备信道接入时延为 15ms。

（5）网络容量大：一个 Zigbee 网络可以容纳最多 254 个从设备和一个主设备，一个区域内可以同时存在最多 100 个 Zigbee 网络。

（6）安全：Zigbee 提供了数据完整性检查和鉴权功能，加密算法采用 AES-128，同时各个应用可以灵活地确定其安全属性。

3）通信协议

Zigbee 通信的协议分为 4 层，包括应用层、网络安全层、介质访问控制层和物理层，如图 5.26 所示。其中，IEEE 负责物理层和介质访问控制层标准，Zigbee 联盟制定网络层，利于 Zigbee 网络远距离传输，数据不会被其他节点所获得。

（1）物理层（PHY）提供两种类型的服务：即通过 PHY 层管理实体接口，对 PHY 层数据和物理层管理提供服务。PHY 层数据服务可以通过无线物理信道发送和接收物理层协议数据单元来实现。

PHY 层的特征是：启动和关闭无线收发器、能量监测、链路质量、信道选择、清除信道评估，以及通过物理介质对数据包进行发送和接收。

（2）介质访问控制层（MAC）也提供了两种类型的服务：通过 MAC 层管理实体服务接入点向 MAC 层数据和 MAC 层管理提供服务。MAC 层数据服务可以通过 PHY 层数据服务发送和接收 MAC 层协议数据。

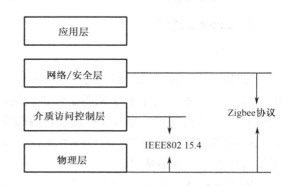

图 5.26　Zigbee 的协议栈

MAC 层的具体特征：信标管理、信道接入、时隙管理、发送确认帧、发送连接及断开连接请求。除此以外，MAC 层为应用合适的安全机制提供一些方法。

（3）网络层主要用于建立新的网络、处理节点的进入和离开网络、提供网络的路由和 Zigbee 的 WPAN 的组网连接、数据管理等。

（4）安全层提供信息安全加锁服务。

（5）应用层主要为 Zigbee 技术的实际应用提供一些功能服务函数和应用框架模型等，以便对 Zigbee 技术进行开发应用。

4）网络结构和组网过程

Zigbee 支持星型、树型和阵格型等多种拓扑结构，如图 5.27 所示。Zigbee 网络中包括三种节点：协调器、路由器和终端节点。其中协调器和路由器均为全功能设备（FFD），而终端设备选用精简功能设备（RFD）。

（1）协调器：一个网络有且只有一个协调器，该设备负责启动网络、配置网络成员地址、维护网络、维护节点的绑定关系表等，需要最多的存储空间和计算能力。

（2）路由器：主要实现扩展网络及路由消息的功能，扩展网络、作为网络中的潜在父节点，允许更多的设备接入网络，路由节点只有在树状网络和网状网络中存在。

（3）终端节点：不具备成为父节点或路由器的能力，一般作为网络的边缘设备，负责与实际的监控对象相连，这种设备只与自己的父节点主动通信，具体的信息路由则全部交由其父节点及网络中具有路由功能的协调器和路由器完成。

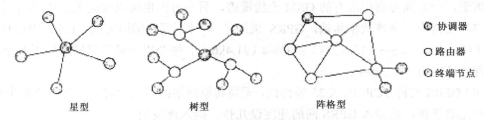

图 5.27　Zigbee 支持的网络拓扑

Zigbee 网络具有优良的网络拓扑能力：每个协调器可连接多达 255 个节点，而几个协调器可形成一个网络，网络的最大节点数可达 65535。

Zigbee 采用自组织方式组网，该架构对网络内部设备数量不加限制，并可随时建立无线通信链路。协调器一直处于监听状态，当一个新添加的 RFD 会被网络自动发现时，FFD 会把 RFD 的信息传送给协调器，由协调器进行编址，并计算其路由信息，更新数据转发表和设备关联表。若新添加到网络的是 FFD，则可直接把自身信息上报协调器，并对周围的 RFD 设备进行轮询，记录它们的地址信息，通知协调器更新路由，此时新加入的 FFD 就成为了 RFD 和协调器之间的桥梁。

每个 Zigbee 网络都有一个标识符 PAN ID，用来和其他 Zigbee 网络进行区分，该标识符是由 Zigbee 协调器在建立网络时确定的。Zigbee 设备有两种地址类型，一个是 64 位的 IEEE 地址（也叫 MAC 地址或扩展地址），另一个是 16 位的网络地址（也叫逻辑地址或短地址）。64 位地址是一个全球唯一的地址，由 IEEE 标准组织分配和维护。16 位地址在设备加入一个 Zigbee 网络时自动分配，并且当在网络中使用时，它仅仅在本网络中是唯一的，用于在网络中识别设备和发送数据。

Zigbee 技术主要的应用领域包括消费性电子、家庭和建筑物自动化、工业控制、农业控制、计算机外设、医用传感器、玩具和游戏机等。

2．GSM / GPRS 通信

1）概述

全球移动通信系统（Global System for Mobile Communications，GSM）俗称"全球通"，是一种起源于欧洲的移动通信技术标准，是第二代移动通信技术。GSM 的空中接口采用时分多址技术，20 世纪 90 年代中期投入商用，被全球多个国家采用。

通用无线分组业务（General。Packet Radio Service，GPRS）是一种基于 GSM 系统的无线分组交换技术，提供端对端的、广域的无线 IP 连接。每个用户可以按需同时使用多个信道，同一信道也可以同时被多个用户共享。

2）GPRS 特点

（1）采用分组交换技术，具有其他分组数据系统一样的高效特性，由于第三代移动通信采用的也是分组技术，所以 GPRS 网络具备第三代移动通信的能力。

（2）高效地利用现有的 GSM 网络资源，保护 GSM 系统的投资，采用与 GSM 相同的物理信道，一方面可利用现有的 GSM 无线覆盖，另一方面也可以提高无线资源的利用率。

（3）支持中、高速数据传输，GPRS 采用了 4 种不同的编码方式：CS-1（9.05kb/s）、CS-2（13.4kb/s）、CS-3（15.6kb/s）及 CS-4（21.4kb/s），每个用户最多可同时使用 8 个时隙，最高理论速度为 171.2kb/s。

（4）GPRS 支持 TCP/IP、X.25 等协议，无须其他网络的转接就可实现与现有数据网（IP 网）地无缝连接，而接入 GPRS 网的速度仅几秒，接入速度快。

（5）GPRS 可以实现基于数据流量、业务类型及服务质量等级（QoS）的计费功能，计费方式更加合理，用户使用更加方便。

（6）GPRS 核心网络层采用 IP 技术，底层可使用多种传输技术，方便与 IP 网络实现无缝连接。

3）工作原理

GPRS 以封包方式来传输，在无线接口上可以按需分配信道资源，即数据传送之前并不需要预先分配信道、建立连接。而是在每一个数据包到达时，根据数据包头中的信息（如目的地址），临时寻找一个可用的信道资源将该数据包发送出去。

GPRS 采用与 GSM 相同的频段、频带宽度、突发结构、无线调制标准、调频规则及相同的 TDMA（Time Division。Multiple Access）帧结构。GPRS 共用现有的 GSM 网络的 BSC 系统，但要对软硬件进行相应的更新；同时 GPRS 和 GSM 网络各实体的接口必须作相应的界定；另外，移动台则要求提供对 GPRS 业务的支持。

GPRS 网络在原有的 GSM 网络的基础上增加了 SGSN（服务 GPRS 支持节点）、GGSN（网关 GPRS 支持节点）等功能实体，系统原理如图 5.28 所示。GPRS 支持通过 GGSN 实现和 PSPDN 的互联，接口协议可以是 X.75 或者是 X.25，同时 GPRS 还支持和 IP 网络的直接互连。

在图 5.28 所示网络结构中，用户设备通过串行或无线方式连接到 GPRS 终端上，GPRS 终端与 GSM 基站通信，但与电路交换式数据呼叫不同，GPRS 分组是从基站发送到 GPRS 服务支持节点（SGSN），而不是通过移动交换中心（MSC）连接到语音网络上，SGSN 与 GPRS 网关支持节点进行通信，GGSN 对分组数据进行相应处理，再发送到目的网络，如 Internet。数据传输流程如下所述。

（1）GPRS 终端通过串行接口从用户设备中读出用户数据。

（2）处理后以分组数据的形式发送到 GSM 基站。

（3）分组数据经 SGSN 封装后，发送到 GPRS 骨干网。

若分组数据是发送到另一 GPRS 终端，则先发送到目的 SGSN，再经 BTS 发送到另一 GPRS 终端；若分组数据是发送到外部网络（如 Internet），则将分组数据包进行协议转换后，发送到外部网络。

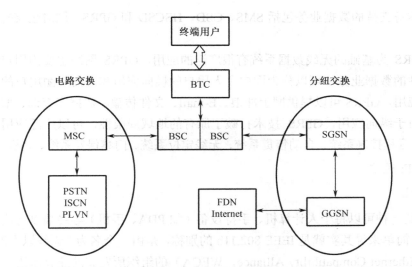

BTS—基站收发系统；BSC—基站控制器；GGSN—网关支持节点；SGSN—GPRS 服务支持节点

图 5.28　GPRS 系统原理图

4）GPRS 通信模块

GPRS 通信模块是为使用 GPRS 服务而开发的无线通信终端设备，实现用户终端与 GPRS 网络的通信和数据传输。从功能来分，模块可以分为两类：通用的 GPRS 模块和内置协议栈的 GPRS 模块。

（1）通用的 GPRS 模块

此类 GPRS 模块的特点是只支持 GPRS 和短消息收发模式，本身不具备 TCP/IP 协议处理功能。应用此类模块时，终端软件的基本要求是能处理 PPP 拨号和网络协议。当处理能力不强或没有操作系统时，需要用户开发或者移植一些协议，编程实现 GPRS 的拨号上网、PPP 配置并最终建立 TCP/IP 网络节点，实现 GPRS 的附着和激活过程，此后才能与 Internet 通信。此类模块的代表为 Siemens 公司的 MB5i 和 MC39i、SonyEricsson 公司的 GM47、Wavecom 公司的 Q2403 系列、Motorola 公司的 G18 等。

（2）内置 TCP/IP 协议的 GPRS 模块

此类模块是在通用 GPRS 模块基础上内置协议 TCP/IP 实现的，用户一般只需调用相应的 AT 命令对其进行设置，模块自身自动完成网络拨号，并连接 Internet，然后实现数据传输，开发过程比较简单。代表产品有 Siemens 公司的 TC45 / MC55 / MC56，SonyEricsson 公司的 GR47/48，Motorola 的 G20，IMCOM 公司的 SIM-300，BenQ 的 M22，华为公司的 GTM900-C 和 EM310 等，这些通信模块有以下特点。

①接口简单、使用方便。一般都提供电源接口、SIM 卡接口、RS232 数据口，利用 AT 指令进行控制。

②功能非常强大。有两种工作模式：GSM Phase 2 模式，支持语音服务；GPRS 分组交换模式。

模块本身支持的数据业务包括 SMS、CSD、HSCSD 和 GPRS。同时也支持语音、传真服务。

以 GPRS 为基础的无线数据系统有很广泛的应用，GPRS 网络主要为用户提供间断性的、突发性的数据业务，可以分为面向个人用户的横向应用和面向集团用户的纵向应用。对于横向应用，GPRS 可以提供网上冲浪、E-mail、文件传输、数据库查询、增强型短消息等业务；对于纵向应用，GPRS 技术打破了原有的地域局限性，可以广泛应用于远程数据监测系统、远程控制系统、自动售货系统、无线定位系统、门禁保安系统、物资管理系统等。

3. WiFi 通信

1）概述

WiFi 是一种可以将个人计算机、手持设备（如 PDA、手机）等终端以无线方式互相连接的技术。简单来说其实就是 IEEE 802.11b 的别称，是由一个名为"无线以太网相容联盟"（Wireless Ethernet Compatibility Alliance，WECA）的组织所发布的业界术语，它是一种短程无线传输技术，能够在数百英尺范围内支持互联网接入的无线电信号。随着技术的发展，以及 IEEE 8n2.11a 及 IEEE 802.11g 等标准的出现，现在 IEEE802.11 标准已被统称作 WiFi。它可以帮助用户访问电子邮件、Web 和流式媒体。它为用户提供了无线的宽带互联网访问。同时，它也是在家里、办公室或在旅途中上网的快速、便捷的途径。WiFi 无线网络是由 AP（Access Point）和无线网卡组成的无线网络，方便与现有的有线以太网络整合，组网的成本更低。

2）WiFi 技术的特点

（1）无线电波的覆盖范围广：在开放性区域，通信距离可达 305m；在封闭性区域，通信距离为 76～122m，适合办公室及单位楼层内部使用。

（2）速度快，可靠性高：802.11b 无线网络规范是 IEEE 802．11 网络规范的变种，最高带宽为 11Mb/s，在信号较弱或有干扰的情况下，带宽可调整为 5.5Mb/s、2Mb/s 和 lMb/s，带宽的自动调整，有效地保障了网络的稳定性和可靠性。

（3）无须布线：WiFi 最主要的优势在于不需要布线，可以不受布线条件的限制，因此非常适合移动办公用户的需要，具有广阔市场前景。目前它已经从传统的医疗保健、库存控制和管理服务等特殊行业向更多行业拓展，并已进入家庭以及教育机构等领域。

（4）健康安全：IEEE802.11 规定的发射功率不可超过 100mW，实际发射功率约 60～70mW，手机的发射功率约 200mW～1W，手持式对讲机高达 5W，而且无线网络使用方式并非像手机直接接触人体，是绝对安全的。

（5）不足之处：目前使用的 IP 无线网络，存在一些不足之处，如带宽不高、覆盖半径小、切换时间长等，使之不能很好地支持移动 VoIP 等实时性要求高的应用；并且无线网络系统对上层业务开发不开放，使得适合 IP 移动环境的业务难以开发。此前定位于家庭用户的 WLAN 产品在很多地方不能满足运营商在网络运营、维护上的要求。

3）WiFi 的网络拓扑

WiFi 无线网络包括两种类型的拓扑形式：基础网和自组网。网络中包括 AP 设备和 STA 站点，其中，AP 是无线接入点，是一个无线网络的创建者，是网络的中心节点，一般家庭或办公室使用的无线路由器就一个 AP。每一个连接到无线网络中的终端（如笔记本计算机、PDA 及其他可以连网的用户设备）都可称为一个站点。

（1）基于 AP 组建的基础无线网络：它是由 AP 创建，众多 STA 加入所组成的无线网络，这种类型网络的特点是 AP 是整个网络的中心，网络中所有的通信都通过 AP 来转发完成，拓扑结构如图 5.29 所示。

（2）基于自组网的无线网络：它是仅由两个及以上 STA 自己组成，网络中不存在 AP，这种类型的网络是一种松散的结构，网络中所有的 STA 都可以直接通信，拓扑结构如图 5.30 所示。

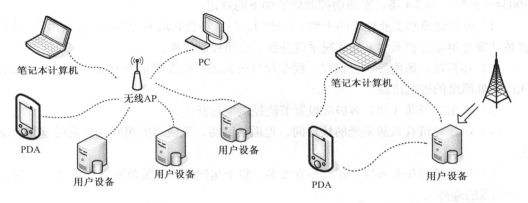

图 5.29　WiFi 基础无线网络　　　　　图 5.30　WiFi 自组无线网络

WiFi 的频段在世界范围内是无须任何电信运营执照的免费频段，因此 WLAN 无线设备提供了一个世界范围内可以使用的，费用极其低廉且数据带宽极高的无线空中接口。现在 WiFi 的覆盖范围在国内越来越广泛，高级宾馆、豪华住宅区、飞机场及咖啡厅等区域都有 WiFi 接口。用户可以在 WiFi 覆盖区域内快速浏览网页，随时随地接听拨打电话，而其他一些基于 WLAN 的宽带数据应用，如流媒体、网络游戏等功能更是值得用户期待。

WiFi 在掌上设备上应用越来越广泛，而智能手机就是其中一分子。与早期应用于手机上的蓝牙技术不同，WiFi 具有更大的覆盖范围和更高的传输速率，因此 WiFi 手机成为了目前移动通信业界的时尚潮流。

5.5　LED 智能照明控制系统的设计

智能照明控制系统设计要符合国家的法律、法规和技术规范，符合建筑功能，有利于生产、工作、学习、生活和身心健康，做到技术先进、使用安全、维护管理方便、经济合理，实施绿色照明，节约能源。

在进行智能照明控制系统工程设计时，要根据工程要求和特点，综合考虑采用多个控制策略。一个好的智能照明控制系统常常会采用多种不同类型的控制器和控制策略，使系统最大限度节约能源，最低限度影响建筑物环境。采用绿色照明设计理念，遵循可持续发展的原则，集成绿色配置、自然采光、低能耗光源、智能控制等高新技术，充分显示人与建筑、环境与科技的和谐统一。

5.5.1 相关设计规范

1. 建筑照明设计规范

我国目前还没有专门的智能照明控制系统设计规范。但在《建筑照明设计规范》（GB 50034—2004）第 7.4 条，对照明控制做了如下的规定：

（1）公共建筑和工业建筑的走廊、楼梯间、门厅等公共场所的照明，宜采用集中控制，并按建筑使用条件和天然采光状况采取分区、分组控制措施。

（2）体育馆、影剧院、候机厅、候车厅等公共场所应采用集中控制，并按需要采取调光或降低照度的控制措施。

（3）旅馆的每间（套）客房应设置节能控制型总开关。

（4）居住建筑有天然采光的楼梯间、走道的照明，除应急照明外，宜采用节能自熄开关。

（5）每个照明开关所控光源数不宜太多。每个房间灯的开关数不宜少于 2 个（只设置 1 个光源的除外）。

（6）房间或场所装设有 2 列或多列灯具时，宜按下列方式分组控制：

①所控制的灯列与侧窗平行；

②生产场所按车间、工段或工序分；

③电化教室、会议厅、多功能厅、报告厅等场所，按靠近或远离讲台分组。

（7）有条件的场所，宜采用下列控制方式：

①天然采光良好的场所，按该场所照度自动开关灯或调光；

②个人使用的办公室，采用人体感应或动静感应等方式自动开关灯；

③旅馆的门厅、电梯大堂和客房层走廊等场所，采用夜间定时降低照度的自动调光装置；

④大中型建筑，按具体条件采用集中或集散的、多功能或单一功能的自动控制系统。

2. 智能建筑设计规范

《智能建筑设计标准》（GB／T50314—2006）第 3.5.2 条规定：大空间、门厅、楼梯间及走道等公共场所的照明按时间程序控制（值班照明除外）；航空障碍灯、庭院照明、通路照明按时间程序或按亮度控制和故障报警；泛光照明的场景、亮度按时间程序控制和故障报警；广场及停车场照明按时间程序控制。

3．国际及美国有关照明控制的规范

为了优化建筑物能源效能的需要，美国已经出台了各种强制性的能源法规。许多智能照明控制系统厂家的照明传感器的设计以满足成本效益的方式来满足这些法规的要求。同时还能提供一种简单的方式来实现最高水平的节能措施实施自愿认证，从而为符合包含新的《2006 年能源政策法》（EP．ACT）在内的"绿色"标准的业主或承租人带来可能的所得税税额抵免。

（1）ASHRAE 90.1—1999 / 2001 能源标准

2004 年，美国能源部规定每个州的能源法规必须符合或超过 ASHRAE 90．1—1999 能源标准。除了其他要求以外，此标准还要求传感器（这种控制器在一个某空间无人之后 30 min 内关灯）作为一种 5000 平方英尺以上的商务建筑内自动关灯所需的解决方案。此外，如果没有多场景控制的话，在某些教室、会议室和员工餐厅中也需要使用传感器。

（2）IECC 2003/2005 照明控制规定

《国际节能规范》（IECC）的规定已经被美国多个级别的政府机构采用。该规定已作为他们对商业建筑设计中最低能源效率的要求。此规范的第 805.2.2.1 "照明负载减少控制"允许传感器在开放区域中使用，作为需要手动控制的备选方案，能够减少至少 50%的电气照明。私人办公室内的照明不受此 IECC 规定的约束，因为每个办公室只有一盏灯，并且由一个传感器控制。

（3）美国加州能源委员会（CEC）第 24 号规范

CEC 颁布的第 24 号规范超过了 ASHRAE 90.1—1999 能源标准。它适用于非住宅建筑和高层住宅以及旅馆/汽车旅馆。现在已生效的主要规定包括：

①区域控制：针对用天花高度来封闭的所有区域，采用空间内无人之后 30 min 内关灯的传感器。

②减少照明控制：针对 100 平方英尺或更大的任何封闭空间，其中照明负载不超过 0.8 W/平方英尺，并且有多个光源要控制（根据是否有人的情况隔行关灯的传感器是一种可行的解决方案）。

③关灯控制：对于每一楼层所有内部房间照明都必须有独立的自动控制，一个传感器或某些其他设备能够实现自动关灯。

④新建的单户和低层住宅：单户住宅内的浴室、车库、洗衣间、杂物间和户外照明以及 4 户或以上居住单元的低层住宅的公共区域内的照明必须采用高效节能灯具。如果这些位置使用的灯具不是高效节能的，则必须使用传感器进行控制。只有在使用调光开关或动静传感器进行控制的情况下，才允许不在住宅的其他区域内采用高效能灯具进行照明。

（4）LEED 志愿认证计划

作为美国绿色建筑协会（USGBC）制定并管理的一个志愿计划，能源环境设计先导（Leadership in Energy and Environmental Design，LEED）是一种 4 级评估与认证体系，专为鼓励对可持续建筑的实践。除了对能源法规相当重要以外，动静传感器也有助于工程项目通过 LEED 的层级认证。具体而言，除了着重于日光采集以减少建筑物的营运成本以外，

LEEDS 计划还鼓励在间歇性有人的空间使用动静传感器以更好地控制灯和高压交流（HVAC）系统，从而有利于整体节能。

5.5.2　设计过程和步骤

照明设计和工程人员越来越重视照明控制，因为节能规范中强制规定了在新建筑中使用照明控制。除了达到规范要求以外，有效的照明控制能够节约能源，降低操作成本，并且给住户提供一个安全和高效的环境。精心设计和安装合适的照明控制系统还能为住户提供方便，并提高个人生产率。

当照明设计和灯具平面布置图完成后，就可以进行智能照明控制系统的设计。控制系统的设计方案不仅涉及照明场景效果的实现，还涉及工程的造价。优秀的控制系统设计，既能满足业主和灯光设计师的要求，还能提供经济和节能的配置方案。

1．设计过程

智能照明控制系统的设计过程如下：

（1）确定用户的需求、光源种类和现场情况。首先，要取得与客户的沟通，了解客户的需求，确定场所的功能和场景要求，对于其中需要特殊控制的区域应按不同的回路设计。其次，要了解灯具的平面布置和光源种类。灯具的布置是与建筑和室内设计相关联的，回路的设计应遵循同样的概念。对于不同的灯具，其光源种类不同，需要确定光源的类型和开关、调光等要求。现场的情况对于控制柜的选址、开关面板的设置、控制的距离等都有关系。

（2）确定照明回路的配置和数量。对于不同类型的照明控制系统，其控制模块的各回路性能和容量都是不同的，应根据产品来选择回路，必要时可以添加继电器、接触器等附件，以降低成本。

（3）选择照明控制单元。回路归纳完毕，就可选择相应的控制器和各种必须的传感器、控制面板及系统的监测运行设备等。

（4）绘制相应的图表。随控制系统的设计方案提供的图表包括：总配置表、回路表、照明控制系统图、照明控制系统平面图等。

（5）安装和调试照明控制系统。

2．设计步骤

前面已介绍了多种智能照明控制策略。然而，设计最优的智能照明控制系统常常使用一种全面的方法，即结合几种不同类型的控制器和控制策略。因此，一个照明控制项目的基本设计过程包括以下步骤。

（1）明确技术应用的需求

做任何项目，最初都要了解此技术应用的目的、原因和特点，包括：

①能源规范的要求。能源规范在全国范围内强制实施，往往是促使照明控制需求的主

要原因。其中最常见的规范要求有：单独空间控制；自动关闭；调光控制；室外照明控制；自然采光照明控制。

②节省能源。许多建筑物业主和设施经理想通过尽可能地减少能源支出来降低使用成本，同时又要保证住户使用的舒适度和安全性。

③符合可持续发展。业主们有高效设计的标准，或者追求可持续发展等，比如 LEED 的认证。

④保障住户方便和喜好。保障住户享有便捷和容易掌控的局部照明控制系统，以便提高住户的满意度和效率。

⑤保障安全。确保设施的照明总是能照顾到住户或客人的安全。

⑥维护和管理。为设施管理人员提供必要的控制和工具来有效地管理设施。

（2）选择适当的控制策略

在这一阶段，设计师应该适当选择最适合应用需要的控制策略。由于大多数建筑物包含了大量的空间进行不同的活动，多种策略可以满足各种不同的空间类型的需求。

一些应用可能只需要一个单一产品实施一个简单的策略，如时间开关提供定时开关控制。在另外一些方面的应用，设计者可以结合多项控制方法，例如在正常工作时间，办公空间可以使用定时控制的开关，在工作时间以外可以采用动静传感器控制模式。

这些基本控制策略可以根据应用的场合，单独使用或结合在一起使用。

①自动关闭

照明节能和能源规范的一个基本要求，也是最重要的控制策略是：当不需要照明时，应把灯关闭掉；并且要求关闭或打开照明灯的开关是同一个装置。

②单独空间的控制

这涉及单独空间内的开关照明控制，也是节能规范的一项基本要求。通常开关装置必须放置在所控制的照明范围内的明显位置上。如果开关不在可见的位置上，此开关通常需要有可以指示照明开关状态的信号灯（如指示灯）。

③亮度渐变的照明控制（调光控制）

节能的理想状态（或硬性规定）是：空间中尽可能装有可以均匀减弱灯光亮度的手动控制开关。减弱灯光亮度的方法有关掉一盏灯内的单个灯泡、关掉不用的灯具，或者是减弱所有灯具的亮度。

④室外照明控制

要确保照明打开时是自然光照不足的时候，而当有足够的光照或这一区域无人使用时随即关闭照明。外部照明控制通常分成两类：一类是室外保障性夜灯，即黄昏时分打开的照明并持续整个夜间，直到早上有足够的自然光照时关闭；另一类是一般室外照明，即天黑时打开的照明并在夜间无人使用这一区域时随即关闭。

⑤自然采光控制

当区域内有足够的自然光照时，应减少或关掉照明光源。

（3）选择控制产品

前面列举的综合准则可以帮助设计师利用具体的控制策略从而得到最好的产品。表 5.5 所示为照明控制的基本控制策略及控制装置选择参考。现在市场上智能照明控制系统的产品种类很多，选择时需结合工程特点仔细阅读厂家说明书等资料。

表 5.5　照明控制的基本控制策略及控制装置选择参考

控制策略	控制装置		动作原理	应用场所
自动开关控制	感应开关		空间内没有人时自动关闭照明	有时断时续的住房和活动的地点私人办公室、会议室、洗手间、休息室和一些敞开式的办公区域
	照明控制面板、定时器		在控制继电器面板上，根据时钟设定的日程安排关闭照明	在需要正常运营时间和空间保持照明的区域 大堂、走廊、公共场所、零售门市部和敞开办公区域
	时间开关		墙式开关手动打开照明并在预定时间之后自动关闭	有频繁活动的空间或传感器可能无法一直工作的场所 储物间、机械和电气室、摆放设备装置的壁橱和清洁室
	建筑智能化系统，例如安防系统、门禁系统和楼宇自控系统		利用其他建筑智能化系统与照明控制系统之间的连锁或者操纵照明控制系统装置来关闭照明	需要在正常运营时间和空间保持照明的区域 空间安排使用非常广泛地方，如多功能厅、社区服务中心和健身房
减弱亮度的照明控制	手动开关	电压开关	可以控制亮度的开关（通常是两个开关），可以选择性来关闭照明	除走廊和洗手间以外的所有的内部空间
		低压开关	这些开关（例如数据线开关、瞬间开关和多按钮低压开关）通过关掉继电器控制面板或分布式控制照明来减弱照明亮度	
	感应开关		有两个继电器输出的墙壁开关传感器和两个独立的开关同时控制两种不同的亮度	
	调光控制		低压开关的调光控制器或电压调光器减少照明亮度 可编程调光控制系统可调整最多 4 种不同的照明组来实现调光控制	
	高/低的控制		外部控制装置（即传感器、面板等）指示 HID 固定装置上的高/低控制器来减少照明亮度	

续表

控制策略	控制装置	动作原理	应用场所
自然采光控制	手动开关	当自然光充足时，住户利用电压或低压开关关掉照明灯	有助于足够采光的建筑因素（视窗、大窗等）的室内空间
	自动交换控制器	当自然光充足时，照度传感器与控制装置关闭照明灯	
	墙式电压控制器	当自然光充足时，墙式感应开关或低压指示调光控制器调暗照明灯	
	自动调光控制器	可调光镇流器及自动调光的采光控制器液晶板上照度传感器的调光	
独立空间的控制	手动开关；电压开关 低电压或多按钮开关 指示感应开关 照明控制继电器面板 墙壁感应开关 定时开关 电话控制模块	手动开关与自动控制装置、自然采光和其他控制策略相结合	所有的建筑内部空间（规范中列出的例外之处除外）
	感应开关：有两个继电器输出的墙壁开关传感器 两个独立的开关同时控制两种不同的亮度		
室外照明控制	照度传感器进行开关控制	在黄昏和黎明时使用外部照度传感器和照明控制面板为自动开关的外部照明 照度传感器将根据不同季节的日出/日落变化以及光照条件变化下的瞬态变化自动调节	所有建筑、停车场、站点、标牌、人行道的外部照明
	天文时钟的开/关控制	面板控制的天文时钟将根据计算出的不同季节的日出/日落变化进行开/关外部照明	
	照度传感器的开/关控制—预定时间的控制	面板控制为基础的时间调控与照度传感器的亮/暗传感性能相结合，可以有效地控制外部照明	
	天文时钟的开/关控制—预定时间的控制	面板控制为基础的时间调控与天文时钟控制中对日出/日落的预测相结合，能自动在日出时打开照明灯并在日落后关闭	
	传感器+照度传感器控制	传感器和照度传感器控制相结合来调节光照，使之在感应到住户且光照不足的情况下开灯	

（4）布局、规范和记录

当产品选择完成后，设计师就可以在工程的照明平面图纸上布局系统控制装置。

不同的照明控制产品需要具体的设计细节。比如，当采用传感器感应开关时，方案中应包括放置各个传感器的位置以及每一个传感器覆盖的范围。对开关而言，方案中应该说明位置和控制任务。对自然采光控制来说，方案中还应包括照度传感器布局以及每个覆盖区域理想的光照度设置。

当使用照明控制面板时，设计师应该准备接口的图表和控制计划的文档。该文档将协助设计师完成具体技术细节和规格并制定统一完整的设计书。

当智能照明控制系统的工程项目较大时，系统设备装置的具体布局可利用厂商提供的辅助设计软件自动生成，包括分配回路、开关、接触器、继电器、管道列表的设备清单，并描述面板控件的负荷等。接线管道布置图也可由辅助设计软件自动生成，包括：每个面板的名称和相对于其他面板与设备的大致位置；电线的类型和面板与设备之间的导线数量，以及其他重要的系统信息。

（5）安装和调试

在照明控制工程的安装和调试阶段，设计师应该提供安装指南和细节的图纸。必要时，可以参阅产品生产商提供的其他应用和设计的详细信息资料。

任何项目的成功与否在很大程度上都要依赖于调试。最理想的情况是，整个过程应该是项目工程师、产品生产商、承包商和场馆业主/操作者之间的完美合作。为了促进这种合作，工程师应在一些工程实施细节中注明调试要求。

5.5.3　系统的选择

如前面所述，智能照明控制系统的分类方法有多种，在实际工程中一般从照明控制的层次上分类，系统属于以下情况中一种或多种：单个光源或灯具的控制、单个房间的控制、整个楼宇的控制和建筑群的控制。

（1）单个光源或灯具的控制

这种控制的各个部件（传感器、控制器）与光源组合在一起，达到灯具本身的智能控制。这种控制方法的优点是不需要额外的设计和安装工作。灯具就像普通灯具那样安装，可以在大楼施工的最后阶段进行，甚至可以用于改造和更新环境。例如公共走廊、洗手间、别墅、车库等处的照明控制。

（2）单个房间或区域的控制

一个房间或区域的照明控制由一个单一的系统，通过传感器或从面板开关、调光器来的控制信号实现。例如多功能厅、宴会厅等处的照明控制。

（3）整个楼宇的控制

楼宇照明控制系统是比较复杂的智能照明控制系统，它包括大量分布于大楼各个部分并与总线相连的照明控制元件、传感器和手动控制元件，各个控制单元可通过总线传递信息，系统可集中控制和分区控制。楼宇智能照明控制系统不仅能完成控制功能，还能用来搜集重要的数据，如实际灯具点燃的小时数和消耗的电能，甚至可以计算出系统设备的维护时间表。整个系统对通信的要求很高，可被合并到整个大楼的集中管理系统中。

（4）建筑群的控制

建筑群的照明控制系统是在楼宇智能照明控制系统的基础上扩展而成的，其控制主要是通过网络来实现。网络协议主要采用 TCP/IP 协议，距离较远的可通过以太网。城市大楼的景观亮化工程、路灯远程控制管理属于这类控制。

5.5.4　动静传感器的选择

1．动静传感器的选择流程

动静传感器的选择流程如图 5.31 所示。该流程图是提供选择哪种传感器技术最适合应用的快速通道。

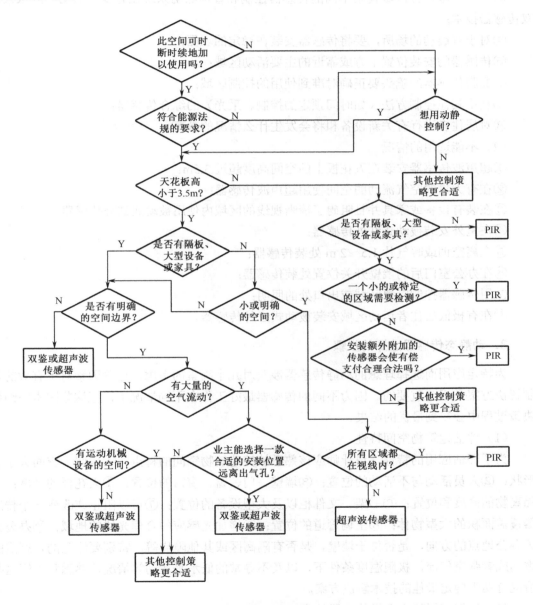

图 5.31　传感器选择流程

2．动静传感器选择的注意事项

（1）能够选用的情况

①在屏蔽区域和用家具分隔的区域可使用超声波传感器；

②在封闭区域使用被动红外传感器（PIR）；

③在大区域内分区域使用不同的传感器控制和管理照明系统在有少量活动的区域采用双传感器技术；

④对于有震动的场所，要将传感器安装在稳定的表面；

⑤传感器的安装位置上方或靠近的主要活动区域；

⑥面膜传感器的镜头要正确对准到使用的控制区域；

⑦利用其他控制方法（如时间预定的控制、采光）的综合传感器；

⑧对居住者进行有关新设备和将会发生什么情况的教育。

（2）不能选用的情况

①超声波传感器安装在天花板上的空间高度超过 3.5m；

②在有大量的空气流动的空间使用超声波传感器；

③在装有设备或家具并且阻碍了清晰视线的区域内使用被动式红外传感器；

④在室外安装被动式红外传感器；

⑤在离空调或暖气片 1.5～2 m 处装传感器；

⑥在办公室门后的墙壁开关位置处装传感器；

⑦用传感器控制应急区域或出口处的照明；

⑧在有极低居住者运动区域安装被动式红外传感器。

3．动静态传感器选择的步骤

为特定应用而选择理想的动静传感器涉及对几个因素的考虑，这些因素对于有效的控制解决方案是极为重要的。因为不同的传感器最好工作在不同情况下，把这些因素归纳到决策过程中会得到最优的结果。

（1）评估建筑物空间特性

为了评估应用的特性，设计师应该熟悉被控建筑物空间的特点：①房间／空间大小和形状；②人员活动与不活动的位置；③墙壁、门、窗、窗帘的位置；④天花板的高度；⑤隔离物的高度和位置；⑥书架、文件柜以及大型设备的位置；⑦可以阻止或改变一个传感器覆盖面积的大型物体；⑧空调管道的位置；⑨增加光感应的合理光线的地域；⑩办公桌／办公地点的方向，是否位于墙壁，是否有隔离区或其他障碍等。特别要注意的是剧烈的震动或者强空气流，极限温度条件下，以及不寻常的低水平运动等情况，熟悉和了解这些情况有助于确定最佳的技术解决方案。

（2）根据应用特点选择传感器技术

①被动红外线技术（PIR）：通过感应人员在背景空间下运动而排放的不同热量，凭借"视线"来检测动静的差异。

②超声波技术（UT）：采用多普勒原理，通过检测发出超声波占用在整个空间的情况。

③双鉴技术（DT）：同时采用红外线和超声波技术，当两个传感器都检测到占用时，双鉴传感器即启动灯光，而且会继续保持灯光一直到只有一个设备检测到占用。

表 5.6 总结了以上技术和空间特性，熟悉它们将有助于传感器技术的使用。结合图 5.31 所示流程图，可帮助设计师确定哪些技术是项目应用的理想传感器。

表 5.6　传感器的技术特性

探测类型	覆盖类型	应用兼容	不相容的应用特点
被动红外墙开关	视线、切断	小空间、封闭空间	移动水平较低，有障碍挡住传感器
装在天花板或墙壁上的被动红外传感器	视线、切断	传感器能观察到的活动空间	移动水平较低，有障碍挡住传感器
天花板上的超声波传感器	立体，不清楚切断	开放空间、有障碍的空间、浴室	较高的天花板，较大的震动或较强的空气流动
双鉴传感器	完全覆盖，切断	教室、有较低移动的空间	较强的空气流动，仓库

注：“切断”是指有能力清晰的定义或限制传感器范围，这样检测能力将不会干扰相邻空间。

（3）布局（设计）与说明

每种传感器技术有不同的使用范围和形状。一个小的应用区间很容易由一个传感器来覆盖，更大的应用则需要分组控制（每个照明区域控制传感器）。熟悉这些模式将有助于设计师选择正确的产品，确保传感器的最大精度和适用性。

不同类型的传感器有不同的技术特性。在进行传感器布局设计时，要依据厂家提供的技术参数，如覆盖范围、覆盖角度等，在建筑平面图上布置。图 5.32 是某厂家生产的几种双鉴传感器的有效侦测范围。

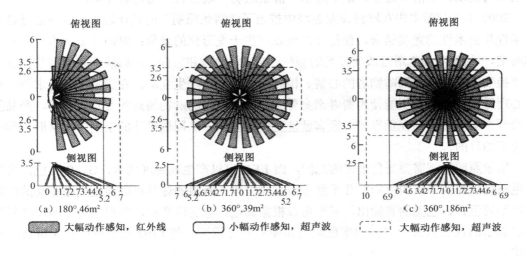

图 5.32　某厂生产的几种双鉴传感器的有效侦测范围

（4）安装和调试

传感器的安装方式有四种：替换墙壁开关（市电）、吸顶或墙壁安装（市电）、吸顶或墙壁安装（低电压，需外接电源组）、户外安装。设计师应该提供安装指南和详细的图纸。必要时，可以参阅产品生产商提供的其他应用和设计的详细信息资料。普通传感器安装后，需要校整，若为具有智能设置功能的传感器，安装后一般不再需要调整。

5.6　LED 智能照明控制系统的工程应用

5.6.1　LED 室内情景照明系统设计

1. 需求分析

随着社会的不断发展进步和生活水平的不断改善，人们对优良、高效健康、安全、节能、人性化照明方式的要求也越来越高，然而，什么样的光环境才能振奋人的精神，并能最大限度地发挥人的能动性及创造性?这是摆在我们面前的一个全新的课题，即应该如何创造一个更加适宜的人性化环境，以体现出对人本身的人文关怀。

照明科学的进步主要包括人工照明技术的不断发展，以及如何利用先进的照明方式创造更舒适的光环境。换言之，照明技术科学是人们通过对自然界中有关光现象的理解和把握，利用现代科学的光技术，对之加以合理地改造、利用和模仿大自然中的光效应，使得照明更符合技术性、艺术性和人文性的和谐统一原则。

关于"情景照明"：情，本意是指情感；景，是指景物、景象。情景，是由外界景物引起的心情波动，即情节过程，最早提出"情景照明"概念的是飞利浦公司。

2007 年飞利浦率先在欧洲商业领域中推出了"情景照明"的设计理念，强调通过灯光技术性与艺术性的完美结合，使得光源可以产生千变万化的景象：时而行云流水，时而穿越时空。"情景照明"通过改变灯光的颜色、明暗、角度和方向，能够瞬间在眼前空间里产生"换装"的效果，同购物者的心情、情感与精神状态产生互动，在满足消费者求新、求变心理需求的同时，更能使消费者亲身体验到令人惊喜的购物场景的变幻。这样，产品能带给顾客更高品质的视觉享受，顾客就能更快地融入产品周边设计的氛围中，从而达到产品促销的目的。

情景照明领域需要光色丰富的光源，而 LED 可以产生高纯度的 R、G、B 三色，采用加色法可以得到丰富的色彩，几乎涵盖可见光波段。有限的灯具可以通过电路驱动的控制实现不同色调、色温的光输出，甚至可以根据其他信息实现变幻，如根据音乐实现类似均衡器显示的视觉效果。多样的颜色输出和便利的可控性，使 LED 在情景照明领域被广泛使用。

2．设计思想

情景照明同其他行业设计特点的不同在于，它运用朴实直白的手法演绎着与众不同的空间体验，关注人与照明情感上的交流、行为上的互动。光效随机而变，没有任何固定的形态，给人以浪漫想象的空间和文化内在的个性体验。

情景照明主要是对人以及人的思维、文化、行为进行深入观察，同人的心情、情感与精神状态相对应，其中包括对情节自然的模仿、同情感空间的相互转换和情景场面空间的交流与互动，形成了虚幻的、立体的、富于情感及象征寓意的空间环境。

（1）自然情节的模仿

自然界是每一个设计师取之不尽、用之不竭的资源。大自然中的各种物象都是人们观察与思考的对象，所以我们要尊重自然、研究自然，这样才能更好地效仿自然和利用自然。

当今，传统的照明方式和千篇一律的照明手法已不能充分满足人们的需求，而情景照明可根据具体的材料、机理、颜色等产生时空变化的照明方式，通过时间、色彩及光的流动性变幻出不同的季节风情，可同季节也可反季节。它的变幻莫测使人如同身处大自然之间，并能尽情享受新环境所带来的美妙感觉。如春、夏、秋、冬，早、中、晚，日出、日落等时间和景象的变化等。

另外，情景照明还可以搭建人与空间交流的平台，有助于营造人与社会交流的场景，我们可以刻意模拟情景氛围，促进环境主体的烘托与映衬。

（2）情感空间的诱导

光能改变空间表面的质感，色彩能改变人的心情，光和色都能主导人的感觉，塑造情感空间的质量和景象。情感空间包含人与社会的各种交流、人与人之间的亲密感和个人的隐私感。针对隐私空间，在照明设计中可以运用灯光的特性，如明暗、方向、高低，用间接照明手法，再根据个人的喜好采用光色，可以用冷色调为主，目的是给人营造出一种能释放心情、自我发泄和自我调整的空间。

在设计情感空间时，要强调有情感的效应，这些效应主要有情绪、情调、移性效应。情绪的情景性较强，容易因环境的变化而变化。中国有俗语"触景生情"、"情景交融"。当你走进中国古典园林，在朦胧的光线映衬下，眼前会出现小桥流水、树石花木、烟雨楼阁等引人入胜的画面。这就是情与景的交融、意与景的统一，是中国传统艺术中追求的最高境界。而情景照明设计思路同样也是运用模拟、联想、意境等手法，通过光的变化创造出富于情感的景象，烘托环境气氛，使人与空间产生强烈的情感共鸣。亦动亦静，相互转换，主体环境更加精彩，给人留下深刻的印象。

（3）情景场面的再现

美国照明设计师理查德·凯利对照明设计理论提出了三个基本形式：环境照明、焦点照明和戏剧化照明。环境照明为空间提供整体性基本亮度，使人们可以在其中自由活动；焦点照明建立在环境照明的基础之上，通过汇聚于一点的明亮光线将环境中的重点视觉信息强调出来，起到空间视觉主体的作用；戏剧化照明重在通过展现照明自身的表现力来营造出戏剧性的氛围。而情景照明的设计概念完全包涵了这三种基本概念。在此基础上，它不仅提出光本身具有照亮环境和物体的作用，更强调光本身就是一种设计元素，具有审美价值、文化价值、独特的个性和艺术魅力。

无论是自然光还是人工光，它都会被人们以特殊的方式感知，并具有很强的可塑性。光的形态、光的色彩、光与影的关系，这些都可以被重新塑造。情景照明充分运用数字技术的最新照明科技来对光的存在状态进行重塑，把静态的光变成动态的存在，利用可控系统，充分调动光的表现力和艺术创造力，再现具有情节性、富于戏剧性的空间主题的场景，更具有艺术的感染力和空间景象。

①关于情景照明的情节性。有故事、有情节、有人物，本意应在戏剧、电影和影视里出现，这里提出的情节是运用数字技术，通过光的流动、换色、时间的变化调控，展示出有"剧情"、有"情节"的场景，每个人在现场参与体验，既是演员又是观众，在这种光色呼应的场景中演绎每一个人自己的故事。

②情景照明的戏剧性色彩。近几年，现代展示设计的主题策划多采用戏剧性色彩的理念。构思含义的重点为叙事性主题，有剧情、有重点、有场景，给人一种全新的情景展现，带给观众全方位的体验，更加有效地渲染展示气氛，烘托展示主题，使参观者更好地体验和领会展示所传达的深层次意义。

③情景照明更富有艺术感染力。光是一种超越了基本照明功能的视觉艺术，不仅能将展品的造型完美地展现出来，而且，由于光本身具有丰富的艺术感染力，它是与空间、色彩、材料有同等地位的一种重要设计元素，通过精心照明的设计，会使得空间与物质更加完美动人，重点突出并迅速吸引人们的注意力，从而第一时间打动参观者。

3．系统设计

室内情景照明控制系统广泛应用于高档酒店、别墅、智能建筑等场合，系统主要包括控制终端、智能网关、智能插座、情景遥控器、无线控制设备、LED 灯具等。

室内情景照明控制系统的功能如下所述。

（1）灯光情景控制模式：通过对智能开关的设定，实现单灯或群组的开关、调光和调色，从而对家庭内的各个房间定义个性化的灯光场景，例如，全开全关模式、家庭影院模式、会客模式、聚餐模式、夜间模式、起早模式等。

（2）联动控制：灯光、电器（空调）、电动窗帘三者的控制可以通过情景控制模式联动，如门磁可以设定与灯光、窗帘、电器等设备的联动工作。例如，回家开门后，灯光打开、窗帘开启、空调开启等联动工作。

（3）定时控制：在设定的时间点对家电、灯光、窗帘等带电设备进行控制。例如，早上 7：30 闹钟响起，窗帘缓缓开启，音乐开始播放。

（4）多样化控制：情景照明控制系统融合电力线载波通信、Zigbee 通信、WiFi 和 3G 等多种通信网络技术，可根据用户需求定制。通过智能网关、情景遥控器、PDA 设备实现本地局域网控制，也可以通过计算机、手机、电话等设备进行远程控制。

5.6.2　LED 路灯远程监控系统设计实例[1]

1．需求分析

随着城市建设的发展，城市照明建设越来越注重于城市的形象，道路照明和景观照明的要求和数量不断增加，今后城市照明管理部门除了管理城市道路照明外，还将参与城市景观灯的管理。因此各级政府和市民对城市的建设、道路照明和景观照明提出更高的要求。希望实现城市照明管理的现代化，使城市管理水平达到国内领先水平。现行城市照明管理的方法既不能及时调整开/关灯的时间，更无法及时反映照明设施的运行情况，并且故障率高、维修困难。随着城市的不断发展，控制范围越来越大，现行的控制方法无法及时反映照明设施的运行情况，使得维修工作十分被动。运行过程中的故障只有等待巡视人员到达现场才能发现，或者被动地等待市民的电话反映，因此难以做到及时维修。

2．设计思想

（1）满足实际的控制需求

目前各城市管理部门所采用的控制方式已很难保证城市照明系统的正常开关灯和运行，特别是当照明控制箱或线路出现问题时，就有可能造成大面积灭灯，产生较坏的影响。同时由于缺少实时监测手段，无法实现故障的及时发现和维修。随着政府和市民对照明管理和维护要求越来越高，照明管理部门的管辖范围也越来越大，为了及时发现故障并立即进行修复，仍然采用检修车上街巡灯的方法越来越难以胜任。

采用城市照明自动化监控系统以后，所有道路照明灯具的开/关和亮度调整均可实现自动控制。同时，由于照明自动化监控系统具有自动报警和巡测、选测功能，调度人员可以在故障发生后的很短时间内及时了解故障的地点和状态，为及时进行修复提供了有力的保障。路灯维护及时，可以极大地减少对照明管理部门的投诉、减少道路交通事故的发生，有利于城市的治安环境优化，将产生极大的社会效益，从而进一步提高城市的形象。

（2）满足节能环保的需求

智能照明监控系统将传统的"巡灯查找故障"改为"值班等待报警"，不仅减少了"巡灯"人员和车辆损耗，降低了维修成本；而且在检修车出所之前已经知道了故障的准确地点和基本状态，因而缩短了维修时间、提高了检修效率；由此将产生了极大的经济效益。

无线照明监控系统能提高灯具的可靠性和可检查性，避免白天亮灯情况的出现；同时，系统采用光控和时控相结合的控制方案，在预置的时间区段内根据光照度决定路灯的开关与输出亮度，既能在阴雨天自动进行照明补偿，又能在晴好天气自动缩短照明时间调低照明亮度；这些措施既可满足市民对道路照明的需求，又避免了路灯的无谓开启与过度照明，从而节约了大量的电能。

---

1 部分素材提供：上海鸣志自动控制设备有限公司及德泓（福建）光电科技有限公司

根据已建的照明监控运行表明，采用照明监控系统后，通过自动调整每天开关灯的时间；根据自然光照强度调整黄昏和凌晨的光照强度；设定相对应的夜灯工作模式，调低后半夜的照明强度，可以相比无照明监控系统节约 30%-50%的耗电量。

智能照明监控系统具有远程自动抄表和计量电费功能，每天、每月、每年的照明用电能够及时的自动采集、计算、存储、打印，随时了解用电情况，实施有效管理，降低支出，提高经济效益。

3．系统设计

（1）系统主要功能

1）系统主要功能（见图 5.33）包括：

①监控中心模块功能可满足灯控管理部门日常任务的总体运行；

②设备管理模块功能可实现管理部门对设备的维护和资源统计；

③系统配置模块功能可配置控制细节，按需求实现控制和调光；

④系统工具模块功能可实现设备的通信管理和软硬件远程升级；

⑤数据统计模块功能可对数据进行表格、图表式的处理，是运行数据维护的主要基础依据；

⑥报警处理模块功能可实现不同等级、各种形式的报警，实现实时监控；

⑦系统权限模块功能可设置用户和权限，是系统安全保障的重要组成。

图示	图示说明	包含功能列表
	监控中心	系统首页、调光、巡检、GIS地图、数据
	设备管理	灯具信息、控台信息、传感器
	系统配置	区域、调光等级，场景任务，定时任务
	系统工具	数据采集器、批量导入、固件升级
	数据统计	功耗统计、历史数据查询和图表
	报警处理	简单的报警处理流程
	系统权限	设置用户和权限

图 5.33　系统图标与功能一览

（2）系统架构

系统架构图如图 5.34～图 5.36 所示。

在 LED 路灯智能控制系统中，所有的设备通过智能控制网络互相连接，传递、交换数据。智能控台与监控中心连接采用有线 Ethernet 网络或 2G/3G 的无线公共网络；智能控台与灯具之间采用的是 2.4GHz 的无线 Zigbee 组网技术、电力载波（PLC）组网技术和适合城市隧道照明使用的 RS485 通信技术。

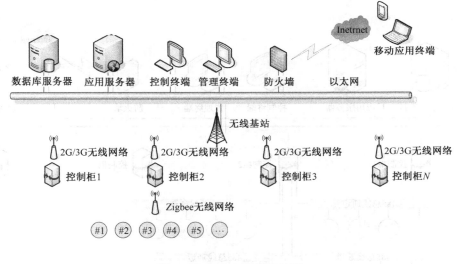

图 5.34　Zigbee 网络架构图

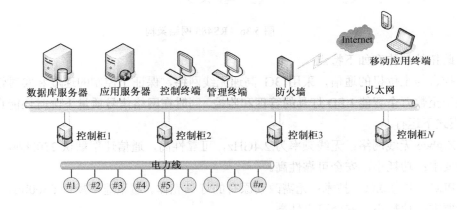

图 5.35　PLC 网络架构图

如图 5.34～5.36 所示，LED 智能照明监控软件安装在控制室的服务器上，而服务器和控制柜内的智能控台通过有线以太网或高速 3G 无线网络技术，组成一个以太网，数据可在此网络内高速、大量的传递。而控制柜中的智能控台与灯具是通过 RS485 总线、2.4GHz 的 Zigbee 网络或电力载波（PLC）技术来进行数据交换。

控制终端或移动应用终端登陆服务器上的隧道照明智能监控软件后，就可发出控制命令，此 TCP/IP 格式的数据里包含控台地址：IP 号，对应的控台接收控制命令后，会将控制信号转换成遵守 LCP 协议的信号，发到各个灯具上。LCP 控制信号内有智能电源的地址：逻辑地址，对应此逻辑地址的智能电源会对命令做合适响应，包括调光、回传电压采样值、回传电流采样值等。

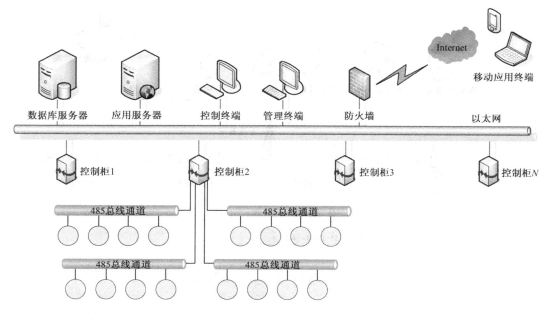

图 5.36　RS485 网络架构

此拓扑架构有如下特点：

控台与上位机的通信，采用 3G 高速无线网络，保证了控制的速度和实时性，可以支持数千至数万个智能 LED 灯具的管理和监控。同时在网络信号质量下降时还能自动切换到2G 模式下运行。

Zigbee 无线网络：无线频率为 2.4GHz，可靠性高，通信速率默认 250kb/s，满足灯控，巡检要求；功耗小，安全可靠性高。

PLC（电力载波）技术：无需改动原有的灯具壳体。通讯速率默认 5500b/s，满足灯控，巡检要求；功耗小，安全可靠性高。

RS485 技术：控台与智能电源的通信，采用屏蔽双绞线传递 RS485 总线信号，通信速率默认 9600b/s，满足灯控，巡检要求；功耗小，安全可靠性高。

（3）系统界面

系统界面的人机交互的主要窗口，主要有地图、示意图、用于隧道的专用图等表现形式。

①地图形式

如图 5.37 所示，窗口的布局为：

城市区域窗口：方便多个城市区域或道路的切换，这个窗口使灯具分布的层次感更明确。

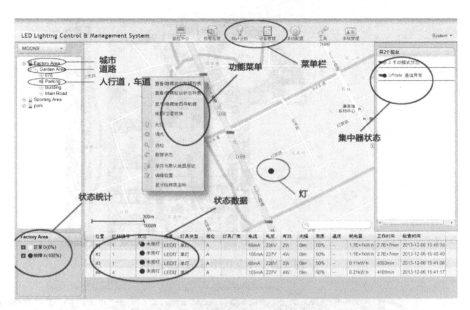

图 5.37　地图形式的人机界面

状态统计：可以细化到每个层次下灯具的运行状态，统计的节点可以根据选择范围的大小而变化，这里的故障可以是通信异常，也可以是指标超限。

菜单栏：通过这些菜单栏进入到不同的软件模块中进行设置或操作。

谷歌地图：该地图为在线地图，需要互联网的支持。没有网络时，地图为不显示。

灯具：在地图上有个小圆点表示灯具，其状态一共有开灯状态，关灯状态，通信异常三种颜色的区分。

集中器状态：列出了所有集中控制器的状态，状态只分为正常或异常，模式只分为自动模式或手动模式两种。

状态数据：根据统计栏显示定量的灯具历史状态，状态包括电压，电流，功率，耗电量，亮度等信息。

功能菜单：隐藏/显示灯具状态或控台状态窗口，谷歌地图普通/卫星模式的切换，以及灯具控制要用到的调光、巡检等内容。

②示意图形式

如图 5.38 所示，示意图一般用于谷歌地图的缩放等级无法达到的区域，比如说办公厂区，商业住宅等，所示图片为某厂区的示意图。示意图的功能与谷歌地图是一致的，唯一的区别是此处的示意图不需要 Internet 网络的支持。

该示意图同样有自己的经纬度信息（这里的经纬度是自定义的 X 轴和 Y 轴的坐标）。这张示意图中所有的灰色小点代表了灯具示意点。

③隧道专用图

如图 5.39 所示，专用图的窗口中有较多的信息：

公司区域窗口：为了方便多个隧道之间的切换。

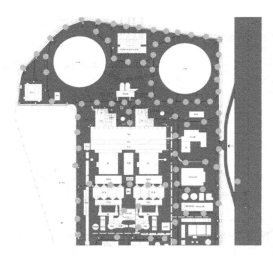

图 5.38　示意图形式的人机界面

图 5.39　专用图形式的人机界面

调光工具栏：不选中分段时，可以广播调光，场景调光；选中分段时，可以分段关灯和分段调光。

灯具状态统计：可以选择单一分段统计，也可以多个分段进行统计，所有灯具数据都在列表显示。

隧道分段：可以通过鼠标点击选择相应的分段。

传感器悬浮窗口：该窗口显示各类传感器的相关参数。

5.7　LED 照明控制的发展

5.7.1　对未来 LED 智能照明的设想

1. 图书馆的照明设想

在我们的印象中图书馆都是灯火通明的，只有足够的照度才能够保证良好的阅读，但是图书馆中的很多区域都没有人，这些开着的灯白白地浪费了许多能量，还增加了空调系统的负担。

我们可以设想有这样的一个图书馆——下午 1 点，我来到了图书馆，这时候室外的阳光十分猛烈，但是，当我进入图书馆，发现馆内光线柔和，原来是铝制百叶和窗帘共同遮蔽了刺眼的阳光，但是这些百叶的角度又恰到好处地把光线引入室内，从而减少了室内的人工照明。这次我来图书馆是为了参加一个小型的讨论会，但是现在时间还早，所以我进入了外文资料借阅室，这个借阅室位于图书馆的中间部位，窗户很少，但是一进门，我居然没有感觉到照度的明显变化，看来是恒照度控制。这次我要找一本力学方面的教材，它应该在这个房间的左侧，于是我向左边走去，这时令我惊奇的事情发生了，我前方的灯居然随着我的前进慢慢地亮了起来，而后方的灯则慢慢变暗。由于这个房间只有我一个人，所以，我就像是这个世界的中心，向外散发着光芒。虽然整个房间的光线比较昏暗，但是在我视线范围里的光线十分明亮，因此书架上的书名，我都看得清清楚楚。很快就找到了我要的书，于是我走出了外文资料借阅室。

没想到的是刚才还是烈日当头，现在屋外居然铅云密布下起了大雨，但更令我想不到的是大厅里居然还是没开几盏灯。原来是铝制百叶已经全部打开，窗帘也已全部拉开，外边的自然光毫无阻碍地进入室内，使光线依然保持充足。时钟指向了 4 点，会议的时间到了，我走进了小会议亭，没想到我已经是最后一个了，大家都已经就座，我连忙在最后剩下的一个座位上坐了下来。当我落座以后会议室的灯光居然自动暗了下来，我们每个座位上的射灯亮起，投影用的屏幕缓缓地降了下来。天哪，会场居然能自动做好会议准备，我想录音系统应该也自动打开了吧……

2．公共娱乐场所照明的设想

今天我和几个朋友相约前往×××KTV 唱歌，定好了包厢，服务生交给我们每人一枚精美的胸针让我们别在胸前。虽然早就听说这个 KTV 很时尚，但是走进大厅还是令我吃惊不小。在我们的脚下湖蓝的地面居然有一个以我们为中心逐渐变暗的光晕，随着我的起步与落步，地面上会形成一个个"涟漪"向远处荡开，我好像行走在水上。但是据我观察，整个大厅里似乎只有"客人"拥有这样的"待遇"，其他穿着制服的服务生还是一如平常。我想或许这就是 VIP 的待遇吧。

我马上从进门的震撼中恢复过来，意识到一个相当严重的问题，没有人给我带路，我该往哪里走?或许我应该找个人问问。谁知这时候答案自动出现了，地面上出现了一条淡绿色的光带，从我的脚下一直延伸。看来这就是我的向导了……

如此绿色、节能、环保、美轮美奂的照明光环境将是我们期盼的，也是广大 LED 照明企业的追求目标。

5.7.2　LED 智能照明控制的发展趋势

1．LED 照明与数据通信的结合

随着计算机、智能设备的迅速普及，移动数字终端的范畴发生了革命性的变化，给传统接入网技术带来了巨大的考验。光纤到户"最后一公里"的困境，无线接入网频段资源

的紧张，RoF（radio-over-fiber）技术的不成熟和电磁辐射都制约着这个瓶颈的突破。当今世界正在演绎一场接入方式的深刻变革，社会也在呼唤能有一种拓宽频段资源、绿色节能、可移动的接入方式，故此可见光通信（VLC）应运而生。

可见光通信采用白光 LED 作为光源，利用 LED 光波普进行数据传输的全新无线传输技术（简称 Li-Fi），它通过改变 LED 灯光闪烁频率来传输数据/信息。可见光通信是照明与通信的深度耦合。由于白光 LED 具有效率高、价格低及寿命长等优点，逐渐取代白炽灯、日光灯成为主要照明光源已成为必然的趋势。2011 年，我国已经公布了逐渐淘汰白炽灯路线图，计划在 2016 年全面禁止普通照明用白炽灯的销售。LED 成为下一代照明主流已是大势所趋，LED 照明的普及将使可见光通信的光源无处不在。利用 LED 作为光源的可见光通信技术将站在巨人的肩膀上，随着 LED 的发展而高速发展。由于 LED 的节能和低成本特性，可见光通信将作为一种新型的绿色通信方式为国家的节能减排做出巨大的贡献。

可见光通信具有以下特点：

（1）白光对人眼安全，室内白光 LED 灯的功率可高达 10W 以上，这就使可见光通信具备了非常高的信噪比，具有更大的带宽潜力。

（2）可见光通信无电磁污染，白光和射频信号没有相互干扰，它可以应用在电磁敏感环境中，如飞机、医院、工业控制等射频敏感领域。

（3）可见光通信兼具照明、通信和控制定位等功能，具有能耗低、购置设备少等优势，符合国家节能减排战略。

（4）由于不存在频段授权问题，可见光通信的应用更加灵活，可以单独使用，也可以作为射频无线设备的有效备份。

（5）可见光通信更加适合信息安全领域应用，只要有可见光不能透过的障碍物阻挡，照明信息网内的信息就不会外泄，可见光通信具有高度的保密性。

自可见光通信的概念提出以来，迅速获得了世界各国的关注和支持，在短短十几年间得到了快速的发展。传输速率从几十兆比特每秒到 500Mb/s 再到吉比特每秒不断提升；通信方式从离线到实时，从低阶调制到高阶调制，从单点通信到多点通信，技术发展一日千里。当今，可见光通信技术的研究正在经历一个新概念、新技术层出不穷的极为活跃的发展期。无论从国家战略层面，还是节能减排的迫切需求，或者巨大的市场潜力考虑，可见光通信作为一种照明和光通信结合的新型模式，无疑是推动下一代照明和接入网的发展与技术进步的强大动力，已成为国际竞争的焦点和制高点。

可见光通信已成为美国、日本和欧洲等国家在国际通信研究领域的必争之地。许多专家认为，Li-Fi 代表着未来移动互联网的趋势。Li-Fi 将比 WiFi 廉价很多，因为其使用的是可见光波而非无线电波传输信号。光谱比无线电频谱大 10000 倍，可以获得更高的数据密度。

2．LED 智能照明控制技术的未来发展

将先进的智能控制技术应用于 LED 照明控制中，以实现更加人性化、更加节能、更加

环保、美轮美奂的照明光环境是未来 LED 智能照明控制技术的发展方向。从控制技术层面来说，分为以下几个方向：

（1）基于自适应领域算法的智能照明控制研究。

（2）应用模糊控制技术的智能照明控制研究。

（3）基于图像处理技术的智能照明控制研究。

（4）基于神经网络的智能照明控制设计。

（5）基于动态目标/人体跟踪的智能照明控制设计。

（6）基于人体特征检测的智能照明系统设计。

（7）基于视频的城市道路智能照明控制系统设计。

（8）住宅人工照明光环境智能控制研究。

智能照明控制技术引导以人为本，满足个性化、节能化要求的具有高技术和高科学思想含量的照明文化。数字化智能照明将取代普通照明成为照明行业的主流。目前智能灯控领域还没有形成规模性全国消费市场，虽然部分智能照明厂家产品的功能定位和稳定性均已取得长足的进展，但还是处于极力引导消费者的初级阶段。

智能照明控制系统具有网络化、全局化和数字化的特点，越早规划效果越好。

3．LED 智能照明控制发展方向

智能照明是一套完整的系统概念，简单地遥控、调光、调色、调色温，不是真正意义上的智能照明。现在的智能照明只是一种概念，或者只是智能照明系统中的小部分。智能照明发展的基本要求是人性化，使人能够简单便捷的操控，有良好的用户体验。同时，还要求能够与传统的照明方式互相兼容。

智能照明控制技术要实现更高级的智能并非一件很容易的事情，国内外从事智能照明控制十多年来，也只能算刚刚起步。要实现照明系统的智能控制与管理，它需要一个相当复杂的计算机控制系统，它不再是简单地实现灯具的开启和关闭，也不是仅仅调节光源的光通量输出，它需要采集人们活动场所的照度信息、位置、温度、湿度信息等，根据人们此时此刻的活动需求以及当前电网电参数等诸多因素来综合分析与计算，得出最优化地调节光源光通量的输出大小及光色等，从而满足人们最佳的光环境需求，并通过图形界面或声音等设备提示人们了解自己的周边环境。要实现这个控制过程，不只是控制学科所研究的领域，它还包括照明学、美术学、环境学、生理学、心理学等众多学科的交叉。

目前，LED 智能照明控制系统和产品众多，各有千秋，但是缺乏统一标准，还有许多需要研究和解决的问题。

（1）LED 灯具具有广阔的发展前景，应考虑具有可调光和可寻址能力。

（2）智能照明控制系统在接口上要考虑与楼宇自动化系统的整合。

（3）解决 LED 驱动电源的散热，实现 LED 驱动电源的模组化、规格化和标准化。

（4）无线调光控制技术的原型代码标准的统一。

（5）智能照明控制系统的 EMC 问题。

（6）智能照明控制系统的优化问题。

智能照明控制系统的传感、控制、传输部分的耗电将占智能照明控制系统总耗电的 5～10%，如何对这部分设计进行优化，成为提高整个照明系统效率的重要部分之一。

再先进的智能照明系统也并不能完全满足需要，因此在智能照明系统中设置手动控制是必要的。这主要是因为：①不同的人群对照明有不同的要求；②同样是准确而有效的完成一项任务，不同年龄的人需要不同的照明；③工作对象的对比度、大小和工作时间不同，照明要求不相同；④同一工作空间，人员经常需要处理需要不同照明的多种工作。

照明设计的确定性和照明需求的多变性之间存在的矛盾可以由个人手动控制来解决。手动控制装置简单可靠而且灵活，也同样可以起到节能的作用。手动控制在私人空间更是具有独特优势。手动控制的一项重要推广动力在于其能够提高室内工作人员对环境的满意度进而影响生活质量和工作效率。

尽管目前 LED 智能照明遭遇各种瓶颈，LED 智能产品应用主要体现在可调光、调色温以及监控，比如路灯控制等方面，但 LED 智能照明将远不止于此。得益于 LED 智能照明的安全、节能、舒适、高效等优势，LED 智能照明在家居、保健、办公等领域前景可期。LED 智能照明只有实现了功能人性化、控制简单化、价格平民化、寿命无限化之后才能真正获得广泛应用。

面对未来，最好是将照明重塑成为互联网不可或缺的一部分，将保健、能源、服务、视频、通信等整合起来。而物联网、智能建筑等的发展也将给 LED 智能照明更大的发挥和创新空间。

参考文献

[1]　彭妙颜，智能照明与艺术照明系统工程，2010，中国电力出版社.

[2]　马小军主编，智能照明控制系统，2009，　东南大学出版社.

[3]　肖辉主编，电气照明技术，2009，机械工业出版社.

[4]　路秋生，LED 相控调光与应用，2013，机械工业出版社.

[5]　王巍、王宁，绿色照明——半导体照明智能控制原理与实现，2014，电子工业出版社.

[6]　文尚胜主编，半导体照明技术，2014，华南理工大学出版社.

第 **6** 章
LED 照明设计技术

6.1　LED 照明应用要求

LED 照明应用越来越广泛，就人们的视觉来说，没有光也就没有一切。在光环境设计中，光不仅是为满足人们视觉功能的需要，还要考虑一个重要的美学因素。光可以形成空间、改变空间或者破坏空间，它直接影响到人对物体大小、形状、质地和色彩的感知。研究证明，光还影响了细胞的再生长、激素的产生、腺体的分泌，以及如体温、身体的活动和食物的消耗等生理节奏。在 LED 照明应用设计中，不但要考虑人类的照明需求，还要考虑其他动、植物的需要。因此，LED 照明是光环境设计的重要组成部分之一，在设计之初就应该加以考虑。

6.1.1　功能照明与艺术照明

当夜幕降临的时候，就是万家灯火的世界，也是多数繁忙工作之后希望得到休息娱乐以消除疲劳的时刻，无论何处都离不开人工照明，也都需要用人工照明的艺术魅力来充实和丰富生活的内容。无论是公共场所或是家庭，光的作用影响到每一个人。照明设计包括功能性照明和艺术照明两个方面。前者是合理布置光源，可采用均布或局部照射的方法，使室内各部位获得应有的照度，满足人们生理需求；后者则利用灯具造型、色光、投射方位和光影取得各种艺术效果，满足人们的心理需求。

1.　照明艺术设计

LED 照明设计就是利用光的一切特性，去创造所需要的光的环境，通过照明充分发挥其艺术作用，并表现在以下四个方面。

（1）创造气氛

光的亮度和色彩是决定气氛的主要因素。我们知道光的刺激能影响人的情绪，一般来说，亮的房间比暗的房间更为刺激，但是这种刺激必须和空间所应具有的气氛相适应。极度的光和噪声一样都是对环境的一种破坏。据有关调查资料表明，荧屏和歌舞厅中不断闪烁的光线使人体内维生素 A 遭到破坏，导致视力下降。适度愉悦的光能激发和鼓舞人心，而柔弱的光令人轻松而心旷神怡。光的亮度也会对人心理产生影响，有人认为对于加强私密性的谈话区照明可以将亮度减少到功能强度 1/5。光线弱的灯和位置布置得较低的灯，使周围造成较暗的阴影，天棚显得较低，使房间似乎更亲切。

室内的气氛也由于不同的光色而变化。许多餐厅、咖啡馆和娱乐场所，常常用加重暖色如粉红色、浅紫色，使整个空间具有温暖、欢乐、活跃的气氛，暖色光使人的皮肤、面容显得更健康、美丽动人。由于光色的加强，光的相对亮度相应减弱，使空间感觉亲切。家庭的卧室也常常因采用暖色光而显得更加温暖和睦。但是冷色光也有许多用处，特别在夏季，青、绿色的光就使人感觉凉爽。应根据不同气候、环境和建筑的性格要求来确定。强烈的多彩照明，如霓虹灯、各色聚光灯，可以把室内的气氛活跃生动起来，增加繁华热闹的节日气氛，现代家庭也常用一些红绿的装饰灯来点缀起居室、餐厅，以增加欢乐的气氛。不同色彩的透明或半透明材料，在增加室内光色上可以发挥很大的作用，在国外某些餐厅既无整体照明，也无桌上吊灯，只用柔弱的星星点点的烛光照明来渲染气氛。

由于色彩随着光源的变化而不同，许多色调在白天阳光照耀下，显得光彩夺目，但日暮以后，如果没有适当的照明，就可能变得暗淡无光。因此，德国巴斯鲁大学心理学教授马克斯·露西雅谈到利用照明时说："与其利用色彩来创造气氛，不如利用不同程度的照明，效果会更理想。"

（2）加强空间感和立体感

空间的不同效果，可以通过光的作用充分表现出来。实验证明，室内空间的开敞性与光的亮度成正比，亮的房间感觉要大一点，暗的房间感觉要小一点，充满房间的无形的漫射光，也使空间有无限的感觉，而直接光能加强物体的阴影，光影相对比，能加强空间的立体感。

可以利用光的作用，来加强希望注意的地方，如趣味中心，也可以用来削弱不希望被注意的次要地方，从而进一步使空间得到完善和净化。许多商店为了突出新产品，在那里用亮度较高的重点照明，而相应地削弱次要的部位，获得良好的照明艺术效果。照明也可以使空间变得实和虚，许多台阶照明及家具的底部照明，使物体和地面"脱离"，形成悬浮的效果，而使空间显得空透、轻盈。

（3）光影艺术与装饰照明

光和影本身就是一种特殊性质的艺术，当阳光透过树梢，地面洒下一片光斑，疏疏密密随风变幻，这种艺术魅力是难以用语言表达的。又如月光下的粉墙竹影和风雨中摇曳着的吊灯的影子，却又是一番滋味。自然界的光影由太阳月光来安排，而室内的光影艺术就要靠设计师来创造。光的形式可以从尖利的小针点到漫无边际的无定形式，我们应该利用各种照明装置，在恰当的部位，以生动的光影效果来丰富室内的空间，既可以表现光为主，也可以表现影为主，也可以光影同时表现。

（4）照明的布置艺术和灯具造型艺术

光既可以是无形的，也可以是有形的，光源可隐藏，灯具却可暴露，有形、无形都是艺术。某餐厅把光源隐蔽在靠墙座位背后，并利用螺旋形灯饰，造成特殊的光影效果和气氛。

大范围的照明，如天棚、支架照明，常常以其独特的组织形式来吸引观众，如某商场以连续的带形照明，使空间更显舒展。某酒吧利用环形玻璃晶体吊饰，其造型与家具布置相对应，并结合绿化，使空间富丽堂皇。某练习室照明、通风与屋面支架相结合，富有现代风格。采取"团体操"表演方式来布置灯具，是十分雄伟和惹人注意的。它的关键不在个别灯管、灯泡本身，而在于组织和布置。最简单的荧光灯管和白炽小灯泡，一经精心组织，就能显现出千军万马的气氛和壮丽的景色。天棚是表现布置照明艺术的最重要场所，因为它无所遮挡，稍一抬头就历历在目。因此，室内照明的重点常常选择在天棚上，它象一张白纸可以做出丰富多彩的艺术形式来，而且常常结合建筑式样，或结合柱子的部位来达到照明和建筑的统一和谐。

灯具造型一般以小巧、精美、雅致为主要创作方向，因为它离人较近，常用于室内的立灯、台灯。灯具造型，一般可分为支架和灯罩两大部分进行统一设计。有些灯具设计重点放在支架上，也有些把重点放在灯罩上，不管哪种方式，整体造型必须协调统一。现代灯具都强调几何形体构成，在基本的球体、立方体、圆柱体、角锥体的基础上加以改造，演变成千姿百态的形式，同样运用对比、韵律等构图原则，达到新韵、独特的效果。但是在选用灯具的时候一定要和整个室内一致、统一，决不能孤立地评定优劣。

由于灯具是一种可以经常更换的消耗品和装饰品，因此它的美学观近似日常用品和服饰，具有流行性和变换性。由于它的构成简单，显得更利于创新和突破，但是市面上现有类型不多，这就要求照明设计者每年做出新的产品，不断变化和更新，才能满足人们的要求，这也是小型灯具创作的基本规律。

2. 室内照明艺术

室内照明的布置时应首先考虑使光源布置和建筑结合起来，这不但有利于利用顶面结构和装饰天棚之间的巨大空间，隐藏照明管线和设备，而且可使建筑照明成为整个室内装修的有机组成部分，达到室内空间完整统一的效果，它对于整体照明更为合适。通过建筑照明可以照亮大片的窗户、墙、天棚或地面，荧光灯管很适用于这些照明，因它能提供一个连贯的发光带，白炽灯泡也可运用，发挥同样的效果，但应避免不均匀的现象。

（1）窗帘照明

将荧光灯管安置在窗帘盒背后，内漆白色以利反光，光源的一部分朝向天棚，一部分向下照在窗帘或墙上，在窗帘顶和天棚之间至少应有 25.4cm 空间，窗帘盒把设备和窗帘顶部隐藏起来。

（2）花檐反光

用作整体照明，檐板设在墙和天棚的交接处，至少应有 15.24cm 深度，荧光灯板布置在檐板之后，常采用较冷的荧光灯管，这样可以避免任何墙的变色。为使有最好的反射光，面板应涂以无光白色，花檐反光对引人注目的壁画、图画、墙面的质地是最有效的，在低天棚的房间中，特别希望采用。因为它可以给人天棚高度较高的印象。

（3）凹槽口照明

这种槽形装置，通常靠近天棚，使光向上照射，提供全部漫射光线，有时也称为环境照明。由于亮的漫射光引起天棚表面似乎有退远的感觉，使其能创造开敞的效果和平静的气氛，光线柔和。此外，从天棚射来的反射光，可以缓和在房间内直接光源的热的集中辐射。

（4）发光墙架

由墙上伸出之悬架，它布置的位置要比窗帘照明低，并和窗无必然的联系。

（5）底面照明

任何建筑构件下部底面均可作为底面照明，某些构件下部空间为光源提供了一个遮蔽空间，这种照明方法常用于浴室、厨房、书架、镜子、壁龛和搁板。

（6）龛孔照明

将光源隐蔽在凹处，这种照明方式包括提供集中照明的嵌板固定装置，可为圆的、方的或矩形的金属盒，安装在顶棚或墙内。

（7）泛光照明

加强垂直墙面上照明的过程称为泛光照明，起到柔和质地和阴影的作用。泛光照明可以有其他许多方式。

（8）发光面板

发光面板可以用在墙上、地面、天棚或某一个独立装饰单元上，它将光源隐蔽在半透明的板后。发光天棚是常用的一种，广泛用于厨房、浴室或其他工作地区，为人们提供一个舒适的无眩光的照明。但是发光天棚有时会使人感觉好象处于有云层的阴暗天空之下。自然界的云是令人愉快的，因为它们经常流动变化，提供视觉的兴趣。而发光天棚则是静态的，因此易造成阴暗和抑郁。在教室、会议室或类似这些地方，采用时更应小心，因为发光天棚迫使眼睛引向下方，这样就易使人处于睡眠状态。另外，均匀的照度所提供的是较差的立体感视觉条件。

（9）导轨照明

现代室内，也常用导轨照明，它包括一个凹槽或装在面上的电缆槽，灯支架就附在上面，布置在轨道内的圆辊可以很自由地转动，轨道可以连接或分段处理，作成不同的形状。这种灯能用于强调或平化质地和色彩，主要决定于灯的所在位置和角度。离墙远时，使光有较大的伸展，如欲加强墙面的光辉，应布置离墙 15～20cm 处，这样能创造视觉焦点和加强质感，常用于艺术照明。

（10）环境照明

照明与家具陈设相结合，最近在办公系统中应用最广泛，其光源布置与完整的家具和活动隔断结合在一起。家具的无光光洁度面层，具有良好的反射光质量，在满足工作照明的同时，适当增加环境照明的需要。家具照明也常用于卧室、图书馆的家具上。

3. 艺术照明手法

（1）由照明灯具创造的艺术

照明灯具是控制光源发出的光并对光再分配的装置。它能保护光源，使光的分布合理，取得节能效益，特别是外形美观，能发挥出艺术效果。以下以灯具的外形为重点介绍它所创造的艺术。

①花灯

现代大型公建的厅堂仍采用花灯，但要求形式简洁、明快，表现出优美、洗练的风格，过去装饰重厚或细部纤细的格调逐渐绝迹。

- 吊式：灯体悬挂，造型简洁；
- 网式：网型呈多样，对称布置，灯体连结在灯网的组成部件上，重复使用，宛如花簇；
- 玻璃片式：将镀铬、镀金、含钕玻璃片等安装在金属座盘、金属管、铅质玻璃串珠上，灯光从内部外射，流光四溢；
- 型制塑料组件式：顶棚上悬挂成串的型制塑料组件，其形状有针叶、叶片、框格、三角格等，灯光从内部或外部照射，形成花簇。

②壁灯

新型壁灯的灯体简洁，托盘也比较简朴，托枝变化丰富，具有艺术效果。壁灯的类型有附墙式、悬挂式、附墙挑出式，在附墙式中又有单件、成双不对称、成双对称之分。灯体形式呈多样。托盘、托枝采用黑、灰、金等色，可与洁白的玻璃构成对比。

③地灯

地灯是埋放在地面内或墙根的固定式灯具，通常向地下埋入 140mm，埋放孔径或边长为 100mm。地面边框采用镀铬的铝铸物，盖板采用丙烯塑料。随着光源的颜色变化，它可改变环境气氛。

（2）由照明方式创造的艺术

照明方式是对照明装置进行布置的方式。它和建筑构图结合一起可创造多种艺术形式和照明构图，从而美化环境，并激发环境心理。可以说这是创造照明艺术的主流。

①按受照空间的分类

照明方式按受照空间分为一般照明、分区一般照明、局部照明、混合照明。由于它的布置方式美观，可创造出艺术效果。

②按照明灯具的分类

在照明方式中采用直接型、半直接型、均匀漫射型、半间接型、间接型灯具，由于它们的造型美观，加以布置得体，可创造出艺术效果。

③按照明对象的分类

照明方式按照明对象可分为重点照明和泛光照明。这两者是最多创造艺术效果的照明方式。

（3）照明构图创造的艺术

在室内空间中利用一定部位及光源、灯具和照明方式进行构图，可创造出艺术效果。

①照明构图的部位

这些部位包括顶棚、墙面、梁、柱、地面、楼梯、扶手等，呈点、线、面、体等形状，都是照明艺术的载体。

②照明构图对照明方面的要求

照明构图要求具有足够的照度，适当的亮度分布，鲜明的光色，避免眩光、闪烁，获得符合目的要求的环境气氛。

③照明技法及其合适的部位

透光技法用于光梁、光板、顶棚转角、发光顶棚、发光地面等部位。

反光技法用于光檐、暗灯槽等部位。

净光技法用于不调光的上述部位。

色光技法用于经过调光而改变颜色的上述部位。

（4）照明艺术处理技法

照明艺术处理技法有多种，以下介绍几种：

①对比技法

对比包括亮度、光影和光色。

亮度对比技法：在漫射光之下亮度对比低，会产生气氛平淡的感觉。在重点光之下亮度对比高，会产生气氛光亮的感觉。

光影对比技法：由于明暗对比，可产生立体感。

光色对比技法：由于光源对比，可产生光色对比，而且在同一色相中仍有亮度对比，可创造出多种环境气氛。

②层次技法

照明的层次效果由光源的位置、方向及表面材料性质产生。在表面上出现由亮到暗的变化，其轮廓显出模糊。

③扬抑技法

照明的扬抑是对灯光的强调或控制。在重点光之下表面亮度大，气氛明亮，就是对灯光的强调。当灯光被调暗以后，表面亮度小，气氛暗淡，就是对灯光的抑制。

④流动技法

利用电光源或激光表现出光的动态效果，从而创造出活跃的艺术气氛。这种技法日益增多，如舞台上的"追光"，商业街上的霓虹灯，节日夜景中激光的流动曲线等。

⑤光声配合技法

将声和光编出程序，应用计算机控制或调光设备，使光和声同步配合，从而创造出声、光、色的综合艺术效果，多用于舞台、舞厅中。

⑥艺术气氛创造技法

艺术气氛的创造方法如下：

- 利用灯光的方向、轮廓；
- 利用灯光的对比、明暗、强弱、层次；
- 利用光源的光色与物色的配合；
- 利用灯具的位置、大小、形状和装饰；
- 利用光声配合。

（5）城市夜景照明艺术

根据城市规划精心设计城市夜景，进行城市照明。其内容包括建筑物、古建筑、纪念碑、电视塔、道路、广场、公园、绿地、水面等的照明。这些照明均须进行艺术处理，从而创造出城市夜景照明艺术。

① 建筑物夜景

建筑物夜景常采用泛光照明、串灯轮廓照明、室内透射照明，因而形成由点、线、面的照明艺术效果。

②古建筑夜景

古建筑主要包括宫殿、门、塔、牌楼、寺院殿堂等。照明艺术要与古建筑形式的特色配合，更要注意照明技法以及周围照明不要伤害古建筑立面。

③纪念碑夜景

根据纪念碑的性质、规模、形式、细部雕塑、材料状态确定照明艺术。

④电视塔夜景

电视塔夜景照明为了明亮多彩，采用多种灯光，如投光灯、光纤灯、空中花灯、探照灯、内透光灯以及塔身、塔顶的障碍灯和标志灯等，从而达到照明艺术效果。

⑤道路、广场夜景

行政街夜景要求庄严壮观，强调气氛光亮纯净。

商业街夜景要求繁荣热闹，可采用闪烁的霓虹灯之类。

广场夜景要求根据其类型、规模、形状、场内场外环境确定照明方式，以创造出相应的气氛。

⑥公园、绿地夜景

公园：根据其性质创造出其特色，依靠风景点确定照明方式，从而创造出相应气氛。

绿地：包括街道树、路旁草坪、花坛、街心花园、庭园等，选用照明方式要保证花草树木外观翠绿、鲜艳、清新，光色与绿地环境融合。

⑦水面夜景

水面包括河水、湖水、池水等，在它们的周围进行照明，灯光反映在水面上形成倒影，显现出照明艺术。特别是喷泉，在夜晚由灯光照射着飞溅的水花，有时采用单光，显现出水花纯净；有时采用色光，显现出水花绚丽多彩。

4．功能照明

灯光照明设计必须符合功能的要求，根据不同的空间、不同的场合、不同的对象选择不同的照明方式和灯具，并保证恰当的照度和亮度。例如：会议大厅的灯光照明设计应采用垂直式照明，要求亮度分布均匀，避免出现眩光，一般宜选用全面性照明灯具；商店的橱窗和商品陈列，为了吸引顾客，一般采用强光重点照射以强调商品的形象，其亮度比一般照明要高出 3～5 倍，为了强化商品的立体感、质感和广告效应，常使用方向性强的照明灯具和利用色光来提高商品的艺术感染力。体育照明需要低眩光、高垂直照度，以满足摄影的要求。

不同的场所，对功能照明的需求也不同。关于功能照明的相关设计标准请参见本书第 9 章。

6.1.2 照明应用场所的要求

不同场所对照明需求是不同的，本节简要叙述几个典型场所的需求，以供参考。

1．商业展示照明

展示、陈列是艺术性的，具备空间美感的艺术表现力；陈列更是商业性的，所有思路和技巧都为销售目的服务。光环境运用的目的十分明确，那就是吸引、引导、氛围。

在商业展示经营中，照明是陈列展现的情感，照明是一种语言，是不会说话的推销员。从人们的各个感官对事件的接受度来说，视觉的效率远远大于听觉，销售过程的开始是从商品如何从视觉上吸引消费者的。消费者在确定是否购买时，最主要的是依靠视觉来确定是否适合，服装依托灯光的角度、光强、照度、光色来抓住购买者的心理活动。

照明设计是为陈列感动顾客而生的。作用的着眼点也在于满足顾客感情需求。向消费者传递企业文化内涵同时引起顾客情感共鸣，促使顾客产生对品牌或商家的"忠诚感"。

灯光需要吸引顾客的注意力，提供动感、灵活、可控制的照明来吸引顾客进入商店。创造展示的趣味性和戏剧性，创造一种积极的购物环境。灯光还应有对顾客的引导性，通过灯光来引导顾客，引起他们对商品的关注，引领顾客完成购物流程，并无时不刻地传达出特定的气氛或加强购物主题 。提醒、刺激消费者，触景生情，触景生购买欲。

在技术上，设计师还需要注意的是使展示平面具有灵活性，灯光配置应与平面布置和材料应用相配合，整体照明环境与重点展示区的灯光对比。

例如，服装专卖店光环境设计的要求如下：

- 利用光环境突出品牌及经营定位；
- 针对服装客户群，营造光环境氛围，确定光环境基调；
- 以基础照明为蓝本，有机组合各个功能区；
- 提供灵活的控制方式，使照明按照指定区域，特定时间调节光环境，能够适应服装布置变化；

- 根据外界光线对服装经营场所的影响来配置光源、灯具。不同的工作模式，在不同的时间实行不同的照明方式；
- 节能——能效最高的照明使用最少量的能源。

2．酒店照明

人们在对于宾馆的选择通常是由多方面因素进行综合考虑的。从空间的形象、舒适度、设备到宾馆的自身所处的地理环境、星级档次、价格、服务态度等。而每个宾馆都在努力使自身所具有的独特之处以如故事情节般地自然传递给目标客户。设计人员努力使整体宾馆饭店这个空间成为一个独特的故事，用每一寸空间为客户营造着一次又一次动人的感受与体验。设计于细节，体验于完美。

光作为四大建材之一，其作用不亚于水泥、钢筋、玻璃。能将宾馆饭店做为该区域的标志建筑物的泛光照明；能吸引路边行人、驾驶者以及起到引导性的庭院照明至能体现空间宏伟大气，室内建筑最有特征结构的大厅照明。光没有一次不是扮演着其中的重要角色，为人们展现出各家宾馆饭店自身的特色，强调着自身的形象，光无处不在，其范围甚至可以渗透至通道、卫生间、牌球室、游泳池等区域。其中因各个小区域自身的特点所导致需求的照明手法更是千变万化，令人们沉浸其中，不得自拔。

每个宾馆自身的特点是由最终的经营定位所决定的，有的突出健身休闲，有的突出住宿环境、有的突出商务功能，甚至有时我们对于宾馆的环境设计要考虑到周边环境，是处于交通枢纽地段还是处于自然风景区。因此，对于宾馆的光环境我们需要酌情考虑，仔细斟酌，为客户及服务人员营造一次次令人赏心悦目的经历与体验。

成功宾馆照明所具备的三个主要要素如下：

- 观察者进入空间的第一感觉；
- 众多有趣小空间视野之间过渡的把握；
- 协助更清晰地表现出观察者对于空间的视野。

　　（a）　　　　　　　　　　（b）　　　　　　　　　　（c）

图 6.1　光线的变化是时间三度空间的再现

在宾馆照明设计中，我们需要把握以下要点：

- 需要按照酒店定位，选择休闲舒适的色温；
- 照度选择方面，一般使用中等偏低的照度；
- 灯具选择和布置方面，需要有优异的眩光控制；

- 按照不同的照明需求，要有灵活的照明控制；
- 为了表现酒店的装饰特色，灯具一般都需要有特色的外观；
- 针对酒店的装饰特征，要注意墙面、装饰品的重点照明。

3．学校照明

良好的照明有助于更好的学习。现在的学校应该为孩子们提供一个积极向上的学习环境。高品质的照明有助于学生的身心健康。照明质量意味着视觉舒适度、良好的显色性、均匀度和亮度平衡。以上这些我们可以通过光色、防眩措施、灯具的配光特性来获取。这些因素有助于学生的学习注意力。而阴影、光线频闪或混乱的光斑将分散学生的学习注意力。

表 6.1　学校照明的质量因素

	普通教室	图书馆
墙面和天花的照明	●	●
直接和间接眩光的控制	◎	●
均匀度	◎	●
日光	●	○
显色性和色温	◎	●
照明控制	●	◎
光的数量（水平照度）	300lx	300lx（水平），50lx（书库垂直）

●非常重要　◎重要　○有时候重要

（1）控制眩光

当视野里有高亮度的光源和干扰时就会产生眩光。直接眩光由位于学生上前方的灯具造成。顶部眩光由正头顶上的灯具所造成。反射眩光是由光面纸、屏幕上所反射的高光。在灵活布置的教室和电脑教室里控制眩光十分重要。可以用以下技术手段实现眩光的控制。

- 利用自然光照明墙面和天花；
- 采用可调百页式窗帘；
- 选择更高反射的墙面；
- 选择半高光或者乳白涂层的格栅和反射器，避免采用镜面或高光的反射器和格栅的灯具；
- 采用格栅、挡片、棱镜或者漫反射圈遮挡光源；
- 避免采用内含三根荧光灯的灯具，尽量选择两根灯管的灯具；
- 采用半间接照明灯具，将部分光线分给墙面和天花。

（2）营造亮度平衡（见图 6.2）

在教室中，尤其是开放式布局的教室里，注意光线的平衡十分重要。

整体教室的照明等级不应与课桌上的照明产生极大的对比。亮度上过大的对比会造成干扰。房间里的最亮和最暗表现的比值不要超过 3 倍，最大比值不要超过 1:10。

（a）　　　　　　　　　　　　　（b）

图 6.2　亮度平衡教室的要求（a）及示例（b）

为了更好地吸引注意力，桌面和重点墙面应该是最亮的表面。

采用半高光的反射器避免在墙面出现杂乱的感觉。

（3）墙面的重点照明

最重要的表面应该是最亮的表面。照明这些表面有助于教师抓住学生的注意力，提高信息可视度。在所有桌椅朝向一个方向时，重点灯光应该放置在前方墙面或黑板上。

在一个多功能空间里，重点灯光应照明两个或者三个墙面。

选用如图 6.3 所示灯具照明这样的表面。

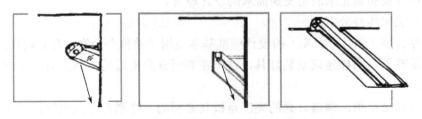

图 6.3　照明墙壁表面的灯具

展板上或重点墙面上的照明级别最少等于课桌上的照明级别一致，如果这些表面为绿色或者黑色时，照明等级提高至课桌照明级别的二倍。同时讲台周边的照度不得低于中心的三分之一，从而确保照明均匀度。

4．办公照明

办公室因其功能和自身特点，在设计时有众多考虑，表 6.2 列举的是一些满足基本照明质量的设计原则。

办公室空间中眩光产生的原因有三种：在较暗的物体表面上或者观察者视野里出现的明亮的光源（直接眩光、间接眩光）；过亮和过暗之间产生的对比（对比眩光）。位于员工前方、侧面和头顶过强的直接照明造成直接眩光。电脑屏幕上的反射眩光来自于员工后方的灯具。同样，反射眩光也可来自于员工前方的灯具对光泽纸面上的照明。大多数眩光可以通过增加周边环境的亮度或降低光源的亮度来避免。

表 6.2　照明设计原则

考虑因素	重要度
直接眩光和间接眩光	非常重要
日光整合及控制	非常重要
房间表面亮度	非常重要
空间及灯具外观	非常重要
光源、照明任务及观察者关系	非常重要
色彩显示（和色彩对比）	重要
频闪	重要
工作面和空间表面的光污染	重要
物体和面部的造型能力	重要
阴影	重要

按照不同的办公室分类，有以下需求：

（1）个人行政办公室

个人行政办公室是经理的工作办公区域，属于个人使用。它包括工作区和会议区，每个区域都有特定要求。与其他办公室空间的纯功能性不同，如何将宜人的氛围和威严的气氛处理协调是我们需要考虑的。同时，这样的房间通常有不同的活动，建议采用不同的灯具回路进行开关和调光来满足变换需求的设计理念。

（2）高层集体办公室

团队办公室（职员办公室）的设计标准基本适用于单独办公室。有着较高的日光成分，低照度就足够了，同样建议安装灯具，这样在靠近窗户附近的灯具当有充足的日光时可以单独关闭。

在团队办公室里，调整灯具的亮度是极其必要的，特别有个人电脑的情况下，在个人办公室里因空间的几何性这一点并不重要。但是由窗户所导致的显示器上的反射眩光（干扰眩光）应避免。

（3）团队集体办公室

一个小型团队的职员办公室需要满足多种条件，需要为工作区的照明制定标准。这些要求包括以下质量标准：照明的等级和均匀度，亮度分布，直接和反射眩光的限制，光的方向和阴影，光色和显色性。同时也应满足日光和人工光的相互关系，绘图板区的要求，除此之外还包括个人电脑区域的照明。通过合适灯具的安装使区域内的亮度达到平衡，避免过多的眩光产生。在个人电脑区域的照明需要满足极其严格的要求，避免在电脑屏幕上产生反射眩光。

职员办公室照明的一种方式是灯具按结点布置提供均匀的照明，选择灯具（是否是直接、间接或直接间接混合）来影响特点和眩光限制。另一种可行性是提供等均匀的低环境照明，工作照明为辅助。将职员办公室划分成明显的几个区域（工作区、行走区、特殊区、会议区）从而形成区域概念，根据发生在不同区域的活动来分别照明。通过不同灯具组合的转换，可以将照明调整适合区域的使用，例如：将荧光灯和卤钨灯进行组合。也可以将在靠近窗口的灯具进行与日光相联系的开关。

作为一个经济有效的照明，建议使用常规的 LED 光源。可以采用高功率因数的电源来进一步提升效率，也可以通过集成提升视觉空间的舒适度。

在具体的照明设计中，技术上需要注意的要点有：

- 人工照明应与天然采光结合设计而形成舒适的照明环境；
- 在有计算机终端设备的办公用房，应避免在屏幕上出现人和物的重影；
- 高级办公室照明要考虑写字台的照度、会客空间的照度；
- 会议室照明要考虑会议桌上方的照明为主照明，使人产生中心和集中感觉；
- 照度要合适，周围加设辅助照明。

6.2 绿色照明技术

1991 年美国环保署最早提出绿色照明的概念，并开始付诸实施，很快得到世界很多国家的响应。

绿色照明工程的宗旨是：通过科学、合理的设计方法，积极采用高效照明光源、灯具和电器附件，以达到节约能源，保护环境，建立优质高效、经济舒适、安全可靠，提高人们生活质量和工作效率、保护身心健康的照明环境。

绿色照明工程的主要目标是提高高效照明产品质量，增加其生产能力，提高公众节能环保意识，推进照明节能。

绿色照明是一个系统工程，必须全面理解其含义。从绿色照明的宗旨可看出，其涉及照明领域的各方面问题，内容广泛而全面，内涵深刻。我们应该注重照明环保和照明节能等多方面的问题，完整地理解绿色照明。

6.2.1 照明环保

1．节约电力，减少发电厂排放对环境的污染

照明节能是中心课题，但不仅要注重节能本身的意义，更要降低能耗而减少发电导致的有害气体的排放。

燃煤发电厂是大气污染物的主要来源之一，燃煤发电为我们提供了一半以上的电力，然而它排放的主要空气污染物却是发电业排放总量的 80%，例如二氧化碳、二氧化硫、氮氧化物、可吸入悬浮粒子和挥发性有机化合物等。二氧化碳是最令人担心的造成温室效应的气体，而二氧化硫等其他污染气体是造成酸雨的罪魁祸首。

据有关部门预测，至 2020 年，我国能源消费构成比例中，煤炭仍将超过 50%，居于主导地位。所以，一段时期之内，燃煤发电厂产生的气体、污水等还将是环境污染的主要

物质。

　　LED 照明节能可以节约大量电力，从而减少电厂排放对环境的污染。作为照明设计师，我们更加要责无旁贷地担负起节约能源、减少污染的任务。

2. 使用环保材料，减少废弃物对环境的污染

　　LED 照明的推广应用，有效降低了其他光源的有害物质量（如汞、荧光粉、各类金属卤化物等）的应用，并且通过提高电源的质量和耗材量等，直接或间接关系到保护环境。

　　目前市面上照明光源分为荧光灯、白炽灯、高强气体放电灯，其中荧光灯的市场占比约为 75%以上。荧光灯管内壁涂有荧光粉，管内充入水银化合物。根据统计，中国荧光灯市场每年产销量超过 10 亿支，每年报废的荧光灯管数量以千万计，这些废灯管含有大量的汞，不加以回收废灯管将会带来可怕的环境污染，破裂的荧光灯管所释放出的汞及其化合物进入环境后，对生物和人体会有直接、间接的伤害。而且，当荧光灯管被打破的同时，灯管中的汞蒸气大部分已经逸散出来，一旦经呼吸道进入人体，就会长存体内，对人产生慢性伤害。

　　在减少汞污染的任务里，照明设计师能够做的事情就是：尽量使用没有公害的 LED 照明产品。

3. 控制照明数量，减少光对环境的污染

　　近年来，城市更亮了，夜色更美了。"让城市亮起来"成为一句非常时尚的口号。但是，在美丽夜景之下，光污染一直被人们忽视。正处于发展阶段的各城市，在建设过程中普遍存在"越来越亮"、"你比我亮，我比你更亮"的误区。

　　环境污染除了水污染、大气污染、噪声污染、固体废物污染这四大类污染外，还有另一种污染，绝大多数人都曾受过它的危害，而且危害正日趋严重，却往往被忽视。这就是危害人类的第五大污染：光污染。借用"噪音"的叫法，人们把那些对视觉、对人体有害的光叫"噪光"。噪光带来的污染就叫光污染。有关专家指出，这一污染源有可能成为 21 世纪直接影响人类身体健康的又一环境杀手。

　　国际上一般将光污染分成 3 类，即白亮污染、人工白昼和彩光污染。不少高档商店和建筑物用大块镜面式铝合金装饰的外墙、玻璃幕墙等形成的光污染属于白亮污染；夜间一些大酒店、大商场和娱乐场所的广告牌、霓虹灯、大城市中设计不合理的夜景照明等，强光直刺天空，使夜间如同白日，这属于人工白昼；舞厅、夜总会安装的黑光灯、旋转灯、荧光灯以及闪烁的彩色光源则构成了彩光污染。

　　首先，城市的大量光线会对夜景天空造成光污染，对于天文观测等科学研究造成了极大的影响。最近，意大利和美国的科研小组通过研究全球居民区和工业区光污染卫星资料后发现，全球有 2/3 地区的居民看不到星光灿烂的夜空，尤其在西欧和美国，高达 99%的居民看不到星空。

　　如图 6.4 所示这是从空中俯瞰的地球夜景照片，左边是美洲，中间是欧洲，右边是亚洲。请注意看以下几点：

亮度一般来说反映了发达程度和人口稠密程度，但是发达程度对亮度的影响应该是两者中更大的。从图中可见，美国最亮，尤其是东部，其次就是欧洲、日本。中国的亮度更是体现出东部远发达于西部的特点，最大的一块亮度区域是珠江三角洲和台湾省西海岸，西藏、青海则是漆黑一片。

图 6.4　空中俯瞰的地球夜景照片

在日照光线强烈的季节里，建筑物的钢化玻璃、釉面砖墙、铝合金板、抛光花岗石等镜面眩光逼人。白色的粉刷面反射系数为 69%～80%，而镜面玻璃的反射系数则达 82%～90%，比绿色草地、森林、深色或毛面砖石外装修建筑物的反射系数大 10 倍左右，大大超过了人体所能承受的范围，从而成为现代城市中的新污染、新公害。

随着城市建设的发展，镀膜玻璃的镜面建筑也日益增多，在闹市区，不少商场酒楼都用大块镜面或铝合金装饰门面，大面积的玻璃幕墙装潢随处可见。然而，由此造成的白光污染却是人们始料不及的。镜面建筑物玻璃的反射光比阳光照射更强烈，给邻近的建筑物和居民带来了诸多不便。在大型镜面建筑最为集中的地区，玻璃幕墙式的大镜面建筑引起了大楼周围市民的强烈不满，一些建筑物的业主已同意做出赔偿，负担安装住宅楼走廊过道所有窗帘的费用。

研究发现，长时间在白色光亮污染环境下工作和生活的人，眼睛的角膜和虹膜都会受到不同程度的损害，易导致视力下降，白内障的发病率升高等。同时，还会使人产生头昏目眩，失眠心悸，食欲下降，情绪低落等类似神经衰弱的症状。

随着现代文明的发展，白昼被延伸得越来越长。夜幕低垂，建筑物内灯火通明，大街上各种各样的广告牌、霓虹灯闪烁跳跃，令人眼花缭乱；现代歌舞厅所安装的黑光灯、旋转活动灯、荧光灯以及闪烁的彩色光源均构成了彩光污染；还有的强光束甚至直冲云霄，将夜晚照得如同白昼。人们处在这样的环境中，就跟白天一般，即所谓"人工白昼"。

在我国，这种情况也不同程度地存在着，并有愈演愈烈之势。夜景灯光在使城市变美的同时，也给都市人的生活带来一些不利影响。在缤纷多彩的灯光环境呆久了，人们或多或少会在心理和情绪上受到影响。刺目的灯光让人紧张；人工白昼使人难以入睡，扰乱人体正常的生物钟。人体在光污染中最先受害的是直接接触光源的眼睛，光污染会导致视疲劳和视力下降。不适当的灯光设置对交通的危害更大，事故发生率会随之增加。

英国剑桥大学研究人员实验证明，日光灯是引起偏头痛的主要原因之一。而荧光灯照射时间过长会降低人体的对钙的吸收能力，导致机体缺钙。五光十色的霓虹灯，耀眼刺目的强光波，能导致生物体内大量细胞遗传变性，使不正常的细胞增加，扰乱肌体自然平衡，引起头晕、目眩、烦躁、失眠等。

生活在"人工白昼"这样的不夜城里的人，夜晚难以入睡，打乱了正常的生物节律，导致精神不振，影响白天上班工作效率，还时常会出现安全方面的事故。据德国的一项调查显示，有 2/3 的人认为"人工白昼"影响健康，有 84% 的人反映影响夜间睡眠。为了避免强光刺眼，人们不得不将卧室的窗封闭，或者装上暗色的窗帘。"人工白昼"还可伤害昆虫、鸟类和一些植物，破坏夜间的正常活动或睡眠程度。这种昼夜不分的生活环境，更会给人的心理健康造成损害。

对于光污染，各国关注程度不同，法律约束的差别也非常大。对噪光这种都市新污染的危害影响，目前世界各国还没有出台相关的规定和保护受害人的法律依据。据首尔市建设指导科透露，除了提倡使用反射率在 12% 以下的反射不严重的玻璃外，韩国至今还没有一部适当的法规。成均馆大学金裕逸教授指出，建筑物反射光不仅破坏了城市的总体美观，还会造成各种事故，是一个极待解决的问题。欧美许多国家曾经有过城市亮化的兴盛期，亮化之后察觉到了危害，接受了深刻的教训。如今在欧美和日本，光污染的问题早已引起人们的关注。美国还成立了国际黑暗夜空协会，专门与光污染做斗争。

目前，对于这种新型的光污染，我国也没有适用于此的污染治理法规出台。我国的照明比发达国家落后近 50 年，别的国家早就淘汰的光源我们今天仍在用。由于缺乏专业的设计人员，国内多数夜景照明不仅不节能，还十分刺眼，容易让人疲倦，与国际标准有一定差距。

夜景照明本身有利有弊，我们可以将弊病降到最低程度。城市规划要立足生态环境的协调统一，对广告牌和霓虹灯应加以控制和科学管理；在建筑物和娱乐场所周围，要多植树、栽花、种草和增加水面，以便改善光环境；注意减少大功率强光源等等。总之，力求使城市风貌和谐自然，让人们能够生活在一个宁静、舒适、安全、无污染、无公害的优美环境中。

6.2.2 照明节能

节约能源，保护环境，是我国长期的重大方针，也是全世界所关注的重要课题。

1. 在提高照明质量的前提下实施节能

绿色照明不是过去单纯的节能，这在我国"绿色照明工程实施方案"中提出的宗旨已经有清楚的描述，就是要满足对照明质量和视觉环境条件的更高要求，因此不能靠降低照明标准来实现节能，而是要充分运用现代科技手段提高照明工程设计水平和方法，提高照明器材效率来实现。那种不顾及照明质量，降低照明标准的方法，片面追求节能，是不妥当的。在新颁布的国标里，关于照明节能的精髓就是：在保证照度功能性的前提下，实施节能的照明。

《建筑照明设计标准》（GB50034—2013）是新修定的照明设计节能标准，于 2013 年 11

月 29 日批准发布，2014 年 06 月 01 日实施。该标准不仅有"照明节能"章，同时整个标准都贯穿了绿色照明的宗旨和理念。该标准规定了限制照明安装功率的一个量化指标——"照明功率密度"（LPD）值，即房间或场所的单位面积照明安装功率（含镇流器、变压器的功耗），单位为瓦每平方米（W／m²）。标准规定了居住、办公、商业、旅馆、医院、学校及工业七类建筑中应用最多的 108 个房间或场所的 LPD 最高限值。这个规定对照明工程设计提出了更高的要求：即要在符合照度水平的条件下，设计的照明功率应限定在标准规定值以下，从而保证照明系统的能效。这就要求设计者运用科学、合理的设计方法，正确选用优质、高效的照明器材（光源、灯具及镇流器等附件），以及合理的配电系统、控制方式，优化设计方案，以获得最佳的节能效果。

《建筑照明设计标准》中的第 6 章明确规定了照明节能的标准，对于办公、商业、旅馆、医院、学校及工业等六类建筑常用房间的 LPD 限值的规定，是作为强制性条文发布的，建设部公告要求"必须严格执行"，这对于照明设计具有严格的制约作用。再加上建设部规定的全国所有工程设计的图纸审核制度，是各项设计标准、规范，特别是强制性条文得以有力实施的重要制度保证。下面举其中一段为例：

办公建筑照明功率密度值不应大于表 6.3 的规定，当房间或场所的照度值高于或低于本表规定的对应照度值时，其照明功率密度值应按比例提高或折减。

表 6.3　办公建筑照明功率密度值

房间或场所	照明功率密度（W/m²）		照度标准值
	现行值	目标值	（lx）
普通办公室	≤9.0	≤8.0	300
高档办公室、设计室	≤15.0	≤13.5	500
会议室	≤9.0	≤8.0	300
服务大厅	≤11.0	≤10.0	300

广大设计师在照明设计中应重视照明节能的强制性条文，有些电气、照明设计师们普遍存在一个误区，他们未能正确理解 LPD 限值的全部意义，或者是图省事，找"捷径"。他们认为："只要把一个房间内的全部照明功率除以房间面积，结果比第 6 章中规定的密度低，就是符合标准"。竟然不计算照度来确定需要的光源、灯具数量，而是将房间面积除以标准规定的 LPD 限值，就得出光源数。

这种做法是大错特错的做法，颠倒了设计程度，其结果是符合 LPD 值规定的，但却不知道计算照度为多少？偏离照度标准多远！同样经不起审查。这样的设计可能出现的后果是选用的光源等器材效率不高，方案未经优化，能效指标（LPD 限值）用到了极限，而照度达不到规定标准。

他们的错误在于忽略了同样为强制标准中的一句话："当房间或场所的照度值高于或低于本表规定的对应照度值时，其照明功率密度值应按比例提高或折减"。这句话意味着照度标准值进行提高或降低时，照明功率密度值应按比例提高或折减。

例如，就以办公场所为例，一个 $60 m^2$ 的办公室，如果设计师采用这种"偷懒"的方式进行设计，那就是这样做：查标准中的规定，LDP 为 $9 W/m^2$，那么这个房间中的照明总功率就是 $60 m^2 \times 9 W/m^2 = 540W$，于是就安装 11 个 5W 的 LED 灯……

这样做，好像是"万无一失"，做到了设计 LDP 符合标准。但是，实际上，这样做的话，实际照度只有 80lx，按照"对应照度值"比例折算下来，实际的 LDP 为：$300lx \div 80lx \times 9 W/m^2 = 34 W/m^2$。这个数值已经远远超出了标准的要求。

另一方面，如果选用的光源、电源、灯具的效率高，设计合理，能效指标用到了极限，而照度超过标准值太多，这样也是不利节能的。因为规定的 LPD 限值留有一定余地，考虑诸多不利因素的需要；在条件有利时，不应把 LPD 值用到极限，而应使照度符合标准值（允许偏离 ±10%以内），从而使实际的 LPD 值更小。

因此，提出对照明设计师的建议如下：

- 设计者应该了解标准的精神和内涵，熟悉设计程序和照度计算，力求降低 LPD 值；
- 设计师应该充分应用有关照明设计计算软件，了解生产企业的灯具、光源产品技术资料，每次设计都经过详细计算；
- 审图者不仅要审查 LPD 值强制条文，而且也应审查相应的设计照度是否符合标准，以保证照明水平和节能要求。

2. 绿色照明远不只是推广应用某一种节能光源

研究生产和推广应用优质高效的照明器材，是实施绿色照明的重要因素，而光源又是其中的第一要素。除光源外，还有灯具和与光源配套的电器附件，对提高照明系统效率和照明质量都有重要意义。

高效照明器材是照明节能的重要基础，但照明器材不只是光源，光源是首要因素，已经为人们认识，但不是唯一的，灯具和电气附件的效率，对于照明节能的影响是不可忽视的，这点往往不为人们所注意，比如一台带漫射罩的灯具，或一台带格栅的直管形 LED 灯具，高效优质产品比低质产品的效率可以高出 50%，甚至 85%，足见其节能效果。

高效光源是照明节能的首要因素，必须重视推广应用高效光源。根据应用场所条件不同，至少有三类高效光源应予推广使用。

第一类是以 LED 户外光源、适用于高大工业厂房、体育场馆、道路、广场、户外作业场所等。这类场所范围广，使用光源多（按光源总功率计更为明显），节能效果最显著。

第二类是以直管 LED 灯为主，适用于较低矮的室内场所，如办公楼、教室、图书馆、商场，以及高度在 4.5m 以下的生产场所（如仪表、电子、纺织、卷烟等）。

第三类是以紧凑型 LED 光源为主，替代白炽灯、卤素灯、电子节能灯，适用于家庭住宅、旅馆、餐厅、门厅、走廊等场所。

在照明系统的节能方面，我们需要做到的是：

（1）研制高效优质系列完善的灯具

这是灯具研究生产企业的任务，十多年来我国从基础到应用的研究，技术引进，开发了一大批与新光源发展相配套的灯具，有很大进步，但总体说，灯具的科研队伍很小，灯具生产企业规模小，和国外先进水平比，尚有不少差距。主要任务如下：

① 提高灯具效率，现在市场上有些灯具效率仅有 0.3～0.4，光源发出的光能，大部分被吸收，能量利用率太低，要提高效率，一方面是要有科学的设计构思和先进的设计手段，运用计算机辅助设计（CAD）来计算灯具的反射面和其他部分；另一方面要从反射罩材料、漫射罩和保护罩的材料等加以优化。

② 提高灯具的光通维持率，从灯具的反射面、漫射面、保护罩、格栅等的材料和表面处理上下功夫，使表面不易积尘、腐蚀，容易清扫，采取有效的防尘措施，有防尘、防水、密封要求的灯具，应经过试验达到规定的防护等级（IP 等级）。

③ 提供配光合理、品种齐全的灯具，应该有多种配光的灯具，以适应不同使用要求（照度，均匀度，眩光限制等）的场所的需要。

④ 提供与新型高效光源配套、系列较完整的灯具。现在有一些灯具是借用类似光源的灯具，或者几种光源几种尺寸的灯泡共用灯具。要达到高效率、高质量，应该按照光源的特性、尺寸专门设计配套的灯具，形成较完整的系列，提供使用。

（2）正确合理选用灯具透镜

有了高效的灯具，还不是问题的全部，还必须正确应用。因为灯具效率高，解决了把光源的光通量最大限度发散出灯具以外，但要让光更多地照射到视觉需要的工作面上，还必须提高光通的利用系数，这是照明工程设计者的任务。利用系数取决于灯具效率，灯具配光与房间体形的适应状况，还和室内各表面（墙、顶棚、地面、设备、家具等）材料的反射系数有关。选用灯具配光特性要和房间体形适应，以提高利用系数。直接型灯具配光粗略分为三类，即宽配光，中配光、窄配光。对于面积大而灯具悬挂高度较小的房间，应选用宽配光灯具，可获得较高灯具效率，灯具发出的直射光绝大部分能直接照射到工作面上；面积小而灯具悬挂高度较大的房间，如果用宽配光灯具，则导致相当一部分直射光照射到墙面和窗上，降低了光通利用率，所以宜选用窄配光灯具。

选用透镜，还要处理好能量效率与装饰性的关系，当前，在民用建筑中乃至一部分工业建筑中，照明设计有一种偏向，强调了灯具的装饰性能，而忽视了灯具效率和光的利用系数，造成过大的能源消耗，而得不到良好的照明效果。例如，有的商场，照明安装功率竟然超过 100W/m²，显然是不合理的。有些公共建筑，把照明设计交给建筑装饰公司完成，而一些装饰公司又缺乏熟悉照明专业技术的人员，只按装饰要求去设计照明，选用灯具，较少考虑照明效率，对实施绿色照明工程很不利。这些应该从审查照明设计资格，制定各类场所照明能量标准等措施去解决。

（3）注意电器附件的能耗

电器附件对照明节能有一定影响，其中 LED 电源是影响最大的，要求电源的功率因素在 0.95 以上。

目前存在的主要问题：一是大部分产品可靠性不高，二是价格较高。国家经贸委和主管部门近几年很重视电源的研制，采取了多种措施，现在有一部分企业的产品已具有较好的质量和可靠性。

3. 重视照明工程设计和运行维护管理

实施绿色照明工程，不能简单地理解为提供高效节能照明器材，高效的器材是重要的物质基础，但是还应有正确合理的照明工程设计。优质高效照明器材，是重要的物质基础，但是应同样重视照明工程设计，他是制定总体方案、统管全局的要素，设计要合理确定照度，合适的照明方式，正确选用适应的光源、灯具，合理布置，保证照明质量等。设计是统管全局的，对能否实施绿色照明要求起着决定作用。如果设计不好，优质的照明器材也不能发挥最有效的作用，就不能很好地实施绿色照明。此外，在运行使用中，还要有科学、合理的维护与管理，才能达到设计的预期目标。

实施绿色照明是一项长期的任务，工程设计起着重要作用，前面已叙述，提供高效的光源、灯具等很重要，但是还要设计师正确应用。除此之外，还有几个关系照明节能的问题，也应引起重视。

（1）合理选择照度标准

设计必须从生产、使用实际需要出发，合理贯彻国家标准，要有利于保护生产者和使用者的视力，创造良好视觉条件，快速、清晰地识别对象，减少差错，提高劳动生产率和工作效率，在此基础上，力求节能。

（2）重视照明质量

从实际出发，根据不同对象，强调照明质量标准。如服装、纺织品商场，应保证足够的显色性；对于大城市主干道路照明，应限制眩光，减少光污染，以保证车行畅通，降低交通事故。

（3）合理选择照明方式

在工业厂房，合理运用一般照明和局部照明结合，合适的灯具悬挂高度，在商场展览场所等合理运用非均匀照明，突出重点照明，使用灵活照明方式，达到节能与照明效果的统一。

（4）设计先进的照明控制方式

对于各种照明场所，先进的控制方式是保证节能的一大要点。在满足视觉者需要条件下，减少点灯时间，是合理节能的重要手段。

（5）合理的照明配电系统设计

照明配电系统对提高照明质量和节能也很重要。例如，提高较稳定的电压，减小电压偏移，既保证良好的视觉条件，提高光源寿命，又节约电能，提高照明线路的功率因数，对电网，对降低照明线路电能损耗都有很大好处。

照明设计中如何实施绿色照明工程的内容还很多，不一一叙述。总之，我们的任务是要从更高层次和意义上理解绿色照明，提高设计人员水平；另外，要修订完善照明设计标准，特别是照明节能标准，强化照明设计和照明节能管理，为推进绿色照明做出新贡献。

6.3　照明设计程序

照明设计程序基本上包括以下几个阶段：①概念设计阶段：包括前期调研、了解需求等工作；②方案设计阶段：包括确定照明标准、选择照明方式、选择照明产品、选择控制方式等工作；③施工图设计、设计实施、现场调试、备案记录等阶段。如图 6.5 所示。

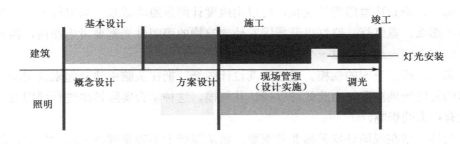

图 6.5　照明设计程序

6.3.1　概念设计

照明设计的目的是为空间提供所需要的灯光，为空间中某些特定位置提供对应的灯光，以求获得适用和舒适的环境。在进行照明设计时先要了解空间的规模和功能，了解它所需要的光，也就是说，要根据光在空间中所起的作用来决定所要求的光的性质和数量。这些工作称之为"概念制定阶段"。当概念制定之后，才能进入灯具布置的设计和详细图纸设计阶段。

由于需要把概念准确地传达给有关人员，所以，要采用准确的词汇和简练的描述来表达设计概念，用简图和灯光的形象图等把光的效果归纳成视觉上能够理解的形式表现出来。下面对"概念制定阶段"中所要进行的工作进行阐述。

1．前期调研

（1）了解空间的规模和功能

大多数照明设计的工作是同建筑师和室内装饰设计师共同完成的，所以我们在建筑构思和基本设计的早期阶段就要积极参与配合。从接受照明设计委托开始，首先要听取客户对照明空间的概要说明，客户可以是建筑师、建筑设计事务所、住宅公司、住宅开发商等。照明设计师要从平面图、剖面图、展开图、家具配置图等去理解建筑和室内设计。

通过图纸可以了解设计意图，设计师要能够把二维的平面图形转换为三维的立体图像。如果设计对象是现有空间的改造项目，还可以进行现场的实际体验，如果是新建的项目，则只有依靠图纸来进行想象。

为了解读图纸内容，可以采用符号在图纸上做记录，同时还要进行假想空间的想象体验，把那些认为是在空间构成中重要的墙面和采光窗的大小用笔记下来。对于楼梯和竖井，则要考察其剖面图。对于楼板和墙壁，可以为其涂上浅的色彩，以利透视简图的办法来辅助理解，然后再通过立面图进行核对，并把在夜晚能够透出灯光的开口部位用有色铅笔涂上颜色。

完成了这些工作之后，就建立起了假想的空间，也就为照明设计提供了基础。

（2）被照明对象周围的环境调查

环境调查在照明设计中具有两方面的意义：

第一，调查环境照明的现状，可以用照度计测量照明数量。如果被照明对象位于城市之中，那么，霓虹灯、路灯以及周围其他建筑物的照明灯光都要考虑在内，需要在设计时将它们综合在一起，形成一个总体的效果。

第二，确定空间的规模。通过阅读设计图纸，把在头脑中建立起来的空间边想边画在实际的被照场地前面，由此就可以确认其规模。这种结合实际场地进行照明设计的做法对直觉有很大的影响。

此外，站在现场寻找灵感非常重要，如从图纸上不容易理解空间的情况，就到相同情况的建筑单位，或者与客户亲自交流。到达现场后的第一印象对于决定设计的方向有非常大的帮助。

2. 了解需求

照明设计不同于一般的艺术创意设计，不能任由设计师的想法来随意设置。照明的设计实际上是一个应用的设计，我们需要利用先进的技术和丰富的产品，实现室内设计师、建筑设计师的创意，为最终用户创造一个良好的光环境。所以，经过前期现场调研之后，并不能立即开展设计工作，还需要对客户的需求进行深入的了解，这样才能做出一个合格的照明设计。

首先要与室内设计师、建筑设计师沟通，了解他们的想法，在灯光运用上要配合整体装饰和建筑的设计思路。一般情况下，不要轻易使用过激的设计，不要随意选用特型的产品，以标新立异的技术作出一个突兀的感觉并不是设计的目的。照明的目标是令整个建筑空间形成完整、舒适的感觉。

其次，要尽可能与最终使用者进行交流，了解到使用者的习惯、思维，在灯光布置上尽可能满足最终使用者的需求。当然，并不是每个使用者都能明确表达出自己的需求，这时，就需要我们设身处地为客户思考，进而为客户设定需求。例如，办公室照明，要根据办公档次、家具的排布、企业文化等推测出客户的需求；商铺照明，要为进入店铺的顾客多考虑需求，而不是仅仅从业主的角度去思考；户外景观照明，需求综合考虑整体的城市规划，而不是仅仅站在委托方的角度去考虑。

6.3.2 方案设计

方案设计阶段的工作是把在概念设计阶段所描绘的各空间中照明效果通过照明计算和灯光效果试验进行检查验证，对光源灯具等设备进行选择和布置，然后据此完成设计图。

对于一些规模较大的建筑照明工程来说，往往要将其分为初步设计和实施设计两个阶段。

随着照明效果形象的不断清晰，为了实现这一效果而进行选定、布置照明灯具等的概略设计。这样，基本设计也就基本完成。接着进行光形象的视觉化。利用表现光分布的展开图或平面图、照明效果照片、计算机模拟图、光的模型等技术，把引起客户兴趣的照明效果事先视觉化，尽可能使客户容易理解。

1．确定标准

（1）照度的确定

当明确了空间大小、空间功能、被照对象周围的照明状况之后，结合用户的需求，就需要开始考虑空间所需要的光的性质和数量，如果没有预先给出所需要的照度，可以参考国家标准，例如《建筑照明设计标准》（GB50034—2013）等。从建筑的入口大厅到房间这样连续的空间序列，需要根据每个空间的功能来选择设计照度，还要注意避免对视觉环境产生负面的影响。

同时，还需要根据该空间的档次、用途进行各处的照度分布确定。以商业照明为例，我们需要根据商城的级别来确定照度的比例和分布：

①高级品牌专卖店

相对较低的基本照度（300lx），暖色调（2500～3000K）和很好的显色性（R_a>90）。使用许多装饰性射灯营造戏剧性效果（AF 15～30:1），以吸引消费者对最新流行时尚的注意，并配合专卖店的氛围。

②普通时装店

平均照度为（300～500 lx），自然色调（3000～3500K）和很好的显色性（R_a>90）。结合使用大量重点照明营造轻松且戏剧性氛围（AF 10～20:1）。

③大众化商店

较高的基本照度（500～1000 lx），冷色调（4000K），较好的显色性（R_a>80），营造一种亲切随意的氛围。使用很少的射灯突出商店中特定区域的特殊商品。

图 6.6 所示是商业照明档次与照度的关系。

（2）色温的确定

色温与照度如果组合得不合适，会给人造成不舒服的感觉，若在一个建筑空间出现多种色温的照明，也会破坏建筑空间的整体感。

光源的色温影响照明的气氛。色温低，感觉温暖；色温高，感觉凉爽。一般色温<3300K为暖色，3300K<色温<5300K 为中间色，色温>5300K 为冷色。光源的色温应与照度相适应，即随着照度增加，色温也应相应提高。否则，在低色温、高照度下，会使人感到酷热；而在高色温、低照度下，会使人感到阴森的气氛。如图 6.7 所示。

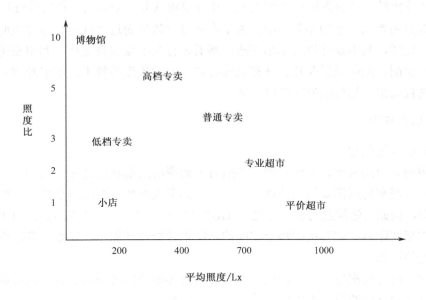

图 6.6　商业照明档次与照度的关系

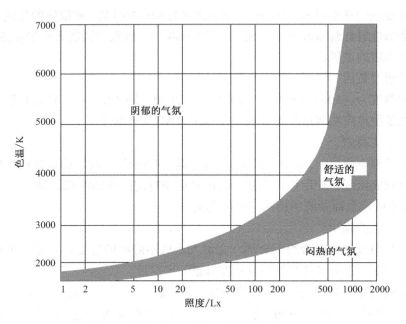

图 6.7　照度色温和房间气氛的关系

（3）考虑不同时刻的光照变化

早晨、中午、傍晚的太阳光的光色光强不停地在变化，给我们留下深刻的印象，也感动着我们的心灵。同样，建筑空间中人工光也会有随着太阳光的影响和空间的功能以及所谓塑造空间的目的而形成白天、傍晚、夜晚、深夜……的变化的设计。

在手绘草图上用彩色铅笔描出光的分布情况，根据时间的流动顺序进行多幅场景的描绘。对于复杂的空间，还可以制作模型，并通过光导纤维充当实际的光源。此外，还可以把由于季节变化所产生的光的变化和效果汇总在一览表中。

（4）将光形象化

为了使空间的照明效果形象化，需要在纸上把光描绘出来。

在深蓝色的纸上画出建筑轮廓，以此作为底图，再在其上用彩色铅笔描绘出光线和光照效果。通过这些可以把光在空间中的布局和光的变化情况进行预测，以此为基础，就能使随后的照明设计步骤有了明确的方向。描绘灯光，既可以在平面图上进行，也可以在剖面图、立面图或三维图纸上进行，添上了灯光，与实际情况相接近的建筑形象就会呈现出来，然后，就可以考察照明效果是否满意，可以根据考察结果来决定是继续进行设计的下一步还是修改布光方案。

令人感动的照明设计始于在纸上反复进行的灯光形象的描绘。通过这种描绘，会在设计师的头脑中形成了想像的光照空间效果。这种图纸作为概念设计阶段的成果，是向建筑设计师和业主阐述灯光设计以及交流设计理念时的重要资料。

2．选择照明方式

在确定了各空间的设计照度和色温等技术指标后，还需要选择合适的照明方法。我们可以列举一些根据空间特性来选择其所需照明的例子，并对所采用的方法进行分析。如果一开始就限定使用某种特定的方法，往往会无法达到理想的设计目标，体现不了设计师的精妙构思，因此需要设计多个方案，通过比较，选择最合适的方案。

根据工作性质与工作地点的分布正确选择照明方式，使其既有助于提高照明效果，又有利于降低照明投资与日常的费用支出。在人工照明的情况下，常用的照明方式有四种：一般照明、局部照明、综合照明、特殊照明。

一般照明也称全面照明，是一种不考虑特殊局部需要，为照顾整个被照面而采用的照明方式。一般性的会议室、接待室和没有特殊照明要求的办公室可采用这种方式。局部照明指为增加某一指定地点的照明亮度而采用的照明方式。通常在需要有写作、计算等精细操作的办公室有采用局部照明的必要。综合照明指工作面上的照明度需要由一般照明和局部照明共同构成时所采用的照明方式，常用于照明度要求不一或要求相同照明度的办公点分布不集中的情况。特殊照明如彩色照明、不可见光照明等．通常只用于有特殊、专门照明要求的办公室。

照明方式按灯具的散光方式可分为以下几种。

（1）间接照明

由于将光源遮蔽而产生间接照明，把 90%～100% 的光射向顶棚、穹窿或其他表面，从这些表面再反射至室内。当间接照明紧靠顶棚，几乎可以造成无阴影，是最理想的整体照明。从顶棚和墙上端反射下来的间接光，会造成天棚升高的错觉，但单独使用间接光，则会使室内平淡无趣。上射照明是间接照明的另一种形式，筒形的上射灯可以用于多种场合，如在房角地上、沙发的两端、沙发底部和植物背后等处。上射照明还能对准一个雕塑或植物，在墙上或天棚上形成有趣的影子。

（2）半间接照明

半间接照明将 60%～90%的光向天棚或墙上部照射，把天棚作为主要的反射光源，而将 10%～40%的光直接照于工作面。从天棚来的反射光，趋向于软化阴影和改善亮度比，由于光线直接向下，照明装置的亮度和天棚亮度接近相等。具有漫射的半间接照明灯具，对阅读和学习更可取。

（3）直接间接照明

直接间接照明装置，对地面和天棚提供近于相同的照度，即均为 40%～60%，而周围光线只有很少一点，这样就必然在直接眩光区的亮度是低的。这是一种同时具有内部和外部反射灯泡的装置，如某些台灯和落地灯能产生直接间接光和漫射光。

（4）漫射照明

这样照明装置，对所有方向的照明几乎都一样，为了控制眩光，漫射装置圈要大，灯的瓦数要低。

上述四种照明，为了避免天棚过亮，下吊的照明装置的上沿至少低于天棚 30.5～46cm。

（5）半直接照明

在半直接照明灯具装置中，有 60%～90%光向下直射到工作面上，而其余 10%～40%光则向上照射，由下射照明软化阴影的光的百分比很少。

（6）宽光束的直接照明

具有强烈的明暗对比，并可造成有趣生动的阴影，由于其光线直射于目的物，如不用反射灯泡，要产生强的眩光。鹅颈灯和导轨式照明属于这一类。

（7）高集光束的下射直接照明

因高度集中的光束而形成光焦点，可用于突出光的效果和强调重点的作用，它可提供在墙上或其他垂直面上充足的照度，但应防止过高的亮度比。

对多个方案进行比较和技术评价时需要考虑的要点包括：设计指标（照度、亮度、色温、眩光等）达到要求、初始投资、运行费用、维护管理的难易程度等，把这些内容汇总成表，进行综合评价比较。此外，还要根据使用者的活动规律和特点，模拟出可以进入人眼的光线，考察其可能合给人带来的干扰程度。通过照度计算算出所需要的灯具类型和数量，研究灯具的布置方案。

3．选择照明产品

（1）灯具选择

选择灯具时需要考虑以下四个问题：

首先，应选择具有完善光学性能的灯具，比如，采用投光灯照射墙面可以投照出漂亮的光斑，但在事前却无法计算得知。没有完善光学性能的灯具是无法进行计算的。另外，仅凭照度数据并不能决定照明效果的完美，还需要确认开灯后所发出的光是否漂亮，而不能单单根据光学数据来作决定。

第二、不要让灯具过于显眼，空间不是灯具的展览场所，应该选择造型形式尽可能简单的灯具。

第三、选择那些不会产生眩光的灯具。

第四、选择高效率的灯具。尤其是在像办公室等大空间场所，设计照度比较高，所使用的同类型灯具的数量又比较多，灯具效率的高低对运行费用有很大影响。

（2）选择光源

按照光源的类型划分，有白炽灯、荧光灯、HID灯、LED灯等。在照明设计中选择光源时，需要考察光源寿命、总光通量、色温、光效、显色性等指标。例如，需要长时间点灯的照明场合，应该着重考虑光源的寿命。对于要求高照度的空间，则需要光源能有尽量高的光通量，如果使用小光通量的光源，灯的数量就会很多，这当然是不合适的。此外，由于色温是决定空间形象的重要因素，但是，选择照度和色温时，需要考虑与舒适性有关的法则，因此，需要考虑二者之间的关系。

光源光效影响运行费用，需要予以特别注意。在对显色性要求严格的场所，需要选择高显色性的光源，但是，一般来说，显色性与光源光效、光源造价的关系多是有矛盾的。作为照明设计师，需要熟悉各种光源的特性，综合评价各种光源适用的场合，不能一味地使用低效率光源，也不能完全只考虑效率而放弃照明效果。

4．选择控制方式

分布在空间中的各种灯具，采用分组的方式进行控制、开关，可以有效地利用自然光，从而节约能源。还可以根据不同的需求开启不同区域的灯具，达到不同的照明效果。

切忌不能简单地按照区域将灯具分组控制，而是应该按照自然光的分布、实际使用的需求等分布灯具的控制。

有必要时，可以引入智能调光系统，更加智能化地进行灯光控制。

6.3.3　施工图设计

灯具的布置总平面图是在容易了解被照面（地面或墙面）与灯具关系的建筑平面图上把灯具的位置标注出来。标注方式应依据通常的惯例。

在进行灯具初扩布置设计时需要考虑如下问题：

- 与建筑模数保持一定关系；
- 与建筑墙体控制合适距离；
- 与竖井或窗前，上下层的灯具位置要保持对应。

在进行设计时，当地面、墙面和天花板都能成为安装灯具的备选位置时，要考虑哪里更合达以及效果更理想的问题。

如果图纸上能够容纳得下，就应该把灯具位置的尺寸和灯具规格型号也写上，并加上灯具的数量表。在此基础上，还应把表示开关回路和调光回路的分组回路图加到图纸上，这样，灯具就被线连接了起来，来线的一端，标上回路编号。对于那些需要分时段控制的照明设计，则应将调光系统添加到图上。

如果在灯具布置总平面图上留有位置时，就应把所有灯具编制成一览表。在这个表中，需要添入灯具名称、图纸编号、灯具类型、功率、数量、型号、生产厂家等。制作这个表就意味着要从产品设备的角度来对照明设计进行评价，要想获得合适的照明效果，就需要精心选择灯具设备。

若在表中再增加灯具单价和光源单价等内容，还可以计算工程造价，当然，在工程造价中应该包括施工费用，照明工程的独特性使其施工显得非常重要。当图纸绘制完成之后，还可能出现修改灯具布置、增减灯具数量、调整工程费用等工作。

在表中添加每天的开灯时间以及灯的寿命等内容就可以计算运行费用。

在表中写上光源色温、各个部位的设计照度等内容，那么，这个表就成为对应于照明设计中灯具设备的总结表格，其意义就会更为特殊和重要。

6.3.4 设计实施

照明设计师为了把设计变为现实，在工程进行期间要定期前往现场，与监督工程施工进程的建筑师、电气工程公司、建筑工程公司进行商讨，这在照明设计中就是现场管理阶段。对于大的施工现场，有时在建筑工程开工后经过一年的时间才开始照明方面的商讨，这就要重新对设计的构想进行解读，或者召开例会，讨论施工时必须注意的地方和施工中可能出现的问题以及原因，并且，应该一边进行必要的照明试验，一边进行照明工程管理。

1. 现场说明会

尽管照明设计内容要被汇总到设计阶段制作的设计文件中，但仅依靠设计图纸来进行施工是远远不够的，因为那些用于工程发包的图纸所包含的内容和信息是相当有限的。

通常，照明设计图纸的内容，由于分别被安排到工程发包图的电气设计图和吊顶结构平面图中，在这些图中，无法得知灯具的式样、安装方式和数量等内容，最近，也出现了将照明设计图纸作为工程发包图的做法，但是，仍然无法将照明设计的理念准确地传递给工程的承包人。

因此，有必要举办照明设计说明会，来向工程的有关人员传达设计的相关内容。在会上，应该由照明设计师来讲述照明设计的构想以及工程的内容，讲解有关的照明用语，如色温、光通量、显色性等，吸墙式灯具等各种灯具的名称、特点、作用、安装等内容。会上要确认灯具的安装时间表，如果设计中使用了特制的专用灯具，需要强调应按照被认可的图纸进行施工，并确定试验灯具的时间等。

2. 照明例会

无论是多么仔细完成的设计图纸，当工程开始后也可能会出现各种各样的问题。为了解决所发现的问题，需要召开"照明例会"。这种会议通常是由承担照明工程的电气工程公司主办，建筑师、设备设计师、照明设备厂家的技术人员、照明设计师等应该参加会议，就有关灯具的详情和在建筑中的安装等的问题进行详细的商讨。

如果是大型建筑，开工之后还可能出现变更，变更内容包括空间的用途以及如何使用等，那就要重新考虑照明设计了，为了预测和应对这些情况，照明例会是必不可少的。

3．照明模型试验

优美的照明效果，即来自于性能优异的灯具，也要求接受光照的墙面、地面以及天花板表面的颜色和质地能够有效地配合，无论哪方面出错，都达不到预期的照明效果。

当使用某些新型的饰面材料，或者是使用特殊的灯具时，需要制作模型或在现场进行试验。进行试验时，照明设计师应该在事前作出试验的计划书，以便寻求有关人员的合作。

虽然试验的内容会随试验目的而变，但测量照度和亮度数据、拍摄和记录不同照明效果进行试验的照片等，都是必不可少的。试验结果汇总在报告书中，据此可以决定灯具的详情，选择合适的墙面材料。另外，这种试验结果也能作为向建筑业主和建筑师展示照明效果、说明照明意义的材料。

4．告知、同意

完成一个照明设计之所以很难，是因为完成了建筑空间的施工、安装了照明灯具、直到通了电，往往还不能看到最终的照明效果。建筑业主只有在建筑物即将竣工之前才能看到他在照明设计和照明设备方面的投资结果。万一和他们所想象的不一样也为时已晚。当然，这种情况是决不允许发生的，所以，从概念设计阶段到施工设计阶段到现场试验阶段，需要反复向业主进行设计效果的凉演示，尽管如此，照明效果的体验也是因人而异，甚至在价值观上的差异也会体现到对照明效果的是否认同方面。

所谓"告知、同意"就是指对那些对方有疑问的事情进行说明，以便消除其疑虑。在进行现场施工配合时，应该边向对方展示照明的试验效果，边阐释说明设计中的有关问题。

5．认可

在灯具即将发包之前，由电气工程公司提出灯具认可图。这是反映以前商讨结果的图纸文件，确认其内容之后须盖章方能生效。

此外，还存在着一个最终确认的问题，那就是确认所有光源的配光和色温。对荧光灯而言，其色温分为：低色温（2700K）、暖白色（4000K）、昼白色（6000K）等。对于配光来说，光束扩散程度以半光束角进行规定，比如10°、24°、36°等，如果选错了光束角，则可能照射大片的面积，而被照对象上却达不到所需要的照度，或者是光束特别集中，导致被照物上光照不均匀。

6.3.5 现场调试

1. 光是最后一道不可欠缺的工序

对由灯具出射的光的强度和照射方向进行调整，属于照明设计的后期工作，称之为调光。许多时候是需要依靠电气工程公司来配合完成这项工作。这项工作是在工程大体完成之时，即将向业主交工之前来进行的。照明设计师需要到现场来指挥调光作业，并亲自予以确认。当在概念设计中所构思的照明效果形象就要变为现实的场景时，这肯定是设计者心中最为激动的瞬间。

对于较大规模的照明工程现场来说，需要绘制调光指示图，以灯具总布置图为基础，从各个灯具处引出射线，指向投光点，把表示照射点的图称为调光指示图。在这个图上，画出光在被照面上扩散面上扩散的圆弧，标上由照明计算求得的照度值，并标记上从灯具到照射点的照射角度。当在同一空间中设计了多个照明场景时，还应把所设计的各个场景的照明效果以及场景更替时间在存储起来以备调用。

在照明布置配线工程时，对布置灯具所在的位置进行布置配线检查的意义，在于是否按照设计要求。照明设计师在竣工现场要审查照明效果与设计阶段时的形象内容有多少差异。

照明灯具有固定安装型和非固定安装型。即使是固定型安装灯具，也有安装之后可以调节改变光的角度、散射、亮度等的灯具。一般象筒灯那样的固定安装型灯具，一旦安装之后，灯具就不能移动。但是，可调节型的筒灯，是可以调节改变照明的照射方向的。台灯和导轨式射灯是非固定的，有插座和导轨，可以简单地移动。

为了使空间气氛和照明效果接近设计时的形象，调节光是非常必要的。这包括调焦和校准，都是设计管理中非常重要的工作。商店、美术馆、宾馆等多使用射灯、可调节型筒灯，还有程序调光设备的引入，对于调焦是不可欠缺的。光线恰倒好处地照射在绘画、观叶植物、商品等上时，会把它在空间里的美显露出来，与调焦之前相比是完全不同的景色，这里当然有必要。

调光工作是根据这个图把瞄准点在现场做记号，然后再将灯具调整指向该点。对于象音乐厅一类的大空间，则要通过计算出被照面与灯具之间的三维角度（水平角、竖直角、旋转角），调光时则是根据这些角度来调整灯具的方位。采用这种方法，可以缩短现场调光的时间，这对于大型空间来说是比较合适的。

调光工作多在夜间进行，设计师应具备迅速判断并做出合适指示的能力。

2. 制作照明场景状态图

最后，得到客户确认之后，要把现场拍摄下来。尽可能把所测量的照度之类的数据记下，作为下次工作参考之用。当要在规定时间内转换照明场景时，需要预先设定灯具的调光水平、调控开关，以及调控间隔。照明场景状态图就是用表格和图形（曲线图）来表示这些信息内容的"乐谱"。这个图表是以照度水平为纵轴，时间为横轴的折线图。因此，当线为水平时就表示照明场景没有变化，如果线的倾斜度很徒，就表示照明场景之间的转换时间很短。

通过制作照明场景状态图，要以使灯光所修饰的空间显出协调的效果，实际的调光工作是在调光系统的工作台上进行的，输入了某个灯光场景，以后就可以多次重复出现，并可以对其进行修正。

3．制作维护管理导则

照明工程建设完成之后，并不是一切都万事大吉，光源和灯具如果不进行经常性的维护，它们就不能正常地工作，照明效果也就无法保持。人们所需要的并不是一次性的或一瞬间的照明效果，而是希望它能持续正常地工作，因此需要向管理者说明如何正常地使用和维护照明工程。

编制维护管理手册是一种有效的方法，手册中应包括使用说明、管理方法、以及产品资料等。以光源为例，手册中应列出光源名称、额定电压、功率、寿命、灯头尺寸、生产厂商、型号、规格、价格、维护方法及注意事项等内容。将维护管理手册交给管理者之后，照明设计师的工作将宣告完成。

4．保留记录

把最终完成的有关照明工程的技术数据（照度水平、灯具瞄准点、各个照明场景的更迭时间等）以及照明效果的摄影照片进行记录。由于把设计概念中所描绘的照明效果图完全变成为一个真实的场景是一个漫长而复杂的过程，调光时要想调整一些细微的偏差会感到非常困难，因此，有必要尽可能把所有的照明效果进行定量的数据记录，它会成为将来进行维护管理时的依据。而对照明效果精心地拍摄的照片是照明工程结束的标志。

6.4　照明计算分析

设计师通常都希望对照明设计进行量化计算。照明计算对成功地完成一个照明设计是非常重要的。在本节中，我们将要探讨不同类型的照明计算，为设计者提供一个可以事先预测照明效果的基本工具。

在如今的照明设计中，谈到照度是一件非常普遍的事情。首先需要弄清楚的是，所要求的一个房间中的照度通常是指工作面高度、水平面上的照度水平，然而，有时所要求的照明标准是指作业区的照度或垂直面上的照度（比如艺术品照明就会提出这样的要求）。

设计师们需要掌握的是一些简单的照明估算，以便迅速判断出大致的照明方式和数量。即使是计算机软件辅助计算，也是根据这些基本的计算原理来实现的。下面对几种常用的基本计算方法分别加以叙述。

6.4.1 平均照度的计算

工程设计人员设计电气施工图时经常需要计算房间的照度，以验证设计是否合理。照度计算就是在照明灯形式、容量以及布置都已确定的情况下，计算某点的照度值；或根据所需的照度值和其他已知条件（布灯情况、房间各个面的反射条件及照明灯和房间的污染情况等）来决定灯的容量和数量。

1. 利用系数法

利用系数法是按光通量（流明）计算照度，故又称流明计算法，其计算得到的是平均照度。

落到工作面上的光通量可分为两部分，一是从照明器发出的光通量中直接落到工作面上的部分（直接部分），另一部分是经过室内表面反射后落到工作面上的部分（间接部分）。他们的和即为照明器发出的光通量中最后落到工作面上的部分，该值被工作面积除，即为工作面上的平均照度。若每次都要计算落到工作面上的直接光通量与间接光通量，则计算太复杂，于是人们引入了利用系数的概念，事先计算出各种条件下的利用系数，供设计人员使用。

对于每个照明器来说，由光源发出的光通量与最后落到工作面上的光通量之比值称为光源光通量的利用系数（简称利用系数）

$$U = \frac{\phi_\mathrm{f}}{\phi_\varepsilon} \tag{6.1}$$

式中，U：利用系数；ϕ_f：最后落到工作面上的光通量，lm；ϕ_ε：每个照明器中光源总光通量，lm。

为了求利用系数，许多国家都形成了一套自己的计算方法：英国球带法、美国带域空间法、前苏联 MEH 法、法国实用照明计算法、国际照明委员会 CIE 法等。我国照明界许多学者对利用系数的计算有过不同程度的探讨，对国外的一些计算方法也曾做过一些介绍。目前，采用的方法基本上是按照美国带域-空间法求得的。

有了利用系数的概念，则室内平均照度即可使用利用系数法快速计算照度：

$$E_\mathrm{av} = \frac{\phi_\varepsilon NUK}{A} \tag{6.2}$$

式中，E_av：工作面平均照度，lx；ϕ_ε：每个照明器中光源的总光通量，Lm；N：照明器数量；U：利用系数；A：工作面面积，m^2；K：维护系数。

（1）维护系数

维护系数 K 又称为光损失因子 LLF（Light Loss Factor）。维护系数 K 的定义是：经过一段时间工作后，照明系统在作业面上产生的平均照度（即维持照度）与系统新安装时的平均照度（即初始照明）的比值。

照明系统长期使用后，作业面上的照度之所以会降低，是由于：①光源本身的光通量输出减少；②灯具材质的老化引起透光率和反射率的下降；③环境尘埃对灯具和灯具内表面的污染。通过提升灯具光输出效率和改善灯具内表面或更换光源等维护方式得以复原，称为可恢复光损失因素。另外一些因素，则涉及灯具、镇流器的变质或损耗，除非更换灯具等，否则不可能复原，称为不可恢复光损失因素，典型的可恢复和不可恢复光损失因素如表 6.4 和表 6.5 所示。

表 6.4　可恢复光损失因素

名称	简写
光源流明衰减因素	LLD
光源烧坏系数	LBO
灯具灰尘光衰减系数	LDD
室内表面灰尘衰减系数	RSDD

表 6.5　不可恢复光损失因素

名称	简写
灯具环境温度系数	LAT
散热系数	HET
输入电压系数	VL
镇流器系数	BF
点灯位置系数	LP
灯具表面衰变系数	LSD

光损失因子 LLF 是上述这些系数的乘积。但在通常设计时，并不是将所有上述因子全部包括进去，而只是考虑那些影响比较大的因素，一般来说，有

$$LLF=LAT\times VL\times BF\times LSD\times LLD\times LBO\times LDD\times RSDD \tag{6.3}$$

LLF（即 K）的值通常约为 0.7。各种具体条件下的 K 值如表 6.6 所示。

表 6.6　各种条件下的维护系数 K

环境污染特征		房间或场所举例	灯具最少擦拭次数（次/年）	维护系数值
室内	清洁	卧室、办公室、餐厅、阅览室、教室、病房、客房、仪器仪表装配间、电子元器件装配间、检验室等	2	0.80
	一般	商店营业厅、候车室、影剧院、机械加工车间、机械装配车间、体育馆等	2	0.70
	污染严重	厨房、锻工车间、铸工车间、水泥车间等	3	0.6
室外		雨蓬、站台	2	0.65

（2）利用系数

照明设计必须要求有准确的利用系数，否则会有很大偏差。影响利用系数的大小有以下几个因素：

- 灯具的配光曲线；

- 灯具的光输出比例；

- 室内的反射系数（天花板，壁，工作桌面）；

- 灯具排列。

计算利用系数时，在要求不高的场合下可进行估算；需要精确数值时，可首先计算**空间系数**和**有效空间反射系数**，然后查阅相应灯具的利用系数表得出。

①空间系数

为了表示房间的空间特征，引入空间系数的概念，将一个矩形房间分成三部分，灯具出光口平面到顶棚之间的空间叫做顶棚空间；工作面到地面之间的空间叫做地板空间；灯具出光口到工作面之间的空间叫做室空间，如图 6.8 所示。

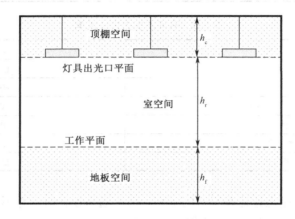

图 6.8　房间空腔的划分

上述三个空间系数定义如下：

室空间系数：
$$RCR = \frac{5h_{rc}(l+w)}{l \cdot w} \tag{6.4}$$

顶棚空间系数：
$$CCR = \frac{5h_{cc}(l+w)}{l \cdot w} = \frac{h_{cc}}{h_{rc}}RCR \tag{6.5}$$

地板空间系数：
$$FCR = \frac{5h_{fc}(l+w)}{l \cdot w} = \frac{h_{fc}}{h_{rc}}RCR \tag{6.6}$$

式中，l：室长，m；w：室宽，m；h_{rc}：室空间高度，m；h_{cc}：顶棚空间高度，m；h_{fc}：地板空间高度，m。

②有效空间反射系数

灯具出光口平面上方空间中，一部分光被吸收，一部分光经过反射重新射出，为简化计算，把灯具开口平面看成一个具有有效反射系数为 ρ_{cc} 的假想平面，光在这假想平面上的反射效果同在实际顶棚空间的效果等价。同样，地板空间的反射效果也可以用一个假想平面来表示，其有效反射系数为 ρ_{fc}。

有效空间反射系数可由下式求得：

$$\rho_s = \frac{\rho A_0}{A_s - \rho A_s + \rho A_s} \tag{6.7}$$

式中，A_0：顶棚（或地板）平面面积，m^2；A_s：顶棚（或地板）空间内所有表面的总面积，m^2；ρ：顶棚（或地板）空间内各表面的平均反射系数。

假如空间由 i 个表面组成，以 A_i 表示第 i 个表面面积，以 ρ_i 表示第 i 个表面的反射系数，则平均反射系数由下式得出：

$$\rho = \frac{\sum \rho_i A_i}{\sum A_i} \tag{6.8}$$

③确定利用系数的步骤

a）确定房间的各特征量。按式（6.4）～式（6.6）分别求出其室空间系数 RCR、顶棚空间系数 CCR、地板空间系数 FCR。

b）确定顶棚空间有效反射系数 ρ_{cc}。按照式（6.7）求出顶棚空间有效反射系数 ρ_{cc}。当顶棚空间各面反射系数不等时，应求出各面的平均反射系数 ρ，然后代入式（6.7）求得 ρ_{cc}。

c）确定墙面平均反射系数 ρ_w。由于房间开窗或装饰物遮挡等所引起的墙面反射系数变化，在求利用系数时，墙面反射系数应采用其加权平均值，可利用式（6.8）求得。

d）确定地板空间有效反射系数 ρ_{fc}。地板空间与顶棚空间一样，可利用同样的方法求出有效反射系数 ρ_{fc}。

e）确定利用系数。求出室空间比 RCR、顶棚有效反射系数 ρ_{cc}、墙面平均反射系数 ρ_w、地板空间有效反射系数 ρ_{fc} 以后，按照所选用的灯具利用系数表，可以查出其利用系数 U。当 RCR、ρ_{cc}、ρ_w 等不是图中分级的整数时，可采用内插值法求出对应值。

（3）使用利用系数法计算平均照度

例 6-1　工业厂房照明设计应用实例。

某车间 $l=48m$，$w=5\times12m$，$H=6m$，房间内反射率 $\rho_{cc}=50\%$，$\rho_w=30\%$，$\rho_{fc}=20\%$，要求 250lx 照度，试设计照明。

①选择光源。光源选用 180W LED，光通量 20500lm，维护系数 $K=0.7$，采用直下式灯具。

②计算 RCR。灯具悬挂计算高度为 $h=6-0.8=5.2m$，则根据 $RCR = \dfrac{5h_{rc}(l+w)}{lw}$ 得

$$RCR = \frac{5\times5.2(48+5\times12)}{48\times5\times12} = 0.98$$

③查出利用系数。从利用系数表中查出利用系数 $U=0.762$。

④求所需灯数和布灯方案。设定 $E=250lx$，则

$$N = \frac{\overline{E_h}A}{\varPhi KU} = \frac{250\times60\times48}{20500\times0.7\times0.762} = 65.8 \text{（个）}$$

根据厂房结构，每跨 12m 内装两排共计 14 个灯，总计为 $5\times14=70$ 个。

⑤校验最大允许距高比。由 $L=6m, h=5.2m$，得

$$L/(H-0.8) = L/h = \frac{6}{5.2} = 1.154 \quad （最大允许 1.8）$$

因此均匀度满足设计要求。

⑥求实际照度。由式（6.2）计算

$$\overline{E_h} = \frac{\Phi NKU}{A} = \frac{20500 \times 70 \times 0.7 \times 0.762}{60 \times 48} = 265.8 \text{lx}$$

例 6-2 有一教室长 $l = 7\text{m}$，宽 $w = 6\text{m}$，高 $h = 3.6\text{m}$，在顶棚上均匀安装 12 只 LED 灯管支架 $3 \times 28\text{W}$，课桌高度为 0.8m，房间内反射率 $\rho_{cc} = 80\%$，$\rho_w = 50\%$，$\rho_g = 9\%$。试计算课桌上的平均照度（LED 灯管的光通量取 4800lm）。

①计算室空间系数。$\text{RCR} = \dfrac{5h_{rc}(L+W)}{LW} = \dfrac{5 \times (3.6-0.8) \times (7+6)}{7 \times 6} = 4.33$

②计算顶棚有效空间反射系数。$\rho_{cc} = \dfrac{\rho A_0}{A_s - \rho A_s + \rho A_0}$

$$A_0 = 6 \times 7 = 42(\text{m}^2) ; \quad A_s = 6 \times 7 = 42(\text{m}^2) ; \quad \rho = \frac{\sum \rho_i A_i}{\sum A_i} = \frac{0.8(7 \times 6)}{7 \times 6} = 0.8$$

$$\rho_{cc} = \frac{0.8 \times 42}{42 - 0.8 \times 42 + 0.8 \times 42} = 0.8$$

③计算墙面平均反射系数。

$$\rho_{wa} = \frac{\rho_w(A_w - A_g) + \rho_g A_g}{A_w} = \frac{0.5\left[(7+6) \times 2.8 \times 2 - 10\right] + 0.09 \times 10}{(7+6) \times 2.8 \times 2} = 0.44$$

④计算地板有效空间反射系数

$$A_0 = 7 \times 6 = 42\text{m}^2$$

$$A_s = 7 \times 6 + 2 \times 0.8(7+6) = 62.8\text{m}^2$$

$$\rho = \frac{\sum \rho_i A_i}{\sum A_i} = \frac{0.4 \times 0.8(7+6) \times 2 + 0.22(7 \times 6)}{0.8(7+6) \times 2 + 7 \times 6} = 0.28$$

$$\rho_{fc} = \frac{\rho A_0}{A_s - \rho A_s + \rho A_0} = \frac{0.28 \times 42}{62.8 - 0.28 \times 62.8 + 0.28 \times 42} = 0.21$$

根据上述计算，得

$\text{RCR} = 4.33, \rho_{cc} = 0.8, \rho_{wa} = 0.44$ 和 $\rho_{fc} = 0.21$。

取 $\rho_{fc} \approx 0.2$，查利用系数表，利用内插法，查得 $U = 0.309$。

⑤计算平均照度（取 $K \approx 0.77$）。

$$\overline{E_h} = \frac{\Phi NKU}{A} = \frac{4800 \times 12 \times 0.77 \times 0.309}{7 \times 6} = 326.3 \quad \text{lx}$$

2. 概算曲线法（见图 6.9）

灯具概算曲线是由灯具生产厂提供的。有了概算曲线，就能十分方便地估算出需要的灯具数目，但在实际使用时，必须注意以下几点：

- 曲线是对特定的照度值 100 lx 而绘制的，如果照明设计的照度值 E 不是 100lx 时，所得的数目要再乘上系数 $E/100$；

- 图 6.9 中的 H 不是房间的高度，而是计算高度，即工作面至灯具出口平面的高度 h_{rc}；
- 当光源的光通量或维护系数等与说明表中的值不同时，结果均要乘以相应的修正系数。

采用概算曲线求布灯数的步骤为：

- 确定灯具的计算高度 H；
- 计算室内面积 A；
- 根据 A 和 H 的值，由概算曲线查找出灯具数。当图上没有 H 值对应的曲线时，若 H 值介乎 H_1 和 H_2 之间，则分别从 H_1 和 H_2 两条曲线查找，然后内插求出 H 时的灯具数；
- 最后，再乘以 $E/100$ 等修正系数，得到实际要求的灯具数目 N。

下面举例说明概算曲线法的应用

例 6-3　某车间长为 54m，宽为 18m，高为 12m，工作面的高度为 0.8m。顶棚，墙壁和地板的反射率分别为 50%，30% 和 20%。今采用 LED 180W 投射灯进行照明，灯具的概算曲线如图 6.9 所示。现要求设计的平均照度为 150lx，试用概算曲线求所需灯具。

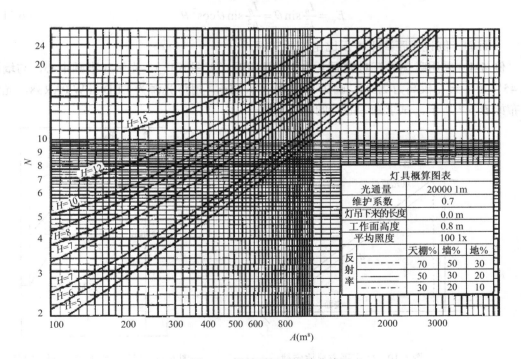

图 6.9　投射型灯具概算曲线

解：先确定计算高度：

$H=12-0.8=11.2$（m）

再算出面积，由于图上没有 $H=11.2$m 的曲线，故查找 $H=10$m 和 $H=12$m 的曲线，然后内插得：$N=18.5$（个）。

现设计照度为 $E=150\text{lx}$，故应乘修正系数 E/100，即实际应需灯数为

$$N=18.5\times(150/100)=27.8 \text{ 个}$$

考虑到该车间长宽比为 3，故最后用 27 个灯，分 3 排安装，每排安装 9 个灯具，这样可获得均匀的照明。

6.4.2　点光源照度的计算

（1）由距离平方反比定律计算照度

如图 6.10 所示，点光源的在点 A 产生的水平照度由式（6.9）表示。

$$E_{\text{h}} = \frac{I_{\theta}}{d^2}\cos\theta \tag{6.9}$$

由于 $h = d\cos\theta$，故在点 A 产生的水平照度还可以由下式表示。

$$E_{\text{h}} = \frac{I_{\theta}}{h^2}\cos^3\theta \tag{6.10}$$

在点 A 产生的垂直照度（从 A 指向 O 方向）则为

$$E_{\text{v}} = \frac{I_{\theta}}{l^2}\sin\theta = \frac{I_{\theta}}{h^2}\sin\theta\cos^2\theta \tag{6.11}$$

下面举一例说明距离平方反比定律的应用。

例 6-4　采用吸顶射灯对墙面上的画进行照明（见图 6.11），光轴对准画中心，与墙面成 45°角，天花板高为 2.5m，画中心距地面为 1.5m，射灯光源为 LED 18W PAR38，光强分布如表 6.7 所示。试求画中心点的垂直照度。

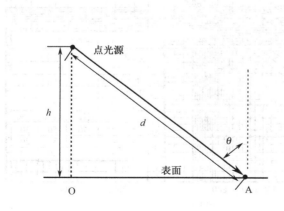

图 6.10　距离平方反比定律

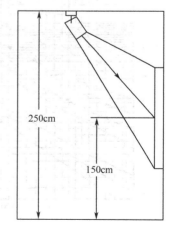

图 6.11　吸顶射灯照明墙面上的画

表 6.7　LED 18W PAR38 灯的光强分布

$\theta°$	0	5	10	15	20	25	30	35	40	45	90
I_{θ}（cd）	3220	2909	2388	1852	1140	470	94	23	15	9	6

解：本问题采用式（6.10）进行计算，其中 $h=2.5-1.5=1$（m），$\theta=45°$。
但注意，光强必须取表 6.7 中 $\theta=0°$ 时的值，即 $I_\theta=3220\text{cd}$，这样

$$E_\text{v} = \frac{3220}{l^2}\sin 45°\cos^2 45° = 3220\times(0.707)^3 = 1138\quad\text{lx}$$

即墙面上画中心的垂直照度为 1138 lx。

（2）由空间等照度曲线求照度

在使用空间等照度曲线（见图 6.12（a））进行计算时，应注意两点：其一，曲线是按光源的光通量为 1000lm 绘制的，因此等照度曲线图中给出的照度值 e 只是相对值，其绝对值应为 $\dfrac{e\Phi}{1000}$，ϕ 为光源的光通量；其二，曲线给出的是初始值，没有考虑光损失因子，因此所得照度值还应乘以系数 K。这样，计算点的照度为

$$E = \frac{\Phi K e}{1000}\tag{6.12}$$

如果是采用 n 个同类灯具照明某点时，则

$$E = \frac{\Phi K}{1000}\sum_{i=1}^{n} e_i\tag{6.13}$$

其中，e_i 是第 i 个灯具在该点产生的相对初始照度值。

下面举例说明空间等照度曲线的应用。

例 6-5　采用深照型灯具对一车间进行照明，该灯具的空间等照度曲线由图 6.12（a）给出，光源 LED300W，光通量为 35000lm，维护系数 $K=0.7$，灯具的出口面至工作面的高度为 12.2m，布灯方案如图 6.12（b）所示。试求点 A 的水平照度。

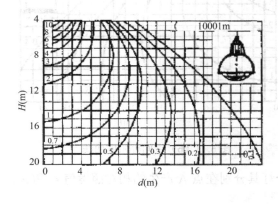

图 6.12（a）空间等照度曲线

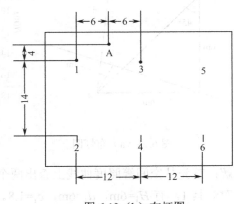

图 6.12（b）布灯图

解：由布灯方案（见图 6.12（b））可知，灯 1 和灯 3 对 A 的照度贡献是一样的，灯 2 和灯 4 对点 A 的照度贡献也相同。下面分别计算、查找曲线。

①对灯 1 和灯 3，有

$$d = \sqrt{4^2+6^2} = 7.2(\text{m}),\qquad H = 12.2(\text{m})$$

由图 6.12（a）曲线查得 $e_1 = e_3 = 0.9$。

②对灯 2 和灯 4，有

$$d = \sqrt{(14+4)^2 + 6^2} = 19(\text{m}), \qquad H = 12.2(\text{m})$$

由图 6.12（a）曲线查得 $e_1 = e_3 = 0.1$。

③对灯 5，有

$$d = \sqrt{4^2 + (12+6)^2} = 18.4(\text{m}), \qquad H = 12.2(\text{m})$$

由图 6.12（a）曲线查得 $e_5 = 0.12$。

④对灯 6，有

$$d = \sqrt{(14+4)^2 + (12+6)^2} = 25.4(\text{m}), \qquad H = 12.2(\text{m})$$

由图 6.12（a）曲线查得 $e_1 = e_3 = 0.05$。

⑤根据式（6.13），点 A 的总照度为

$$E_{\text{h}} = \frac{35000 \times 0.7}{1000} \times (2 \times 0.9 + 2 \times 0.1 + 0.12 + 0.05) = 53.2(\text{lx})$$

即点 A 的水平照度值为 50lx。

例 6-6 两个 GC5-16 型灯具如图 6.13（a）所示布置，光源为 150 LED 泛光灯，其光通量 $\phi = 20000\text{lm}$，$K=0.7$，试利用空间等照度曲线图 6.13（b）。求点 A 的水平照度。

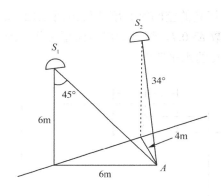

图 6.13（a）布灯图

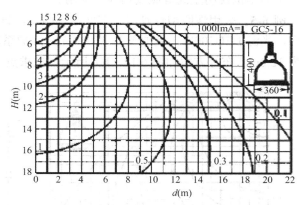

图 6.13（b）空间等照度曲线

解： 首先从空间等照度曲线上查出两个灯具分别在点 A 产生的相对照度值 e_1 和 e_3。

对灯具 1，有 $H_1 = 6\text{m}$，$d_1 = 6\text{m}$，$e_1 = 1.8$。

对灯具 2，有 $H_2 = 6\text{m}$，$d_2 = 4\text{m}$，$e_2 = 3.5$。

根据式（6.13），点 A 的总照度为

$$E_{\text{h}} = \frac{20000 \times 0.7}{1000} \times (1.8 + 3.5) = 74.3(\text{lx})$$

即两灯具在点 A 产生的水平照度为 74 lx。

6.4.3　线光源照度的计算

1．线光源的光强分布

线光源的光强分布通常用两个平面内的光强分布曲线来表示。一个平面通过线光源的纵轴，若以 C-γ 系统来描述，就是 C=90°和 C=270°的平面；若以 A-α 系统来描述，就是 A=0°的平面。另一个平面是与线光源的纵轴垂直的平面，即 C=0°和 C=180°的平面。在前一个平面内的光强分布曲线称为纵向光强分布曲线，在后一平面内的光强分布曲线则称为横向光强分布曲线。

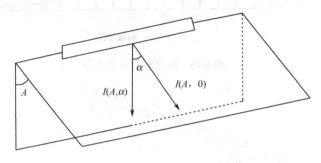

图 6.14　线光源的光强分布 I(A,α)

线光源空间光强分布关系以 A-α 系统来描述比较清楚，如图 6.14 所示。这时，在 A 为某一数值的平面内，光强 I(A,α) 随 α 的分布可以表示为

$$I(A,\alpha) = I(A,0)f(\alpha) \tag{6.14}$$

式中，I(A,0) 是在平面 A 内与灯的纵轴垂直（即 α=0）的方向上的光强，在不同的平面 A 中，I(A,α) 随角 α 的变化关系相同，可以分成五类：

A 类：$I(A, \alpha) = I(A,0)\cos\alpha$；

B 类：$I(A,\alpha) = I(A,0)\left(\dfrac{\cos\alpha + \cos^2\alpha}{2}\right)$；

C 类：$I(A, \alpha) = I(A,0)\cos^2\alpha$；

D 类：$I(A, \alpha) = I(A,0)\cos^3\alpha$；

E 类：$I(A, \alpha) = I(A,0)\cos^4\alpha$。

在图 6.15 中，画出了这五类光强分布的 $f(\alpha) = \dfrac{I(A,d)}{(A,0)}$ 曲线，曲线图的横坐标为角 α，纵坐标为 $f(\alpha)$。

2．方位系数 AF（β）和 af（β）

如图 6.16 所示，AB 代表长度为 l 的线状光源，光源的纵轴与水平面平行。现有一平面 CD，平行于光源的纵轴，但该平面不一定与水平面重合，现要求光源在平面 CD 内一点 P 产生的照度，APEB 是一个平面，它与垂线方向成角 A，平面 APEB 与平面 CD 的法线方向成 φ 角。

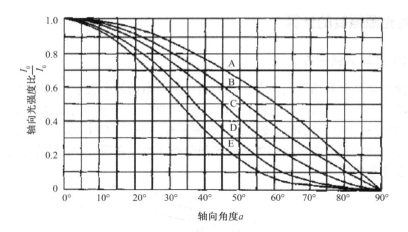

图 6.15　线光源的五类光强分布

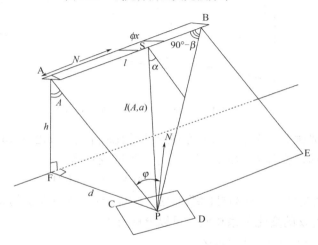

图 6.16　线光源产生的照度

现考虑一种特殊情况，此时计算点 P 与灯的一端对齐。在长为 l 的线光源上取一线元 dx，位于点 S。该线元在指向点 P 的方向，即（A,a）方向上的光强为

$$dI(A,\alpha) = \frac{I(A/\alpha)}{l}dx \qquad (6.15)$$

这里，我们假设光源的发光是均匀的，光源的任一线元的发光强度 dI（A,a）正比于整个光源的发光强度 $I(A,a)$，其比例常数就是线元的长度 dx 与整个光源的长度 l 的比值，而且线元的光强空间分布与整个光源相同，线元 dx 可看成点光源，它在点 P 关于 PS 方向产生的照度为

$$\frac{I(A,\alpha)}{l}dx \cdot \frac{1}{(x/\sin\alpha)^2}$$

该照度在 PA 方向上的分量为

$$\frac{I(A,\alpha)}{l}dx \cdot \frac{\cos\alpha}{(x/\sin\alpha)^2}$$

在平面 CD 法线方向上的照度则为

$$dE_n = \frac{I(A,\alpha)}{l} dx \frac{\cos\alpha\cos\varphi}{(x/\sin\alpha)^2} \qquad (6.16)$$

整个线光源在点 P 产生的法向照度则为

$$E_a = \int dE_n = \int_0^l \frac{I(A,\alpha)\cos\alpha\sin^2\alpha\cos\varphi}{lx^2} dx \qquad (6.17)$$

因为 $\quad \overline{AP} = \dfrac{h}{\cos A} = \dfrac{x}{\tan\alpha}$, $\quad x = h\tan\alpha\sec A$

所以 $\quad dx = h\sec^2 A d\alpha$

将 x 和 dx 的表达式代入式（6.17），有

$$\begin{aligned}
E_a &= \int_0^\beta \frac{I(A,\alpha)}{lh}\cos A\cos\alpha\cos\varphi d\alpha \\
&= \frac{I(A,0)}{lh}\cos A\cos\varphi \int_0^\beta \frac{I(A,\alpha)}{I(A,0)}\cos\alpha d\alpha \\
&= \frac{I(A,0)}{lh}\cos A\cos\varphi \mathrm{AF}(\beta)
\end{aligned} \qquad (6.18)$$

当平面 CD 与水平面重合时，有 $\varphi = A$，即 $\cos\varphi = \cos A$，故

$$E_a = \frac{I(A,0)}{lh}\cos^2 A \cdot \mathrm{AF}(\beta) \qquad (6.19)$$

在上面两式中，有

$$\mathrm{AF}(\beta) = \int_0^\beta \frac{I(A,\alpha)}{I(A,0)}\cos\alpha d\alpha \qquad (6.20)$$

AF(β)称为平行平面的方位系数，将前述五种类型的 $I(A,a)$ 分布关系代入上式，得：

A 类方位系数为

$$\mathrm{AF}(\beta) = \int_0^\beta \cos\alpha\cos\alpha d\alpha = \frac{\beta}{2} + \frac{\cos\beta\sin\beta}{2} ;$$

B 类方位系数为

$$\mathrm{AF}(\beta) = \int_0^\beta \cos^2\alpha\cos\alpha d\alpha = \frac{\beta}{4} + \frac{\cos\beta\sin\beta}{4} + \frac{1}{6}(\cos^2\beta\sin\beta + 2\sin\beta) ;$$

C 类方位系数为

$$\mathrm{AF}(\beta) = \int_0^\beta \cos^2\alpha\cos\alpha d\alpha = \frac{1}{3}(\cos^2\beta\sin\beta + 2\sin\beta) ;$$

D 类方位系数为

$$\mathrm{AF}(\beta) = \int_0^\beta \cos^3\alpha\cos\alpha d\alpha = \frac{\cos^3\beta\sin\beta}{4} + \frac{3}{4}\left(\frac{\cos\beta\sin\beta + \beta}{2}\right).$$

E 类方位系数为

$$\mathrm{AF}(\beta) = \int_0^\beta \cos^4\alpha\cos\alpha d\alpha = \frac{\cos^4\beta\sin\beta}{5} + \frac{4}{5}\left(\frac{\cos^2\beta\sin\beta + 2\sin\beta}{3}\right).$$

以上五类方位系数 AF(β)随方位角 β 变化的规律以曲线的形式绘于图 6.17 中。

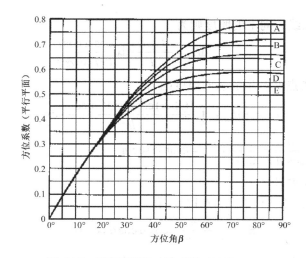

图 6.17　平行平面的方位系数 AF(β)

由于灯具的配光曲线是按光源的光通量为 1000lm 给出的,故实际的光强还差一个修正因子 $\dfrac{\Phi}{1000}$, Φ 为光源实际的光通量。此外,还应考虑维护系数 K。因此,计算水平照度的公式应为

$$E_{\text{h}} = \frac{I(A,0)\ K\Phi}{1000lh} \cos^2 A \cdot \text{AF}(\beta) \qquad (6.21)$$

同样地,可以得到垂直平面方位系数 $af(\beta)$ 随方位角的关系曲线(见图 6.18),以及垂直照度为

$$E_{\text{r}} = \frac{I(A,0)\ K\Phi}{1000lh} \cos A \cdot af(\beta) \qquad (6.22)$$

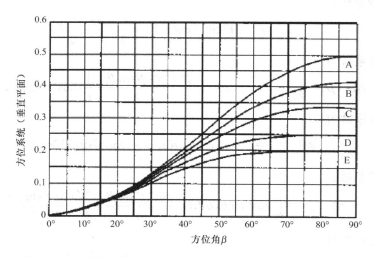

图 6.18　垂直平面的方位系数 $af(\beta)$

3．被照点在不同位置时的计算方法

如果要计算的点不是像前面讨论的那样对着灯具的一端，那么就要应用叠加原理进行计算。若所要计算的点（如 P_1）对着灯具的某一点（C），则可将灯具分成两段 BC 和 CD（见图 6.19），将这两段在点 P_1 产生的照度相加，即有

$$E_{p1} = E_{BC} + E_{CD} \qquad (6.23)$$

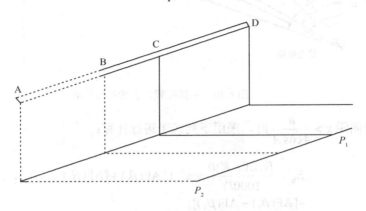

图 6.19　不同位置点上的照度计算

但如果要计算的这一点在灯具之外，如点 P_2，则可延长 DB 至 A，使 A 与 P_2 相对，这时灯具在点 P_2 产生的照度应为 AD 产生的照度减去 AB 产生的照度，即

$$E_{p2} = E_{AD} - E_{AB} \qquad (6.24)$$

4．线光源构成的光带

如果许多特性相同的线光源连在一起使用，形成一条连续的光带，这时可将此连续光带当成一个光源来处理，仍然采用上述的各公式进行计算。但在很多情况下，虽然很多线光源按共同的轴线布置，但它们不是完全连续的，而是有一定的间隔（见图 6.20）。根据间隔 χ 的大小，有两种处理方式。

（1）当间距 $x < \dfrac{h}{4\cos A}$ 时，由图 6.16 可知：$\dfrac{h}{4\cos A} = \dfrac{\overline{AP}}{4}$，即计算点至灯具的距离为 1/4。当间距比其小时，可将此断续发光带看成准连续的，只要在式（6.21）和式（6.22）中乘上修正系数 C 即可，即

$$E_{h} = \frac{I(A,0)}{1000lh} K\Phi \cos^2 A \cdot AF(\beta)C \qquad (6.25)$$

$$E_{r} = \frac{I(A,0)}{1000lh} K\Phi \cos A \cdot af(\beta)C \qquad (6.26)$$

其中，$C = \dfrac{\text{单个灯具长度×灯具个数}}{\text{一排灯具总长}}$。

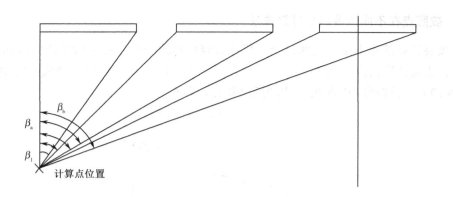

图 6.20　不同位置点上的照度计算

（2）当间距 $x > \dfrac{h}{4\cos A}$ 时，采用下列式子进行计算：

$$E_{\text{h}} = \frac{I(A,0)\, K\varPhi}{1000lh}\cos^2 A\,|\,\text{AF}(\beta_1) + [\text{AF}(\beta_3) - \text{AF}(\beta_2)] \\ + [\text{AF}(\beta_5) - \text{AF}(\beta_4)]\,| \tag{6.27}$$

$$E_{\text{r}} = \frac{I(A,0)\, K\varPhi}{1000lh}\cos A\,|\,\text{af}(\beta_1) + [\text{af}(\beta_3) - \text{af}(\beta_2)] \\ + [\text{af}(\beta_5) - \text{af}(\beta_4)]\,| \tag{6.28}$$

根据以上论述，采用方位系数法计算线光源在某一点产生的直射照度的步骤可归纳为

- 由光源在 A 平面内的光强分布情况，判别光源的类型；
- 根据计算点与光源的相对位置和光源的排布情况，确定采用的计算公式；
- 求方位角 β，从曲线查出方位系数的值 $\text{AF}(\beta)$ 或 $\text{af}(\beta)$；
- 求角度 A 以及光强 $I(A,0)$；
- 将方位系数值及其他条件（如 $I(A,0),\phi,l,K,h$）代入相应公式，求出照度。

下面是采用方位系数法的一个实例。

例 6-7　由 4 盏 LED701-3 型三管 LED 灯具组成一光带（见图 6.21），每一灯具长为 1.32m，光带总长为 5.28m。采用 28W 的 LED 灯管，光源的光通量为 2900lm，该灯具在纵截面（即 $A=0°$ 的平面）内和在横截面内的光强分布由表（6.8）给出。若维护系数 $K=0.8$，试求此光带在点 P 产生的照度。

解：①由表 6.8 下半部的数据，可以求出在 $A=0°$ 的平面 $f(\alpha) = \dfrac{I(0,\alpha)}{I(0,0)}$ 随 α 变化的规律，将其画在图 6.17 线光源的五类光强分布中，发现与 C 类灯具的曲线相符。

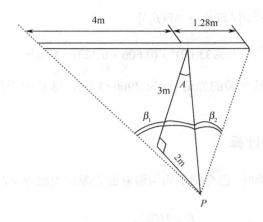

图 6.21　LED 701-3 型灯具的光强分布（单位:cd）

表 6.8　灯带的光强分布

横截面A-A	A	0	5	10	15	20	25	30	35	40	45
	$I(A,0)$	238	236	230	224	200	191	176	159	130	108
	A	50	55	60	65	70	75	80	85	90	
	$I(A,0)$	85	62	48	37	28	19	11	4.9	0.6	
	A	95									
	$I(A,0)$	0									
横截面B-B	α	0	5	10	15	20	25	30	35	40	45
	$I(0,\alpha)$	228	224	217	205	192	177	159	145	127	107
	α	50	55	60	65	70	75	80	85	90	
	$I(0,\alpha)$	85	67	51	39	29	20	12	5.6	0.4	
	α	95									
	$I(0,\alpha)$	0									

②计算 β_1 和 β_2：

$$\beta_1 = \arctan 4 / \sqrt{3^2 + 2^2} = \arctan 1.109 = 47.97^\circ,$$

$$\beta_2 = \arctan 1.28 / \sqrt{3^2 + 2^2} = \arctan 0.356 = 19.57^\circ.$$

对于 C 类灯具，由图 6.17 查得

$$\mathrm{AF}(\beta_1) = \mathrm{AF}(47.97^\circ) = 0.606,$$

$$\mathrm{AF}(\beta_2) = \mathrm{AF}(19.57^\circ) = 0.323。$$

③计算角 A：

$$A = \arctan \frac{2}{3} = 33.69^\circ$$

由表 6.7 上部的数据，经内插求得：

$$I(A,0) = I(33.69^\circ, 0) = 176 - 3.69 \cdot \left(\frac{176-159}{35^\circ - 30^\circ}\right) = 163.45(\mathrm{cd})。$$

④采用叠加公式（6.21），有

$$E_{\text{h}} = \frac{I(A,0) \; K\Phi}{1000lh} \cos^2 A [\text{AF}(\beta_1) + \text{AF}(\beta_2)]$$

$$= \frac{163.4 \times 0.8 \times 2900 \times 3}{1000 \times 1.32 \times 3} \times (\cos 33.69)^2 \times (0.606 + 0.323) = 184(\text{lx})$$

注意：在计算时灯具光源的光通量 ϕ 为 2900×3 lm，这是由于每盏灯具中有 3 只 LED 灯管。

6.4.4 面光源照度的计算

在讨论光通转移理论时，已介绍了均匀漫射面光源在受照点上产生的照度的计算公式，它们是：

$$E = MC,$$
$$C = \frac{1}{\pi} \int \frac{\cos\theta\cos\zeta}{d^2} \mathrm{d}A \qquad (6.29)$$

式中，M 为面光源的光出射度，C 为位形因子。对于如图 6.22 所示相互平行的面的情况，矩形面光源对（0,0,0）点的位形因子为

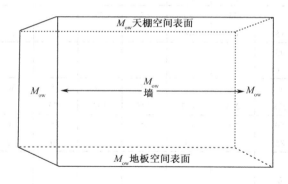

图 6.22 相互平行的面的情况

$$C = \frac{1}{2\pi} \sum_{i=1}^{2} \sum_{j=1}^{2} F(x_i \cdot y_j)(-1)^{i+j} \qquad (6.30)$$

其中，

$$F(x_i + y_j) = \frac{x_i}{\sqrt{x_i^2 + x^2}} \arctan \frac{y_j}{\sqrt{x_i^2 + x^2}} + \frac{y_j}{\sqrt{y_j^2 + x^2}} \arctan \frac{x_i}{\sqrt{y_j^2 + x^2}} \qquad (6.31)$$

对于如图 6.23 所示的特殊情况，即受照点 P 位于矩形面光源一角的正下方，有

$$C = \frac{1}{2\pi} \left\{ \frac{x}{\sqrt{x^2 + h^2}} \arctan \frac{y}{\sqrt{x^2 + h^2}} + \frac{y}{\sqrt{y^2 + h^2}} \arctan \frac{x}{\sqrt{y^2 + h^2}} \right\} \qquad (6.32)$$

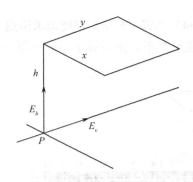
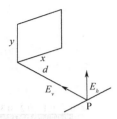

图 6.23 受照点位于矩形面光源一角的正下方　图 6.24 受照点 P 正对着垂直矩形面光源下方的
一个角

式中，x 和 y 分别为矩形面光源相邻两边的边长，h 为受照 P 与面光源的距离。因而，点 P 的水平照度为

$$E_h = MC = \frac{M}{2\pi}\left\{\frac{x}{\sqrt{x^2+h^2}}\arctan\frac{y}{\sqrt{x^2+h^2}} + \frac{y}{\sqrt{y^2+h^2}}\arctan\frac{x}{\sqrt{y^2+h^2}}\right\} \tag{6.33}$$

对于完全漫射光源，$M = \pi L$，故上式成为

$$E_h = \frac{L}{2}\left\{\frac{x}{\sqrt{x^2+h^2}}\arctan\frac{y}{\sqrt{x^2+h^2}} + \frac{y}{\sqrt{y^2+h^2}}\arctan\frac{x}{\sqrt{y^2+h^2}}\right\} \tag{6.34}$$
$$= K_p L.$$

这里，L 为面光源的亮度，系数 K_p 为

$$K_p = \frac{1}{2}\left\{\frac{x}{\sqrt{x^2+h^2}}\arctan\frac{y}{\sqrt{x^2+h^2}} + \frac{y}{\sqrt{y^2+h^2}}\arctan\frac{x}{\sqrt{y^2+h^2}}\right\} \tag{6.35}$$

对于两个面相互垂直的情况，如果如图 6.24 所示的那样，受照点正对着垂直的漫射面光源下方的一个角，则面光源在该点产生的水平照度为

$$E_v = \frac{L}{2}\left\{\arctan\frac{x}{d} - \frac{d}{\sqrt{y^2+d^2}}\arctan\frac{x}{\sqrt{y^2+d^2}}\right\} = K_v L \tag{6.36}$$

其中，

$$K_v = \frac{1}{2}\left\{\arctan\frac{x}{d} - \frac{d}{\sqrt{y^2+d^2}}\arctan\frac{x}{\sqrt{y^2+d^2}}\right\} \tag{6.37}$$

上面两式中，x 和 y 分别为面光源两邻边的长，d 为受照点的与面光源的距离。

很显然，我们可以分别采用式（6.34）和式（6.36）计算出平行面光源和垂直面光源在点 P 产生的直射照度值。为简化计算，绘制成了系数 K_p 和 K_v 的图表，如图 6.25 和图 6.26 所示。前者的横坐标和纵坐标分别为 $\frac{x}{h}$ 和 $\frac{y}{h}$，后者的横坐标和纵坐标分别为 $\frac{x}{d}$ 和 $\frac{y}{d}$。只要知道面光源的尺寸（x 和 y）和光源与受照点的距离（h 或 d），就可由上述图表查找出 K_p

或 K_v 的值。在知道光源的亮度 L 后，就可由式（6.34）和式（6.36）方便地求出点 P 的水平照度。在图 6.25 和图 6.26 的下部，还说明了当受照点 P 不是正对着矩形面光源一个角时的计算方法。

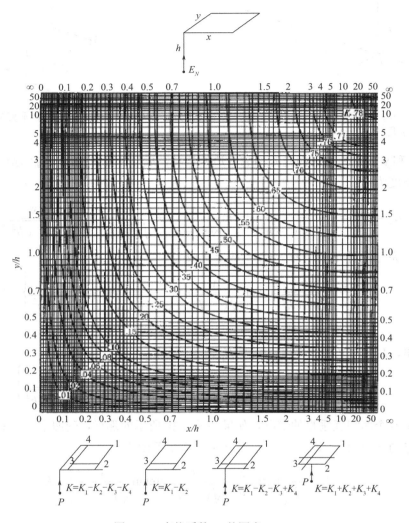

图 6.25　查找系数 K_p 的图表

$$E_h = \pi L \cdot \frac{4r^2 - (l_1 - l_2)^2}{4l_1 l_2} \qquad (6.38)$$

对于亮度为 L 的圆形平面光源，它在点 P 和点 O（见图 6.27）产生的照度分别为

$$E_p = \frac{\pi L r^2}{h^2 + r^2} \qquad (6.39)$$

$$E_y = \frac{\pi L h}{d} \cdot \frac{(l_1 - l_2)^2}{4l_1 l_2} \qquad (6.40)$$

上面式中，r、d、h 和 l_2 各量如图 6.27 所示。

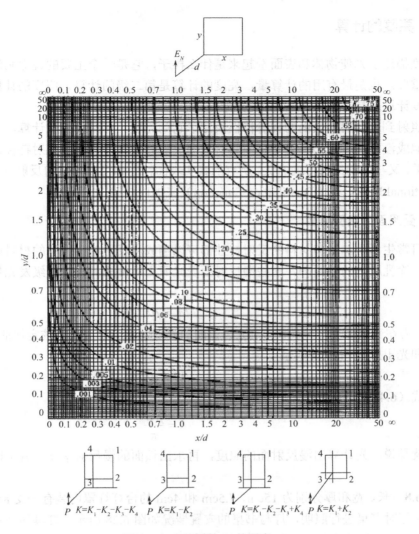

图 6.26　查找系数 K_v 的图表

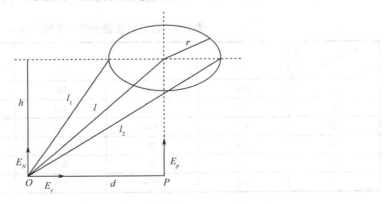

图 6.27　圆形平面光源产生的直射照度

6.4.5 亮度的计算

亮度描述了光使物体和表面看起来是什么样子，它是一个主要的视觉刺激，因此，亮度是最重要。也是最有用的计算量，亮度的计算是第二级的计算。照度的计算是第一级计算，亮度计算总是在照度计算之后进行的。

光照射到表面后，表面的反射特性决定了它的亮度。有两类亮度计算，一类是被照表面可近似成漫反射体，另一类是表面具有双向反射特性，即表面的反射特性既与光的入射方向有关，又与光的出射方向有关，所有的真实表面特性都可以用双向反射分布函数 BRDF（Bidirectional Reflectance Distribution Function）来加以描述。

1．受照面为漫反射面

在日常生活中，很多材料的反射特性都可以当成漫反射的，典型的材料如办公室包布的隔板，涂乳胶漆的墙面等。这些漫反射面受光照之后便成为一个次级发光体，其光出射度为

$$M = \rho E \tag{6.41}$$

式中，E 为在受照面上产生的照度，ρ 为该面的漫反射率，对服从余弦定律的完全漫射体，亮度 L 和光出射度 M 间的关系，

$$M = \pi L \tag{6.42}$$

将式（6.41）代入上式，得

$$L = \frac{\rho E}{\pi} \tag{6.43}$$

这就是说，先计算出漫反射面的照度，再求出该面的漫反射率 ρ，就可以求出该面的亮度 L。

例 6.8 长、宽和厚分别为 15cm，7.5cm 和 4cm 的台灯灯罩内装有一支 8W LED 灯泡，采用该台灯对书桌进行照明，灯与书桌的安置情况如图 6.28 所示，灯具的光强空间分布由表 6.9 给出，在书桌的中央放有一张漫反射率 ρ=0.83 的纸，试求出台灯照明下纸的亮度。

表 6.9 台灯的光强分布（单位：cd）

θ \ ϕ	0°	22.5°	45°	67.5°	90°
0°	450	450	450	450	450
5°	453	457	453	445	442
15°	437	446	450	454	451
25°	406	422	447	470	478
35°	362	391	443	487	523
45°	302	350	448	551	592

续表

θ \ ϕ	0°	22.5°	45°	67.5°	90°
55°	233	310	474	624	678
65°	158	284	505	651	691
75°	81	263	432	529	559
85°	20	134	178	192	193
90°	1	4	5	8	10

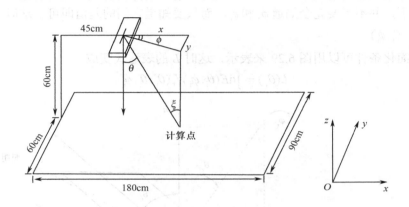

图 6.28　台灯对书桌进行照明

解：先进行照度 E 的计算。根据灯具和书桌的相对位置，可以求出灯具中心与书桌中心的距离 $\sqrt{x^2+y^2+z^2}=\sqrt{45^2+15^2+60^2}=76.5(\text{cm})$。因为 d 比灯具的最大发光尺寸的 5 倍（即 $5\times15=75$（cm））还大，故可将灯具近似成点光源，这时平方反比余弦定律成立，即

$$E=\frac{I(\theta,\varphi)\cos\zeta}{d^2}。$$

其中，角度

$$\theta=\arctan(\frac{\sqrt{x^2+y^2}}{z})=\arctan(\frac{\sqrt{45^2+15^2}}{60})=38.3^\circ；$$

$$\varphi=\arctan(y/x)=\arctan(15/45)=18.4^\circ。$$

查表并内插，得 I（38.3°，18.4°）=356（cd），在本例中，$\zeta=\theta=38.3^\circ$，故

$$E=\frac{356\times\cos38.3^\circ}{(76.5\times10^{-2})^2}=477(\text{lx})。$$

将 E=477lx 和纸的漫反射率 ρ=0.83 代入（式 6.43），得

$$L=\frac{0.83\times477}{3.14}=126\text{cd}/\text{m}^2$$

即在台灯照明下，书桌中央的纸的亮度为 126 cd·m^{-2}。

2. 非漫反射面亮度的计算

对于非漫反射的表面，计算面上某一点在某一特定的观察方向上的亮度的一般公式为

$$L = \mathrm{d}E(\theta_i \cdot \phi_i) f_r(\theta_v, \phi_v; \theta_i, \phi_i) \tag{6.44}$$

式中，$\mathrm{d}E(\theta_i, \phi_i)$ 表示由 (θ_i, ϕ_i) 方向上的入射光在表面上某一点产生的微分照度，$f_r(\theta_i, \phi_i)$ 是表面材料在某一特定观察方向上的双向反射分布函数 BRDF，所有的照度分量与 BRDF 乘积的总和给出表面的亮度：

$$L = \int \mathrm{d}E(\theta_i \cdot \phi_i) f_r(\theta_v, \phi_v; \theta_i, \phi_i) \tag{6.45}$$

与完全漫反射的情况不同，BRDF 既与入射光的方向有关，也与观察方向有关，但在很多情况下，并不需要完全知道 ϕ_v 和 ϕ_i，而只要知道它们的差值即可。这时，BRDF 就简化成 $f_r(\theta_v; \theta_i, \phi_i)$。

这一简化条件可以用图 6.29 来表示，这时 L 的表达式变成

$$L(\theta_v) = \int \mathrm{d}E(\theta_i, \varphi_i) f_r(\theta_v; \theta_i, \phi_i). \tag{6.46}$$

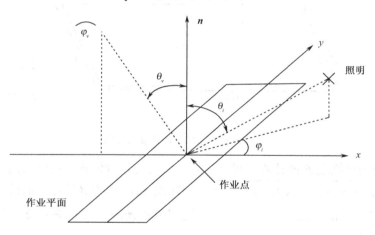

图 6.29　简化 BRDF 的坐标关系

该积分还可以采用有限元求和来进行近似：

$$L(\theta_v) = \sum \Delta E(\theta_i, \varphi_i) f_r(\theta_v; \theta_i, \varphi_i) \tag{6.47}$$

例 6-9　照明条件与上例相同，观察方向如图 6.30 所示，$\theta_V = 10°$，观察平面与 xz 面平行，今在书桌中央放置一本书，书的白纸和黑色油墨的 BRDF 数据分别由表 6.10 和表 6.11 给出，试求出所观察到的书上的字的对比度 C 的数值。

表 6.10　白纸的部分 BRDF 数据　$(\theta_v = 10°, \varphi_v = 0°)$（单位：$\mathrm{sr}^{-1}$）

θ \ ϕ	24°	28°	34°	44°	52°	60°
0°	0.226	0.221	0.215	0.216	0.205	0.194
130°	0.240	0.226	0.220	0.217	0.208	0.197
150°	0.249	0.231	0.224	0.214	0.208	0.196

续表

θ \\ ϕ	24°	28°	34°	44°	52°	60°
160°	0.252	0.231	0.221	0.214	0.200	0.196
170°	0.253	0.233	0.222	0.216	0.212	0.196
176°	0.250	0.234	0.223	0.217	0.205	0.197
177°	0.261	0.235	0.224	0.217	0.205	0.198
178°	0.262	0.236	0.223	0.219	0.213	0.198
179°	0.263	0.235	0.223	0.219	0.213	0.200
180°	0.263	0.234	0.222	0.219	0.210	0.193

表 6.11　白纸的部分 BRDF 数据（$\theta_{\mathrm{v}}=10°,\varphi_{\mathrm{v}}=0°$）（单位：$\mathrm{sr}^{-1}$）

ϕ \\ θ	22°	28°	36°	44°	52°	60°
0°	0.004	0.003	0.002	0.001	0	0
130°	0.013	0.002	0	0	0	0
150°	0.034	0.006	0	0	0	0
160°	0.056	0.010	0	0	0	0
170°	0.089	0.015	0.001	0	0	0
176°	0.109	0.018	0.001	0	0	0
177°	0.111	0.019	0.001	0	0	0
178°	0.123	0.019	0.002	0	0	0
179°	0.116	0.020	0.002	0	0	0
180°	0.118	0.020	0.002	0	0	0

解：本例中的照明既然与上例相同，因此在书桌中央的书本上产生的照度也为 477lx，即式（6.40）中的 $\mathrm{d}E(\theta_i,\varphi_i)=477\mathrm{lx}$。

由图 6.30 可见，相对于观察方向，$\varphi_i=90°+\arctan\left(\dfrac{45}{15}\right)=161.6°$。上题已求出 $\theta_i=38.3°$，查找表 6.9 和表 6.10，并内插，分别得

$f_{油墨}(10°;38.3°,161.6°)=0.001\mathrm{sr}^{-1}$ 和 $f_{纸}(10°;38.3°,161.6°)=0.2182\mathrm{sr}^{-1}$。

将 $\mathrm{d}E(\theta_i,\varphi_i)$ 和 $f_{纸}$，$f_{油墨}$ 的值代入式（6.44），求得

$L_{纸}=477\mathrm{lx}\times0.2182\mathrm{sr}^{-1}=104\ \mathrm{cd\cdot m}^{-2}$，

$L_{油墨}=477\mathrm{lx}\times0.0001\mathrm{sr}^{-1}=104\mathrm{cd\cdot m}^{-2}$，

即可求得对比度 $C=\dfrac{L_{纸}-L_{油墨}}{L_{纸}}=0.999$

即观察到书上的字的对比度为 0.999。

照明计算可以给照明设计师提供很多有价值的信息，但是在实际照明工程设计中，计算的工作量非常大，为了缩短设计的周期，现在一般都采用计算机辅助计算。另外，随着

计算机图示技术的发展，现在已有可能通过复杂的照明分析后，以图示的方式仿真显示照明系统的实际效果。这些为照明设计师提供了非常有效的手段，用来对不同的照明设计方案进行比较，以获得最佳的的照明效果，满足客户的要求。

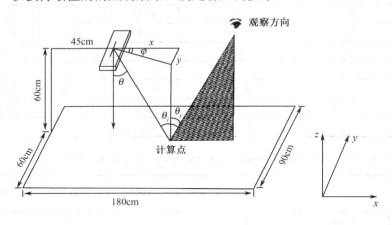

图 6.30　照明和观察方向

6.5　成本分析

　　一个理想的照明系统，不但要有良好的照明效果，还要有合理的初始投资，更需要有合乎经济投资效益的运行和维护成本。因此，必须综合考虑初始投资成本及运行成本（见图 6.31）。

1. 照明系统成本的综合考虑

　　初始成本包托照明设备成本（光源、镇流器、灯具和控制等）、安装成本及投资利息。

　　运作成本包括照明系统的能耗费用、日常维护费用及由于设备维修而造成的运行损失。在照明设计时，应综合考虑系统功耗、光源寿命、灯具衰减、光源衰减、镇流器衰减及年运行时间等许多因素。

　　多增加的初始投资可由节约的运行成本而回收，一般两年以下的回收期是可以接受的。办公室照明系统中，在达到同等照明效果的前提下，往往会有多种光源、镇流器可供选择，以达到最佳的系统成本平衡点。

图 6.31　照明质量与总成本的均衡

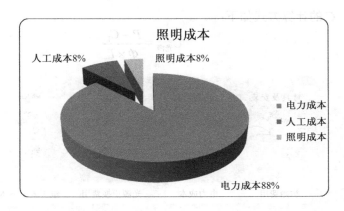

图 6.32 照明成本比例分析图

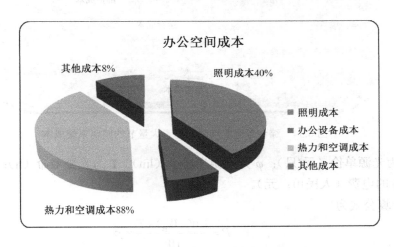

图 6.33 以办公空间为例,照明成本比例分析图

2. 成本分析要素

照明的经济性是照明经济效果的重要指标之一,研究照明系统设备的经济性,是为了在相同的照明效果条件下能尽量减少每单位照度的照明费用。因此,在进行经济性分析时,必须注意并非每年用电费用低的就是良好的照明系统。因为构成每年照明费用的不单纯为用电费用的多少,还包括设备费、施工费和维护费等。显然,影响照明经济性的因素很多,因此,必须寻找一种好的分析、计算方法,在照明设施的计划、设计中加以应用。

3. 初级成本分析方法

照明经济计算主要是计算各个照明的初次设备投资费,寿命期内用电费和维护费用。

（1）光源的经济性

为了计算光源的经济性,必须采用一些适当的比较单位。这里,比较单位取为 C（元/流明小时）,即光源在额定寿命（经济寿命,以下相同）期内,每单位时间和单位光通量所

需的照明费用。C 的计算方式如下:

$$C_{光源} = \frac{P + C_L}{\Phi \times T} \quad\quad (6.48)$$

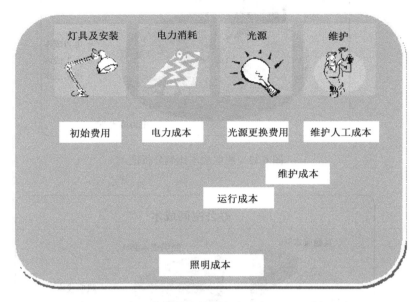

图 6.34　综合考虑各单独的因素大量节约照明系统成本

式中，C_L 为光源单价（元/只）；φ 为光源光通量（lm）；T 为光源寿命（h）；P 为光源寿命期内所消耗的电费（人民币：元）。

P 的计算公式为

$$P = \frac{(W_L, W_B) \times T}{10^3} \times \rho \quad\quad (6.49)$$

式中，W_L 为光源输入功率（W）；W_B 为镇流器或变压器损失功率（W）；ρ 为电费单价（元/千瓦小时）。

下面举几个例子加以说明。

例 6.10　求 70W 双端金属卤化物灯的经济指标 C。已知该灯的 $W_L=70W, W_B=14W$，$T=6000h$，$\varphi=5500lm$，$C_L=100$ 元，$\rho=0.65$ 元/流明小时。

解：将有关数据代入式（6.49），求得

$$P_{金} = \frac{(70+14) \times 6 \times 10^3}{10^3} \times 0.65 = 327.60 (元)。$$

再由式（6.48）求得

$$C_{金} = \frac{327.60+100}{5500 \times 6000} = 1.3 \times 10^{-5} (元/流明小时)$$

例 6.11　T8 36W 荧光灯的 $W_L=36W$，$W_B=6W$，$T=8000h$，$C_L=10$ 元，$\varphi=2300lm$，单位电价 $\rho=0.65$ 元/流明小时。试求其经济指标 C。

解：

$$P_荧 = \frac{(32+6) \times 8 \times 10^3}{10^3} \times 0.65 = 197.6（元）$$

$$C_荧 = \frac{197.6+10}{2300 \times 8000} = 1.13 \times 10^{-5}（元/流明小时）$$

例 6.12 求 150W 白炽灯的经济指标 C。相关系数为 $W_L=150W$，$W_B=0$，$T=1000h$，$C_L=2$ 元，$\varphi=2090lm$，$\rho=0.65$ 元/流明小时。

解：

$$P_白 = \frac{150 \times 10^3}{10^3} \times 0.65 = 97.5（元）$$

$$C_白 = \frac{97.5+2}{2090 \times 1000} = 4.76 \times 10^{-5}（元/流明小时）。$$

从上述计算结果可知，三种光源在寿命期内的照明费用之比为

$$\frac{C_白}{C_金} = \frac{4.76 \times 10^{-5}}{1.3 \times 10^{-5}} = \frac{3.66}{1}；$$

$$\frac{C_白}{C_金} = \frac{4.76 \times 10^{-5}}{1.13 \times 10^{-5}} = \frac{4.818}{1}。$$

（2）灯具的经济性

影响灯具经济性的因素很多，包含使用照明灯具的数量、灯具的单价、灯具装配线的单价、折旧年数、灯具清扫费单价、灯具所耗电费等，因此，在比较灯具的经济性时必须将上述因素一起考虑。灯具产生单位光通每月所需的照明费用 C 为

$$C_{灯具} = \frac{C_a \times t + C_c}{\Phi_0(1 - gt/2)t} \tag{6.50}$$

式中，C_a 为灯具的折旧费、灯具所耗电费、光源价格费（元/月）；C_C 为平均每清扫一次所需用；t 为清扫周期（月）；φ_0 为光源初始光通量（lm）；g 为由于污染灯具输出光通减少的比例（月）。

由式（6.50）可知 t 和 g 是一对矛盾。在灯具寿命期内要求得到尽量多的光通量而要花最少的费用。图 6.35 所示为灯具清扫周期与光输出的关系，不难看出增加清扫次数即可增加光通量的输出，但也增加费用。

在求清扫周期时需 C 对 t 求导，并令其等于零，得：

$$\frac{dC}{dt} = 0, \quad t^2 + 2\frac{C_c}{C_a} \times t - 2\frac{C_c}{C_a g} = 0$$

因其中第二项的值相当小，可省略，从而得：

$$t = \sqrt{2C_c / C_a g} \tag{6.51}$$

式中，光通下降比例 g 可实测得出或查表，它与使用地周围环境条件和灯具形式有关，对一般近似计算，可取：开启式灯具 $g=0.024$，密封式照明 $g=0.020$。

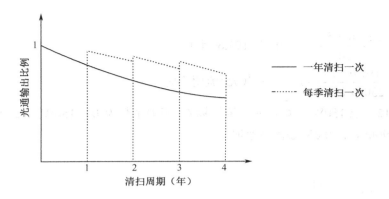

图 6.35　清扫周期与光输出的关系

式（6.51）表明，若清扫人工费用 C_C 很低，并且与每月所需照明费 C_A 相差很多时，则清扫周期 t 可短些，反之，若清扫一次的费用很大，则清扫周期则应长些。污染严重时 g 值大些，清扫周期也应短些。可见，低于或高于用式（6.51）求出的 t 值，都是不经济的。

（3）照明方案的经济比较

对两种或两种以上的照明设计方案作经济比较时，都应在照明条件近似和照明效果基本相同的条件下进行。如果两个方案的照明条件与效果相关很大，例如，某一方案照明设备很简陋、灯具数量不足、照明质量很差、投资很低，而另一方案采用价格较高的照明设备，灯具数量足够，照明效果相当好，但其投资较高，对这两种方案作经济比较就没有什么意义。

照明经济比较分析应包括照明设备投资、电力费和维护运行费。以下就几个主要因素的计算方法详述如下。

进行照明经济比较分析时，由于不同照明方案的照度值不尽相同，因此必须采用单位照度的年照明费用来比较。

单位照度的年照明费 C_{TE} 为

$$C_{TE} = \frac{F + M + P}{\overline{E}} = \frac{C_T}{\overline{E}} \tag{6.52}$$

式中，C_{TE} 为年照明费；F 为年固定费；M 为年维护费；P 为年电力费；$\overline{E}$ 为平均照度（指室内平均水平照度或道路上的平均水平照度）。

下面对年照明费的各项做一些分析。

①年固定费 F

照明设备是机电设备的一大类，在使用过程中都有消耗，一般情况下取照明设备初投资的一定比例 K 作为固定费，这些费用需计算到年投资费用中去，并按预设年份逐年回收，即为以后的设备更新费用。系数 K 也称为年折旧系数，它随折旧年数不同而变化，可根据照明设备的耐用性选取 K 值（见图 6.36），从图中可见，当折旧年限为 3 年时，K 取 0.33；若为 5 年时，K 为 0.27；若为 6 年时，K 为 0.25；若为 8 年时，K 为 0.20；若为 12 年，K 为 0.16 等。

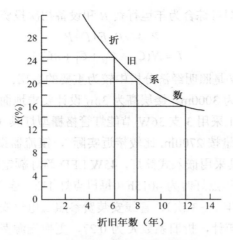

图 6.36　折旧系数 K 与折旧年数的关系

年固定费即为

$$F = K(C_E + C_B + C_1). \tag{6.53}$$

式中，C_E 为灯具价格；C_B 为镇流器或变压器及触发器等价格；C_1 为配线安装施工费。

而对灯具中光源和清洁剂等，则作为清耗品在维护费用中考虑。

而对灯具中的光源和清洁剂等，则作为消耗品在维护费用中考虑。

②年维护费 M

年维护费包括更换光源时的人工费和光源本身的价格，还包括清扫灯具所消耗的清洁剂等材料及人工费用。

$$M = E + D \tag{6.54}$$

其中，E 为年更换光源费用；D 为年清扫费用；而

$$E = (C_L + a)N_1 = (C_L + a)nN\frac{t_E}{T}. \tag{6.55}$$

式中，C_L 为光源单价（元/只）；a 为平均每更换一支光源的人工费用（元）；N_1 为一年内更换光源的次数；n 为每个灯具内的光源数；N 为整个设施内灯的数量；t_E 为每年点灯的时间（h）；T 为光源寿命（经济寿命）。

式（6.55）中 C_L 通常要比 a 大得多，所以，成批更换光源和单个更换光源的人工费用对总的年照明费的影响较少，故不作讨论。

在式（6.54）中，D 为

$$D = (b + d)C_f \times N. \tag{6.56}$$

式中，b 为每个灯具的平均清扫人工费（元）；C_f 为年清扫次数（即为 $12/t$）。

③年电力费 P

$$P = \rho\frac{W_L + W_B}{10^3}nNt_E \tag{6.57}$$

式中，ρ 为电力费单价（元/千瓦小时）。

根据上述各项费用，即可综合为年运行费 R 和设备初次投资费 I：

$$R = M + P = E + D + P \tag{6.58}$$

$$I = N(C_F + C_B + C_1 + nC_L) \tag{6.59}$$

照明设备初次投资费 I 是照明经济分析中较为重要的数据。

例 6-13 某商场面积为 3000m²，楼层高为 3m，设计要求地面平均水平照明度为 900lx。现有两个照明方案：方案 1 采用 3 支 36W 节能灯管格栅型灯具（P3-36 型），嵌入式安装，36W 节能灯输出额定光通量按 2700lm 比较接近实际，镇流器损耗功率为 9W；方案 2 采用 45W LED 为光源，灯具采用嵌入式筒灯，45W LED 筒灯额定输出光通量为 4200lm，镇流器损耗功率为 10W。若年点灯时为 4015h（每日点灯 11h，全年按 365 天计），年清扫次数 3 次（国家标准提出每年 2~3 次），管线安装费参照《电气安装工程预算定额》执行。年固定费中折旧年限按 5 年计，折旧系数 K 为 0.27，更换光源费包含领料、准备、换光源等。方案 I（格栅灯具）0.5h 换一支，每班（按 8h 计）16 支；方案 2（筒灯）平均每 10min 换一支，每班换 48 支，以更换光源工人的平均工资为 600 元计算得出。灯具清扫费用按灯具使用环境来确定，本商场为室内空调环境，环境较为清洁，灯具污染较小，故消耗清洁材料及工时也较少，按近似更换光源费的 2 倍来计算。试对此两方案进行经济分析。

解： 表 6.12 列出两照明方案经济分析比较计算的各项细节。从表 6.12 中可以看到：

①方案 2 采用筒式 LED 灯比格栅式节能灯要经济得多，后者的照明费是前者的 3.65 倍。关键在于格栅灯具的价格比筒灯的要贵，并且格栅灯具的效率比较低，利用系数亦低，年耗电费用及更换光源费用都较高，因此方案 2 较经济。②初次投资费用两个方案都差不多，照明质量还属方案 2 较完整，故认为方案 2 较好。

表 6.12　照明方案经济分析比较

名称	序号	项目	方案 1	方案 2	运算过程
	1	光源种类	36W 基色 H 灯	45W LED 筒灯	
	2	灯具种类	P3-36 格栅灯具	LED 筒灯灯具	
	3	光源数量/灯具	3	1	
	4	源光通量/支	2700	4200	
	5	灯具出射光通量（lm）	4455	3402	
	6	光源寿命（h）[经济寿命]	6000	6000	
项目条件	7	光源总数量（支）	2598	992	
	8	灯具总数量（只）	866	992	
	9	利用系数	0.55	0.81	
	10	减光系数	0.7	0.8	
	11	电力费单价（元/千瓦小时）	0.65	0.65	
	12	每平均点灯时间（h）	4015	4015	
	13	受照面积（m²）	3000	3000	
	14	初始照度（lx）	990	1080	
	15	设计照度（lx）	900	900	

名称	序号	项目	方案 1	方案 2	运算过程
初始投入费	16	光源价格（元/灯具）	78	95	
	17	灯具价格（元/只）［包括电器］	424	386	
	18	配电安装费（元/套）	10.62	3.21	
	19	每套灯具总价格（元/套）	512.62	484.21	16+17+18
	20	初始投入设备费用（元）	443928.92	480336.32	8×19
	21	折旧年限（年）	5	5	
年固定费	22	配线安装费用及灯具价格（元）	434.62	389.21	17+18
	23	全部设施费（元）	376380.92	386096.32	8×22
	24	年固定费（K=0.27）	101622.85	104246	23×0.27
年运行费	25	年光源更换数（次）	1738.5	663.8	3×8×12+6
	26	年光源更换价格（元）	4520.1	63062.27	
	27	更换一支光源人工费（元）	1.70	0.57	
	28	年更换光源人工费（元）	2955.45	378.37	25×27
	29	平均清扫人工费（元/每只灯具）	3.40	1.14	
	30	年平均清扫次数（次）	3	3	
	31	年清扫人工费（元）	8833.20	3392.64	29×30×8
	32	平均维护人工费（元）	11788.65	3771.01	28+31
	33	每年光源费及人工费（元）	56989.65	3834.63	26+32
	34	年平均耗电力费（元）	305105.187	207109.76	
	35	年运行费	362095.52	210944.39	33+34
结论	36	年照明费	463718.37	126190.39	24+35
	37	单位照度年照明费	512.24	140.21	36+15

$$K = n_1 \left[\frac{k_1}{100} \cdot K_1 + \frac{k_2}{100} \cdot K_2 \right] \qquad 初始成本$$

$$+ n_1 \left[t_B \cdot a \cdot P \right] \qquad 能源成本$$

$$+ n_1 \left[\frac{t_B}{t_L} (K_3 + K_4) + \frac{R}{n_2} \right] \qquad \begin{array}{l} 光源更换 \\ 系统维护 \end{array}$$

其中，

K：年度总投资；

K_1：每套灯具的成本；

k_1：K_1 人工费的比率（根据利息和市场具体情况而定）；

K_2：每套灯具的安装费用和材料费用；

k_2：K_2 人工费的比率（根据利息和市场具体情况而定）；

R：每年每套灯具的清洁费用；

n_1：光源总体数量；

n_2：每套灯具的光源数量；

K_3：每支光源的价格；

K_4：替换每支光源的费用；

P：每套灯具消耗电力量（包括电器部分）；

A：本地每千瓦的电力费用；

t_L：光源的额定平均寿命（单位：h）；

t_B：每年的运行时间。

参考文献

[1] 林燕丹主编，徐庆辉编写. 照明设计师基础知识，2007 年，（内部教材）

[2] J.R 柯顿、A.M.马斯登编著，陈大华、刘九昌、徐庆辉译. 光源与照明，复旦大学出版社，2001.

[3] 俞丽华编著，电气照明，同济大学出版社，2001.

[4] 建筑照明设计规范 GB50034-2004，中国建筑工业出版社，2004.

[5] 周太明等编著，电气照明设计，复旦大学出版社，2001.

[6] 教室照明指南，Lighting Research Center 出版

[7] 办公室照明指南，Lighting Research Center 出版

[8] 日本建筑学会著，刘南山、李铁楠译，光和色的环境设计，机械工业出版社,2006.

[9] 陆燕、姚梦明编著，商店照明，复旦大学出版社，2004.

[10] 姚梦明、陆燕编著，办公室照明，复旦大学出版社，2004.

[11] 2007 年最新城市照明与景观规划设计及施工验收标准规范实施手册，中国建筑工业出版社.

[12] 《IESNA Lighting Design Handbook》，9th Edition IESNA 出版，2000.

[13] James Benya、Lisa Heschong.等编著，《Advanced Lighting Guidelines》，New Building Institute 出版，2003.

[14] 《LIGHT POLLUTION》，IDA 出版

[15] 中岛龙兴、近田岭子、面出熏编著，马俊译，《照明设计入门》，中国建筑工业出版社，2005.

[16] 马卫星. 日本照明设计师的设计过程，灯与照明杂志社，2004.1.

第7章

LED 灯具测试技术

7.1 概述

LED 灯具凭借节能环保、亮度高等优势，近几年在照明应用领域迅速普及。本章主要介绍 LED 灯具的测试标准和方法。下面首先了解一下国内外标准研究与制定的组织和机构。

（1）中华人民共和国国家标准（GB）

中华人民共和国国家标准，简称国标（Guóbiāo，GB，按汉语拼音发音），由能在国际标准化组织（ISO）和国际电工委员会（或称国际电工协会，IEC）代表中华人民共和国的会员机构（国家标准化管理委员会）发布。

（2）国际照明委员会（CIE）

国际照明委员会（英语：International Commission on illumination；法语：Commission Internationale de l'Eclairage，采用法语简称为 CIE）是由国际照明工程领域中光源制造、照明设计和光辐射计量测试机构组成的非政府间多学科的世界性学术组织，是技术、科学、文化方面的非营利组织。

国际照明委员会的前身是 1900 年成立的国际光度委员会（Intemational Photometric Commission，IPC），1913 年改为现名。总部设在奥地利维也纳。其宗旨是：

- 制订照明领域的基础标准和度量程序等；
- 提供制订照明领域国际标准与国家标准的原则与程序指南；
- 制订并出版照明领域科技标准、技术报告以及其他相关出版物；
- 提供国家间进行照明领域有关论题讨论的论坛；
- 与其他国际标准化组织就照明领域有关问题保持联系与技术上的合作。

（3）国际电工委员会（IEC）

国际电工委员会（International Electrotechnical Commission，IEC）。成立于 1906 年。它是世界上成立最早的国际性电工标准化机构，负责有关电气工程和电子工程领域中的国际标准化工作。其宗旨是：促进电气、电子工程领域中标准化及有关问题的国际合作，增进国际间的相互了解。

（4）北美照明学会（IESNA）

北美照明学会（The Illuminating Engineering Society of North America，IESNA，或 IES），是一个非营利性社会组织，成立于纽约 1906 年。

其宗旨是：IES 的使命是改善照明环境，结合照明知识,并将这些知识转化为行动,使公众受益。IES 的成员是行业内的专业人士，他们的知识被全球尊重。

（5）美国国家标准协会（ANSI）

美国国家标准协会（American National Standards Institute，ANSI）成立于 1918 年，是非赢利性质的民间标准化团体。但它实际上已成为国家标准化中心；各界标准化活动都围绕着它进行。通过它，使政府有关系统和民间系统相互配合，起到了联邦政府和民间标准化系统之间的桥梁作用。

其宗旨是：协调并指导全国标准化活动，给标准制订、研究和使用单位以帮助。

（6）美国能源部能源之星（DOE EPA Energy Star）

ENERGY STAR 能源标识计划是由美国能源部（DOE）和环境保护署（EPA）于 1992 年发起，项目隶属于美国能源部环保局，其宗旨是：帮助消费者选购更高能效的电器产品，以达到保护环境的最终目的。

7.2 电气特性标准与测试

7.2.1 电气特性相关标准介绍

半导体照明是一种新型的照明产品，对其能效进行规范是目前世界各国都在努力的重点领域。美国的"能源之星"计划在这方面居于领先地位。尽管 "能源之星"是一个自愿性的认证项目，但在美国影响非常广泛，贴上了 "能源之星"标签，就标志着产品在能效方面已经获得了美国能源部和环保署的认可，消费者主要依据该标签来选购节能型产品。同时，依据联邦政令，获得 "能源之星"认证的产品还可获得政府的优先采购。

能源之星 SSL 采用的测试标准见表 7.1。

另外，国际电工委员会 IEC 有三个技术委员会负责制定灯具电气标准，分别是 TC 34（灯和相关设备）、TC 76（光辐射安全和激光设备）和 CISPR（国际无线电干扰特别委员会）。

表 7.1　能源之星 SSL 采用的测试标准

颜色	IES LM- 58: 1994 Spectroradiometric Measurements 光谱辐射度测量 CIE Pub. 13. 3: 1995 Method of Measuring and Specifying Color Rendering of Light Sources 光源显色的说明和测量方法 ANSI C78. 377: 2011 Specifications for the Chromaticity of Solid State Lighting Products 固态产品照明色品规范 IES LM- 79: 2008 (Sec.　12) Color Characteristic Measurements 颜色特性测量 IES LM- 16: 1993 Practical Guide to Colorimetry of Light Sources 光源比色法实用指南 CIE Pub. 15: 2004 Method of Measuring and Specifying Color Rendering of Light Sources 光源显色说明和测量方法
光度	IES LM- 79: 2008 (Sec. 9) Total Flux Measurements (Luminous Efficacy) 总光通量测量 (流明效率) IES LM- 79: 2008 (Sec. 10) Luminous Intensity Measurements 发光强度测量
寿命	IES LM- 80: 2008 Lumen Maintenance 流明维持
安全	ANSI /UL 1993 2009 Standard for Self- Ballasted Lamps and Lamp Adapters 自镇流灯和灯具适配器的标准 ANSI /UL 8750 2009 Light Emitting Diode (LED) Equipment for Use in Lighting Products 用于照明产品的 LED 设备
电磁干扰	FCC CFR Title 47 Part 15 Radio Frequency Devices 无线电频率装置

　　TC 34 成立于 1948 年, 其下设四个分技术委员会分别负责电灯、灯头、灯座和灯的控制装置的标准化工作, TC 34 为这些分技术委员会提供协调作用, 其目的是确保上述这些部件的安全性、可靠性及互换性, TC 34 及其下设的与 LED 照明产品相关的标准见表 7.2。

表 7.2　TC 34 制定的 LED 照明产品相关标准

TC /SC	标准号	标准名称
TC 34	IEC 61547:2009	日常照明器具- EMC 抗扰要求
SC 34A	IEC 60968:2012	通用照明的自镇流灯—安全要求
	IEC 62031:2008	通用照明用 LED 模块—安全要求
	IEC 62560:2011	的通用照明自镇流灯安全规范
	IEC/PAS 62612:2009	通用照明自镇流 LED 灯—性能要求
SC 34B	IEC 60838-2-2:2012	杂类灯座第 2- 2 部分: LED 模块连接器的特殊要求
SC 34C	IEC 61347-1:2012	灯的控制装置第 1 部分: 通用及安全要求
	IEC 61347-2-13:2013	灯的控制装置第 2- 13 部分: LED 模块用交流或直流电子控制装置的特殊要求
	IEC 62384:2011	发光二极管模块的直流或交流供电电子控制装置性能要求
SC 34D	IEC/PAS 62722- 1:2011	灯具性能第 1 部分: 一般要求
	IEC/PAS 62722-2-1:2011	灯具性能第 2- 1 部分: LED 灯具特殊要求
	IEC/PAS 62717:2011	普通照明用 LED 模块性能要求
	IEC 60598 系列标准	

　　我国相关标准化组织也同样开展了大量的标准化工作, 其中,《反射型自镇流 LED 灯性能要求》、《反射型自镇流 LED 灯性能测试方法》、《LED 筒灯性能要求》和《LED 筒灯性能测试方法》4 个拟立项国家标准是以国家半导体照明工程研发及产业联盟发布的《反

射型自镇流 LED 照明产品》和《LED 筒灯》技术规范为基础制定的。

目前我国与 LED 材料、外延片、芯片、器件/模块和应用方面相关的国家标准见表 7.3。

表 7.3 与 LED 照明电器产品相关的 GB 国家标准

产品类别	安全标准	性能标准
LED 照明产品	GB /T 24826 2009 普通照明用 LED 和 LED 模块术语和定义	
LED 灯	GB 24906 2010 普通照明用 50V 以上自镇流 LED 灯安全要求	GB /T 24908 2010 普通照明用自镇流 LED 灯性能要求 GB /T 24907 2010 道路照明用 LED 灯性能要求 GB /T 24909 2010 装饰照明用 LED 灯
LED 模块	GB 24819 2009 普通照明用 LED 模块安全要求	GB /T 24823 2009 普通照明用 LED 模块性能要求 GB /T 24824 2009 普通照明用 LED 模块测试方法
LED 连接器	GB 19651. 3 2008 杂类灯座第 2- 2 部分: LED 模块用连接器的特殊要求	
LED 控制装置	GB 19510. 14 2009 灯的控制装置第 14 部分: LED 模块用直流或交流电子控制装置的特殊要求	GB /T 24825 2009 LED 模块用直流或交流电子控制装置性能要求
LED 灯具	GB 7000 系列 GB 7000. 5 2005 道路与街路照明灯具安全要求	GB /T 24827 2009 道路与街路照明灯具性能要求 GB 24461 2009 洁净室用灯具技术要求 GB /T 24907 2010 道路照明用 LED 灯性能要求 GB /T 24909 2010 装饰照明用 LED 灯 GB 25991 2010 汽车用 LED 前照灯 GB /T 9468 2008 灯具分布光度测量的一般要求 GB /T 7002 2008 投光照明灯具光度测试
电磁兼容	电磁干扰 EMI GB 17743 2007 电气照明和类似设备的无线电骚扰特性的限值和测量方法 GB 17625. 1 2003 电磁兼容限值谐波电流发射限值（设备每相输入电流 16A） GB 17625. 2 2007 电磁兼容限值对每相额定电流 16A 且无条件接入的设备在公用低压供电系统中产生的电压变化电压波动和闪烁的限制	电磁抗干扰 EMS GB /T 18595—2001 一般照明用设备电磁兼容抗扰度要求

7.2.2 电气特性测试原理与方法

LED 是一个由半导体无机材料构成的单极性 PN 结二极管，其电压与电流之间的关系称为伏安特性。LED 电特性参数包括正向电流、正向电压、反向电流和反向电压，LED 必须在合适的电流电压驱动下才能正常工作（如图 7.1 所示）。通过 LED 电特性的测试可以获得 LED 的最大允许正向电压、正向电流及反向电压、电流，此外也可以测定 LED 的最佳工作电功率。

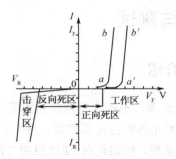

图 7.1　LED 导电特征曲线

（1）正向死区：a 点为开启电压，当 $V < V_a$，外加电场尚克服不了因载流子运动而形成的势垒电场，此时 R 值很大。开启电压对于不同的 LED 其值不同。

（2）正向工作区：电流 I_F 与外加电压呈指数关系。

$$I_F = I_S \left(e^{qV_F/KT} - 1 \right)$$

式中，I_S 为反向饱和电流。

当 $V > 0$ 时，$V > V_r$ 的正向工作区 I_F 随 V_F 指数上升，即

$$I_F = I_S e^{V_F/KT}$$

（3）反向死区：$V < 0$ 时，PN 结加反偏压，$V = -V_R$ 时，对应的电流为反向漏电流 I_R。

（4）反向击穿区 $V < -V_R$，V_R 称为反向击穿电压，V_R 电压对应的 I_R 为反向漏电流。当反向电压一直增加使 $V < -V_R$ 时，则出现 I_R 突然增加而出现击穿现象。由于所用化合物材料种类不同，各种 LED 的反向击穿电压 V_R 也不同。

正向电流和正向电压值、反向电压和反向电流值测量原理如图 7.2 和图 7.3 所示。

电流为额定值时，电压表所示的即时正向电压值。

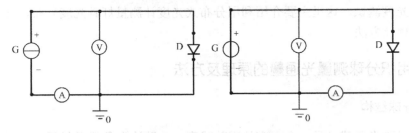

图 7.2　正向电压电流测量原理图 7.3　反向电压电流测量原理

调节电源输出电压，当流过 LED 器件的反向电流为额定值时，电压表所示的即是被测 LED 的反向电压。

LED 的电压降可以直接测量出来，测试的精度比较高，速度较快。而电流值测量一般采用串联高精度取样电阻，通过测量取样电阻两端的电压值来实现，模拟电压值经过 A/D 转换为数字值，再通过公式计算得到电流值。

7.3　光色特性标准与测试

7.3.1　光色特性相关标准介绍

LED 灯具作为新兴的照明光源，不同光色特性是照明工程应用中重要的选择指标，其中光通量、颜色以及光强分布等光色特性尤其关键。由于 LED 行业的快速发展，竞争不断加剧，LED 灯具品质也受到了重视，特别是对 LED 照明光源光通量、颜色以及配光特性等要求比较高的场所，灯具光色特性的品质控制的难度和重要性就更加显得特别突出。为了规范 LED 灯具的光色特性测量方法，国内以及国际相关组织制定了一系列的相关测试标准。

光通量的测量方法 GB/T26178—2010 标准定义了光通量测量的相关术语，并论述了目前所使用的光通量测量的主要三种方法。第一种方法是根据照度和亮度分布进行计算测量光通量，该方法主要被国家标准实验室所使用；第二种方法利用积分球测量光通量，该方法被广泛应用于工业及大部分企业所采用；第三种方法利用分布光度计来测量光强分布再计算光通量，该方法被少数工业或企业所采用。每一种方法的使用者都是最关注自己领域内目前所使用的方法，因此该标准在光通量测量方面进行了一些基础工作，使它能涵盖这些主要测试方法，并使之互相联系起来。这里主要介绍利用积分球进行光通量测量的原理及方法。

照明光源颜色的测量方法 GB/T 7922-2003 标准规定了照明光源颜色的测量方法，适用于各类照明光源的颜色测量。这里主要介绍利用光谱仪进行颜色测量的原理及方法。

灯具分布光度测量的一般要求 GB/T 9468-2008 标准规定了光度测试的标准条件，并推荐了测试程序，同时为光度实验室的实验和灯具性能数据的表达提供指导。对于实际测试条件不同于标准测试条件的灯具，标准给出了修正系数的测量要求。该标准适用于大部分类型灯具的光度测试。这里主要介绍利用分布式光度计测量灯具光度分布、配光曲线等特性的测量原理及方法。

7.3.2　利用积分球测量光通量的原理及方法

1．积分球结构

积分球又称光通球，是一个中空的完整球壳。内壁涂白色漫反射层，且球内壁个点的漫射均匀。积分球的大小可以根据被测对象的尺寸、光通量范围来改变，不同大小的积分球可以适应不同的被测对象。

积分球内壁的涂层是核心关键要素，直接影响积分球的测试准确性及使用寿命等，国内低端的涂层主要有氧化镁（MgO），硫酸钡（BaSO4），较高端的则有国产聚四氟乙烯悬浮树脂（F4）。

图 7.4 中，Input Port 为被测对象的入射光，经过挡光板后在球内经过反复的均匀漫反

射，再到 Output Port 处通过光电探测器等元器件进行光通量测量。

积分球的结构根据测量方式的不同可以分为 4π 结构及 2π 结构，如图 7.4 所示。

4π 结构：被测灯具安装在球中心；

2π 结构：被测灯具安装在球侧面、球顶部。

2．积分球测量光通量原理

（1）点光源光通量与发光强度的关系，如图 7.5 所示。

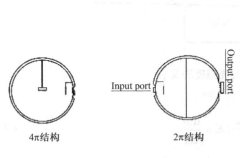

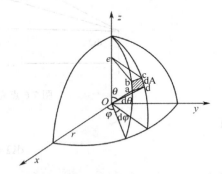

图 7.4 积分球结构　　　　　图 7.5 点光源光通量与发光强度的关系

如图 7.5 所示，对点光源 O，立体角 Ω，则单位立体角 $\mathrm{d}\Omega=\mathrm{d}A/r^2$，其中 $\mathrm{d}A$ 为球面的面积，r 为球体的半径，当 $A<<r$ 时（即立体角 Ω 很小时）

$$ab = r.\mathrm{d}\theta$$

$$ad = ea.\mathrm{d}\varphi = r^2.\sin\theta.\mathrm{d}\varphi$$

$$\mathrm{d}A = ab.ad = r^2.\sin\theta.\mathrm{d}\theta.\mathrm{d}\varphi$$

由此可得

$$\mathrm{d}\Omega = \sin\theta\mathrm{d}\theta\mathrm{d}\varphi$$

依据定义"发光强度是光源在指定方向单位立体角内发出的光通量"，即对于空间的任意方向，有

$$\mathrm{d}\Phi(\varphi,\theta) = I(\varphi,\theta)\sin\theta\mathrm{d}\theta\mathrm{d}\varphi$$

光源向整个空间发射的全部光通量为

$$\Phi = \int\mathrm{d}\Phi(\varphi,\theta) = \int_0^{2\pi}\mathrm{d}\varphi\int_0^{\pi}I(\varphi,\theta)\sin\theta\mathrm{d}\theta$$

如果光源在各方向的发光强度均相同，则

$$\Phi = \int\mathrm{d}\Phi(\varphi,\theta) = \int_0^{2\pi}\mathrm{d}\varphi\int_0^{\pi}I(\varphi,\theta)\sin\theta\mathrm{d}\theta = 4\pi I$$

即

$$\Phi = 4\pi I \tag{7.1}$$

（2）点光源照度与发光强度的关系，如图 7.6 所示。

如图 7.6，点光源 S 照明一个微小的平面 $\mathrm{d}A$（其法线方向为 N 和照明方向成夹角 α），$\mathrm{d}A$ 距离 S 的距离为 L，假定光源在 SO 方向上的光强为 I，则光源射入微小平面 $\mathrm{d}A$ 内的光通量为：

$$\mathrm{d}\Phi = I.\mathrm{d}\Omega,$$

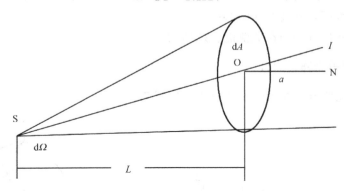

图 7.6 点光源照度与发光强度的关系

而

$$\mathrm{d}\Omega = \frac{\mathrm{d}A.\cos\alpha}{L^2},\ E = \frac{\mathrm{d}\Phi}{\mathrm{d}A} \tag{7.2}$$

因此

$$E = \frac{I.\cos\alpha}{L^2} \tag{7.3}$$

式（7.2）即是照度、发光强度与距离以及测量面夹角之间的关系。

（3）点光源光通量与照度的关系

根据式（7.2）、式（7.3）有

$$\Phi = 4\pi I = \frac{4\pi L^2}{\cos\alpha}.E\ \text{或}\ E = \frac{\Phi}{4\pi L^2}.\cos\alpha$$

如果测量的法线方向指向点光源中心，则 $\cos\alpha = 1$，即

$$E = \frac{\Phi}{4\pi L^2}$$

3．光通量的测量原理

光通量的测量原理如图 7.7 所示。

如图 7.7，假设积分球的反射率为 ρ，球半径为 r，点光源 O 的光通量为 Φ。在球壁上任意一点 B 上的照度 E 应由两部分组成：一部分是由光源 O 直接照射到 B 点产生的照度；另一部分是由光源照到球壁的其他部位如 A 点后，被反射到 B 点上产生的照度。光源 O 直接照射照度为 $E_0 = \dfrac{\Phi}{4\pi r^2}$，反射

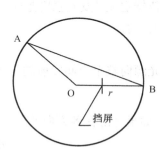

图 7.7 光通量的测量原理

到 B 点的照度分别为一次反射、二次反射，…，直到无数次反射的照度分别为：

$$E_1 = \frac{\rho.\Phi}{4\pi r^2}\ E_2 = \frac{\rho^2.\Phi}{4\pi r^2}\ \cdots\ E_n = \frac{\rho^n.\Phi}{4\pi r^2}\ \cdots$$

所以在 B 点的总照度 E 为：

$$E = E_0 + E_1 + E_2 + ... + E_n + ...$$

$$E = \frac{\Phi}{4\pi r^2} + \frac{\rho \cdot \Phi}{4\pi r^2} + \frac{\rho^2 \cdot \Phi}{4\pi r^2} + ... + \frac{\rho^n \cdot \Phi}{4\pi r^2} + ...$$

$$= \frac{\Phi}{4\pi r^2} + \frac{\rho \cdot \Phi}{4\pi r^2}(1 + \rho + \rho^2 + ... + \rho^n + ...)$$

$$E = \frac{\Phi}{4\pi r^2} + \frac{\Phi}{4\pi r^2} \cdot \frac{\rho}{1 - \rho} \tag{7.4}$$

实际测量中，照明光源 O 与 B 点之间有一个挡屏，挡去光源的直射光，因此式（7.4）变成

$$E = \frac{\Phi}{4\pi r^2} \cdot \frac{\rho}{1 - \rho} \tag{7.5}$$

由此可见，点光源发出的光经过积分球内壁无数次漫反射后，在球内壁各点形成均匀的照明，此时球壁上任意一点的照度与光源的光通量、球的尺寸大小以及反射比相关，公式（7.5）即为应用积分球法对点光源进行光通量测量的基本原理公式。

4. 积分球测量光通量方法

由式（7.5）可知，光通量只与积分球尺寸及反射率有关，因此，在实际应用中，多采用相对测量法（也称比较法）进行光通量测量，即在相同的测量环境下，用一颗已知光通量值的稳定光源作为标准灯，来对设备进行标定，然后将被测灯放入积分球内，通过标定系数计算出被测灯的光通量值，方法及原理如下：

先将标准灯（其光通量为 Φ_s）放入积分球内，点燃后，在窗口测得的照度 E_s 为：

$$E_s = \frac{\Phi_s}{4\pi R^2} \cdot \frac{\rho}{1 - \rho}$$

放入待测灯点燃后，可测得的照度 E_C 为：

$$E_c = \frac{\Phi_c}{4\pi R^2} \cdot \frac{\rho}{1 - \rho}$$

比较以上二式可得待测灯的光通量为：

$$\Phi_c = \frac{E_c}{E_s} \cdot \Phi_s \tag{7.6}$$

由式（7.6）可得知，只需要分别测量出标准灯与被测灯的照度值，再根据标准灯的已知标准光通量值即可计算出被测试灯的光通量值。

7.3.3 光谱仪工作原理与颜色测试方法

颜色测量涉及多个领域，包括色度学、辐射度测量等，目前在照明检测领域主要应用微型快速光谱仪来进行光源的辐射及颜色测量，因此本节主要介绍微型快速光谱仪的工作原理及其颜色测试方法。

1. 光谱仪简介

微型光谱仪是光谱仪器中的一个重要分支，在进行微型光谱仪研究之前首先对整个光谱仪器领域做简要的介绍和分析。光谱仪器本质是实现复色光色散分光和采集的仪器，其分类的方法有很多。根据光谱仪能够正常工作的光谱范围可以分为：真空紫外光谱仪（6～200nm），紫外光谱仪（185～400nm），可见光谱仪（380～780nm），近红外光谱仪（780～2500nm），红外及远红外光谱仪（2.5～50μm）。在实际的光谱仪器研制中，没有按照上述方法严格分类，光谱仪器正常工作的光谱范围会涵盖多个波段，光谱仪的应用领域和分析能力也各不相同。根据光谱仪的具体工作原理可以分为两大类：经典色散型光谱仪和调制变换型光谱仪。经典色散型光谱仪基于狭缝入射孔径，采用棱镜或者光栅作为空间色散元件，采集色散后的光强信号。这类光谱仪根据采样元件的不同分为两类：一类内部包含机械扫描机构，采用光电倍增管单次扫描接收一个波长的光强信号，通常被称为单色仪；另一类内部没有扫描机构，采用光电阵列探测器一次性接收一定波长范围的光强信号，通常被称为摄谱仪。调制变换型光谱仪是非空间色散的仪器，它基于圆形入射孔径，入射光先经过系统的调制变换（干涉调制或哈达玛变换等），一次性采集受调制的光强信号，再经过计算解调得到实际测量的光谱。经典色散型光谱仪光机结构简单，发展比较成熟，应用最为广泛，但是其分辨率和信噪比受到入射狭缝和色散能力的制约；调制变换型光谱仪光机结构复杂，包含大量运动机构，但是其分辨率和信噪比不受入射孔径的限制，通过扩展孔径和调制方式可以得到高信噪比、高分辨率的光谱信号，更多地应用于远距微弱光强的探测领域。下面简单介绍几种典型的光谱仪。

（1）经典色散型光谱仪

经典色散型光谱仪根据其空间色散元件的不同可分成两大类：棱镜色散光谱仪和光栅色散光谱仪。

①棱镜色散光谱仪

棱镜根据其工作原理可分为：反光棱镜和分光棱镜，作为光谱仪的空间色散元件，需要选用分光棱镜，其工作原理如图 7.8 所示。

复色平行光束以入射角 i 入射到棱镜工作端面上，经过棱镜两个表面的折射，以出射角 θ 出射；假设棱镜顶角为 α，光线的偏折角为 δ，棱镜材料折射率为 n，可以得到棱镜色散方程：

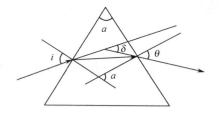

图 7.8　分光棱镜色数原理示意图

$$\delta = i + \arcsin\{n\sin[\alpha - \arcsin(\frac{\sin i}{n})]\} - \alpha \tag{7.7}$$

由式（7.7）可知，由于复色光中各光波长分量折射率不同，实现了出射光线偏转角的变化，实现了色散。棱镜光谱仪的色散能力与系统的有效孔径宽度和角色散率有关，与棱镜的顶角 α 无关，棱镜的角色散率取决于自身材料的折射率。棱镜色散光谱仪是透射式的光学系统，工作光谱范围受到材料透过率和棱镜尺寸的限制，同时透射式的系统还会引入色差，影响成像质量。棱镜色散光谱仪结构简单并且没有高级次的衍射光，最容易实现微型化的光学系统。但是，单个棱镜的色散能力有限，常常需要采用棱镜组的方式来实现光谱仪光学系统。目前，主流商品化光谱仪较少使用棱镜作为色散元件来使用，通常只用于仪器中的预色散元件配合其他色散元件应用。

②光栅色散光谱仪

光栅色散光谱仪是目前最主流的色散型光谱仪器，其核心元件光栅是在精密光学表面刻划周期性的刻线所制成的光学元件。光栅按照其制作工艺可以分为机械刻划光栅、复制光栅和全息光栅等；按照其工作方式可以分为透射式光栅和反射式光栅。透射式光栅由于其材料透过率的限制很少应用于商品化的光谱仪器设备上，但是在天文等领域仍然有它的优势。基于反射式光栅的光谱仪器结构根据其工作面型可以分为平面光栅光谱仪和凹面光栅光谱仪。平面光栅工作于平行光束中，所以光学系统除狭缝孔径外还需要添加准直系统和成像系统；凹面光栅工作于发散光束中，通过优化设计实现光学系统像差的校正，光学结构更为简单。

微型光谱仪以基于光栅色散的光学结构发展最为迅速也最为成熟，成熟的光学结构诸如 Ebert-Fastie 结构、Czemy-Turner 结构、Littrow 结构等。

光栅通过衍射作用实现色散，以平面光栅为例，平面衍射光栅工作在平行光束下，本质是对入射光加上一个周期性的调制。光栅的衍射过程相当于单缝衍射和多缝干涉共同作用，光栅对光强的调制作用就是入射光强与单缝衍射因子和多缝干涉因子的乘积，对于光栅的调制作用主要考察干涉因子对振幅和相位的作用。

图 7.9 是反射式平面闪耀光栅的原理示意图，其光栅方程为

$$d(\sin\alpha \pm \sin\theta) = m\lambda, (m = 0, \pm1, \pm2, ...) \tag{7.8}$$

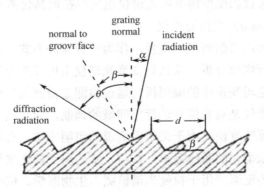

图 7.9　光栅原理示意图

式中，α 和 β 分别为光栅的入射角和衍射角，d 为光栅常数即刻划线对的间距，m 为衍射级次。光栅的色散能力与光栅总刻划线对数和衍射级次有关，对于给定面积的平面光栅，刻划线对数越多，光栅色散能力越强。根据光栅的衍射分光原理，入射光强被分成了若干份，

对光谱仪器而言需要接收到更多的光能以提高信噪比。普通光栅的主要能量都集中在零级谱，而零级谱是非色散光，所以如式（7.8）的情况，将设计光栅刻槽面与光栅底面具有一定的角度，将光栅主要能量集中于某一个衍射级次上即闪耀光栅。最常用的闪耀光栅将衍射光谱的主要能量集中于一级光谱上，配合成像系统可以实现较好的光谱分辨率。由式（7.8）可以看出，光栅色散存在衍射级次重叠的现象，也就是说，不同衍射级次的光会以相同的衍射角出射。

（2）调制变换型光谱仪

调制变换型光谱仪根据调制方式的不同可以分为：利用干涉调试的傅里叶变换光谱仪，利用编码解码调制的阿达玛变换光谱仪等。

①傅里叶变换光谱仪

傅里叶变换光谱仪是运用快速傅里叶变换技术将干涉条纹图谱重建成为原始测量光谱的光谱仪器，目前发展比较成熟。图 7.10 所示为傅里叶变换光谱仪干涉系统的工作示意图，点（线）光源 S 经过孔径光阑和准直物镜 C_1 入射到分束器 G_1 上，一部分光入射到固定平面反射镜 M_1 上，另一部分光入射到可动平面反射镜 M_2 上，分束器 G_1 与反射镜 M_1 之间放置光程补偿版 G_2。两反射镜反射回的光束在 G_1 上发生双光束干涉，干涉后的光通过成像物镜 C_2 成像与探测器像面上。

基于干涉条纹与光程差变化之间的关系，利用傅里叶变换计算得到被测光光谱的功率分布。傅里叶光谱仪的分辨率与成像的干涉图长度成正比，即采样得到的数据数目越多，光谱仪分辨率越高，相反的扫描用时和计算时间也越长。傅里叶光谱仪可以使用扩展光源照明，提高信噪比的同时不影响系统的分辨能力；双光束的光束结构也可以有效抑制光源波动和随机噪声。早期的傅里叶光谱仪受到计算速度的限制，但随着计算机的发展，这类光谱仪卓越的性能逐渐得到体现。目前，傅里叶光谱仪广泛应用于红外，遥感，光谱成像等领域，静态傅里叶光谱仪和微型傅里叶光谱仪也出现在商品化的光谱仪产品中。

②哈达玛（Hadamard）变换光谱仪

哈达玛变换是一种广义的傅里叶变换，作为一种编码方式广泛应用于视频编码中，其特点是能够对频谱进行快速分析。哈达玛变换光谱仪采用多狭缝的入射孔径，称为编码孔径，编码孔径作为哈达玛变换中的编码板，通过将测量得到的光谱信号解码再得到实际的光谱数据。哈达玛光谱仪是对光信号进行空间域的调制，相比较傅里叶变换是基于平面波函数的数学模型，计算速度快。由于采用多通道的照明方法，有效提升了系统的信噪比，系统结构也可以适于微型化的系统需求。目前，哈达玛变换光谱仪应用还不普及，其信噪比高、分辨率高的优势逐渐应用于拉曼光谱检测、生物医学、成像光谱等领域。最近，在哈达玛变换光谱仪的基础上，还发展出一种基于 DMD 器件的光谱仪系统，其采用双光栅系统，不需要调节光路，通过更换探测器可以将工作的光谱范围从紫外扩展到中远红外。

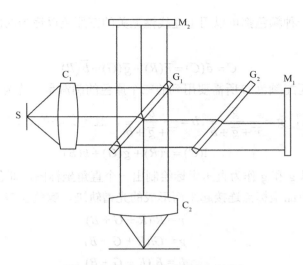

图 7.10　傅里叶变换光谱仪示意图

2．光谱仪工作原理及颜色测量方法

颜色测量的方法分为目视测量与仪器测量两大类，其中仪器测量包括分光光度法和光电积分法即三刺激值法两种。目视测色方法是一种较为古老的测量方法，其通过人眼的观察对颜色样品与标准颜色之间的差别进行直接的视觉比较，有着很大的主观性。随着仪器科学的发展，在颜色测量领域，这种测量方法已基本被客观的仪器视觉测量方法所取代。分光光度测色法主要是测量物体反射的光谱分布或者物体本身的光谱光度特性，然后基于这些光谱数据计算求得物体在各种标准光源和标准照明体照明下的三刺激值。这种测量方法是客观的，具有较高的精度。目前随着光谱仪器的发展，在此类颜色测量中可以使用光谱仪替代复杂的分光光度仪器系统，且同样能够保证较高的精度。由此可知，颜色测量对于微型光纤光谱仪系统而言，也是非常重要的应用领域。若使用微型化的光谱仪，那么可以在保证较高测量精度的同时，大大简化传统的基于大型分光光度计或大型光谱仪的此类系统的结构，降低了颜色测量对测量硬件的要求，且提高了测量灵活度，有利于满足其在工业生产和科研教育领域日益增长的需求。此外，光电积分法是通过把光电探测器的光谱响应匹配成所要求的 CIE 标准色度观察者光谱三刺激值曲线，或某一特定的光谱响应函数，从而对探测器所接收到的来自被测颜色的光谱能量进行积分测量。此类仪器测量速度快，但测量精度较分光光度测色法低。

以下分别介绍颜色测量部分参数的意义及测量原理。

（1）CIE1931 RGB 色度系统

在 1931 年，国际照明协会（CIE）综合了莱特（W.D.Wright）和吉尔德（J.Guild）各自的配色实验，将三原色定义为红（700nm）、绿（546.1nm）和蓝（435.8nm），并取其实验结果的平均值，制定出了匹配等能光谱色的 RGB 三刺激值，并正式推荐了 CIE 1931RGB 系统标准色度观察者光谱三刺激值，由此被称为 CIE1931 RGB 色度系统。

在该系统下，任何一种颜色都可以用上述线性无关的三原色以适当的比例相加混合得到，色方程为：

$$C = \bar{c}(C) = \bar{r}(R) + \bar{g}(G) + \bar{b}(B)$$

式中，$\bar{r}$、$\bar{g}$、$\bar{b}$ 为匹配颜色 C 所需要用到的三个原色的刺激量，称为颜色 C 的三刺激值，若定义 $r = \dfrac{\bar{r}}{\bar{r}+\bar{g}+\bar{b}}$，$g = \dfrac{\bar{g}}{\bar{r}+\bar{g}+\bar{b}}$，$b = \dfrac{\bar{b}}{\bar{r}+\bar{g}+\bar{b}}$，且定义颜色 C 的一个单位为

$$1(C) = r(R) + g(G) + b(B)$$

则 r+g+b=1，以 g 和 g 作为直角坐标绘制出一个直角坐标图，即色品图（见图 7.11），它是所有光谱色的色品坐标点连接起来而形成的光谱轨迹，颜色在该系统中的色品坐标为

$$r = R/(R + G + B)$$
$$g = G/(R + G + B)$$
$$b = B/(R + G + B)$$

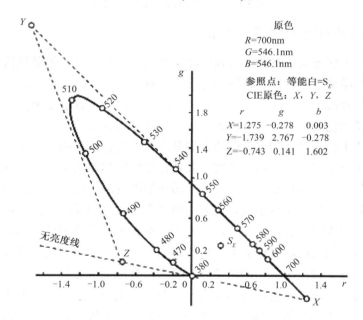

图 7.11　1931 年的 CIE-RGB 系统色品图

由色品图可以看出，三刺激值和光谱轨迹的色品坐标中都有很大一部分出现负值，这是混色过程中两端混色的结果。根据 CIE1931 RGB 系统光谱三刺激值、色品坐标和色品图，就可以计算和表示出任何一种颜色。待测光的三刺激值可由下式计算得出：

$$R = K\sum\nolimits_{380}^{780}\phi(\lambda)\bar{r}(\lambda)\Delta\lambda$$
$$G = K\sum\nolimits_{380}^{780}\phi(\lambda)\bar{g}(\lambda)\Delta\lambda$$
$$B = K\sum\nolimits_{380}^{780}\phi(\lambda)\bar{b}(\lambda)\Delta\lambda$$

式中，$\phi(\lambda)$ 为光谱分布函数，R、G、B 分别为三刺激值的总和，K 为比例常数。

（2）CIE1931 XYZ 色度空间坐标

由于 CIE1931 RGB 色度系统计算颜色的三刺激值时会出现负数，给数据处理带来了很大的不便，所以 CIE 又推出了 CIE1931 XYZ 色度系统。新的 CIE1931 XYZ 色度系统坐标的定义式为：

$$x = \frac{X}{X+Y+Z}$$

$$y = \frac{Y}{X+Y+Z}$$

$$z = \frac{Z}{X+Y+Z} = 1 - x - y$$

相应地，XYZ 色度系统三刺激值的计算方法为：

$$X = K\sum\nolimits_{380}^{780} \phi(\lambda)\bar{x}(\lambda)\mathrm{d}\lambda$$

$$Y = K\sum\nolimits_{380}^{780} \phi(\lambda)\bar{y}(\lambda)\mathrm{d}\lambda$$

$$Z = K\sum\nolimits_{380}^{780} \phi(\lambda)\bar{z}(\lambda)\mathrm{d}\lambda$$

在获得各光谱波长的色品坐标的基础上，将各波长谱线的坐标点连接起来就形成了 CIE1931 XYZ 系统色品图，如图 7.12 所示。

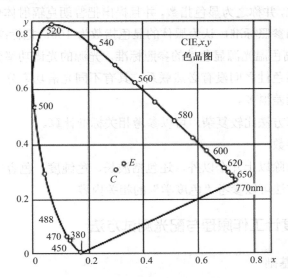

图 7.12　CIE1931xy 色品图的光谱轨迹图

当前颜色测量时基本都采用 CIE1931 的 xy 色品坐标值来表示光源的颜色。

（3）色温及相关色温

色温及相关色温用于描述辐射源的光色，是评价光源颜色特性的技术参数之一。当辐射源在温度 T 时所呈现的颜色与黑体在某一温度 T_c 时的颜色相同时，则将黑体的温度 T_c 称为该辐射源的颜色温度，简称为色温。

对于一些热辐射源如白炽灯，其光谱分布与黑体比较接近，所以色品坐标点基本处于黑体轨迹上。但是对于白炽灯以外的一些常用辐射源，其光谱分布与黑体相差较远，所以它们在温度 T 时的光谱功率分布所决定的色坐标不一定落在色品图的黑体温度轨迹上，而在其附近。为解决该问题，规定当辐射源的颜色与黑体在某一温度下的颜色最接近时，或者说二者在色品图上的坐标点相距最小时，就用该黑体温度来表示此辐射源的色温，此时其被称为该辐射源的相关色温。同时，为了确定辐射源的相关色温，可将色品图上的黑体轨迹分成许多等色温线，以便于确定辐射源的相关色温，平时我们讲的色温一般都指相对色温。

色温的测量可以采用查表法或者公式法来计算确定。

（4）显色指数

由物体颜色三刺激值的计算方法可知，物体的颜色不仅与物体本身的特性，如反射比、透射比、光谱辐亮度系数等有关，还与照明光源的颜色特性有很大关系。显色性反映了光源对物体的显色能力的好坏，目前定义光源显色性的普遍方法是计算显色指数，其也是衡量光源颜色特性的重要参数。

CIE 光源显色性评价方法把在待测光源下物体色外貌和在参照照明体下物体色外貌的一致程度进行定量化，并称之为显色指数，并且提出把普朗克辐射体作为评价色温在 5000K 以下的低色温光源的参照标准，认为黑体的显色指数为 100；把标准照明体 D 作为评价色温在 5000K 以上的高色温光源显色性的参照标准。光源的光谱功率分布决定了光源的显色性。光源的色温和显色性之间没有必然联系，具有不同光谱功率分布的光源可能有相同的色温，但显色性可能差很多。

显色指数的计算方法比较复杂，可以参考相关标准计算。

（5）其他颜色参数

颜色相关的参数除以上几个以外，还包括波长、色纯度、色容差等一系列颜色相关参数，其测量及计算方法可以参考"色度学"的相关内容。

7.3.4　分布式光度计工作原理与配光测试方法

1. 分布光度计基础

为了测量灯具不同方向的光强，将灯具安装在分布光度计上，以便在规定的角度定位。分布光度计通常包括用以支撑和定位灯具的机械装置、光度探头，以及获取和处理数据的辅助设备。分布光度计可以分以下三种：

（1）灯具绕两根互相垂直的轴旋转，且两根轴的交点是分布光度计的光度中心。这类分布光度计通常使用一个安装在离光度中心距离足够远的独立光度探头。

（2）灯具仅绕一根轴旋转，第二种旋转是灯具与光度探头间的相对运动，光度探头绕第二根轴旋转，此轴与第一根轴成直角，且相交于光度中心。

（3）灯具完全不动，光度探头绕两根穿过分布光度计光度中心且相互垂直的轴旋转。

以上列出的分布光度计三种基本类型可用于多种结构，每种使用于一个特定的用途。不同的是分布光度计相对于地面安装位置、基准轴相对于分布光度计的方向，以及灯具在分布光度计上的安装方式。

2．坐标系统

确定灯具的空间光强分布需使用坐标系统来定义光强测量的方向。使用的坐标系统是球形坐标系，坐标系统中心就是灯具的光度测量中心。

一般认为，坐标系统包括一组通过交集轴的平面。空间方向由两个角度来表示：

①起始半平面与含测量方向的半平面的交角；

②交集轴与测量方向的夹角或该角的余角。

为了得到更准确的测量或简化随后的照明计算，在选择与灯具的第一根（或基准）轴和第二根（或辅助）轴有关的系统方位时，应特别考虑灯具的类型、光源类型、灯具的安装姿态和灯具的应用。

3．测量平面系统

灯具的光强通常可在许多平面中测得。在各式各样可能的测量平面中，有三种平面系统被证明特别有用。

（1）A 平面

A 平面系统是交集线（极轴）通过光度中心的一组平面，且该交集线垂直于含灯具第一根轴的平面。

A 平面系统应与灯具紧密联系，并随灯具一起倾斜。第一根轴通过光度中心且垂直于灯具的出光口面。它位于 $A=0$ 度的半平面内，通常在 $\alpha=0$ 度的方向。第二根轴也通过光度中心，且垂直于 $A=0$ 度的平面，如图 7.13 所示。

（2）B 平面

B 平面系统是交集线（极轴）通过光度中心的一组平面，且该交集线平行于灯具的第二根轴。

B 平面系统应与灯具紧密联系，并且随灯具一起倾斜。第一根轴通过光度中心且垂直于灯具的出光口面。它位于 $B=0$ 度的半平面内，通常在 $\beta=0$ 度方向。第二根轴与 B 平面的交集线重合。如图 7.14 所示。

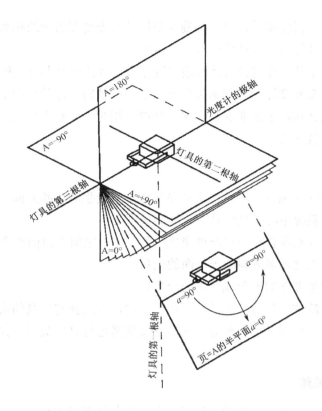

图 7.13　A、α 分布光度计的灯具方位图

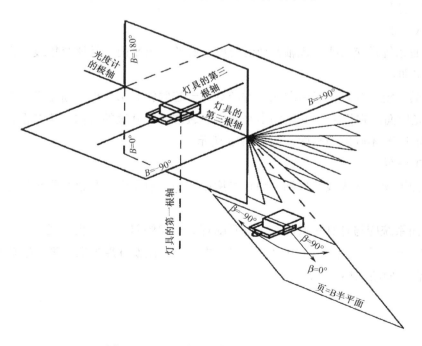

图 7.14　B、β 分布光度计的灯具方位图

（3）C 平面

C 平面系统是一组平面，其交集线（极轴）是通过光度中心的铅垂线。

C 平面系统在空间内严格地定位，并且不随灯具倾斜。仅在灯具 0 度倾斜时，C 平面的交集线才垂直于 A 平面和 B 平面的交集线。除了灯具是 0 度倾斜外，它不必与灯具的第一根轴重合。第一根轴通常通过光度中心，且垂直于出光口面。第二根轴位于 C=0 度的平面内。如图 7.15 所示。

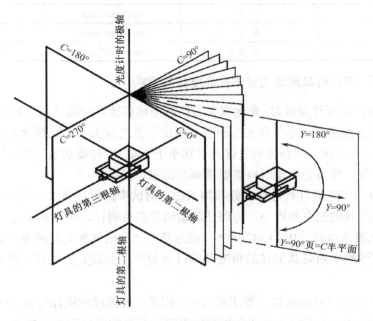

图 7.15 C、γ 分布光度计的灯具方位图

（4）各平面相互关系

每个平面系统内的某个方向分别用两个角度来表示：

①A 平面、B 平面或 C 平面的倾斜角度 A、B、C。

②在相关的 A、B 或 C 半平面内的角度 α、β、γ。

表 7.4 和表 7.5 列举了各系统中的常用角度符号及换算关系。

表 7.4　常用的角度符号表

系统	测量面上的角度	测量面的倾斜角度
A-平面	α 面	A
B-平面	β 面	B
C-平面	γ 面	C

表 7.5 各系统之间的转换公式表

方向		转换公式	
已知	未知	测量面的倾斜角度	测量面上的角度
A，α	B，β	$\tan B = \tan\alpha/\cos A$	$\sin\beta = \sin A * \cos\alpha$
A，α	C，γ	$\tan C = \tan\alpha/\sin A$	$\cos\gamma = \cos A * \cos\alpha$
B，β	A，α	$\tan A = \tan\beta/\cos B$	$\sin\alpha = \sin B * \cos\beta$
B，β	C，γ	$\tan C = \sin B/\tan\beta$	$\cos\gamma = \cos B * \cos\beta$
C，γ	A，α	$\tan A = \cos C * \tan\gamma$	$\sin\alpha = \sin C * \sin\gamma$
C，γ	B，β	$\tan B = \sin C * \tan\gamma$	$\sin\beta = \cos C * \sin\gamma$

4．对用于 LED 灯具测试的分布式光度计的要求

采用分布式光度计测量时，光度探头的性能指标直接影响测试结果的准确性，因此 IES LM-79-08《固态照明产品电气和光度测量》规定了光度探头与人眼视觉光谱效应 $V(\lambda)$误差必须小于 3%，光度探头的余弦响应误差必须小于 2%，同时要求系统光强测试需要计量溯源至国家计量院，作为光通量时也需要溯源至国家计量院。

对于光束角较宽的灯具进行光分布测试时，测试步距可选择水平 22.5 度，垂直步距 5 度，如果待测灯具的光束角较小，为保证测试结果的准确性，步距需要相应地变小。

除了以上要求以外，IES LM-79-08《固态照明产品电气和光度测量》标准中还对分布式光度计测试过程中对灯具测试的角度范围以及对产生偏振光的 LED 的测试要求作出了详细的规定。

分布式光度计只有满足以上要求的同时，测试环境温度应该保持在 25±1℃，测试过程尽量避免空气流动（由于空气流动会影响固态照明灯具的电气和光学参数）；同时，被测产品的供电电源的质量也对测试结果有着重要的影响，因此标准要求测试用的供电电源要求其纹波系数小于 3%，电源恒压输出的电压稳定性优于 0.2%。在满足以上测试条件的情况下再结合固态照明产品本身的光、电和热学特性优化测试方案，以确保测试结果的准确和可靠。

7.4 热特性标准与测试

7.4.1 热特性相关标准介绍

LED 的热特性主要表现在温度对器件性能的影响。LED 温度过高会对 LED 造成永久性破坏，如果 LED 工作温度超过芯片的承载温度将会使 LED 的发光效率快速降低，产生明显的光衰，并造成损坏。另外，LED 多以透明环氧树脂封装，若结温超过固相转变温度（通常为 125℃），封装材料会向橡胶状转变并且热膨胀系数骤升，从而导致 LED 开路和失效。温度升高还会缩短 LED 的寿命，LED 的寿命表现为它的光衰，也就是时间长了，亮度就越来越低，直到最后熄灭。通常定义 LED 光通量衰减 30%的时间为其寿命。在高温条件下，材料内的微缺陷及来自界面与电板的快扩杂质也会引入发光区，形成大量的深能级，会加速 LED 器件的光衰；还有，高温时透明环氧树脂会变性、发黄，影响其透光性能，工作温度越高这种过程将进行得越快，这是 LED 光衰的又一个主要原因；最后，荧光粉的光衰也是影响 LED 光衰的一个主要原因，因为荧光粉在高温下的衰减十分严重。尤其大功率 LED 因发热量大，导致其工作温度偏高，性能急剧下降。只有深入了解 LED 的温度特性，开发低热阻的 LED 芯片及 LED 应用产品，才能真正体现 LED 的优越性。

LED 属于半导体器件，对于半导体器件来讲，在其工作时要施加一定的功率（特别是功率器件），这一功率的绝大部分被转换为热量，并导致器件温升。芯片上的热量通过芯片烧结材料传递到外壳，并进一步传递到周围的空气环境（对功率器件有时还要通过散热器）。

一般 LED 工作时需要加散热器，热阻指的是从芯片到器件外壳（底面中点）的热阻，通常表示为：$R_t = (T_j - T_c)/P$。热阻是一个物理学概念，是指热流（功率）流过导热体时所受到的阻力（会在导热体上产生温差）。热阻的倒数就是热导，通俗地讲，物体的导热性能好就是热阻小。

上式中 T_j 为芯片结温，T_c 为器件外壳温度，P 为功率，热阻的单位为℃/W（或℃/mW），其含义为向器件每施加 1W 功率时，器件的芯片结温和热参考点（环境温度或器件壳温）之间所产生的温差。

鉴于热阻参数的重要性，美国军用标准 MIL-S-19500H《半导体器件总规范》在 B 组检验和 E 组检验中明确规定了热阻测试的方法、条件和抽样方案。各类器件热阻测试的具体方法在美国军用标准 MIL-STD-750C《半导体器件试验方法》中做了明确而详细的说明。

参照美军标，国军标 GJB 33A-97《半导体分立器件总规范》同样也在 B 组检验和 E 组检验中明确规定了热阻测试的方法、条件和抽样方案。各类器件热阻测试的具体方法在国军标 GJB 128A-97《半导体器件试验方法》中做了明确而详细的说明。

下述国家标准和行业军标对各种类半导体器件热阻的测试也做出了相应的规定和要求：

- 国标 GB/T14862-93《半导体集成电路封装结到外壳热阻测试方法》；
- 行业军标 SJ20788-2000《半导体二极管热阻抗测试方法》。

由于器件的使用可靠性是器件芯片温度的函数，因此热设计成为可靠性设计中的重要内容之一。作为器件的使用者，为降低器件工作时的芯片温度，确保器件的使用可靠性，线路设计要考虑器件的功率冗余，结构设计要考虑器件的散热条件，而这些设计的定量计算，都需要依据器件的稳态热阻参数。

7.4.2　热特性测试原理与方法

近年来，LED 照明技术快速发展，在 LED 的光效、色温、显色性等光色指标备受关注的同时，LED 的热学特性和寿命也越来越受到人们的重视，特别是热学特性，对 LED 光、色、电等参数的性能和寿命有着显著的影响。

LED 热性能的测试首先要测试 LED 的结温，即工作状态下 LED 芯片的温度。关于 LED 芯片温度的测试，理论上有多种方法，如红外光谱法、波长分析法和电压法等。目前实际使用的是电压法。1995 年 12 月电子工业联合会/电子工程设计发展联合会议发布的标准对于电压法测量半导体结温的原理、方法和要求等都作了详细规范。

电压法测量 LED 结温的主要思想是：特定电流下 LED 的正向压降 V_f 与 LED 芯片的温度成线性关系，所以只要测试到两个以上温度点的 V_f 值，就可以确定该 LED 电压与温度的关系斜率，即电压温度系数 K 值，单位是 mV/℃。K 值可由公式 $K=\Delta V_f/\Delta T_j$ 求得。K 值有了，就可以通过测量实时的 V_f 值，计算出芯片的温度（结温）T_j。为了减小电压测量带来的误差，>标准规定测量系数 K 时，两个温度点温差应该大于等于 50 度。对于用电压法测量结温的仪器有几个基本的要求：

（1）电压法测量结温的基础是特定的测试电流下的 V_f 测量，而 LED 芯片由于温度变化带来的电压变化是毫伏级的，所以要求测试仪器对电压测量的稳定度必须足够高，连续测量的波动幅度应小于 1mV。

（2）这个测试电流必须足够小，以免在测试过程中引起芯片温度变化；但是太小时会引起电压测量不稳定，有些 LED 存在匝流体效应会影响 V_f 测试的稳定性，所以要求测试电流不小于 IV 曲线的拐点位置的电流值。

（3）由于测试 LED 结温是在工作条件下进行的，从工作电流（或加热电流）降到测试电流的过程必须足够快和稳定，V_f 测试的时间也必须足够短，才能保证测试过程不会引起结温下降。

在测量瞬态和稳态条件的结温的基础上，可以根据下式算出 LED 相应的热阻值：

$$R_{ja}=\Delta T/P=(T_a-T_j)/P$$

式中，T_a 是系统内参考点的温度（如基板温度），T_j 是结温，P 是使芯片发热的功率，对于 LED 可以认为就是 LED 电功率减去发光功率。由于 LED 的封装方式不同，安装使用情况不同，对热阻的定义有差别，测试时需要相应的支架和夹具配套。SEMI 的标准中定义了两种热阻值，R_{ja} 和 R_{jb}，其中：R_{ja} 是测量在自然对流或强制对流条件下从芯片接面到大气中的热传导，情形如图 7.16 所示。

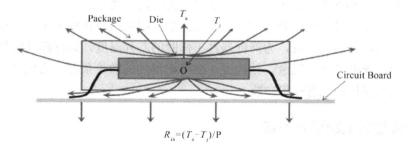

图 7.16 从芯片接面到大气中的热传导图

R_{ja} 在标准规范的条件下测量，可用于比较不同封装散热的情况。

R_{jb} 是指在自然对流以及风洞环境下由芯片接面传到下方测试板部分热传时所产生的热阻，可用于由板温去预测结温。如图 7.17 所示。

大功率 LED 封装都带基板，绝大部分热从基板通过散热板散发，测量 LED 热阻主要是指 LED 芯片到基板的热阻。如图 7.18 所示。

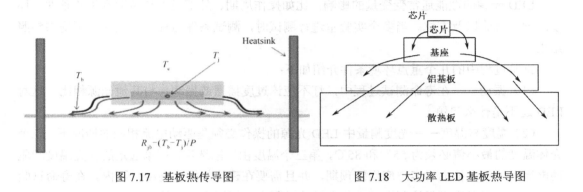

<table>
<tr><td>图 7.17　基板热传导图</td><td>图 7.18　大功率 LED 基板热导图</td></tr>
</table>

7.5 寿命特性标准与测试

7.5.1 寿命特性相关标准介绍

一切事物都有发生、发展和消亡的过程，LED 灯具也不例外，是有一定寿命的。LED 灯具主要由 LED 芯片、散热系统及驱动电源三个部分组成，整个灯具的寿命，实际上是由这三个模组各自的功能和可靠性水准共同决定的。由于 LED 灯具寿命的复杂性，目前还没有一个标准可以包含整个 LED 寿命中的各个影响因素，现阶段市场上较被认可的规范，是属美国环境保护署针对 LED 灯泡/灯具所发布的 LM-80《流明维持率》和 TM-21《LED 光源长效流明维持率的方案》规范。LM-80 规范了测试方法，目的为了得到试验数据；TM-21 则提出了由 LM-80 试验的数据推算寿命的计算方法，目的是为了分析数据并得到结论。

LED 光源的优势之一是能提供很长的使用寿命。在某一时间点 LED 发出的光下降到新的水平，此时它已经不再被认为能够满足某一特定的应用。通常 LED 光源保持占初始光输出的一个给定百分比。定义为 Lp，p 是百分比值。如，L70 是指 LED 光输出下降到初始光输出的 70%时的寿命。根据能源之星的要求，LED 寿命是指在规定工作条件下，光输出功率或光通量衰减到初始值的 70%的工作时间，同时色度变化保持在 0.007 内。

1．LM-80《流明维持率》标准简介

LM-80 旨在指导光输出维持而非任何其他失效模式。LED 光源通常具备很长的使用寿命特性，且依靠驱动电流和使用条件可以使用 50000 小时或者更久。与所有光源一样，LED 发出的光输出随着输出时间会慢慢减弱。与传统光源不同的是，LED 不会彻底失效。因此，随着时间的变化，流明维护率会导致更慢的光输出，而非规格中预期的或者规范、标准规

范或规则中要求的情况。

随着时间的变化，LED 发出的光谱也会逐渐变化，这会导致不可接受的外观或显色性。这些变化可能影响流明维护率，主要是由于变化的光谱能量分布所引起的光输出变化的作用。

LED 光源的性能通常受变量的影响，比如操作周期、外部设备与装置产生的条件、环境温度、气流以及方位。当多个实验室进行测试时，测试条件与程序的设计应可提供参照结果。

试验过程中的几个重点环境条件介绍如下：

（1）振动——在寿命测试过程中，灯不应该过度摇摆或振动。与其他光源相比，这对 LED 还不是什么问题。

（2）温度与湿度——光度测量中 LED 光源的操作必须是驱动电流相同的情况下，三个壳体温度的最小值必须为 55℃和 85℃，第三个温度由厂家选定。厂家选定的管壳温度和驱动电流必须代表他们对客户应用的预期，并且需要在建议的操作温度范围内。在寿命试验过程中，管壳温度必须控制在-2℃。在试验过程中，周围空气应该保持在-5℃以内。周围空气温度必须要控制在实验室以内。整个寿命试验中湿度必须要保持小于 65RH。

2．TM-21《LED 光源长效流明维持率的方案》标准简介

（1）测试数据和样品尺寸

①使用的数据

该方案方法中使用的数据来源依据是 IESNA LM-80。

②样品数量建议

在每一个指定的工作和环境条件下，指定的样品建议数量是 20。

申请者应用该估算方法鉴别时，可以使用不在这 20 个内的样品尺寸。当不在这 20 个内的一个样品数量被确定和使用时，在使用该种方法的任何报告中都应记载样品的数量。

来源于 LM-80 测试报告中设置好给定温度和驱动电流的样品数据都应用于流明维持寿命预测。

③光通量数据收集

鼓励进行在间隔小于 1000 小时（包括 1000 小时点）的最初 1000 小时之后的额外测量。鼓励超过 6000 小时的额外测量，并且将会给更精确的流明维持率的预测提供基础。

（2）流明维持率寿命预测

1）方法

推荐流明维持率预测的方法是对收集来的数据进行曲线拟合从而推断光通量输出下降到最小可接受水平时的流明维持率值的时间点（如为最初光通量的 70%）。此时间点就是流明维持寿命。该数据的同一拟合曲线也可以用于决定给定未来的时间点（如 25000 小时，35000 小时）的光通量输出水平。

该方法分别适用于 LM-80 指定的每一个操作（如 LED 驱动电流）和环境条件（如外

壳温度）下的每一套 LED 数据的收集。

2）过程

①归一化

对每一个 LED 测试的所有收集到的数据在 0 小时归一化到 1（100％）。

②平均

用①对每一个测量点每一个测试条件定义下的相同数据对所有样品的归一化实测值求平均。

③曲线拟合所使用的数据

对于测试时间从 6000 小时持续到 10000 小时，曲线拟合所用的时间是最后的 5000 个小时。1000 小时之前的数据不能用于曲线拟合。对于数据集的持续时间 D，大于 10000 个小时的话，曲线拟合用的数据应该是所有测量持续时间的 50％ 的后半部分。换言之，在 $D/2$ 和 D 之间的数据都可以用。例如，如果测试持续时间是 13000 小时，使用 6500 小时和 13000 小时之间的所有数据。假如在 $D/2$ 处没有数据，那么下一更低点的时间点应包含在数据拟合中。例如，对于 D 是 13000 小时，每隔 1000 小时取一次，就要使用 6000 和 13000 之间的数据点。

④曲线拟合

用③定义的平均值执行指数最小二乘拟合，方程如下，

$$\Phi(t) = B\exp(-\alpha t)$$

式中，t 是寿命，$\Phi(t)$ 是 t 时间平均归一化光通量输出，B 是由最小二乘拟合导出的预测初始常量，α 是由最小二乘曲线拟合导出的衰减速率常量。

$$L_{70} = \frac{\ln(\frac{B}{0.7})}{\alpha}$$

$$L_{50} = \frac{\ln(\frac{B}{0.5})}{\alpha}$$

对于任何等级的流明维持率，可使用下面方程的普遍形式：

$$L_{P} = \frac{\ln(100 \times \frac{B}{P})}{\alpha}$$

L_{p} 是流明维持寿命，用小时表示，p 是占初始流明输出的百分比。

当 $\alpha > 0$ 时指数拟合曲线衰减到零，L_{p} 是正的。当 $\alpha < 0$ 时指数拟合曲线增加到无穷，L_{p} 是负的。

在 LM-80 测试过程中，实验上的 L_{p} 无论何时达到，报告值根据上述公式必须用最临近两测试点的线性内插法而得到，并且比其他任何预测值都要重要。

⑤结果校准

预测的光通量值不能超过总测试时间的 6 倍。

当流明维持寿命计算值，L_{70} 是正的并且小于或等于测量数据的总持续时间的 6 倍，则它就是在测试条件下 DUT 的流明维持寿命。

当流明维持寿命计算值，L_{70} 是正的并且大于测量数据的总持续时间的 6 倍，则报道的流明持续寿命，L_{70} 应该被限制在总测试时间的 6 倍。

当流明维持寿命计算值，L_{70} 是负的，则报道的流明持续寿命，L_{70} 将是总测试时间的 6 倍，并且在任何超出测试持续时间的指定工作时间内的归一化流明输出的预测值，应等于最后测试点的归一化流明输出。

⑥流明维持寿命的符号

本方法中预测的流明维持寿命使用下面的符号表示：

$L_p(D\,k)$

P 是初始光输出的百分比，D 是总得测试持续时间除以 1000 并且取到整数。如，

$L_{70}(6k)$ 是 6000 小时的测试数据；

$L_{70}(10k)$ 是 10000 小时的测试数据

假如依据 6 倍法则（5.2.4），计算的 L_p 值在下降，则流明持续寿命值应用符号"＞"来表示。如：

$L_{70}(6k) > 36000$ hours (at $T_s = 55℃$, $I_F = 350$ mA).

（3）数据插值

当原位 LED 外壳温度，$T_{s,i}$ 与 LM-80 测试所得到的温度（如 55℃, 85℃,和第三个由制造商提供的温度）不同，在同一工作条件（如，LED 驱动电流）下，根据与原位外壳温度相一致的原则，就要使用一下步骤来预测流明维持寿命。

1）选择测试外壳温度

用于原位外壳温度流明维持寿命插值法的测试外壳温度必须包含最接近低温值，$T_{s,1}$，和最接近高温值，$T_{s,2}$，用于原位外壳温度内插。

2）将所有的温度转换成开氏

温度的转换用下面的公式，单位是开

$$T_s[K] = T_s[℃] + 273.15$$

在下面部分所示，只有是开氏单位的值才用于后面的计算。

3）使用 Arrhenius 方程

下面的 Arrhenius 方程用于计算原位衰减率

$$\alpha_i = A\exp(\frac{-E_a}{K_B T_{s,i}})$$

A 是指前因子，E_a 是活化能（eV），$T_{s,i}$ 是原位绝对温度（K），K_B 是波尔兹曼常量（8.617385×10^{-5} eV/K）。

为了找出原位衰减率 α_i，要进行下面的中间计算：

$$\frac{E_a}{K_B} = \frac{\ln \alpha_1 - \ln \alpha_2}{\frac{1}{T_{s,2}} - \frac{1}{T_{s,1}}} \ 和 \ A = \alpha_l \exp\left(\frac{E_a}{K_B T_{s,l}}\right)$$

4）计算插入流明维持率寿命

那么就可以计算 t 时间的原位光通量输出 $\Phi_i(t)$，并且插入值为 $T_{s,i}$

$$\Phi_i(t) = B_0 \exp(-\alpha_i t)$$

$$B_0 = \sqrt{B_1 B_2}$$

原位外壳温度 $T_{s,i}$ 的流明维持寿命 L_p 可以用下面的公式计算：

$$L_p = \frac{\ln\left(100 \times \frac{B_0}{p}\right)}{\alpha_i}$$

5）Arrhenius 方程的适用范围

只有当衰减率常数 α_1 和 α_2 都是正值时，Arrhenius 方程才可以使用。假如一个或两个值是负值的话（也就是说光通量随时间增长），就该用如下规定的保守预测。

假如只有一个 α 值是正的，$T_{s,i}$ 必须要用 5.2.4 到 5.2.5 部分描述的相关流明维持率预测和 L_p 值。

如果没有值是正的，所报道的在 $T_{s,i}$ 流明维持率寿命，L_{70} 将是已测数据的总测试时间的 6 倍，并且在任何超出测试持续时间的指定工作时间内的归一化流明输出的预测值，应等于 $T_{s,1}$ 和 $T_{s,2}$ 之间最后测试点的较低归一化流明输出。

7.5.2 寿命特性测试原理与方法

与传统照明产品不同，LED 产品的寿命终了主要表现为光衰到一定程度，如衰减到 50% 或 70% 流明维持率，即 L50 或 L70。现有的国际标准或国家标准中除了对寿命时间提出要求外，一般还要求燃点 3000h 时光通维持率应不低于 92%，在燃点 6000h 时其光通维持率应不低于 88%；也有标准根据 6000h 时的光通维持率对 LED 进行等级分类。美国标准 LM-80-08 主要针对封装 LED 及 LED 模块的光通维持寿命测量，它提出了在三个外壳温度下测量 LED 的光通维持率，分别为：85℃，55℃和制造商选择的温度，在高温下老练 LED，主要是为了模拟被测 LED 的实际工作环境。老练测试时间为 6000 小时，可根据测试的数据进行外推计算获取 LED 的寿命时间。LED 的寿命很长，额定条件下的老练寿命测试极为耗时。除了上述的根据初期光通维持率变化外推出 L50 或 L70 寿命时间的外推法之外，还可以使用加速老练寿命试验的解决方案，即在不改变 LED 失效机理的前提下，加大应力条件来加快 LED 的衰减速度，从而减少寿命试验的时间。目前加速寿命试验可分为增大测试电流和提高环境温度两种加速方法，以电流加速试验为主。加速老练获取的寿命值可根据阿仑尼斯（Arrhenius）模型计算出额定条件下 LED 的期望寿命。

为帮助用户遵循过程进行计算，给出了基于 LM-80 数据的计算例子。

1．LM-80 数据 6000 小时的归一化和拟合的例子

表 7.6 代表的是来自于 25 个测试样品的 6000 个小时的 LM-80 测试数据集，外壳温度为 55℃。表 7.7 代表的是温度为 55℃时，6000 个小时的 LM-80 测试数据集。

表 7.6

Sample #	0	500	1000	2000	3000	4000	5000	6000
1	1.000	0.970	0.957	0.962	0.957	0.950	0.944	0.947
2	1.000	0.987	0.973	0.976	0.971	0.967	0.960	0.960
3	1.000	0.984	0.966	0.967	0.960	0.954	0.947	0.949
4	1.000	0.990	0.977	0.980	0.976	0.970	0.967	0.965
5	1.000	0.981	0.963	0.969	0.965	0.959	0.953	0.953
6	1.000	0.988	0.975	0.979	0.974	0.968	0.964	0.966
7	1.000	0.990	0.978	0.978	0.974	0.962	0.958	0.954
8	1.000	0.988	0.973	0.974	0.968	0.962	0.957	0.955
9	1.000	0.989	0.975	0.978	0.974	0.968	0.964	0.966
10	1.000	0.982	0.965	0.964	0.957	0.948	0.942	0.936
11	1.000	0.977	0.956	0.960	0.956	0.950	0.946	0.946
12	1.000	0.988	0.975	0.980	0.977	0.970	0.967	0.961
13	1.000	0.985	0.969	0.971	0.965	0.956	0.949	0.945
14	1.000	0.976	0.960	0.966	0.962	0.957	0.953	0.953
15	1.000	0.985	0.971	0.978	0.975	0.969	0.965	0.966
16	1.000	0.977	0.962	0.969	0.964	0.958	0.956	0.952
17	1.000	0.966	0.950	0.954	0.944	0.938	0.935	0.937
18	1.000	0.998	0.983	0.989	0.984	0.977	0.972	0.971
19	1.000	0.985	0.970	0.976	0.969	0.963	0.958	0.957
20	1.000	0.975	0.961	0.967	0.961	0.952	0.948	0.944
21	1.000	0.981	0.968	0.976	0.967	0.961	0.957	0.954
22	1.000	0.972	0.955	0.959	0.950	0.944	0.940	0.942
23	1.000	0.982	0.966	0.969	0.961	0.954	0.949	0.949
24	1.000	0.984	0.967	0.967	0.960	0.951	0.944	0.941
25	1.000	0.985	0.969	0.974	0.969	0.962	0.957	0.954
Average	1.000	0.983	0.967	0.971	0.966	0.959	0.954	0.953
ln(Average)	0.000	-0.018	-0.033	-0.029	-0.035	-0.042	-0.047	-0.048

表 7.7

Sample #	0	500	1000	2000	3000	4000	5000	6000
1	1.000	0.995	0.969	0.972	0.957	0.944	0.933	0.929
2	1.000	0.986	0.961	0.968	0.958	0.946	0.938	0.937
3	1.000	0.969	0.951	0.951	0.938	0.923	0.918	0.917
4	1.000	0.988	0.972	0.973	0.959	0.950	0.948	0.947
5	1.000	0.971	0.950	0.950	0.936	0.922	0.911	0.907
6	1.000	0.974	0.956	0.953	0.941	0.927	0.919	0.914
7	1.000	0.988	0.971	0.974	0.966	0.956	0.950	0.950

Sample #	0	500	1000	2000	3000	4000	5000	6000
8	1.000	0.985	0.969	0.976	0.965	0.956	0.951	0.950
9	1.000	0.986	0.967	0.969	0.954	0.938	0.930	0.924
10	1.000	0.949	0.922	0.921	0.907	0.894	0.885	0.885
11	1.000	0.993	0.978	0.982	0.974	0.966	0.961	0.959
12	1.000	0.991	0.976	0.977	0.970	0.959	0.953	0.949
13	1.000	0.981	0.963	0.972	0.966	0.956	0.950	0.952
14	1.000	0.992	0.976	0.982	0.972	0.962	0.958	0.958
15	1.000	0.967	0.947	0.943	0.932	0.920	0.914	0.914
16	1.000	0.984	0.967	0.973	0.965	0.941	0.940	0.940
17	1.000	0.992	0.977	0.982	0.971	0.962	0.956	0.957
18	1.000	0.984	0.967	0.967	0.952	0.939	0.932	0.928
19	1.000	0.981	0.964	0.964	0.953	0.939	0.933	0.929
20	1.000	0.982	0.966	0.970	0.960	0.951	0.948	0.941
21	1.000	0.983	0.978	0.976	0.974	0.974	0.967	0.967
22	1.000	0.996	0.991	0.988	0.982	0.984	0.979	0.971
23	1.000	0.992	0.988	0.984	0.976	0.978	0.970	0.972
24	1.000	0.977	0.971	0.970	0.967	0.954	0.949	0.957
25	1.000	0.984	0.974	0.970	0.967	0.962	0.952	0.948
Average	1.000	0.983	0.967	0.968	0.959	0.948	0.942	0.940
ln(Average)	0.000	-0.017	-0.034	-0.032	-0.042	-0.053	-0.060	-0.062

这些数据的最小二乘法拟合的结果见表 7.8（外壳温度为 55℃）和表 7.9（外壳温度为 85℃）。请注意，用于计算预测流明维持寿命的数据是从 1000 小时到 6000 小时。

表 7.8

Point #	Time [h]	ln(Average)	xy	x	y	x^2
1	1000	-0.0332	-33.2	1000	-0.0332	1.000E+06
2	2000	-0.0292	-58.5	2000	-0.0292	4.000E+06
3	3000	-0.0350	-105.1	3000	-0.0350	9.000E+06
4	4000	-0.0421	-168.5	4000	-0.0421	1.600E+07
5	5000	-0.0470	-234.8	5000	-0.0470	2.500E+07
6	6000	-0.0482	-289.1	6000	-0.0482	3.600E+07
	Sums	-0.2348	-889.2748501	21000	-0.2348	9.100E+07
	Slope	-3.859E-06				
	Intercept	-2.562E-02				
		3.859E-06				
	B_1	9.747E-01				
	Calculated L_{70}	85,786				
	Reported L_{70}	> 36,000				

表 7.9

Point #	Time [h]	ln(Average)	xy	x	y	x^2
1	1000	-0.0338	-33.8	1000	-0.0338	1.000E+06
2	2000	-0.0323	-64.6	2000	-0.0323	4.000E+06
3	3000	-0.0423	-126.9	3000	-0.0423	9.000E+06
4	4000	-0.0533	-213.0	4000	-0.0533	1.600E+07
5	5000	-0.0600	-300.2	5000	-0.0600	2.500E+07
6	6000	-0.0618	-370.8	6000	-0.0618	3.600E+07
	Sums	-0.2835	-1109.275698	21000	-0.2835	9.100E+07
	Slope	-6.691E-06				
	Intercept	-2.383E-02				
		6.691E-06				
	B_2	9.765E-01				
	Calculated L_{70}	49,746				
	Reported L_{70}	> 36,000				

2. 使用 6000 小时的 LM-80 数据的 Arrhenius 插值的例子

假如原位外壳温度 $T_{s,i} = 70\ ^\circ C$，表 7.10($T_{s,1} = 55\ ^\circ C$)和图 7.20($T_{s,2} = 85\ ^\circ C$)的数据可以用来插入，和预测 $T_{s,i} = 70\ ^\circ C$ 时的流明维持寿命。

表 7.10

$T_{s,1}$, (℃)	55		$T_{s,i}$, (℃)	70
$T_{s,1}$, (K)	328		$T_{s,i}$, (K)	343
1	3.859E-06		i	5.143E-06
B_1	0.9747		Projected $L_{70}(D\,k)$	64,545
$T_{s,2}$, (^{0}C)	85		Reported $L_{70}(D\,k)$	> 36,000
$T_{s,2}$, (K)	358			
2	6.691E-06			
B_2	0.9765			
E_a/k_B	2156			
A	2.753E-03			
B_0	9.756E-01			

图 7.20 代表的是 $T_{s,1} = 55℃$，$T_{s,2} = 85℃$ 和原位温度 $T_{s,i} = 70℃$ 时的流明维持寿命预测

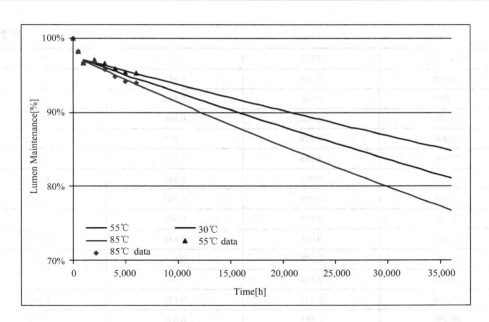

图 7.20　流明维持寿命预测

表 7.11 的数字代表的是在 $T_{s,1} = 55℃$, $T_{s,2} = 85℃$ 和原位温度 $T_{s,i} = 70℃$ 时的流明维持寿命的结果。

表 7.11

Time [h]	55℃	70℃	85℃
1,000	0.971	0.971	0.970
2,000	0.967	0.966	0.964
3,000	0.964	0.961	0.957
4,000	0.960	0.956	0.951
5,000	0.956	0.951	0.944
6,000	0.952	0.946	0.938
7,000	0.949	0.941	0.932
8,000	0.945	0.936	0.926
9,000	0.941	0.931	0.919
10,000	0.938	0.927	0.913
11,000	0.934	0.922	0.907
12,000	0.931	0.917	0.901
13,000	0.927	0.912	0.895
14,000	0.923	0.908	0.889
15,000	0.920	0.903	0.883
16,000	0.916	0.898	0.877
17,000	0.913	0.894	0.871

续表

Time [h]	55℃	70℃	85℃
18,000	0.909	0.889	0.865
19,000	0.906	0.884	0.860
20,000	0.902	0.880	0.854
21,000	0.899	0.875	0.848
22,000	0.895	0.871	0.843
23,000	0.892	0.866	0.837
24,000	0.888	0.862	0.831
25,000	0.885	0.857	0.826
26,000	0.881	0.853	0.820
27,000	0.878	0.849	0.815
28,000	0.874	0.844	0.809
29,000	0.871	0.840	0.804
30,000	0.868	0.836	0.798
31,000	0.864	0.831	0.793
32,000	0.861	0.827	0.788
33,000	0.858	0.823	0.783
34,000	0.854	0.818	0.777
35,000	0.851	0.814	0.772
36,000	0.848	0.810	0.767

3. 归一化和拟合 10000 小时 LM-80 测试数据的例子

本例子是用于 10000 小时的 LM-80 测试数据收集，表 7.12 代表的是来自于 25 个测试样品的 10000 个小时的 LM-80 测试数据集，外壳温度为 55℃。表 7.13 代表的是温度为 85℃时，10000 个小时的 LM-80 测试数据集。

表 7.12

Sample #	0	500	1000	2000	3000	4000	5000	6000	7000	8000	9000	10000
1	1.000	0.970	0.957	0.962	0.957	0.950	0.944	0.947	0.947	0.943	0.940	0.943
2	1.000	0.987	0.973	0.976	0.971	0.967	0.960	0.960	0.960	0.956	0.951	0.956
3	1.000	0.984	0.966	0.967	0.960	0.954	0.947	0.949	0.946	0.941	0.936	0.941
4	1.000	0.990	0.977	0.980	0.976	0.970	0.967	0.965	0.967	0.964	0.961	0.964
5	1.000	0.981	0.963	0.969	0.965	0.959	0.953	0.953	0.953	0.948	0.945	0.948
6	1.000	0.988	0.975	0.979	0.974	0.968	0.964	0.966	0.963	0.959	0.954	0.958
7	1.000	0.990	0.978	0.978	0.974	0.962	0.958	0.954	0.961	0.949	0.948	0.951
8	1.000	0.988	0.973	0.974	0.968	0.962	0.957	0.955	0.956	0.952	0.948	0.951
9	1.000	0.989	0.975	0.978	0.974	0.968	0.964	0.966	0.964	0.960	0.957	0.960
10	1.000	0.982	0.965	0.964	0.957	0.948	0.942	0.936	0.939	0.934	0.930	0.930

Sample #	0	500	1000	2000	3000	4000	5000	6000	7000	8000	9000	10000
11	1.000	0.977	0.956	0.960	0.956	0.950	0.946	0.946	0.950	0.946	0.943	0.947
12	1.000	0.988	0.975	0.980	0.977	0.970	0.967	0.961	0.965	0.961	0.959	0.962
13	1.000	0.985	0.969	0.971	0.965	0.956	0.949	0.945	0.946	0.939	0.933	0.933
14	1.000	0.976	0.960	0.966	0.962	0.957	0.953	0.953	0.953	0.950	0.947	0.950
15	1.000	0.985	0.971	0.978	0.975	0.969	0.965	0.966	0.963	0.960	0.957	0.959
16	1.000	0.977	0.962	0.969	0.964	0.958	0.956	0.952	0.956	0.955	0.952	0.953
17	1.000	0.966	0.950	0.954	0.944	0.938	0.935	0.937	0.937	0.932	0.928	0.931
18	1.000	0.998	0.983	0.989	0.984	0.977	0.972	0.971	0.972	0.966	0.960	0.963
19	1.000	0.985	0.970	0.976	0.969	0.963	0.958	0.957	0.956	0.951	0.946	0.949
20	1.000	0.975	0.961	0.967	0.961	0.952	0.948	0.944	0.946	0.942	0.939	0.941
21	1.000	0.981	0.968	0.976	0.967	0.961	0.957	0.954	0.962	0.953	0.951	0.951
22	1.000	0.972	0.955	0.959	0.950	0.944	0.940	0.942	0.944	0.941	0.938	0.942
23	1.000	0.982	0.966	0.969	0.961	0.954	0.949	0.949	0.949	0.944	0.941	0.942
24	1.000	0.984	0.967	0.967	0.960	0.951	0.944	0.941	0.943	0.938	0.934	0.935
25	1.000	0.985	0.969	0.974	0.969	0.962	0.957	0.954	0.958	0.953	0.952	0.954
Average	1.000	0.983	0.967	0.971	0.966	0.959	0.954	0.953	0.954	0.949	0.946	0.948
ln(Average)	0.000	-0.018	-0.033	-0.029	-0.035	-0.042	-0.047	-0.048	-0.047	-0.052	-0.056	-0.053

表 7.13

Sample #	0	500	1000	2000	3000	4000	5000	6000	7000	8000	9000	10000
1	1.000	0.995	0.969	0.972	0.957	0.944	0.933	0.929	0.924	0.918	0.913	0.914
2	1.000	0.986	0.961	0.968	0.958	0.946	0.938	0.937	0.932	0.924	0.918	0.922
3	1.000	0.969	0.951	0.951	0.938	0.923	0.918	0.917	0.911	0.902	0.898	0.902
4	1.000	0.988	0.972	0.973	0.959	0.950	0.948	0.947	0.949	0.942	0.938	0.941
5	1.000	0.971	0.950	0.950	0.936	0.922	0.911	0.907	0.903	0.894	0.888	0.889
6	1.000	0.974	0.956	0.953	0.941	0.927	0.919	0.914	0.913	0.905	0.900	0.902
7	1.000	0.988	0.971	0.974	0.966	0.956	0.950	0.950	0.950	0.944	0.939	0.942
8	1.000	0.985	0.969	0.976	0.965	0.956	0.951	0.950	0.948	0.942	0.935	0.936
9	1.000	0.986	0.967	0.969	0.954	0.938	0.930	0.924	0.921	0.911	0.905	0.905
10	1.000	0.949	0.922	0.921	0.907	0.894	0.885	0.885	0.880	0.876	0.873	0.878
11	1.000	0.993	0.978	0.982	0.974	0.966	0.961	0.959	0.958	0.952	0.949	0.953
12	1.000	0.991	0.976	0.977	0.970	0.959	0.953	0.949	0.949	0.944	0.939	0.941
13	1.000	0.981	0.963	0.972	0.966	0.956	0.950	0.952	0.951	0.947	0.944	0.950
14	1.000	0.992	0.976	0.982	0.972	0.962	0.958	0.958	0.956	0.949	0.943	0.948
15	1.000	0.967	0.947	0.943	0.932	0.920	0.914	0.914	0.909	0.903	0.900	0.906
16	1.000	0.984	0.967	0.973	0.965	0.941	0.940	0.940	0.938	0.931	0.927	0.931
17	1.000	0.992	0.977	0.982	0.971	0.962	0.956	0.957	0.955	0.947	0.942	0.949
18	1.000	0.984	0.967	0.967	0.952	0.939	0.932	0.928	0.925	0.917	0.913	0.916
19	1.000	0.981	0.964	0.964	0.953	0.939	0.933	0.929	0.928	0.923	0.919	0.923
20	1.000	0.982	0.966	0.970	0.960	0.951	0.948	0.941	0.943	0.937	0.932	0.933
21	1.000	0.983	0.978	0.976	0.974	0.974	0.967	0.967	0.964	0.965	0.964	0.965

Sample #	0	500	1000	2000	3000	4000	5000	6000	7000	8000	9000	10000
22	1.000	0.996	0.991	0.988	0.982	0.984	0.979	0.971	0.971	0.972	0.973	0.976
23	1.000	0.992	0.988	0.984	0.976	0.978	0.970	0.972	0.970	0.971	0.970	0.969
24	1.000	0.977	0.971	0.970	0.967	0.954	0.949	0.957	0.956	0.954	0.954	0.951
25	1.000	0.984	0.974	0.970	0.967	0.962	0.952	0.948	0.943	0.939	0.938	0.933
Average	1.000	0.983	0.967	0.968	0.959	0.948	0.942	0.940	0.938	0.933	0.929	0.931
ln(Average)	0.000	-0.017	-0.034	-0.032	-0.042	-0.053	-0.060	-0.062	-0.064	-0.070	-0.074	-0.072

这些数据的最小二乘法拟合的结果见表 7.14（外壳温度为 55℃）和表 7.15（外壳温度为 85℃）。请注意，用于计算预测流明维持寿命的数据是从 1000 小时到 6000 小时。

表 7.14

Point #	Time [h]	ln(Average)	xy	x	y	x^2
1	1000	-0.0470	-234.8	5000	-0.0470	2.500E+07
2	2000	-0.0482	-289.1	6000	-0.0482	3.600E+07
3	3000	-0.0469	-328.6	7000	-0.0469	4.900E+07
4	4000	-0.0518	-414.8	8000	-0.0518	6.400E+07
5	5000	-0.0556	-500.2	9000	-0.0556	8.100E+07
6	6000	-0.0529	-529.1	10000	-0.0529	1.000E+08
	Sums	-0.3024	-2297	45000	-0.3024	3.550E+08
	Slope	-1.622E-06				
	Intercept	-3.824E-02				
		1.622E-06				
	B_1	9.625E-01				
	Calculated L_{70}	196,267				
	Reported L_{70}	> 60,000				

表 7.15

Point #	Time [h]	ln(Average)	xy	x	y	x^2
1	1000	-0.06003	-300.2	5000	-0.0600	2.500E+07
2	2000	-0.06180	-370.8	6000	-0.0618	3.600E+07
3	3000	-0.06405	-448.4	7000	-0.0641	4.900E+07
4	4000	-0.06989	-559.1	8000	-0.0699	6.400E+07
5	5000	-0.07398	-665.8	9000	-0.0740	8.100E+07
6	6000	-0.07153	-715.3	10000	-0.0715	1.000E+08
	Sums	-0.40128	-3060	45000	-0.4013	3.550E+08
	Slope	-2.853E-06				
	Intercept	-4.548E-02				
		2.853E-06				
	B_2	9.555E-01				
	Calculated L_{70}	109,083				
	Reported L_{70}	> 60,000				

4．使用 10000 小时的 LM-80 数据的 Arrhenius 插值的例子

假如原位外壳温度 $T_{s,i}$ = 70 ℃, 表 7.16($T_{s,1}$ = 55 ℃)和图 7.21 ($T_{s,2}$ = 85 ℃)的数据可以用来插入，和预测 $T_{s,i}$ = 70 ℃ 时的流明维持寿命。

表 7.16

$T_{s,1}$, (^{0}C)	55
$T_{s,1}$, (K)	328
1	1.622E-06
B_1	0.9625
$T_{s,2}$, (^{0}C)	85
$T_{s,2}$, (K)	358
2	2.853E-06
B_2	0.9555
E_a/k_B	2211
A	1.368E-03
B_0	9.590E-01

$T_{s,i}$, (^{0}C)	70
$T_{s,i}$, (K)	343
i	2.178E-06
Projected L_{70}(D k)	144,536
Reported L_{70}(D k)	> 60,000

图 7.21 代表的是 $T_{s,1}$ = 55 ℃, $T_{s,2}$ = 85 ℃ 和原位温度 $T_{s,i}$ = 70 ℃ 时的流明维持寿命预测

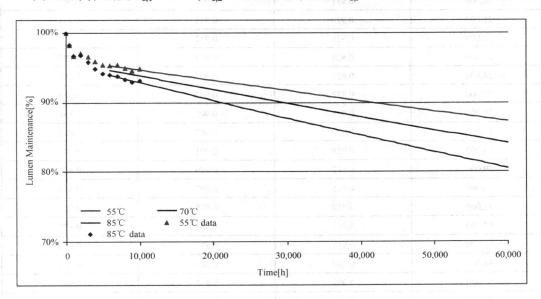

图 7.21 流明维持寿命预测

表 7.17 的数字代表的是在 $T_{s,1}$ = 55℃, $T_{s,2}$ = 85℃和原位温度 $T_{s,i}$ = 70℃时的流明维持寿命的结果。

表 7.17

Time [h]	55 ℃	70 ℃	85 ℃
5,000	0.955	0.949	0.942
6,000	0.953	0.947	0.939
7,000	0.952	0.944	0.937
8,000	0.950	0.942	0.934
9,000	0.948	0.940	0.931
10,000	0.947	0.938	0.928
11,000	0.945	0.936	0.926
12,000	0.944	0.934	0.923
13,000	0.942	0.932	0.920
14,000	0.940	0.930	0.918
15,000	0.939	0.928	0.915
16,000	0.937	0.926	0.912
17,000	0.936	0.923	0.910
18,000	0.934	0.921	0.907
19,000	0.933	0.919	0.904
20,000	0.931	0.917	0.902
21,000	0.929	0.915	0.899
22,000	0.928	0.913	0.896
23,000	0.926	0.911	0.894
24,000	0.925	0.909	0.891
25,000	0.923	0.907	0.889
26,000	0.922	0.905	0.886
27,000	0.920	0.903	0.884
28,000	0.918	0.901	0.881
29,000	0.917	0.899	0.878
30,000	0.915	0.897	0.876
31,000	0.914	0.895	0.873
32,000	0.912	0.893	0.871
33,000	0.911	0.891	0.868
34,000	0.909	0.889	0.866
35,000	0.908	0.887	0.863
36,000	0.906	0.885	0.861
37,000	0.905	0.883	0.858
38,000	0.903	0.881	0.856
39,000	0.902	0.879	0.853
40,000	0.900	0.877	0.851
41,000	0.899	0.875	0.848
42,000	0.897	0.873	0.846
43,000	0.896	0.871	0.843

Time [h]	55 ℃	70 ℃	85 ℃
44,000	0.894	0.869	0.841
45,000	0.893	0.867	0.838
46,000	0.891	0.865	0.836
47,000	0.890	0.863	0.834
48,000	0.888	0.861	0.831
49,000	0.887	0.859	0.829
50,000	0.885	0.858	0.826
51,000	0.884	0.856	0.824
52,000	0.882	0.854	0.821
53,000	0.881	0.852	0.819
54,000	0.879	0.850	0.817
55,000	0.878	0.848	0.814
56,000	0.876	0.846	0.812
57,000	0.875	0.844	0.810
58,000	0.873	0.842	0.807
59,000	0.872	0.840	0.805
60,000	0.870	0.839	0.803

7.6 安全性特性标准与测试

7.6.1 安全性特性相关标准介绍

国际上对灯具等电器产品的安全标准主要有两大体系：一是以欧洲为主的 IEC 标准，另一是以美国为主的 UL 标准。我国的供电线路电压和地理条件，以及房屋结构条件等都与欧洲相似，而与美国的情况相差较远。所以我国选取 IEC 标准作为灯具国家标准采用的对象。GB7000.1《灯具一般安全要求与试验》等同采用 IEC60598-1:2003。

灯具是一种电器产品，首先是安全，其次是功能和寿命。功能（或性能）不佳的产品，只要一使用就能发现，诸如光照不匀，调整不便等。寿命长短，使用一段时间也能得出结论。这些都是消费者能显而易见的。而安全，往往使消费者不易察觉，甚至没有专业仪器设备无法发现的，只有当造成触电、火灾等事故才知道，那已为时已晚。因此，为了保障人们的生命财产安全，电器产品的安全要求是第一位的。

《灯具一般安全要求与试验》规定了使用电光源、电源电压不超过 1000V 的灯具的一般要求，是电源电压不超过 1000V 灯具所有标准中最基础的标准。每一个灯具产品大类通用标准，乃至每一个灯具产品的具体产品标准都是以这一标准为准绳的。本标准包括了机械、电和热各方面的安全要求，它规定了灯具的具体要求，即灯具的分类、标记、机械和电器结构、防触电保护、接地、泄漏电流、介电常数、绝缘电阻、爬电距离和电器间隙等电气性能、热性能和材料的耐热、耐燃、防起火等的一整套技术要求和试验方法。

灯具安全的原则是，灯具应设计和制造得使其在正常使用时能安全地工作，对人或周围环境部不产生危险。合格判定原则是，通过所有规定的试验来检验灯具的合格性。

GB7000.1 中包含了三项安全要求和试验：①灯具机械结构的一般要求与试验；②灯具电气结构的一般要求与试验；③灯具检验的其他要求，这里主要介绍第二项。

为了电气安全和灯具的正常工作，所有带电部件（包括导线、接头、灯座等）必须用绝缘物或外加遮蔽的方法将它们保护起来，保护的方法与程度影响到灯具的使用方法和使用环境。这种保护人身安全的措施称为防触电保护。灯具的安全要求，根据灯具防触电类型的不同，所要求的标准也不一样。根据灯具防触电保护形式分类：GB7000.1 规定灯具防触电保护的型式分为三类：Ⅰ类、Ⅱ类、Ⅲ类。

Ⅰ类灯具：灯具的防触电保护不仅依靠基本绝缘，而且还包括附加的安全措施，即把易触及的导电部件连接到设施的保护接地导体上，使易触及的导电部件在万一基本绝缘失效时不致带电。

Ⅱ类灯具：防触电保护不仅依靠基本绝缘，而且具有附加的安全措施，例如双重绝缘或加强绝缘，没有保护接地措施，也不依赖安装条件。

Ⅲ类灯具：防触电保护依靠电源电压为安全特低电压（SELV），且不会产生高于 SELV 电压的灯具。

基本绝缘—加在带电部件上提供基本的防触电保护的绝缘。

附加绝缘—附加在基本绝缘上的独立的绝缘，为了在基本绝缘失效时提供防触电保护。

双重绝缘—由基本绝缘和附加绝缘组成的绝缘。

加强绝缘—加在带电部件上的一种单一绝缘系统，它提供相当于双重绝缘的防触电保护等级。

1. 接地规定

接地规定只对Ⅰ类灯具适用，因为Ⅱ类和Ⅲ类灯具没有接地线，目的是要保证接地的永久性和可靠性要求：

（1）Ⅰ类灯具，完成安装时或者在清洁或调换灯泡或启动器时可触及的，并且绝缘出问题时可能变为带电的金属件，它们应永久地、可靠地与接地端子或接地触点连接。

（2）灯具中绝缘出问题时可能变为带电的、并且在灯具完成安装时，虽然是不易触及的，但易与支承面接触的金属件，它们应永久地、可靠地与接地端子连接。

（3）接地连接应是低电阻的。

（4）自攻螺钉可用来保证接地的连续性，只要在正常使用时不会妨碍这种连接，并且每一连接处至少用两只螺钉。

（5）螺纹成形螺钉若符合螺纹接线端子的要求，则可用来保证接地的连续性。

（6）Ⅰ类灯具，带有连接器或类似的连接装置的可分离部件，在载流触点接通之前，接地连接应先接通，在接地连接件断开之前，载流触点应先断开。

试验仪器设备：接地电阻测试仪。

试验方法：将从空载电压不超过 12V 产生的、至少为 10A 的电流分别接在接地端子或接地触点与各可触及金属件之间。测量接地端子或接地触点与可触及金属件之间的电压降，并由电流和电压降计算出电阻。该电阻不得超过 0.5 Ω，通入电流至少 1min。

标准理解：对 I 类灯具来说，可能与基本绝缘接触而在完成安装时或者在清洁或调换灯泡或启动器时可触及的金属件，都应可靠接地，而且接地端子与可触及金属件之间的接地电阻不得超过 0.5 Ω（此电阻包括电源软线的电阻）。

控制要点：这是一致性检查应注意项目和例行和确认试验项目。应重点检查距离接地端子最远和/或连接环节最多的易触及金属部件，特别是活动环节多的地方，以及容易受工艺影响的地方，例如：通过螺钉把喷涂了油漆的镇流器压紧在外壳上，通过外壳来提供连续接地时，应检查镇流器的接地电阻。

例行试验和型式试验关于接地连续性的比较是：

a）通电时间由型式试验的至少 1min 放宽到例行试验的 1s；

b）测试部位由型式试验的"从接地端子或接地触点与可能变成带电的所有可触及的金属部件之间"到例行试验的"从接地端子或接地触点与可能变成带电的最易触及的金属部件之间"；

c）空载电压由型式试验的不超过 12V 限制到例行试验的在 6V～12V 之间。

除普通灯具以外的其他灯具，接地接线端子的所有部件应尽量减少由于与接地导体或与它相连的其他金属的接触产生的电解腐蚀的危险。

标准理解：不同金属相接触会产生热电势，当这个热电势大于 0.6V 时，就会产生电化学腐蚀。常见不允许直接接触的金属有：铜和铝。

控制要点：重点检查铝外壳的灯具的接地端子是否有使用螺钉把铜线耳直接压在铝外壳上，如果这样做，是不符合标准要求。

当 I 类灯具配有附着的软线时，该软线应有黄绿双色的接地芯线。

软缆或软线的黄绿双色芯线应与灯具的接地接线端子和插头的接地触点（若灯具带插头的话）相连接。

用黄绿双色作标记的导线，无论是内部接线还是外部接线，都不得与接地接线端子以外的接线端子相连接。

标准理解：用作外部接地线的电线一定要是黄绿双色芯线，用作外部接地线的电线可以是其他颜色的导线，黄绿双色芯线只能用作接地。

注意事项：

①接地措施要可靠；

②对 II 类、III 类灯具不需要接地措施；

③接地端子和接地触点不允许与中性线有电气连接；

④接地措施有防松措施，确保接地的连续性；

⑤保证器具在载流连接完成之前应先进行地线连接，而从电网脱离时接地线最后断开；

⑥防止腐蚀，不能用铝螺钉。

2．防触电保护

灯具应制造成当灯具按正常使用安装和接线后以及在调换灯泡或启动器而打开灯具时，即使不是徒手操作，其带电部件是不可触及的。

厂方安装说明书中规定的正常使用中的一切安装方法和安装位置，以及可调节灯具的所有调节位置，其防触电保护应维持不变，除了灯泡，可徒手取下的所有部件取下后，其防触电保护应保持不变。

无螺纹接线端子的按钮释放装置夹持的电源导体，进行防触电保护试验时不应取下。

本要求不排除使用没有罩子的按钮型接线端子座。为了从这些端子座上松开接线，可能要求一些特殊的动作。不应依靠漆层、搪瓷、纸和类似材料的绝缘特性来提供所要求的防触电保护和防止短路。

试验仪器设备：防触电测试仪、标准试验指。

对于防触电保护来说，Ⅱ类灯具中仅用基本绝缘将其与带电部件隔开的金属件，都作为带电部件。

标准理解：

1）在正常安装和接线后，徒手取下的所有不借助工具就可拆卸部件（除了灯泡外），用试验指不应触及带电部件，以及Ⅱ类灯具不应触及基本绝缘。

Ⅱ类灯具中仅依靠基本绝缘与带电部件隔开的金属部件，应作为带电部件。

2）如果更换灯泡或启动器时,需要借助工具拆下灯具一部分部件时，用试验指也不应触及带电部件，以及Ⅱ类灯具不应触及基本绝缘。

控制要点：用手检查是否可触及带电部件，以及Ⅱ类灯具的基本绝缘，特别是在更换灯泡时。调换光源或启动器打开灯具时，用基本绝缘与带电部件隔开的金属部件，同样应作为带电部件。除了调换光源或启动器打开灯具时外，启动器和灯头的非载流部件应作为带电部件。

使用仪器设备：标准试验指。

试验方法：用标准试验指试图去接触每一个可能触及的带电部件所在的位置，必要时施加 10N 的力，用一个接触情况指示灯来显示与带电部件的接触情况，当接触情况指示灯亮时表示带电部件被触及，当接触情况指示灯不亮时表示带电部件未被触及，试验时可移动部件，包括灯罩，应徒手置于最不利的位置，如果可移动部件是金属部件，它们不应触及灯具或光源的带电部件。

3．绝缘电阻和电气强度

绝缘电阻是指用绝缘材料隔开的两个导体之间，在规定的条件下的电阻，加在与绝缘体或试样相接触的两个电极之间的直流电压除以通过两电极的总电流所得的商。它取决于试样的体积电阻和表面电阻。电气强度是指材料能承受而不致遭到破坏的最高电场的强度。

灯具应该有足够的绝缘电阻，且不应低于表 7.18。

表 7.18　最小绝缘电阻（GB7000.1—2007）

部件的绝缘	最小绝缘电阻/MΩ		
部件的绝缘	I 类灯具	II 类灯具	III 类灯具
安全特低电压(SELV)			
不同极性的载流部件之间	a	a	a
载流部件和安装表面之间	a	a	a
载流部件和灯具的金属部件之间	a	a	a
非安全特低电压(非 SELV)			
不同极性的带电部件之间	b	b	—
带电部件和安装表面之间	b	b 和 c，或 d	—
带电部件和灯具的金属部件之间	b	b 和 c，或 d	—
通过开关的动作可以成为不同极性的带电部件之间	b	b 和 c，或 d	—
对 SELV 电压的基本绝缘(a)	1		
对非 SELV 电压的基本绝缘(b)	2		
附加绝缘(c)	3		
双重绝缘或加强绝缘(d)	4		
进行本试验时，安装表面用金属箔覆盖			

4．爬电距离和电气间隙

带电部件与邻近的金属件之间应有足够的空隙，爬电距离和电气间隙不得小于规定的值。

7.6.2　安全性特性测试原理与方法

1．接地的测试原理与方法

（1）接地电阻测量原理

电阻的测量原理图见图 7.22，图中接地电阻 R 的一端接灯具的接地端子或接地触点，另一端接可触及的金属部件，测量接地电阻 R 两端的压降 U，然后用欧姆定律计算得到接地电阻 R：

$$R = U / I$$

式中：

R 是被测接地电阻，单位Ω；

U 为被测接地电阻 R 两端的电压；

I 是通过被测接地电阻的电流，单位允许通过规定的电流。

标准中规定稳态是指电流持续时间 1min 时的电路状态。型式试验时，应在通入电流至少 1min 后测量接地电阻。

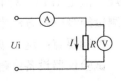

图 7.22　电阻的测量原理

2．接地测试方法

将从空载电压不超过 12V 产生的至少 10A 的电流分别接在接地端子或接地接地触电与各可触及金属部件之间。

测量接地端子或接地触点与可触及金属部件之间的电压降，并由电流和电压降算出电阻，该电阻不得超过 0.5Ω。形式试验时，应通入电流至少 1min。

关于用不可拆卸软缆连接电源的灯具，接地触点是在插头上或者软缆或软线的电源端。

通常测试时，选用接地电阻测试仪，选好电阻阈值和测试时间，测量仪会自动判断接地电阻的阻值是否在设置的要求之内。

3．防触电保护测试原理和方法

标准规定了灯具的绝缘电阻和电气强度的要求和试验。

（1）绝缘电阻

绝缘电阻应在施加约 500V 的直流电压，1min 后测定。

试验方法：施加约 500V 直流电压 1min 后测定，对于灯具的安全特低电压部件的绝缘，用于测量的直流电压为 100V。

兆欧表的功能检查：

①兆欧表的电极不接负载，摇动兆欧表手柄到额定转速，这时兆欧表指针应指向"∞"；

②然后将兆欧表上的两个电极"L"和"N"的引出线短接，再摇动兆欧表手柄，这时兆欧表指针应指向"0"。

例行检验与型式试验的区别：施加直流电压的时间由型式试验的 1min 放宽到例行检验的 1s；最小绝缘电阻的允许值：由对非 SELV 的部件由型式试验的 2MΩ（基本绝缘）、3MΩ（附加绝缘）、4MΩ（双重绝缘或加强绝缘）到例行检验的 2MΩ；对电源 25V 以下金属外壳的Ⅲ类灯具，由型式试验的 1MΩ加严到例行检验的 2MΩ；对于绝缘外壳的Ⅱ类和Ⅲ类灯具，绝缘电阻试验不适用。

试验仪器设备：手摇式兆欧表和数字式兆欧表。

（2）电气强度

将基本为正弦波、频率为 50Hz 或 60Hz，按标准中规定的电压施加于绝缘两端，时间为 1min。高压试验台的报警电流为 100mA。

电气强度试验中不应发生火花或击穿现象。

标准理解：标准中要施加电压检验的部位很多，最大报警电流（漏电流）为 5mA，Ⅰ类规定值是 1mA，对非Ⅲ类金属外壳的灯具电压值为 1.5kV（交流或直流），至少为 1s，或用测量绝缘电阻方法来代替电气强度试验方法。

控制要点：这个项目既是一致性检验项目,也是例行试验和确认试验项目。

试验仪器设备：耐压测试仪。

7.7 光生物安全标准与测试

辐射安全被世界卫生组织列为继水源、空气、噪音外人类面临的四大环境安全问题之一，光生物安全研究的是光辐射与生物机体的相互作用。

目前，与照明产品有关的辐射危害报道集中在紫外灯管、节能灯和浴霸灯泡产品等方面，国内尚无 LED 照明产品对人体造成伤害的典型案例，国际上仅有的少量关于 LED 照明产品光生物危害的报告也尚存争议。虽然 LED 照明产品的危害不像激光那样明显，但由于其光谱窄、亮度大，随着光效、亮度的显著提升，尤其是随着功率型产品的应用，光辐射问题引起的关注度越来越高。

光辐射定义为波长从 100nm 到 1mm 的电磁辐射。由于空气对于 200nm 以下的光具有强烈的吸收，而 3000nm 以上的光由于能量太低，对人体的影响几乎可以忽略，因此光辐射的范围一般在 200nm～3000nm。

7.7.1 光生物安全相关标准介绍

由于 LED 被认为是介于激光与传统灯泡之间的照明产品，并且 IR-LED 与激光二极管都被应用在光纤通信系统中，1996 年至 2001 年，人们通过修订安全体系试图将 LED 更好地纳入到激光标准 IEC60825 中，由于没有考虑到 LED 产品光的发散性，其危害程度一直被高估。

在 IEC 60825 发展的同时，1996 年北美照明学会（IESNA）发布了 ANSI IESNA RP27.1《灯和灯系统光生物学安全的推荐实施规程一般要求》。2002 年 CIE 采用了 ANSI IESNA RP27.1 的主体并发布了 CIE 标准 S 009：2002《灯和灯系统的光生物安全性》，适用于包括白炽灯、荧光灯或灯具系统等产品。

考虑到 LED 产品的性能和应用领域在不停的发展，将激光的限值应用于 LED 显得过于保守，2007 年 IEC 更新了 IEC 60825，将 LED 照明产品从 IEC60825 中删除，LED 照明产品被列入到 2006 年由 IEC 和 CIE 共同颁布的灯和灯系统的光生物安全标准 IEC 62471—2006、CIE S 009：2002 中进行考核，该标准为波长在 200nm～3000nm 之间的各种由电制动的、非激光光源产生的光辐射安全问题提供评估方法。

国际光生物安全评价标准 CIE S 009/E：2002《灯和灯系统的光生物安全性》和 IEC 62471：2006《灯和灯系统的光生物安全性》与我国标准 GB/T 20145—2006《灯和灯系统的光生物安全性》的内容是相同的。

目前 IEC 62471 标准已为世界各国广为接受。IEC 62471—2006 随后的技术报告 IEC TR62471-2：2009《灯和灯系统的光生物安全性第二部分：非激光光辐射安全的生产要求导则》。此标准是对标准 IEC 62471：2006《灯和灯系统的光生物安全性》的补充，它指导灯和灯系统制造商或者使用者如何根据标准测试危害等级的分类去安全的使用灯和灯系统，目的是根据不同场合的需要选用不同危害等级的灯和灯系统。

针对光源和灯具中的蓝光危害，2012 年，IEC 专门颁布了 IEC TR 62778，应用 IEC 62471—2006 对光源和灯具中的蓝光危害进行评估。

欧盟光生物安全评价标准 EN 62471：2008《灯和灯系统的光生物安全性》与国际标准 IEC 62471：2006 内容大体相同，主要区别在于曝辐限值的规定，如表 7.19 和表 7.20 所示。

表 7.19　IEC 62471:2006 的光生物危害分类

测量-风险	符号	发射限值			单位
		无危险	低危险	中度危险	
光化学紫外危害（200～400nm）	E_S	0.001	0.003	0.03	$W \cdot m^{-2}$
近紫外危害（315～400nm）	E_{UVA}	10	33	100	$W \cdot m^{-2}$
蓝光危害（300～700nm）	L_B	100	10000	4000000	$W \cdot m^{-2}sr^{-1}$
蓝光危害-小光源（300～700nm）	E_B	1.0	1.0	400	$W \cdot m^{-2}$
视网膜热危害（380～1400nm）	L_R	$28000/\alpha$	$28000/\alpha$	$71000/\alpha$	$W \cdot m^{-2}sr^{-1}$
视网膜热危害-低视觉刺激	L_{IR}	$6000/\alpha$	$6000/\alpha$	$6000/\alpha$	$W \cdot m^{-2}sr^{-1}$
红外辐射（780～3000nm）	E_{IR}	570	570	3200	$W \cdot m^{-2}$

表 7.20　EN 62471:2008 的光生物危害分类

测量-风险	符号	发射限值			单位
		无危险	低危险	中度危险	
光化学紫外危害（180～400nm）	E_S	0.001	—	—	$W \cdot m^{-2}$
UVA 危害（315～400nm）	E_{UVA}	0.33	—	—	$W \cdot m^{-2}$
蓝光危害（300～700nm）	L_B	100	10000	400000	$W \cdot m^{-2}sr^{-1}$
蓝光危害-小光源（300～700nm）	E_B	0.01	1.0	400	$W \cdot m^{-2}$
视网膜热危害（380～1400nm）	L_R	$28000/\alpha$	$28000/\alpha$	$71000/\alpha$	$W \cdot m^{-2}sr^{-1}$
视网膜热危害-低视觉刺激	L_{IR}	$6000/\alpha$	$6000/\alpha$	$6000/\alpha$	$W \cdot m^{-2}sr^{-1}$
红外辐射（780～3000nm）	E_{IR}	100	570	3200	$W \cdot m^{-2}$

目前国内 LED 照明产品缺乏完整规范的行业标准，仅有的光生物安全标准是等同采用的 CIE S 009™E: 2002 的推荐性标准 GB™T20145—2006《灯和灯系统的光生物安全性》。对于国内 LED 照明企业而言，当其产品在国内生产和销售时，该标准仅供参考，并无强制约束力。作为一种新型的照明产品，由于没有强制执行的光生物安全国家标准，国内尚没

有形成对 LED 照明产品质量安全进行有效监管的机制。例如，没有列入 CQC 自愿认证和国家 CCC 强制认证目录。

7.7.2 光生物安全测试原理与方法

按照 IEC62471 国际标准要求，对光辐射产品要进行六方面危害性的评估，根据危害性程度分成四个安全等级（见表 7.21）。儿童玩具、照明等产品应符合无危害（Exempt）等级。

表 7.21 危害性安全系数

危险评级	分类科学基础
0 类危险（无危险）	无光生物危害
1 类危险（低危险）	在曝光正常条件下，灯无光生物危害
2 类危险（中度危险）	灯不产生对强光和温度不适敏感的光生物危害
3 类危险（高危险）	瞬间辐射会造成光生物危害

危害分类及危害产生之前所需的辐曝时间如表 7.22 所示。

表 7.22 危害产生之前所需的辐曝时间（单位：秒）

危害	0 类危险	1 类危险	2 类危险	3 类危险
光化学紫外危害	30000	10000	1000	—
近紫外危害	1000	300	100	—
蓝光危害	10000	100	0.25	—
蓝光危害-小光源	10000	100	0.25	—
视网膜热危害	10	10	0.25	—
视网膜热危害-低视觉刺激	1000	100	10	—
红外辐射对睛睛危害	1000	100	10	—

国标 GB/T 20145-2006 等同采用 CIE S 009/E：2002《灯和灯系统的光生物安全性》。该标准第五部分及附录 B 给出了有关灯和灯系统的测量方法，包括测量条件、测量过程及分析法。辐照度的测量通常可按照惯例进行，而辐亮度的测量并不没有规律可循，往往难于进行，因此标准中辐亮度的测量给出了标准方法和替代方法。

7.8 耐候性特性标准与测试

7.8.1 耐候性特性相关标准介绍

所有的灯具都应防护正常使用中可能出现的恶劣环境。

大气中总存在水蒸气，水蒸气的含量与地域和气候有关，湿热气候环境地区常年温度高、湿度大，例如长江以南地区出现相对湿度大于 80% 的天数约占一年的 1/4 以上。相对湿度低于 40% 的空气，一般就称为干燥空气；相对湿度高于 80% 的空气，一般就称为潮湿空气。灯具在自然环境中经长期使用后，潮湿空气对灯具的影响分为机械和电气两个方面。

物理性能影响：金属材料产生电化学腐蚀、表面氧化、涂层脱落和强度降低等。非金属材料会由于体积膨胀而造成尺寸变化、组织疏松。橡胶密封圈、绝缘衬垫、导线胶质层等会发生老化变质、发粘、弹性减弱和强度降低。

电气性能影响：当潮湿空气在非金属材料表面凝聚而形成一层薄水层时，水即迅速电离而使材料表面绝缘电阻下降，耐电气强度降低。材料内部吸湿后，会使体积绝缘电阻降低。金属材料表面的薄水层会加速金属的锈蚀而使其表面接触电阻增大。

各种灯具在潮湿的环境中受潮方式是很复杂的，但主要是通过呼吸、吸附、凝露、吸收、扩散五种方式，密封式灯具的呼吸效应尤其明显。下面以密封灯具为例，解释灯具的受潮过程。

由于灯具是一种高发热电器，每次开灯时灯腔温度上升，腔内气体产生内压，慢慢排出腔外。开灯时间较长，会使腔内电器所含的水分蒸发、干燥。关灯时，灯腔温度下降，腔内气体产生负压，环境中的潮湿空气会慢慢吸入腔内，使灯腔内电器受潮。如灯具密封较好，潮气进入较慢，腔内电器的受潮方式为吸附、吸收和扩散。如灯具密封较差，潮气进入较快，腔内气体所含水蒸气量快速增加，然后继续随灯具降温，冷却到露点温度以下时，水蒸气会呈液态并从气体中析出，形成凝露，此时，腔内电器的受潮方式为凝露、吸附、吸收和扩散。潮湿环境中频繁开关的灯具，如果密封较差，很容易发生凝露，甚至会因凝露而积水。

吸附和凝露现象均发生在电器表面，会在电器便面形成水膜，由于空气中的水蒸气总是含有杂质的，当材料便面为水所润湿时，含有杂质的水膜将使产品的表面电阻降低，提供了泄露电流的通道，也会使材料表面产生腐蚀，使导电部件的接触电阻增大。

吸收和扩散使水蒸气进入材料内部，材料内部吸湿后，会使体积绝缘电阻降低，绝缘性能下降，还会造成非金属材料尺寸变化、组织疏松、老化变质和强度降低。

灯具工作时，由电能转化为光能，同时，灯具中的光源和光源控制装置会以发热的形式产生很多能耗，使灯具发热。对于具有外壳防护等级的密封灯具而言，灯具工作时密封灯腔内的空气温度会很快升高，气体压力增加，产生内压，灯腔内的空气就会沿着密封结合面和其他的外壳缝隙慢慢地泄漏到灯腔外；灯具断电时，灯腔内的空气温度会很快下降，气体压力减低，产生负压，灯腔外的空气就会沿着密封结合面和其它的外壳缝隙慢慢地渗入到灯腔内。这种现象反复循环，称之为灯具的呼吸作用，可以由物理学中的气态平衡公式来解释：

$$\frac{p_1 \cdot V_1}{T_1} = \frac{p_2 \cdot V_2}{T_2}$$

式中：

p_1——温度变化前的腔内气体压力，P_a，接近大气压力；

V_1——温度变化前的腔内气体体积，cm^3；

T_1——变化前的绝对温度，K；

p_2——变化后的腔内气体压力，Pa；

V_2——温度变化后的腔内气体体积，cm^3；

T_2——温度变化后的绝对温度，K。

开灯时，温度升高，$T_2 > T_1$，灯腔内气体体积不变 $V_2 = V_1$，$p_2 > p_1$ 产生内压，气体慢慢泄露 V_2，p_2 p_1 内压慢慢下降，$p_2 = p_1$ 直至压力平衡，灯腔内呼出空气。

断电时，温度下降，$T_2 < T_1$，灯腔内气体体积不变 $V_2 = V_1$，$p_2 < p_1$ 产生负压，环境空气慢慢渗入 V_2，p_2 p_1 负压慢慢上升，$p_2 = p_1$ 直至压力平衡，灯腔内吸入空气。

随着灯具反复循环的呼吸作用，环境中的水分和尘埃会随着空气一起吸入密封较差的结合面和缝隙。因此，在进行灯具外壳范湖试验时，一定要先将灯具（包括光源在内）在额定电压下点燃至稳定的工作温度，然后关闭灯具，灯具在试验过程中冷却，使试验的粉尘和水更容易加入，相对 GB4208 规定的试验方法，本标准规定的试验过程更接近灯具的工作状态。另外，将灯具点燃至稳定的工作温度，进行防水试验时，处于工作温度的透明件和外壳部件遇上冷水后，温度急剧下降，也同时考核了灯具承受冷热剧变试验的能力。

关于常用灯具外壳防护等级，GB7000.1 规定了防尘、防固体异物和防水灯具的要求和试验。不同的环境需要灯具具有与环境相适应的外壳防护等级，常见的灯具外壳防护等级有：

标准具体要求

IP20—室内使用的具有防触电保护的灯具；

IP21—具有防触电保护、防水蒸气凝露的灯具；

IP43—具有防飞虫进入灯腔、防淋雨的庭院灯具、道路灯具；

IP54—有防尘、防溅水功能的荧光灯具；

IP65—具有尘密、防喷水功能的投光灯具；

IP46—能防海浪的船用信号灯具；

IP67—具有尘密、防进水功能的埋地灯具；

IP68—长期在水下工作的潜水灯具。

根据灯具的分类和标在灯具上的 1P 数字，灯具外壳应提供相应的防止粉尘、固体异物和水侵入的防护等级。

注：由于灯具的技术特性，本部分规定的粉尘、固体异物和水侵入试验不完全等同于 GB 4208 中规定的试验。

除了 IPX8 以外，进行第 2 位特征数值试验前，包括光源在内的整套灯具应在额定电压下点燃直至达到稳定的工作温度。

试验用水的温度应为 15℃±10℃。

进行下文的试验时，灯具应按正常使用安装和接线，并置于最不利位置，装好防护半透明罩（如有的话）。

用插头或类似装置连接的灯具，插头或类似装置应作为完整灯具的一部分进行试验，这个要求也适用于独立的控制装置。

安装时灯体与安装表面接触的固定式灯具，在进行试验时，应将金属网隔板插在灯具和安装表面之间。隔板的外形尺寸应至少等于灯具的投影面积，隔板的各个尺寸如下：

- 网眼纵长：10 mm～20 mm；
- 网眼横宽：4 mm～7 mm；
- 网线宽度：1.5 mm～2 mm；
- 网线厚度：0.3 mm～0.5 mm；
- 总的厚度：1.8 mm～3 mm。

凡由排水孔排水的灯具，安装时应使最低的排水孔敞开，制造商安装说明书另有其他规定的除外。

安装说明书中规定防滴水灯具是安装于顶棚或天棚下面的，灯具应固定在一块平板的下侧，平板的尺寸应比灯具与安装表面相接触部分的周边宽 10 mm。

嵌入式灯具，凹槽内的部件和凸出凹槽的部件，应根据制造商安装说明书中对 IP 分类的规定各自试验。

注：在进行试验时，可能有必要将凹槽内的部件封闭在一个盒子里。

对于 IP2X 灯具，外壳是指容纳主要部件（光源和光学控制装置除外）的灯具部分。

注：因为灯具没有危险的运动部件，达到了 GB 4208 中规定的安全等级。

试验完成后，灯具应承受规定的电气强度试验，并且目视检验应表明：

a）防尘灯具内无滑石粉沉积，如果粉尘导电的话，灯具的绝缘就不符合本部分的要求。

b）尘密灯具外壳内部无滑石粉沉积。

c）在载流部件上或安全特低电压部件上或可能对使用者或周围环境造成危害的绝缘体上应无水的痕迹。

d）没有排水孔的灯具，应该没有水进入，应注意不要将凝露误认为进水；有排水孔的灯具，如果水可以有效地排出，而且不会使爬电距离和电气间隙降至本部分规定的数值以下时，试验时水的进入包括凝露水是允许的。

e）水密或压力水密灯具内，任何部件内均无水进入的痕迹。

f）第 1 位 IP 特征数字为 2 的灯具，相关的试验指不能触及带电部件；

第 1 位 1P 特征数字为 3 和 4 的灯具，相关的试具不能进入灯具外壳。

带有符合规定排水孔和带有通风狭孔强制冷却的灯具，相关的试具通过排水孔和通风狭孔触及第 1 位 IP 特征数字为 3 和 4 的灯具的带电部件是不允许的。

7.8.2 耐候性特性测试原理与方法

1. 防止粉尘、固体异物和水的入侵实验

防固体异物灯具（IP 第 1 位特征数字为 3 和 4），用 IEC 61032 规定的 C 型或 D 型试具

在每一个可能的部位（不包括密封圈）进行试验，并施加如表 7.23 所示的力。

表 7.23　防固体异物灯具试验

	IEC 61032 的试具	试具直径	施加的力
IP 第 1 位特征数字为 3	C	$2.5^{+0.05}_{-0.00}$ mm	3 N(1±10%)
IP 第 1 位特征数字为 4	D	$1^{+0.05}_{-0.00}$ mm	1 N(1±10%)

试具的端部应与其长度方向切成直角，而且没有毛刺，如图 7.23 所示。

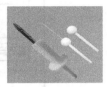

（1）防尘灯具（IP 第 1 位特征数字为 5），应在与图 7.24 相似的粉尘试验箱内试验，箱内气流使滑石粉保持悬浮状态。箱内每立方米应含滑石粉 2 kg。所用的滑石粉要经筛子筛过，筛网的标称线径为 50μm，网丝间标称自由砸离为 75μm。使用过 20 次以上的滑石粉不得用来试验。

图 7.23　试具举例

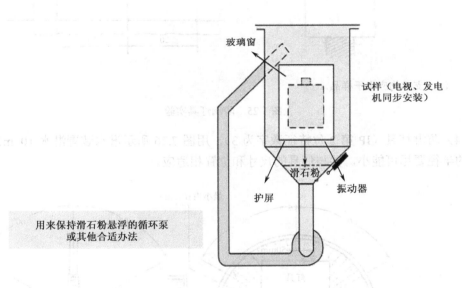

图 7.24　防尘灯具实验

试验程序如下：

①灯具挂在粉尘箱外面，在额定电源电压下工作直至达到工作温度。

②将正在工作的灯具以最小的扰动放入粉尘箱内。

③关上粉尘箱的门。

④开启风扇或风机，使滑石粉悬浮。

⑤1 min 后关掉灯具电源，并使之在滑石粉保持悬浮的状态下灯具冷却 3h。

注：在开启风扇或风机与关掉灯具电源之间有 1 min 的时间间隔，是为了保证在灯具开始冷却时，在灯具周围的滑石粉真正地处于悬浮状态，这对较小的灯具最为重要。开始试验时，灯具按①操作，保证试验箱不会过热。

（2）尘密灯具（IP 第 1 位特征数字为 6），应按①的规定试验。

（3）防滴灯具（IP 第 2 位特征数字为 1），应承受 10 min 的 3 mm/min 的人工降雨试验，人工降雨由灯具顶部上方 200 mm 高处垂直落下。

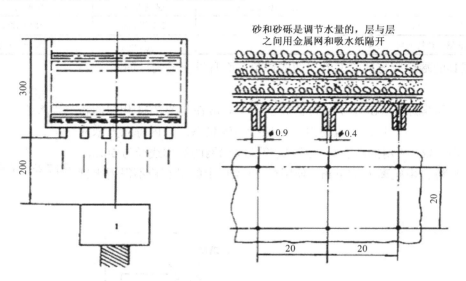

注：支承物应小于样品。

图 7.25　防滴灯具实验

（4）防淋灯具（IP 第 2 位特征数字为 3），用图 7.26 所示淋水装置淋水 10 min。半圆形管的半径要尽可能小，并与灯具的尺寸和位置相适应。

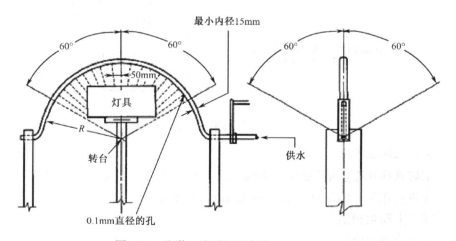

图 7.26　防淋、防溅灯具实验

管子上的孔应使水喷向圆的中心，装置入口处的水压应约为 80 kN/m2。

管子应摆动 120°，垂线两侧各 60°，完整摆动一次（2×120°）的时间约 4s。

灯具应安装在管子的旋转中心以上，使灯具两端都能充分的喷到水。试验时灯具应绕其垂直轴旋转，转速为 1 r/min。

10 min 后，关掉灯具电源开关使灯具自然冷却，同时继续喷水 10 min。

（5）防溅灯具（IP 第 2 位特征数字为 4），用图 7.26 所示的溅水装置，从各个方向喷水 10 min，灯具应安装在管子的旋转中心以下，使灯具两端都能充分地喷到水。

管子应摆动约 360°，垂线两侧各 180°，完整摆动一次（2×360°）的时间约 12 s。试验时灯具应绕其垂直轴旋转，转速为 1 r/min。

受试设备的支承件应呈格栅状，以避免起档板的作用。10 min 后，关掉灯具电源，使灯具继续冷却，同时继续喷水 10 min。

（6）防喷灯具（IP 第 2 位特征数字为 5），关掉灯具电源开关，立即经受用带喷嘴的软管从各方向喷水 15 min，喷嘴的形状和尺寸如图 7.27 所示。喷嘴离样品距离应保持 3m。

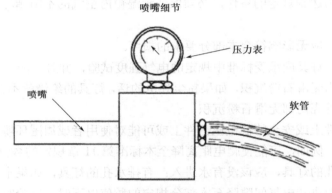

图 7.27　防喷灯具实验

应调节喷嘴处的水压，使出水速率达到 12.5（1±5%）L/min（约 30 kN/m^2）。

（7）防强喷灯具（IP 第 2 位特征数字为 6），关掉灯具电源开关，立即经受用带喷嘴的软管从各方向喷水 3 min，喷嘴的形状和尺寸如图 7.27 所示。喷嘴离样品距离应保持 3m。

应调节喷嘴处的水压，使出水速率达到 100（1±5%）L/min（约 100 kN/m^2）。

（8）水密灯具（IP 第 2 位特征数字为 7），关掉灯具电源开关，立即将整个灯具浸入水中 30 min，灯具的顶部水深至少 150 mm，最下面部位上至少有 1m 高的水。灯具应以正常安装方式保持在适当的位置上。使用管形荧光灯的灯具应使漫射器朝上，水平放置于水面下 1m。

注：这种处理方法对于水下工作的灯具来说并非很严酷。

（9）压力水密灯具（IP 第 2 位特征数字为 8），用点灯或其他适当的方法加热灯具，使灯具外壳的温度超过试验桶内的水温 5℃~10℃。

然后，关掉灯具电源开关，灯具承受相当于其额定最大浸入深度所产生压力的 1.3 倍水压，时间为 30 min。

2.潮湿试验

所有灯具都应防护正常使用中可能出现的潮湿条件。

若有电缆引入口的话，应使之敞开；如果带有敲落孔，应使其中一个打开。

徒手可以取下的部件，例如电气部件、罩盖、防护玻璃等，应该取下，如有必要的话，与主要部件一起承受潮湿处理。

（1）灯具在潮湿箱内，置于正常使用中最不利的位置。潮湿箱内空气的相对湿度保持在 91%～95%。空气温度 t 为 20℃～30℃之间任一适宜值，所有能放置样品的地方空气温度的误差应保持在 1℃之内。

样品放入潮湿箱之前，样品的温度应达到 t～$(t+4)$ ℃之间，样品应在潮湿箱内放置 48 h。

注：在大多数情况下，样品在潮湿试验前，在 t～$(t+4)$ ℃的房间内至少放置 4h，可以达到规定的温度。

为使潮湿箱内达到规定的条件，必须保证潮湿箱内空气的不断循环，并且一般采用隔热的试验箱。

潮湿试验后，应无影响符合本部分要求的损坏。

试验完成后，灯具应承受标准中规定的电气强度试验，并且目测检验应标明：

①防尘灯具内无滑石粉沉积，如果粉尘导电的话，灯具的绝缘就不符合本标准的要求。

②沉密灯具外壳内部无滑石粉沉积。

③在载流部件上或安全特低电压部件上或可能对使用者或周围环境造成危害的绝缘体上应无水的痕迹，例如，可能使爬电距离降至本标准第 11 章规定的数值以下。

④没有排水孔的灯具，应该没有水进入；有排水孔的灯具，如果水可以有效的排出，而且不会使爬电距离和电气间隙降至本部分规定的数值以下时，试验时水的进入包括凝露水是允许的。

⑤水密和压力水密灯具内，任何部件内均无水进入的痕迹。

⑥IP2X 的灯具，相关的试验指不能触及带电部件；IP3X 和 IP4X 的灯具，相关的试具不能进入灯具外壳。

本章小结

本章介绍了 LED 灯具测试的相关技术，包含 LED 灯具的电特性、光色特性、热特性、寿命特性、安全特性、可靠特性、生物安全特性、耐候性等 8 个关键特性的测试标准、原理及方法等作了比较详细的介绍。

LED 是一种全新概念的固态光源，以其无与伦比的节能、环保、长寿命、可控性高等技术优势，成为近年来全球最具发展前景的高新技术之一，而具备以上多种优势的 LED 灯具正在拉开全面替代传统照明光源的序幕，LED 灯具照明技术革新正在改变百年传统照明的历史。光源在照明应用、光环境、生物安全等方面与人类的生活息息相关，因此，LED 灯具作为一种新兴的照明光源，要全面替代现有传统照明光源，其各项特性的测试标准及方法就显得尤其重要。

LED 灯具照明技术近几年的高速发展使 LED 灯具的测试标准与技术也得到了相应的快速发展，为满足 LED 灯具的标准测试需求，全球涌现出了一大批专业的 LED 灯具检测设备研发、生产、制造提供商，其中杭州中为光电技术股份有限公司所提供的 LED 灯具检测设备在检测标准以及测试稳定性、准确性等方面一直处于行业的领先地位，并可为 LED 灯具测试提供全套的解决方案。

习题

7.1　CIE 的中文全称是什么？

7.2　LED 灯具需要符合哪些安全标准？

7.3　利用积分球进行 LED 灯具的光色测试时，积分球大小尺寸的选择应该与被测 LED 灯具尺寸遵循何种关系？

7.4　LED 灯具的使用寿命受哪些关键因素影响？

7.5　光辐射产品对人类主要有哪些危害？

参考文献

[1]　陈超中，施晓红，杨樾，王晔. LED 灯具标准体系建设研究（上）[J]. 中国照明电器. 2010（1）：31-35

[2]　陈超中，施晓红，杨樾，王晔. LED 灯具标准体系建设研究（下）[J]. 中国照明电器，2010（2）：35-38,42

[3]　施晓红，陈超中，李为军，王晔. 聚焦 LED 灯具和 LED 光源的基本概念.

[4]　陈超中，施晓红，李为军，王晔. LED 灯具特性及其标准解析（上）. 中国照明电器 2010 年第 11 期

[5]　CIE127-2007,MEASUREMENT OF LEDS.

[6]　GB/T 24824-2009,普通照明用 LED 模块测量方法.

[7]　GB\T20145-2006\CIE S009\E:2002,灯和灯系统的光生物安全性.

[8]　GB 7000.1-2007,灯具第 1 部分:一般要求与试验.

[9]　LM-80,LED 光源流明维持率测量.

[10]　IESNA TM-21,流明维持率推算方法.

[11]　GB/T 9468-200,灯具分布光度测量的一般要求.

[12]　GBT 7922-2003,照明光源颜色的测量方法.

[13]　GBT 26178-2010,光通量的测量方法.

第8章

LED 照明其他技术

8.1 白光 LED 照明通信网络技术

白光 LED 具有高亮度、高可靠性、能量损耗低和寿命长等许多优良的特性[1]。与普通光源比较，可见光 LED 还因其具有高速调制特性已被应用在中短距离光纤通信中，但其在无线通信领域应用还不多。白光室内可见光通信技术已经得到了验证，并受到了许多国家的高度重视。但在实现其高速高可靠的通信性能道路上还有许多实际问题要进一步研究。利用 LED 的这些优秀特性将其用作优质可调光源照明的同时，还可以把信号调制到 LED 可见光束上进行传输，实现一种新兴的光无线通信，即室内可见光通信（Visible Light Communication，VLC）技术。无线光通信技术与射频无线通信相比，有无需频带申请、造价低等许多优点[2]，基于可见光 LED 研制的手机信息无线收发系统已经实现了 10kb/s 以上的数据传输。香港大学 Grantham Pang[3]等人则已试验成功利用可见光 LED 为信号光源、覆盖距离为 20m 的无线音频信号传输系统。近年来，Yuichi Tanaka[4]等人提出将白光 LED 引入到室内无线通信技术中。复旦大学和中国科学院物理所等单位在研究利用白光 LED 提供室内照明的同时，将其用作通信光源有望实现室内无线高速数据接入[5]，如图 8.1 所示。

较实用的 VLC 是日本 KEIO 大学的 M. Nakagawa 所领导的课题组于 2000 年提出来的。2003 年他们成立了可见光通信协会 VLCC， 在 2004 年召开的 CEATEC 大会上，VLCC 会长 M. Nakagawa 教授公布了这项技术。[4]他们以 Gfeller 和 Bapst 的室内光传输信道为传输模型，将信道分为直接信道和反射信道两部分，利用室内 LED 照明灯作为通信基站进行信息无线传输与传统的射频通信。和其他光无线通信相比，可见光通信具有以下突出优点：①可见光对人类来说符合生物安全的要求；②LED 可见光资源十分丰富，而且可见光波长多样化选择容易实现；③LED 光发射功率较高，信号强度大，光空间分布范围宽；④不需要无线电频谱限制使用许可证；⑤不会受到电磁波的干扰。因而可见光通信技术具有极大的发展前景，将为光通信提供一种全新的高速数据接入方式，已经引起了人们的广泛关注和研究。现在从 LED 照明系统中获得无线通信能力的可能性已经从试验得到证明，将无线通信能力嵌入未来 LED 照明系统中是一个发展方向，很可能是光无线接入网的一个目标。

图 8.1　LED 灯同时用于通信有助于实现普适计算，室内的每个设备都可用独立数据流

8.1.1　LED 照明通信网络技术原理 [6]

LED 光源发出可见光，由于发散角较大，对人眼睛基本无害，发射端可以具有较大的发射功率，系统的可靠性将大大提高。系统的接收部分主要由光电检测器（PD）和相应信号处理单元组成，室内的光信号被光电检测器转换为电信号，然后对电信号进行放大和处理，恢复成与发端一样的信号。该系统的上行链路与下行链路的组成除了使用的光源不同外，其他与传统的光通信原理基本一样。在可见光通信系统中，白光 LED 具有通信与照明的双重作用，白光 LED 的亮度很高，且调制速率非常高，人的眼睛完全感觉不到光的闪烁。由于实现简单，VLC 系统大多设计成光强度调制/直接探测（IM/DD）系统，采用曼彻斯特编码和 OOK（on-off-keying）调制方式。在 IM/DD 系统中，由于存在多个光源，每个接收机都会接收到来自不同方向的光信号，因而不会因为某条光路径被遮挡而导致通信中断，保证了通信的可靠性。

如图 8.2 所示，室内无线光通信的基本链路方式可以有很多种。由于室内的白光 LED 一般固定在天花板上，因此，以此为信号光源的室内无线通信链路有两种形式：直射式视距链接和漫射链接。

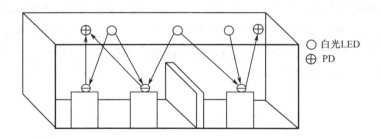

图 8.2　室内可见光通信的应用示意图[6]

在直射式视距链路中，接收机直接指向白光 LED 光源。这种光链路的优点是：信号光源功率利用率高、容易实现高速数据链接，然而该链路要求光信号收发端始终对准，容易因链路上存在的障碍物而阻断。漫射链路设计中接收机视角一般较大，降低了对指向的要求，系统不易受阴影效应影响，但链路中存在的多径效应会限制信号传输速率，因此，在实际应用中应该综合两种链路的优缺点设计灵活运用。

LED 白光光束会导致调制带宽受限，不利于数据的有效、高效传输。所以要实现高速数据传输，必须深入探索频带利用率高、抗干扰性能好的调制复用技术。新型正交频分复用技术（OFDM）是一种较合适的高效率调制复用方式。室内 LED 可见光通信系统中，LED 光源通常是由多个发光 LED 阵列组成，具有较大的表面积、较大的发射功率和宽广的辐射角。为了达到较好的照明和通信效果、防止"阴影"影响，一个房间通常会安装多个 LED 光源。由于 LED 单元灯分布位置不同及大气信道中存在的粒子散射导致了不同的传输延迟，加上光的色散，已调光脉冲会在时间上延伸，每个符号的脉冲将加宽延伸到相邻符号的时间间隔内，不可避免地会产生码间干扰（ISI），极大地降低了系统的性能，甚至导致不能正常通信。通常运用部分响应技术、均衡滤波器可以消除码间干扰。对光无线通信系统来讲，多径传播是引入码间干扰的主要原因，许多技术人员认为依靠 OFDM 能有效地降低码间干扰。

在室内 LED 可见光无线通信系统中，当接收机从一个基站（房间）移动到另一个基站（房间）时，需要接收机能够自动切换。切换操作既要能识别一个新基站又要将信令信号分派到新基站的信道上。因此，我们在设计一个室内 LED 可见光通信系统时，必须指定一个启动切换的最恰当的信号强度和切换时间，以避免不必要的切换。因此，基站在准备切换之前必须先对信号监视一段时间才能进行信号能量的检测，此项工作可以由接收机辅助切换来完成。

白光 LED 可见光通信系统的信号传输信道是随机信道，LED 可见光的波长与室内大气中的尘灰气体分子的尺寸相近甚至更小，很容易产生光的散射及吸收，从而造成信号的严重衰减。不同位置的 LED 灯光及日光等背景光也会对系统的性能产生一定的影响。因此，要保证在随机信道下的正常工作，还必须对 LED 可见光传输信道作更深入的研究，建立适合 LED 可见光信号传输的模型。

8.1.2　LED 照明通信技术的发展趋势 [7,8]

要实现 LED 照明通信技术的实用化,未来可见光通信技术将在以下几方面需要长足的发展。

（1）白光 LED 光源的带宽拓展技术

目前,产生白光主要有两种方式,一种是由红绿蓝三基色合成白光,另一种是由蓝光芯片激发荧光粉发出黄光,与蓝光合成为白光,通过加入适当的红粉后可以呈现暖色调,让人感觉到一种暖白光。第一种方法的优点是,通过分别控制三色光电驱动电流可以改变光的颜色,但其封装及驱动复杂,价格昂贵,很少用作照明。第二种方法只需要单个驱动器实现,简单,是目前最流行的方式。现有白光技术发展迅速,在提高发射功率方面进展不少,但在频率响应方面并无显著提升。而白光用作通信光源,其电信号都必须调制到光源的频率上面后才能向外发射,它的响应频率直接决定了通信系统可用的带宽范围。所以在追求大功率输出的同时,如何提升白光的频率响应,拓展其带宽范围是实现高速通信必须要解决的难题之一。

目前由蓝光激发荧光粉所发射的白光其有效调制带宽为 3MHz,这很难直接用它实现高速的 VLC 通信,至少要提高 10 倍以上才有可能通过先进的调制技术实现高速通信。

（2）更高效率的调制复用技术

LED 白光光束可调带宽受限不利于数据的有效高效传输。因此,要实现高速的数据传输必须深入研究频带利用率高、抗干扰性能好的调制复用技术。从目前研究的热点来看,其突破口很可能是新型 OFDM,但是由于高功率很容易导致驱动功放进入非线性区产生失真,所以对 OFDM 必将进行深入研究。

（3）上行链路的实现技术

要实现 VLC 全双工通信方式,除了要具有下行链路外,还必须具备上行链路。目前,几乎所有的研究热点更多集中于下行链路的实现,很少关注上行链路的实现技术。美国的智能照明计划考虑到了这点。研究具有发收或者收发一体功能的白光 LED 技术,即 LED 用作发射光源的同时,还可以接收对方发送来的数据,LED 灯将作为发收器或者收发器实现全双工通信。在这一基础上,研究相关的驱动电路,研究全双工的实现技术及方案,及合适的通信协议等是 LED 可见光通信实用化必须解决的。

（4）电力线通信与 VLC 的融合技术

电力线通信技术简称 PLC,是利用电力线传输数据和话音信号的一种通信方式。我国最大的有线网络是输电和配电网络,如果能利用四通八达、遍布城乡直达千家万户的 220V 的低压电力线传输高速数据,无疑是解决"最后 300m/100m"最具竞争力的方案。同时也无疑会对有效打破驻地网的局部垄断,为多家运营商带来平等竞争的机会提供有力的技术武器。在电力线上提供宽带通信业务虽然刚刚兴起,但从应用模式、投资回报分析以及欧洲和北美的运营经验上看,正逐渐显示出其强大的生命力。因此,如果能把电力线通信技术与 VLC 技术有机融合起来,可以说实现了"绿色"通信。

（5）室外 VLC 技术

室外 VLC 技术将为智能交通系统、移动导航及定位等提供一种全新的方法。这也是 VLC 向前发展的一大动力。另外从美国的智能照明计划看，我们研究便携式的具有 VLC 功能的器件将是未来应用领域的热点之一。

8.1.3　LED 照明通信的应用前景[9]

固态照明的重点在于降低温室气体排放，因为 LED 灯的功耗比目前的标准照明产品要低很多，但巨大的市场已经激发几乎每个主要的电子研究组织投入到可见光通信应用的开发。大多数可见光通信应用并不是要取代其他无线技术，如蓝牙、Wi-Fi、WiMax 和 LTE，其应用目标是当前的射频无线通信无法实施的场合，比如医院和飞机等应用——这种场合下射频可能干扰生命攸关的设备中的信号；机器人——它们可以使用头灯中的虚拟路标进行导航进而实现信息传送；标牌——当手机相机指向它时可以提供额外的信息。

日本的可见光通信联盟成员包括卡西欧、NEC、松下电气工程、三星、夏普、东芝，以及 NTT Docomo 等电信运营商，该联盟正致力于推进 IEEE 802.15 无线个人局域网标准委员会增加".7"工作，以期将可见光通信提升到与射频和红外线相同的无线状态。802.15.7 委员会刚刚在工作组级别批准了目前草案版的无线 VLC 标准。Intel 实验室科学家、IEEE 802.15.7 委员会技术编辑 Rick Roberts 认为，仍有许多问题需要去解决。让 IEEE 感到兴趣的主要原因是 LED 的广泛普及。目前的 LED 技术主要用于照明，如果无线市场也被开发出来，就可以实现对互操作性的标准化。

801.15.7 委员会的首要任务是推行照明第一、通信第二的标准。可见光通信是能用肉眼看到的唯一一种'无线通信'信号，因此不能影响他人。可见光通信不适合遥控，因为人们通常在光线较暗的室内观看电视。你不希望看到遥控器发出闪烁的光线。用 LED 进行通信不会造成光线闪烁，而且可见光通信必须适应人们平时使用照明源的方式，比如光线调节等。

主动刹车信息

将该信息传递给
下一辆车

图 8.3　VLC 可以向发动机控制单元发送相同的消息以避免碰撞。

目前，三星公司正在基于 LED 的背光 LCD 平板显示器中试验使用可见光通信，以便用户能下载从产品信息到网站地址的所有信息。很多科学家都相信 LCD 背光通信是可见光通信的绝佳应用之一，因为 LCD 背光源正在转向使用 LED。IEEE 在 2008 年已开始自己标准化的努力，而美国国家科学基金会也看中了"这道光"，并在旗下的智能照明工程研究中心（ERC）计划中增加了 VLC 研究项目。智能照明 ERC 是一个投资 1,850 万美元的 10 年期计划，涉及多家学院的 30 多位大学研究人员，包括伦斯勒理工学院（RPI）、波士顿大学和新墨西哥大学。由于整个社会都在向固态照明发展，他们正在考虑用 LED 光能做的所有东西。PRI 学院教授、智能照明研究中心总监 Robert Karlicek 认为，他们想知道以前认为永远不可能的事中哪些事他们能够做，并判断需要创建什么样的设备、需要采用哪类系统架构才能实现一个先进的照明系统的更多功能。Karlicek 设想使照明系统的照明功能也变得更加智能，方法是利用可见光通信向照明系统本身增加环境参数。室内照明器具有相互间通信——从一个灯到另一个灯，它们之间利用低速率信号使颜色标准化并提供均匀一致的光线。智能照明 ERC 研究人员正在寻求控制 LED 照明的所有方面，包括颜色、密度、能源使用、极化和调制，以便形成新的应用。这些新应用包括从使用固态照明、到提供数据通信来控制人体生理节奏，或在每天的指定时间提供最健康的光照。ERC 还在研究可见光在生物传感、医疗诊断和治疗方面的用途。参与智能照明 ERC 项目的波士顿大学正专注于在特殊场合使用可见光通信实现传统的数据通信，比如在飞机上。

可见光通信能够利用多个独立的并行数据连接，比如来自不同视线的连接，或在相同视线上复接不同频率的可见光。这样，观看同一部电影的所有人能够共享公共广播连接，或者将独立的数据流馈送给观看不同电影的各个观众。在工厂车间，同样的功能允许移动机器人使用可见光通信在仓库中导航，可以利用头顶灯检查它们的位置，还能相互之间直接通信以避免碰撞。同样，汽车可以通过读取交通信号灯广播的坐标保持正确的行驶方向。汽车到汽车间的可见光通信有助于避免碰撞，并防止交通拥堵（见图 8.3）。波士顿大学教授智能照明中心的高级研究员和副总监 Thomas Little 正在试验不同的调制方案，包括使用标准二元码的编码器、非归零编码器、脉冲码调制和脉冲密度调制。据他宣称，只要数据速率大于 900kHz，所有这些方案工作时都不会产生闪烁光。Little 领导的小组还在研究如何在没有直接视线的情况下可靠地收发信号，这要求使用反射信号且同时不能产生互调干扰。他的实验室目前为止已经完成了 40 多个原型，这些原型正在一些工业合作伙伴那里进行评估。波士顿大学的智能照明实验室已经建立了多个演示装置，可以用来演示如何使灯具同时具有照明功能和数据通信功能。例如，通过连线传输的以太网信号可以从一个灯具路由到另一个灯具，并由 LED 调制来自以太网装置的数据信号。如何以很低的成本提供较高的数据速率，从而使可见光通信能够成为照明基础设施的一个部分也是他们重点研究的方向之一。

通过在设备中安装 LED 发射器，从用户设备（如智能手机或笔记本电脑）到以太网集线器的信号可以用可见光来实现。但 Wi-Fi 仍可用于到以太网集线器的回传信号并获得同样的优势，因为来自用户的回传信号（例如通过按键）通常是低带宽的信号。作为工作的一部分，新墨西哥大学正在集中精力研究创新的设备架构——致力于提高效率和 LED 的开关速度，以求达到 GHz 的带宽。到目前为止， Steve Hersee 教授已经发明了一种可扩展的工艺用于制造基于纳米线的 LED。新墨西哥大学准备将这个技术许可给产业界。他们使用相同的氮化镓材料，但不像普通 LED 那样所有层都平躺在水平面上，它们将以同轴方式缠绕在中央纳米线周围，使得器件具有高得多的效率，并允许以高得多的速率进行调制。这将使固态照明发生根本的变化。纳米线包含零缺陷，而传统 LED 中使用的传统水平氮化镓膜每平方厘米有数百万个缺陷。纳米线宽度从 100nm 到 500nm 不等，在基底上的垂直列中可以生长到 5 至 10μm 高。第一批原型最近已生产完，Hersee 教授指出：“既然我们实现了 LED 照明，我们还希望 LED 能实现照明之外的其他用途。”

8.2 LED 动植物生长照明技术

8.2.1 LED 植物生长光源

光环境是植物生长发育不可缺少的重要物理环境因素之一，通过光质调节，控制植株形态建成是设施栽培领域的一项重要技术。植物生长灯更加具有环保节能的作用，LED 植物生长灯给植物提供光合作用，促进植物生长，恰当的 LED 辐照可以缩短植物开花结果所用的时间，提高生产，在现代化农业生产中逐渐引起人们的重视。

自然光光谱中包含红、橙、黄、绿、蓝、靛、紫等各色波长，满足植物生长不同阶段对光的需求。但自然光光谱中各色光波长含量一定，且不同季节，不同时间光谱成分不同，这就导致一些植物在春天生长很好，而到了冬天植物就不生长或生长缓慢。到了夜间，没了光合作用，植物几乎处于休眠状态。

采用人为增加光环境的方法，可以增加植物的光合作用时间，促进植物生长。传统的植物生长灯包括金属卤化灯、荧光灯及高压钠灯等。这些光源可以在日照量少或日照时间短的时候作为植物光合作用的补充照明，也可以作为植物光周期、光形态建成的诱导照明。但这些光与自然光一样，都有一个缺点就是光的波长及强度受到一定的限制。

研究表明，不同的光辐照对植物生理具有不同的影响：

（1）光波长在 280～315nm 之间，这部分光对植物的生长形态及生理过程的影响极小。

（2）波长在 315～400nm 之间，这部分光辐照时植物叶绿素吸收较少，阻止茎的伸长，影响植物的光周期效应。

（3）波长在 400～520nm 之间，这部分光辐照时植物叶绿素与类胡萝卜素吸收比例最大，对光合作用影响最大。

（4）波长在 520～610nm 之间，植物色素的吸收率不高。

（5）波长在 610～720nm 之间，植物叶绿素吸收率低，对光合作用和光周期效应有显著影响。

（6）波长在 720～1000nm 之间，植物对这部分光的吸收率低，刺激细胞延长，对植物的开花及种子的发芽有影响。

与传统光源及自然光相比，LED 光源有以下优点：

（1）LED 植物生长灯波长类型丰富、光强可以根据需要任意调节，正好与植物光合成和光形态建成的光谱范围吻合；

（2）频谱波宽度半宽窄，可按照需要组合获得纯正单色光与复合光谱；

（3）可以集中特定波长的光均衡地照射作物；

（4）不仅可以调节作物开花与结果，而且还能控制株高和植物的营养成分；

（5）系统发热少，占用空间小，可用于多层栽培立体组合系统，实现了低热负荷和生产空间小型化；

（6）LED 体积小，容易制成变化多样的光源模组，以适应不同光环境的需要。

所以 LED 植物生长灯还可以按照要求做成各种形状及光强分布的光源，光源可塑性较高，这是传统光源及自然光辐照所无法比拟的。

特定波长的 LED 光源可影响植物的开花时间、品质和花期持续时间。某些波长的 LED 能够提高植物的发芽数和开花数；某些波长的 LED 能够降低成花反应，调控花梗长度和花期，有利于切花生产和上市。由此可见，通过 LED 调控可以调控植物的开花和随后的生长以及加大果实的收获量。

与荧光灯相比，混合波长的 LED 光源能够显著促进菠菜、萝卜和生菜的生长发育，提高形态指标；能够使甜菜生物积累量最大，毛根中甜菜素积累最显著，并在毛根中产生最高的糖分和淀粉积累。与金属卤化灯相比，生长在符合波长 LED 下的胡椒、紫苏植株，其茎、叶的解剖学形态发生显著的变化，并且随着光密度提高，植株的光合速率提高。复合波长的 LED 可引起万寿菊和鼠尾草两种植物的气孔数目增多等。

进行 LED 植物生长灯研究，可以针对不同植物各个生长阶段对光的需求特点进行 LED 波长及辐照强度的搭配，设计不同光分布的 LED 光源，实现植物快速、高品质生长。特别是高附加值植物的生长，具有不同波长搭配的 LED 光源辐照比传统的光照模式，无论是生长速度，还是品质要求都具有无可比拟的优势。所以，进行 LED 植物生长光源研究可以改善植物的生长，为我国农业现代化提供必要的理论及实践基础。

图 8.4　LED 植物生长光照环境实景　　　　图 8.5　LED 植物生长厂房

8.2.2　LED 植物生产光源技术[10]

不同植物不同生长阶段对光需求不同。一般而言，植物的光吸收过程发生于叶绿素。叶绿素不是我们想象的对绿光有较强的吸收，这是人们认识上的一个误区。事实上，叶绿素对光的吸收具有较强的选择性：

（1）在波长 620～660nm 的红光区部分，叶绿素 a（chlorophyll a）有一个较强的吸收峰；

（2）在波长 430～460nm 的蓝光区部分，叶绿素 b（chlorophyll b）有一个较强的吸收峰；

（3）红色光谱是光合作用的主要能量源，红光可以促进植物的茎生长。蓝光可以促进植物气孔开放，有助于外界的二氧化碳进入细胞内，从而提高其光合作用速率，蓝光促进植物的叶生长。红光的光合作用最强，用富含红光的光源辐照植物，会引起植物较早开花结果，可促进植物内干物质的积累，促进鳞茎、块根、叶球以及其它植物器官的形成；

（4）用富含蓝光的光源辐照植物，可延迟植物开花，使以获取营养器官为目的的植物充分生长。

因此，采用 LED 光源技术设计制备 400～700nm 的红、蓝光复合光源，可以针对植物的生长特点进行有效的光辐照，从而实现植物的高品质生长。这在技术上是可行的。

LED 植物生长光源的研究已经开展了一段时间，取得了一定的成绩。2009 年 4 月，中国农业科学院的研发团队成功研制出了国内第一例智能型植物工厂，采用 LED 和荧光灯为人工光源，进行蔬菜种植和种苗繁育，并在长春投入运行。"十一五"期间，国家科技部在 863 计划中创新性地安排了 LED 在农业中应用的研究工作，资助了近 100 万的研究经费，由南京农业大学承担了这一项目的研究，于 2009 年结题，共研发了 3 个品种的 LED 植物灯，其中"LED 植物培育智能光控系统"和"LED 生物智能光照培养箱"这两项研发获得了 2 项国家发明专利授权。以上研究进一步说明，采用红、蓝光复合的 LED 光源对植物进行辐照，可以有效改善植物生长特性，促进植物高品质生长。

8.2.3　LED 动植物生长照明技术原理

养殖业是农业的重要组成部分之一，与种植业并称为农业生产的两大支柱。中国一直以来是一个农业大国，特别是近几年来国家积极鼓励养殖户大力发展养殖业。而随之伴来的却是养殖业的食品安全问题，禽流感的屡屡来袭，各种激素药物的泛滥使用等所带来的社会问题也有加重的趋势，养殖场的病菌抑制也是养殖业发展需要考虑的重要问题。因此，养殖业需要生态化，需要人性化。北京大学东莞生物光环境科技有限公司根据养殖业的生态化和人性化做了生物光环境研究，发明了两者兼得动物光照灯，不仅能保证食品安全，而且能增加肉饲比，既环保，又解决了动物福利问题。

自然界，光的强度、光的质量与光照时间三者对动物的生长都会产生较大的影响，例如，反应于生产上的包括乳牛的泌乳量，蛋鸡的产蛋率，肉鸡、肉牛等的增肉率，与鸡蛋内胆固醇含量等。实验发现，立体化环控鸡舍内上下层光量差异明显与产蛋率呈现正相关。当光量足够时（20～50 lux），光质的影响不大；但当光量不足时，红光的效果最好。此显示家禽感受光线的存在少部分透过眼睛，主要则为透过头壳、皮肤等传至大脑，因为在可见光中以红光穿透皮肤最深。

图 8.6　管型植物生长灯

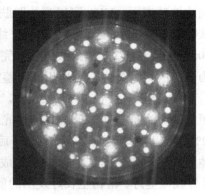

图 8.7　动物生长及杀菌 LED 灯

牛舍内照度不足会明显影响食欲，亦会影响增肉率与泌乳量（ASAE，1988），肉鸡舍生长管理中颇重要的一项即为光线管理。Liberman（1991）提及全谱光下饲养的鸡只比其他人工灯光下饲养的鸡来得健康，寿命延长两倍，能下更多蛋，且所下的蛋大约减少 25% 的胆固醇含量。

美国太空总署首创 LED 应用于太空农业上，其后亦将 LED 应用于治疗恶性肿瘤的光动力疗法上取代传统使用的雷射光。皮肤医学领域继雷射与脉冲光之后，LED 也成了新宠，其在柔光回春/美颜领域的应用正方兴未艾；其他光疗法应用领域包括伤口愈合、对关节炎、黄胆病、生理时钟失调、心肌梗塞、中风、纾解压力、鼻炎、疱疹与季节性情感失调等的治疗。

LED 杀菌灯实际上是属于 LED 灯的一种，是把产生负离子的复杂设备微型化后与高效节能灯完美结合，在灯光照射的同时，能产生大量的负离子散布于空间，从而起到消烟除尘除异味，消毒杀菌祛污染等多种功效，广泛适用于宾馆、酒店、办公室、会议室、家庭和茶坊、歌厅、网吧等休闲娱乐场所，是改善空气质量、消除甲醛、苯等有害气体的绝佳产品。

健康的基本是空气，而负离子是空气中的维生素。自然界中，森林里、瀑布边，雷雨后的空气清新怡人，是因为这些环境空气中负离子含量增多。有关专家指出：空气中负离子的浓度与人的健康有着直接的关系，据统计成年人每天呼吸约两万次，吸入的空气量为 10～15 立方米。洁净的空气对生命来说比任何东西都重要，含较多负离子的空气可以提高人体免疫力、促进细胞新陈代谢，增进活力、消除疲劳、增强食欲。特别指出，由于儿童正处于发育期，抵抗力较弱，负离子对促进儿童的发育起着至关重要的作用。它还有清除电视、电脑等电子制品发射出来的有害物的功能。

1. 紫外线的分类

根据生物效应的不同，将紫外线按照波长划分为以下四个波段：

（1）UVA 波段，波长 320～400nm，又称为长波黑斑效应紫外线。它有很强的穿透力，可以穿透大部分透明的玻璃以及塑料。日光中含有的长波紫外线有超过 98%能穿透臭氧层和云层到达地球表面，UVA 可以直达肌肤的真皮层，破坏弹性纤维和胶原蛋白纤维，将我们的皮肤晒黑。360nm 波长的 UVA 紫外线符合昆虫类的趋光性反应曲线，可制作诱虫灯。300～420nm 波长的 UVA 紫外线可透过完全截止可见光的特殊着色玻璃灯管，仅辐射出以 365nm 为中心的近紫外光，可用于矿石鉴定、舞台装饰、验钞等场所。

（2）UVB 波段，波长 275～320nm，又称为中波红斑效应紫外线。中等穿透力，它的波长较短的部分会被透明玻璃吸收，日光中含有的中波紫外线大部分被臭氧层所吸收，只有不足 2%能到达地球表面，在夏天和午后会特别强烈。UVB 紫外线对人体具有红斑作用，能促进体内矿物质代谢和维生素 D 的形成，但长期或过量照射会令皮肤晒黑，并引起红肿脱皮。紫外线保健灯、植物生长灯发出的就是使用特殊透紫玻璃（不透过 254nm 以下的光）和峰值在 300nm 附近的荧光粉制成。

（3）UVC 波段，波长 200～275nm，又称为短波灭菌紫外线。它的穿透能力最弱，无法穿透大部分的透明玻璃及塑料。日光中含有的短波紫外线几乎被臭氧层完全吸收。短波紫外线对人体的伤害很大，短时间照射即可灼伤皮肤，长期或高强度照射还会造成皮肤大面积脱离。紫外线杀菌灯发出的就是 UVC 短波紫外线。

（4）UVD 波段，波长 100～200nm，又称为真空紫外线。

2. 紫外线的杀菌原理

紫外线的杀菌原理：紫外线杀菌就是通过紫外线的照射，破坏及改变微生物的 DNA（脱氧核糖核酸）结构，使细菌当即死亡或不能繁殖后代，达到杀菌的目的。真正具有杀菌作用的是 UVC 紫外线，因为 C 波段紫外线很易被生物体的 DNA 吸收，尤以 253.7nm 左右的紫外线最佳。紫外线杀菌属于纯物理消毒方法，具有简单便捷、广谱高效、无二次污染、便于管理和实现自动化等优点，随着各种新型设计的紫外线灯管的推出，紫外线杀菌的应用范围也不断在扩大。

3. 传统的紫外线杀菌灯

传统紫外线杀菌灯（UV 灯）实际上是属于一种低压汞灯，和普通日光灯一样，利用低压汞蒸汽（<10-2Pa）被激发后发射紫外线。不同的是日光灯的灯管采用的是普通玻璃，254nm 紫外线不能透出来，只能被灯管内壁的荧光粉吸收后激发出可见光。如果改变荧光粉的成分和比例，它就可以发出我们通常所见的不同颜色的光。一般杀菌灯的灯管都采用石英玻璃制作，因为石英玻璃对紫外线各波段都有很高的透过率，达 80%～90%，是做杀菌灯的最佳材料。杀菌灯有热阴极低压汞蒸气放电灯、冷阴极低压汞蒸气放电灯等几种结构，可按外型和功率分为多种类型。石英玻璃与普通玻璃在性能上有很大的差别，主要是热膨胀系数不同，一般不能封接铝盖灯头，所以杀菌灯的灯头材质多采用胶木、塑料或陶瓷。

因成本关系与用途不同，也有用紫外线穿透率<50%的高硼砂玻璃管代替石英玻璃的。

高硼玻璃的生产工艺与节能灯一样，因此成本很低，但它在性能上远比不上石英杀菌灯，其杀菌效果有相当大的差异。

高硼灯管的紫外光强度很容易衰减，点灯数百小时后紫外线强度就大幅下降到初始时的 50%～70%。而石英灯管在点燃 2000～3000 小时后，紫外线强度只减到初始时的 80%～70%，光衰程度远远小于高硼灯。还一种透紫外光较高的普通玻璃，比高硼玻璃要高得多，比石英玻璃略低。但光衰比石英杀菌灯大，并且不能产生臭氧。菲利浦生产的一种杀菌灯上的灯管就使用这种玻璃制作。

传统紫外线杀菌灯的种类：紫外线杀菌灯的发光谱线主要有 254nm 和 185nm 两条。254nm 紫外线通过照射微生物的 DNA 来杀灭细菌，185nm 紫外线可将空气中的 O_2 变成 O_3（臭氧），臭氧具有强氧化作用，可有效地杀灭细菌，臭氧的弥散性恰好可弥补由于紫外线只沿直线传播、消毒有死角的缺点。但是，这些紫外线杀毒只能在动物被迁出去后才能进行。如果采用加入一定比例的近紫外 LED 光，如 365~410nm 波长范围内的光来代替上述光源，不仅可以解决杀毒的问题，同时也会促进动物的生长。

4. 紫外 LED 灯及应用

根据上述理论，在动物养殖的过程中，既需要有利于动物生长的 LED 光源照射，同时也希望具有一定的杀菌效果的光照射。因此，在理论上我们寄希望于波长从近紫外到蓝光的光的组成成分的集动物养殖及杀菌的动物生长 LED 光源的设计是完全可以实现的。按照选用 350～390nm 左右的近紫外芯片、450nm 左右的蓝光芯片以及 630nm 以上的红光按照一定的比例进行组合将会实现既可以杀菌又可以促进生长而又不会伤害动物的优质 LED 光源是完全可行的。

今后可以利用 LED 光源来代替传统光源进行开发的 LED 动物光照产品可能应用的领域有：

（1）养殖场杀菌免疫专用光照系统：①养殖场紫外杀菌灯，单独的紫外灯管；②养殖场专用病毒杀灭灯，光触媒+紫外石英灯+风扇；③养殖场除臭空气净化灯，光触媒+LED紫外蓝光+负离子发生器+风扇；④养殖场灭蚊蝇灯。

（2）畜牧业智能化光照控制系统：养殖专用智能化灯光系统。

（3）禽类肉禽专用光照系统（火鸡、鸵鸟）：①雏鸡育苗光照系统装置：脚底下是玻璃的，玻璃的下面是紫外灯，波长在 296～320nm 之间，顶上是绿色和蓝色的；②幼鸽育苗；③雏鸭育苗灯；④雏鹅育苗灯；⑤鹌鹑育苗灯；⑥肉鸡养殖灯；⑦肉鹅养殖灯；⑧肉鸽养殖灯；⑨鸭子补光灯；⑩鹌鹑产蛋增产灯；⑪蛋鸡增产灯；⑫蛋鸭增产灯；⑬蛋鹅增产灯；⑭鸡鸭鹅禽类捕食灯。

（4）养猪光照系统：①仔猪育苗专用灯；②母猪孕育专用灯；③肉猪助长专用灯；④种猪育种专用灯；⑤肉猪食欲增加灯；⑥猪毛色光洁灯（预防皮肤病）。

（5）圈养羊养殖光照系统：①羊羔育苗专用灯；②母羊孕育专用灯；③肉羊助长专用灯；④种羊育种专用灯；⑤食欲增加灯；⑥毛色光洁灯。

（6）奶牛养殖光照系统：①牛犊助长灯；②牛奶增产灯；③维生素 D 增量灯；④食欲增加灯。

（7）肉牛养殖光照系统：①牛犊助长灯，牛犊生长灯；②肉牛增产灯，肉牛产奶灯。

（8）水产养殖光照系统：①水产养殖灯：水产生长灯、水产增产灯；②太阳能水产养殖灯：LED 水产养殖灯具、水产养殖专用灯；③养鱼捕食灯：捕鱼诱惑灯、金鱼补钙灯；④水族防病灯。

（9）动物园动物专用灯：①爬行动物专用补光灯；②动物园兽类补光灯：老虎补钙灯、狮子补钙灯。

（10）犬类动物专用灯：①肉狗生长灯：肉狗助长灯、增产灯；②肉狗补钙灯：瘦狗补钙灯。

（11）宠物美容灯：①宠物（狗、猫）美容灯：亮毛灯、宠物皮肤灯；②宠物健康补钙灯：宠物专用补钙灯。

（12）其他养殖业专用灯种的定制。

8.3 LED 生物安全照明技术

科技的进步使各种照明光源不断涌现，这些光源在丰富照明产品和满足人们使用需求的同时也会因为使用不当而产生对人的危害。随着 LED 产业的扩大，应用的广泛，LED 对人体的影响开始受到关注。辐射危害已被世界卫生组织列为继"空气、水、噪声"外的人类所面临的第四大环境安全问题。光辐射是辐射的重要组成部分，光辐射损伤主要是指人体组织受到光辐射作用后引起的热损伤和光化学损伤（主要是眼睛和皮肤）。光辐射的热损伤是由人体组织吸收辐射能量后温升引起的；光化学损伤是由光子与生物组织的细胞作用后引起细胞的化学变化。由于人体不同组织对光有选择性吸收、透射，因此，不同波长的光学辐射对人体的皮肤和眼睛的损伤机理不同。例如目前传播得较广的 LED 蓝光危害，其实际情况到底是如何？按国际标准测量判定为不会产生蓝光危害的 LED 照明产品，其"富蓝化"的照明光，对人们的生理将又会产生怎样的影响？在 LED 照明发展到现阶段，我们应该对此有比较深入的研究，以使该行业发展得更健康。

8.3.1 蓝光照明的生物危害性

LED 光辐射危害主要体现在眼睛的近紫外辐射损伤、视网膜蓝光的光化学损伤和辐射的热损伤等方面。LED 通过眼的屈光介质聚焦在视网膜上形成影像，而使视网膜上的能量密度较角膜上入射能量密度提高，LED 照明灯具光谱色系少，所以在眼底的色差小，致使的 LED 照射会引起眼角膜或视网膜的损伤，蓝光辐射对人眼视网膜的损害是潜在的。光对于人的伤害主要集中在紫外线、近紫外线和红外线，加上 400～500nm 的蓝光。光处于紫外或者近紫外时，其光子能量大易引起光化学反应致使细胞结构重组或者 DNA 损坏。光处于红外时热效应使得体内的蛋白质变性致死。蓝光对于人眼透射率高，而人眼中感光器和视网膜外表面的细胞层在紫外区和蓝光区都存在吸收峰。如图 8.8 所示。

白光 LED 中，激发光源为蓝光，正好处在吸收峰上。蓝光危害主要波长集中在 400～500nm。从图 8.9 中可以看出，在蓝光波段危害加权函数急速上升损伤已成为 LED 产品进入近距离照明应用带来一定的危害!

蓝光危害目前认为有两种机理，一种是视网膜的感光细胞吸收蓝光使得其能不断接受光子，造成细胞氧化损伤并使得具有光毒性的褐脂质增加造成细胞死亡；另一种是褐脂质的基团与褐脂质都具有光毒性吸收蓝光产生氧自由基，使细胞内溶酶体失活，造成细胞死亡。

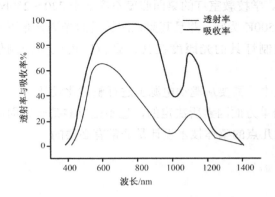

图 8.8　人眼对于不同光谱的透射率和吸收率　　图 8.9　光辐射的权重函数与光谱的关系

8.3.2　LED 生物安全照明技术原理

现有 LED 灯具照明的一大特点是，其发出的白色光中有很大比例的蓝色光存在，这种蓝色光会对视网膜细胞造成损害。LED 技术的发展使 LED 芯片的辐射亮度大幅度提高，光束越来越窄，特别是蓝光 LED 芯片以及涂粉荧光粉的白光 LED，使得 LED 光辐射危害成为一个不容忽视的问题。

生物安全照明的技术原理主要体现在以下几个方面：

（1）由蓝光芯片激发的荧光粉所产生的黄光与蓝光的叠加形成白光，其色温可以通过掺入一定的红色荧光粉来调解从而形成所谓的冷白（6800K 以上）、正白（6000K～7000K）、暖白（3800K～4500K）和暖色光（低于 3500K）。通过测试可以发现，现有很多灯具的白光其蓝光的比例是普遍偏高的，也就是说如果此类光源近距离长时间用于人周围环境的照明，对于人会产生一定的危害是不言而喻的。应该说，这一点上比荧光灯要好很多。因此，荧光粉的调节技术是非常值得进行深入研究的。

（2）白光光源的设计中应充分考虑蓝光所占的比例或者蓝光的相对强度不能太高。如何达到这一点，需要生产厂家或者研究机构认真从材料的选用和组合上进行系统地研究。

（3）从光谱的特性上进行深入地研究，而不是简单抄袭别人的技术工艺配方。材料的选择不同一定会带来不一样的工艺结果。

（4）从电源驱动和灯珠的配合上进行认真地研究，尽量避免频闪或炫光等问题。

8.3.3　LED 生物安全照明系统设计

从 LED 照明对生物安全的要求上来说，应该对 LED 光源的制造充分考虑其可能对人类所造成的危害性。解决蓝光危害问题的思路有以下几点：

（1）近距离使用的白光要尽量避免使用近紫外或紫外芯片来激发荧光粉所产生的白光，从能量上讲，其光辐射的能量比蓝光要大。比如台灯、柜台物品展示效果灯、办公桌上方近距离射灯等。

（2）办公室、写字楼、机关和学校等场所尽量避免使用高色温的 LED 灯具，建议色温不要高于 6000K，色温以 5000~6000K 为宜。学校教室灯的桌面照度不应低于 220～230lx。

（3）学生用台灯其色温应该以 4500K~5500K 为宜，并且其蓝光波长后的光谱分布不宜较窄，显色性要达到 85 以上。其次要控制灯具的光照度在其视野范围内应该控制住 250~500lx 以内。

（4）灯具要避免有炫光或频闪的现象发生，需要从驱动电源上进行整体化设计。

可以看出，关于蓝光危害的问题不是由单方面因素所决定的，也不是单靠某一方面问题技术解决所能够解决的。因此，基于上述几点的整体技术设计是非常有必要的。

8.4　LED 物联网照明技术

近年来，物联网技术成为国家发展战略的重点。物联网的概念打破了人们的传统思维。物联网技术（见图 8.10）可以将所有的物品均通过与互联网络连接起来，系统可以自动、实时地对物体进行识别、定位、追踪、监控并触发相应事件。物联网技术的发展几乎涉及到信息技术的方方面面，是一种高度综合、系统的创新技术应用与发展，被称为信息技术的第三次革命。物联网的实现需要四个关键技术，即自动识别技术、信息采集技术、远程信息传输技术和信息智能分析与控制技术。

图 8.10　物联网技术

物联网的本质主要包含三个方面[11]：一是互联网特征，要全面感知，利用自动识别装置传感器二维码等获取物体信息，并能够对需要联网的物品实现网络互联互通；二是可靠传递特征，通过各种网络融合，将获取到的物体的信息实时准确地传递出去；三是智能化特征，智能处理，利用模糊识别、云计算等各种智能计算技术，对海量的数据和信息进行分析处理，具备自动化自我反馈与智能控制的功能。

在智慧照明的智能控制器上扩展各种传感器，就能实现诸如大气监测、噪音监测、地下管网监测、桥梁监测、交通流量感知、危险源监测等，将应用领域拓展到环保、交通、桥梁、安监、电力等诸多领域，这些应用不需要完全重新单独建设，只要充分利用智慧照明的采集资源、通信通道和平台资源，逐步实现感知整个区域、整个城市以及每个单元。实现各种信息的自动采集，逐步实现智慧危险源、智慧桥梁、智慧环保、智慧交通、智慧电力、智慧管网等诸多智慧子系统。在此基础之上，通过建设云计算中心，建设智慧城市总线，消除信息孤岛，实现资源的充分利用和信息的充分共享，实现智慧协同、智慧调度、智慧专家、智慧评估、智慧挖掘等，逐步并最终实现智慧城市，为城市规划、建设、管理提供科学的决策依据，最终实现"感知任何一个角落"的国家战略。

LED 照明灯具与传统的照明灯具不同，LED 具有多种灵活的亮度调节方式，如通过调电流或 PWM 调节，而且 LED 具有丰富多样的色温和色彩。在现有技术的基础上，LED灯具可以很方便地与各类传感设备进行关联，实现红外控制、光控等多种自动控制功能，如社区夜间走道和庭院的照明系统，通过使用红外传感器，采集人们的活动信息，就可以自动开关 LED 照明灯具，还有 LED 路灯的自动开关，通过一个光敏传感器即可实现。

1. LED 物联网照明技术原理[12]

物联网技术可以实现对 LED 照明灯具的智能化管理和控制，实现与室内 LED 照明灯具、道路 LED 照明灯具、户外 LED 照明灯具以及隧道照明灯具等所有 LED 照明灯具进行联结，以满足人们对不同环境、不同空间照明条件的不同要求。

物联网技术可以与室内 LED 照明灯具相融合，对室内 LED 照明灯具进行智能化控制。家居照明离不开灯具，而灯具是照明的集中反映。LED 照明灯具不仅在室内起到照亮空间的作用，也是营造室内环境氛围的重要组成部分。对一些大型的超市、服装市场、购物广场等，都不再局限于照明这个基本作用上，人们更加关注灯光的效果和氛围。光色是构成视觉美学的基本要素，是美化室内空间的重要手段。目前彩色 LED 产品种类非常丰富，且单色性好，波长范围已覆盖了整个可见光谱。红、绿、蓝、黄等色的组合使得 LED 灯具的色彩及灰度的选择具有很大的灵活性，单颗 LED 光源具有很高的色纯度。利用物联网技术智能化调控室内照明灯具的色温、亮度、方向和点亮时间等，保持灯具造型与光色的协调性，使室内环境具有不同的风格和意境，可以增加建筑艺术的美感。且人性化的智能控制，使得室内照明能够更加符合人们心理生理的需求以及审美情趣。

2. 物联网在 LED 照明中的应用

物联网在道路 LED 灯具中的应用。随着城市经济和规模的快速发展，各种类型的道路越来越多，道路宽度和长度也在不断变宽变长，机动车辆的数量及流量也迅速增加，道路照明的质量直接制约和影响着城市的交通安全和发展。提高道路的照明质量，降低能耗，实现绿色照明已成为城市照明面临的最为关键的问题。道路照明的首要任务是减少交通事故，提升交通运输效率，在这个基础上，还要考虑尽可能节约公共资源源，提供安全和舒适的照明亮度。目前我国的道路照明普遍缺少路灯级的通信链路，一般只能对整条道路的路灯进行统一控制，无法测量和控制到每一盏灯。通过物联网技术，将灯具和智能控制有效结合，远程控制道路照明灯具的状态并实时监控灯具的异常，更好的发挥灯具的可控性；另外还可以根据实际情况，如天气，气候等原因实时调整灯具的工作状态，设定全亮半亮或熄灭等，更好的发挥 LED 的节能作用；减少了人为的参与，从而进一步降低成本；方便了其他功能的扩展照明灯具的生产过程维修保障的智能化管理。

除了对照明灯具自身的控制，还可以利用物联网技术建立一套更加有效的智能化控制系统，如对生产流程工艺的运行参数，生产的环境参数等进行实时监测，实现 LED 灯具生产过程的控制和管理。通过智能化控制，能够尽可能排除人为因素的影响，确保生产线运行安全，还可以有效控制生产对环境造成的污染。通过在产品中嵌入智能化物联网接口，可较容易地实现远程故障诊断维修指导和产品状态监测，提供快速及时的产品服务。

8.5　LED 海洋渔业照明技术[13]

LED 照明技术发展迅速，在室内外照明的应用发展速度十分惊人。然而，令很多人想不到的是，大功率 LED 照明也可以有效地应用在海洋渔业。比如，LED 集鱼灯。集鱼灯是渔民在海洋捕鱼中最常使用的一种灯，可以利用灯光来捕鱼，如图 8.11 所示。日本从 2005 年开始，研究使用蓝色 LED 集鱼灯来替代金属卤化物集鱼灯，以达到节省能源消耗、改善工作环境等目的。其燃油消费量仅为传统鱿钓船的 1/3，钓获率也相当于（甚至超越）传统鱿钓船。我国也有企业和高校正在进行 LED 集鱼灯的研究与开发，并取得了一定成果。

渔船出海在夜间作业多使用集鱼灯，短波长的蓝光与紫光对水的穿透率远高于长波长的红光，使用蓝光（470nm）LED 来制造集鱼灯在日本已有商业化产品问世，其主要成效在省电与光害的减少。小型渔船（9～10 吨）多配备 15～60 盏 3 kW 的集鱼灯，耗电最多可达 180 kW。LED 集鱼灯每盏使用 1000 颗蓝光 LED，同前规格的渔船搭配使用 40 盏可达额似的集鱼效果，总耗电则只需 3 kW（4 万颗 LED），只相当于原来一盏灯的耗电量（冈本，2004；桥本等，2003）。

图 8.11　传统 BT 型中大功率金属卤化物集鱼灯

8.5.1　LED 照明与海洋渔业

集鱼灯是光诱鱿钓作业中最主要的助渔设备,如图 8.12 所示,可分为水上灯和水下灯两类。水下集鱼灯具有节能、诱集范围广、穿透水层深等特点。水下集鱼灯不仅可以在晚上将深层的柔鱼诱集到较浅的水层进行作业,还可以在白天将大型柔鱼聚集在较深水层进行捕获,水下集鱼灯于 20 世纪 90 年代以来被广泛应用到鱿钓作业中,其光源以金属卤化物灯为主,属热光源。

图 8.12　海洋捕鱼中使用的集鱼灯情况

近年来,燃油价格大幅度上涨,光诱捕鱼渔业在燃油上的投入比重也大为增加,有时热光源集鱼灯的燃油消耗要占到渔船总燃油消耗的 50% 以上。由此可见,用在集鱼灯上的燃油消耗费用已经对光诱捕鱼业的经营效益产生了比较明显的影响。

金属卤化物灯存在光效低、耗电量大、电能大部分转化为热能的不足。LED 的光谱几乎全部集中在可见光频段,光效率可达 80%～90%,因此功耗低,在相同的照明效果下,比金属卤化物灯节能。

金属卤化物灯发出的光线中含有大量的紫外线和红外线辐射,光诱渔船作业时会对渔船工作人员健康造成伤害,也会对中上层趋光鱼类,特别是视觉系统发育尚未完善的幼、稚鱼造成一定的伤害。LED 是冷光源,没有红外线和紫外线的成分,没有辐射污染,能有效防止渔场生态被破坏。另外,金属卤化物灯内的填充物中有汞或其它重金属,在使用过程中破损和废弃后的灯都会对人身健康和环境造成危害,而 LED 使用中不产生有害物质,废弃物可回收,没有污染,不含汞元素,属于典型的绿色光源。

金属卤化物灯的光谱较宽,且发光方向为整个立体空间,不利于配光和光线的有效利用。而 LED 光谱为分立的光谱,谱线较窄,半高全宽在 30 nm 左右,各类的 LED 有不同峰值波长,可以在光合有效辐射范围内方便地匹配出各种不同的光谱结构。LED 色彩丰富、鲜艳,可以有多样化的色调选择和配光,并且 LED 发光大部分集中会聚于中心,发散角较小,可以有效地控制眩光。LED 发光对电流的响应速度极快,只需通过调整电流就可以调节光的强度和颜色。

由于渔业生产工况条件特殊,灯和灯具经常在海浪中拍打和在船舶摇晃中工作,因此必须具备良好的防震和防水性能。金属卤化物灯有玻璃泡、灯丝等易损坏部件,易碎,耐震性差,而且需要上百伏特的工作电压,寿命一般为 3000 小时。当用作水下集鱼灯时,必须先放进水里再开灯，出水时必须先熄灯再提出水面。操作麻烦，稍有不慎灯泡就有可能爆炸，造成触电事故。LED 是用环氧树脂或硅胶封装固态光源，使用低电压、低电流驱动，使用寿命可高达 3 万～10 万小时；是一种全固体结构，能经得起震动、冲击而不至于损坏，非正常报废率很小，维护极为方便。

生产实践表明，影响光诱集鱼效果的首要因素是光源，它包括光源强度、灯光颜色、灯具的配置等。例如，在暗适应条件下，蓝圆鲹幼、成鱼对蓝、绿色光的趋光率最高，对红光的趋光率最低。由暗适应向明适应过渡后，引起趋光率最高的颜色光移向黄、绿色光。在暗适应和明适应条件下，鲐鱼都对紫光和红光有最大的趋光率。

8.5.2　海洋渔业的 LED 照明技术与设计[14]

LED 水下集鱼灯应符合以下几方面要求：光源具有较大照射范围、足够的照度，并能适用于诱集鱼群；启动操作简单迅速；灯具坚固、耐震，水密耐压；耐用。

LED 水下集鱼灯通电工作后，整个系统由软件控制运行。根据不同渔场的客观情况、诱集目标鱼类的生理和生态的不同特点，来配置光源的亮度、颜色以及动态变化效果来诱鱼。用户通过遥控器，或者通过 LED 水下集鱼灯上的控制键来设定集鱼灯显示内容，以便符合实际需要。LED 水下集鱼灯能显示出鱼喜欢的食物、同类、各种事物的图像等来诱集鱼群，还能显示出鱼的天敌等相关图像来驱集鱼群、控制鱼群。实行科学捕捞，合理开发利用渔业资源，保护鱼类繁衍增殖，达到可持续发展的目标。

目前，LED 水下集鱼灯的成本较高，LED 光源的光通量、一致性、可靠性还有待提高。LED 集鱼灯节能效果在日本鱿钓业已经得到证实，但是 LED 集鱼灯的普及情况仍然不佳。改用 LED 集鱼灯的鱿钓船，是否具长期、持续性的效果，还需要确认。对于 LED 水下集鱼灯应用研究目前还处于起步阶段，缺乏系统的研究资料和成果。但随着科学技术的不断发展，各种技术的完善，LED 水下集鱼灯将会成为一种主要的助渔设备，具有广阔的应用前景。

8.6　LED 工矿、港口、码头、广场照明技术

大功率 LED 及应用产品要实现产业化，必须从关键技术层面进行整体创新突破，对关键技术和参数要继续优化，尤其是开发高性能低价格的大功率 LED 产品是决定一个企业在即将开启的 LED 照明大战中制胜的关键。如何将 LED 照明产业融入传统照明产业链，以实现利用现有产业基础降低成本的目的，不仅仅是产业链整合的问题，更是新技术不断突破所要解决的问题。因此，我们还要进一步制定技术创新、人才和专利发展战略，不断提高企业的研发能力和核心竞争力，全面提高功率型 LED 产品生产的质量和产业化水平。

图 8.13　一些 LED 路灯产品及其式样

8.6.1　超大功率 LED 照明技术

目前，LED 的发光效率能使约 30%的电能转换成光，其余 70%的电能几乎都转换成热能，使 LED 的温度升高。对于大功率 LED，当应用于商业建筑、道路、隧道、工矿等照明领域时，其散热就是个大问题了。如果 LED 芯片的热量不能散出去，会加速芯片的老化、光衰、色偏移、缩短 LED 的寿命。因此，大功率 LED 照明系统的结构模式和散热结构设计十分重要。

现在市场上大功率 LED 照明灯具大部分都采用"芯片—铝基板—散热器三层结构模式"，即先将芯片封装在铝基板上形成 LED 光源模块，然后将光源模块安置在散热器上制造成大功率 LED 照明灯具。

应该指出的是，目前大功率 LED 的热管理系统采用"芯片—铝基板—散热器三层结构模式"制备大功率 LED 照明，在系统结构方面存在明显不合理的地方，如结构之间接触热阻多、结温高、散热效率低，所以芯片释放出来的热不能有效地导出和散出，导致 LED 照明灯具光效低、光衰大、寿命短，不能满足照明需求。

图 8.14　部分 LED 路灯实景图

如何提高封装散热能力是现阶段大功率 LED 亟待解决的关键技术之一。LED 照明产品的发展方向和重点是：高功率、低热阻、高出光、低光衰、体积小、重量轻，因而使得对 LED 的散热效率要求越来越高。

但是由于受结构、成本和功耗等诸多因素的限制，大功率 LED 照明难以采用主动散热机制，而只能采用被动式散热机制，但被动式散热具有较大的局限性；而且 LED 的能量转换效率较低，目前仍然约有 70% 转换为热，即使光效再提高 1 倍也还有 40% 的能量转化为热。也就是说，很难提高到不用考虑散热的程度。

现在大功率 LED 应用于照明的时机已经成熟，研制高效的自然散热的热管理系统，已成为大功率 LED 照明实现产业化的先决条件和关键因素。因此，需要新的技术路线及系统结构来彻底解决大功率 LED 照明散热问题。

8.6.2　超大功率 LED 照明设计[15]

1. 二层结构模式

针对现有大功率 LED 照明散热技术存在多热阻、散热能力低的问题，可以试图通过"芯片—散热一体化（二层结构）的模式"来解决大功率 LED 照明光效低、光衰严重、成本高等系列问题。

"芯片—散热一体化（二层结构）模式"是一种新型的 LED 光源封装模式、结构模式和热管理系统模式。利用该技术模式制备出的大功率 LED 照明灯具，不仅彻底解决了散热问题，而且还有效地解决了诸如在配光、光效、寿命和维护等方面的问题，已经开发出长寿命、高光效的大功率 LED 系列产品，如路灯、筒灯、隧道灯、工矿灯、汽车前大灯、景观灯等照明设备。如图 8.13 和图 8.14 所示。

（1）技术路线

"芯片—散热一体化（二层结构）模式"，不仅去除了铝基板结构，而且还将多个芯片集中直接安置在散热体上，组成多芯片模组单光源，制备成集成式大功率 LED 灯具，光源为单颗，呈面光源或集束式光源。

（2）技术关键

如何增强对芯片的导热能力，减少热阻界面层，涉及到热管理系统结构模式、流体力学以及超热导材料工程应用等问题；如何有效控制散热基体的热储量，规划对流散热路径，建立高效自然对流散热体系，主要从灯具结构设计着手。

（3）技术方案

通过改变 LED 光源封装结构、散热结构和灯具结构模式，来减少热阻层；应用超热导材料，增加芯片热源的导热性能；基于"芯片—散热一体化二层结构"优化热管理系统，增加空气的流动，形成自然对流散热。

（4）设计思路

采取模组化方式制备高功率 LED 灯具。将光源、散热、外形结构等封装成一个整体模组，而模组之间又相互独立，任何一个模组都能被单独更换，当一个部分发生故障时，只需更换故障模组，而无须更换其他模组或整体更换就能继续正常工作。灯具的所有模组部分都能徒手拆装，实现方便、快捷、低成本的维护。

设计要点：对系统模组化，除了满足灯具的散热、更换要求外，还必须满足 LED 照明灯具的光学（光学效率）需求、造型（市场）需求。

2. 二层结构模式技术特点[15]

（1）将芯片和铝合金+超热导材料复合基体（散热器）连接为一体，应用独特的大功率 LED 封装技术，将多个芯片集中直接封装在散热基体上，使芯片与散热基体之间的热阻更小，整个散热基体就是一个完整的灯具，形成集成式大功率 LED 照明部件。

（2）基于仿生学原理设计热管理系统，建立芯片—散热一体化二层结构热阻模型，便于对其进行结温计算和寿命预测。芯片—散热一体化二层结构的特点是热源芯片直接封装在散热器上，随着发热源的温度升高，空气在多孔状散热器中发生流动，多孔为空气对流提供了流动通道，热被自动散发出来，确保芯片在安全使用温度范围内正常工作。先进的导热和热对流系统确保良好的散热效果，进一步提高了芯片的发光效率。

（3）将芯片（45mil×45mil）进行集成式封装（芯片集中在一个小区域），得到光效较高的面光源，具有光通量密度高、总光通量高、低眩光的特点。

目前，运用上述技术已制备出了"芯片—散热一体化（二层结构）模式"大功率 LED 照明灯具，如路灯、隧道灯、筒灯、射灯等。此外，目前大功率 LED 汽车前大灯均需要电风扇加强散热，难以满足市场化应用需求，利用二层结构制成的集束式大功率 LED 汽车前大灯，解决了目前汽车灯行业采用 LED 光源制造汽车前大灯的局限性。

3. 大功率 LED 产品技术指标及优势[15]

①高效散热：采用自然散热方式，彻底解决大功率 LED 散热难题（温差<4℃，散热器温度<60℃，在环境温度>35℃ 的条件下实测）；

②大电流：供给芯片的额定电流每颗为 400～450mA；

③高光效：整灯光效达到了 90.9 lm/W；

④长寿命：>50 000h；

⑤光衰小：国家灯具质量监督检验中心检测结果 1 000h 寿命测试无光衰；

⑥集成式：COR（Chip On Radiator），即芯片集成直接粘接在散热器上，与集成粘接在铝基板上的 COB（Chip On Board）集成式完全不同。集成芯片为单颗，呈面光源、单光源或集束式，光源（安装玻璃透镜）射出；

⑦照明效果与传统的非 LED 光源一样，不改变人类的用光习惯；

⑧结构简单：便于维护，无需整体更换。

8.6.3　超大功率 LED 在工矿、港口、码头及广场的应用[16]

大功率或超大功率 LED 照明领域多项核心技术主要包括以下几个方面：①大功率光源及其光分布技术；②超大功率灯具散热结构及技术；③纳米高散热材料的应用技术；④超大功率电源技术及其控制技术；⑤抗强风、抗雷电及其安装技术等。此类产品广泛应用于航空、航海、码头等特种照明场所及道路照明、商业照明、建筑照明等，如图 8.15 所示。

图 8.15　用于码头、机场、货场、广场和体育场馆照明的超高杆超大功率 LED 照明[16]

本章小结

本章以 LED 照明技术的最新发展和应用为主线，从 6 个主要方面简要介绍了：①LED白光照明通信技术的发展趋势和关键技术；②LED 照明在植物生长和动物养殖中的应用技术和光学的设计；③LED 生物安全技术的设计思路；④LED 照明在物联网技术中的应用；⑤LED 照明在海洋渔业中的关键技术与应用；⑥超大功率 LED 照明技术的设计与应用等。本章编写的宗旨是希望为读者提供一些相关 LED 照明技术的应用素材，很显然无法把所有的 LED 照明技术的应用都罗列进来，能够通过阅读并结合具体的工作查阅更多的参考资料，来进一步了解 LED 其他照明应用技术以及这些技术中核心技术的原理和设计思路，是编写本章内容的目的，建议读者在学习的时候能够从弄清基本概念入手，在深刻理解其原理的基础上，结合具体的实际技术再进一步延伸，一定会尽快掌握相关的核心技术和设计思路的。

本章习题

8.1　请调研 LED 光通信的最新研究进展，并递交一份调研报告。

8.2　请撰写一份关于 LED 蓝光危害及其国际相关标准的技术报告。

8.3　LED 植物生产灯的应用会存在一个植物生长不同阶段的问题，请给出一个合理的设计方案。

8.4　请撰写一份关于禽类养殖场促进禽类生长 LED 用光的调研报告和设计方案。

8.5　请分析物联网技术中 LED 光源的作用和效果。

8.6　海洋渔业中使用的 LED 光源应该如何设计？

8.7　试编写一份飞机场中使用的超大功率 LED 灯的技术设计方案。

8.8　学完本章后，你自己觉得还有 LED 照明的其他方面应用吗？请提供你的调研资料总结。

参考文献

[1]　NAKAMURAS. Present performance of InGaN based blue/green/yellow LEDs[J]. Proc. of SPIE , 1997, 3002 (4) :26-35.

[2]　KAHNJM, BARRYJR. Wireless infrared communications [J]. Proc. Of IEEE, 1997,85 (2) : 265-298.

[3]　PANG G. Information technology based on visible LEDs for optical wireless communications. IEEE Conf. Proc., United States: Institute of Electrical and Electronics Engineers Inc[C], 2004: B395-B398.

[4]　TANAKAY, HARUYAMAS, NAKAGAWAM. Wireless optical transmission with white colored LED for the wireless home links. Proc. Of IEEE, United States: Elsevier Inc.[C], 2000:1325-1329。

[5]　En De, Zhang Ningbo, Study of key technologies of visible light communications based on white LED , Proc. of SPIE Vol. 7852, 78520G, 2010.

[6]　任凤娟，孙彦楷. 白光 LED 可见光通信及其关键技术研究[J]. 测试测量技术,2010 第 05 期. P20-25.

[7] 胡国永,陈长缨,陈振强. 白光 LED 照明光源用作室内无线通信研究, 无线光通信,2006 年第 7 期. P46-48.

[8] 刘宏展, 吕晓旭, 王发强, 梁瑞生, 王金东, 张 准. 白光 LED 照明的可见光通信的现状及发展[J], 无线光通信, 2009 年第 7 期. P53-56.

[9] LED 照明实现可见光通信的创新思路, 中国半导体照明网, 2010 年 7 月 2 日。

[10] 杨其长.LED 在农业与生物产业的应用与前景展望, 中国农业科技导报, 2008, 10(6): 42-47.

[11] 张应福. 物联网技术与应用. [J] 通信与信息技术, 2010, 1: 50-53.

[12] 唐文婧,于治楼,胡大奎,李 真. 物联网技术在 LED 照明中的应用分析.[J] 信息技术与信息化,2011,6:24-26.

[13] 李天华. LED 水下集鱼灯的研究与设计探讨[J]. 《渔业现代化》, 2010 年第 37 卷第 3 期. p.64-67.

[14] 杨罗定. LED 在海洋渔业诱捕中的应用, 海峡两岸第十七届照明科技与营销研讨会, 2010:27-36.

[15] 马金龙, 王宁军, 李北辰, 童馨, 叶丹. 大功率 LED 照明技术探讨.[J] 中国照明电器,2011 年第 10 期, p.18-20.

[16] http://www.lighting-lt.com/

第**9**章

LED 照明的应用

LED 的应用领域非常广，包括道路照明、汽车、信号灯、背光源、显示屏、室内外照明、通信、消费性电子产品等，LED 作为新一代光源越来越受到世人关注。

9.1 LED 路灯

LED 照明产品的节能效果是十分明显的，LED 灯的耗电量大约是同等照明效果下传统光源的一半。在能耗方面，LED 的耗能为节能灯的一半；在寿命方面，LED 光源通常寿命为 50 000～100 000 小时，相对于节能灯、高压钠灯、金卤灯都要高出很多；在其他方面，LED 也具有明显的优势，如显色性、可瞬间启动、可调光等。所以在国家节能减排政策的大背景下，其应用的广度和深度会越来越大。

9.1.1 道路照明对 LED 灯具要求

LED 光源具有很强的指向性，与传统光源的全空间发光不同，所以在灯具设计上也要依据 LED 本身的特点进行设计。

1. LED 路灯灯具的结构

组成结构：LED 路灯由铅台金压铸灯体，LED 模块，LED 配光光学器件，钢化玻璃透光罩，AC/DC 匣流驱动器，电器室盖板六部分组成，如图 9.1 所示。

功能结构：由散热灯体，电源室，电器室 3 部分组成，如图 9.2 所示。

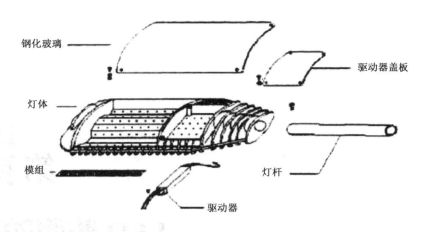

图 9.1　LED 路灯组成结构

图 9.2　LED 路灯功能结构

2. LED 道路照明灯具的几种常用配光解决方案

（1）利用排列方式

由于 LED 的指向性很强，并且投射方向上的光通量很强，而道路照明时需要一定的纵向均匀度，所以 LED 光源是很适合作为"V"字型配光的灯具的。LED 路灯灯具通过将 LED 颗粒安装在"V"形底板上，来达到增大纵向照明区域，提高纵向均匀度的目的。

（2）利用反光器的反射凹槽

反射器的反射凹槽可以有效地使光能够更好的指向性传播，每一个凹槽对应一个 LED 光源，提高出光效率，控制出光角度和光强分布，从而达到较好的光学分布，提高路面的照度均匀度。

（3）采用透镜

透镜是 LED 路灯配光经常使用的光学器件之一，利用透镜可以改变 LED 的出光角度，来实现 LED 光线传播到需要的地方，从而实现对 LED 光源二次配光的目的。

（4）采用模组定向安装

多个模组安装在一个灯具支架上，每一个模组根据需要按照不同的角度投射，从而达到对 LED 光线的有效控制。

　　这 4 种配光方式都能起到一定的配光作用，在一定程度上都能提高照度的均匀度，但是离标准的要求还有一定差距。因此，在配光设计中可能需要综合使用几种配光方案，或者需要其他更好的方式来解决。

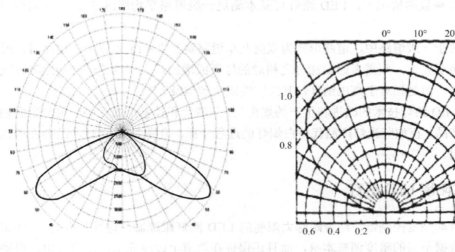

図 9.3　"蝙蝠翼"形配光曲线　　　　　　図 9.4　经过一次配光的光强曲线

　　目前我们常见的主干道灯杆间距多在 30m 左右，要实现标准中规定的平均照度 20/301x，均匀度 0.4，环境比 0.5 的要求，那么 LED 道路灯具的光强输出曲线必须是"蝙蝠翼"形的，如图 9.3，但是通常 LED 光源经过一次透镜输出的光强曲线如图 9.4 所示。

9.1.2　道路照明效果

　　白天道路实际图如图 9.5 所示，实际现场夜晚照明效果图如图 9.6 所示。

図 9.5　道路现场图　　　　　　　　図 9.6　道路现场夜晚照明效果图

普遍结论：

　　（1）LED 可以全面在二级、支路级别的城市道路中使用；使用时可根据路宽和照明等级等要求，合理选择适合的光源功率以及灯杆高度等参数，可以完全满足国家道路照明标准中的道路照度等参数要求。设计时需要注意灯具截光角，合理安排灯高以避免眩光对驾驶员的影响，保证机动车道交通安全。

（2）对于一级道路中，道路形式为双向四车道路宽为 2×7.5 米的道路或双向六车道路宽为 2×11.25 米的道路，采用 180W LED 路灯，并合理设计灯杆间距、灯杆高度、出挑长度、仰角等参数的情况下，LED 路灯可基本满足一级道路平均照度 201x，均匀度 0.4 的要求。

（3）对于一级道路中，道路形式为双向八车道路宽在 2×15 米以上的道路时，要满足国家道路照明要求，则需考虑增加与之相对的灯杆或增加灯头或调整灯杆间距等方式，才能满足要求。但是相对于高压钠灯，其经济性就受到质疑。

随着 LED 路灯技术的改进和生产的规模化，其造价和技术上的优势一定会全面超越传统的路灯产品。正如荧光灯产品代替白炽灯的过程一样，最终 LED 路灯产品会在道路照明中全面使用。

9.1.3 太阳能 LED 路灯

使用自动亮度控制器，结合跟踪太阳能的 LED 路灯跟踪器。这种类型的 LED 路灯不仅可以以根据不同的暗度调整本身，而且还保证在轨道上过度充电，深度放电，自动恢复充电，保护电池电压，它包括太阳能电池和从电池中存储的电能。LED 路灯自动点亮，晚上变为低功率脉冲照明。设定时间后，在白天关闭。由于只有 20 ％的太阳总能量落在地上，太阳能跟踪器的使用可以最大限度跟踪太阳的能源。太阳能 LED 路灯由太阳能跟踪器、太阳能电池板、微控制器和 CHARGE 控制器组成。

（1）太阳能跟踪器

太阳能跟踪系统是通过跟踪太阳的能量以提高太阳能电池效率的最合适的技术，自动太阳跟踪器基于微控制器的设计方法，光敏电阻器被用作太阳能跟踪器的传感器。

除了高效率的太阳能电池板的研究，提高太阳能电池板性能的唯一办法就是增加光落在它的强度。太阳能跟踪器是最合适、最成熟的技术，太阳能跟踪器得到世界各地的普及，是最近几年来利用太阳能的最有效的方式。

（2）太阳能电池板

太阳能电池板直接将太阳辐射转化为电能。太阳能电池板主要由半导体材料制成。Si 作为太阳能电池板的主要成分，最大效率为 24.5%。集成太阳能跟踪系统和太阳能电池板能最大限度地提高输出功率，提高太阳能电池板的整体效率。最大功率点跟踪（MPPT）的过程是通过保持太阳能电池板操作上的光伏特性的拐点，从而使太阳能电池板最大限度地提高输出功率。

自动太阳能跟踪器增加了保持太阳能电池板与旋转太阳对准的效率。太阳能跟踪是一种机械化系统来追踪太阳的地理位置，使太阳能电池板输出功率增加30%至60%。

（3）微控制器

ATMEGA32 微控制器是整个系统的核心，需要 5 伏稳压电源。用 "7805" 电压调压器提供 5 伏固定电压。ATMEGA32 单片机有一些功能，如模拟比较器（AC），模拟数字转换器（ADC），通用同异步收发器（USART），定时器等。这些功能的使用程序如下：

1）模拟比较器

有两个引脚：已知的模拟输入 0（AIN0）和模拟输入 1（AIN1）。两个模拟电压信号由光敏电阻器的两个接头连接到这些引脚。模拟比较器输出（ACO），其设置为 "1" 或 "0"。

ACO = 0

VAIN0 > V AIN1

VAINI > VAIN0

2）模拟数字转换器

模拟数字转换器的 8 个输入引脚中，ADC0 和 ADC1 已被使用；其中 VVT 是预留的引脚。差分输入转换成数字量，最高 8 位有效位定义了 10 个 ADC 引脚，作为 ADC 的结果与阈值进行比较。

ADC 输出= [VADC0 —VADC1]数字

这个阈值根据光敏电阻器对太阳辐射强度的响应设置，当单独 ADC 的输出可能会不足以满足电机旋转的需求时被设置。如果 ADC 输出大于阈值，电动机转动一步。

3）定时器

ATMEGA32 的内置定时器被用来创建延迟。地球围绕它自己的轴线旋转，并在一天中围绕太阳 360° 旋转。所以地球旋转时，（360° / 24 =15°）一小时旋转 15° 或在 15 分钟内旋转 3.75°。延迟 1.5 分钟和 15 分钟是必需的。这些延迟分别为短暂延时和中等延迟。日落之前最后一小时将提供额外的能量将电池板旋转到初始位置，因此跟踪装置不再向西旋转而是反向旋转。如白天 2 小时时间不考虑跟踪，（2×15° =30°）不要求太阳跟踪器旋转 30°。步进电动机的一半步进被认为是每一步产生 3.75° 的旋转，近似地（（180° -30°）/ 3.75°=40）每一天在日光下跟踪太阳需要旋转 40 步。当天气是阴天，ADC 不允许旋转电动机，计数器用于计量 "等待" 状态时的数量。

（4）CHARGE 控制器

控制器监控电池的状态，以确保电池需要的充电电流，并且还确保电池不过度充电。没有稳压器的话，连接太阳能电池板的电池存在严重损坏的风险，并且可能导致安全问题。

9.2 LED 交通信号灯

在交通方面，我们每天走路看见的红绿灯，大部分是由 LED 制成的。选择这种材料是因为红、黄、绿光 LED 有亮度高、寿命长、省电，光色纯度好，不容易被空气吸收等优点，所以非常鲜明，易于识别，甚至越来越多的机场也采用这种材料来做标灯、投光灯等专用信号灯。

传统光源信号灯中最普遍采用的光源是白炽灯和卤素灯，如我国信号灯标准 GB14887—94 和澳大利亚标准 AS2144 中的技术指标主要就是针对白炽灯光源规定的，而英国及我国香港地区以前使用的 BS505 标准就是针对卤素灯制定的。

白炽灯和卤素灯的特点是价格便宜，电路简单，但它们的缺点：一是光效低，达到一定的光输出水平需要较多的电力，如白炽灯信号灯使用 220V、100W 的灯泡，而卤素灯一般使用 12V、50W 灯泡；二是寿命短，有更换灯泡的麻烦，维护成本比较高；三是灯光辐射中红外线占的比例较高，产生的热效应会对制作灯具的高分子材料产生影响。

而 LED 信号灯由于其辐射光谱为窄带，单色性好，无需滤光片，因此 LED 光源发出的光基本上都能得以应用，而传统光源信号灯需要利用滤光片才能得到所需要的颜色，致使光的利用率大为降低，所以最终信号灯整体发出的信号光强不高。

由于 LED 交通信号灯是由多个 LED 发光体组成，因此对于图案的设计可以通过对 LED 的布局调整，让其本身形成各种各样的图案，并且可以将各种各样的颜色做成一体，使得同样的灯体空间可以赋予更多的交通信息，配置更多的交通方案，也可以通过图案不同部位 LED 的切换形成动态的图案信号，从而使呆板的交通信号变得人性化，生动化，这些是传统光源所难以实现的。

LED 交通信号灯的光源由多个 LED 组成，而传统光源如白炽灯、卤素灯都是由一个灯泡发光，因此传统光源在设计上只要考虑一个焦点，对光分布比较易于分配。而 LED 光源设计时就要考虑多个焦点，并且对 LED 的安装也有一定的要求，如果安装不一致就会影响发光面的光效均匀性，因此在设计中就要考虑如何避免这种缺陷的出现，如果光学设计过于简单，信号灯的光分布主要是靠 LED 本身的视角来保证，那么对 LED 本身光分布的要求以及安装要求都比较严格，否则这种现象就会十分明显。现在许多厂家对 LED 信号灯的配光采用了先汇集再配光的双重透镜方式，这样首先把多个 LED 发出的光汇集成一束平行光，然后再通过配光来满足各个方向的需要。这样的设计方式就缓解了 LED 本身光分布的不均以及安装产生的偏差。

LED 交通信号灯在配光时与其他信号灯（如汽车的前照灯等）也有一定的区别，虽然一样有光强分布的要求，而汽车前照灯在光截止线上的要求更加严格，但前者是让交通参与者看清信号发光面的图案，而后者是让司机观察照亮的地方。因此汽车前照灯的设计只要把足够的光线配置到相应的地方，而不必理会该光线由哪里发出，设计者可以分区域分小块来设计透镜的配光区域，但交通信号灯还需要顾及到整个发光表面光效的均匀性，它必须满足从信号灯使用的任何工作区域观察信号发光面时，信号的图案都需清晰，视觉效果都需均匀。也就是说在同一个观察方向，整个信号信号发光面上都必须有比较均匀的光线照到，否则形成的信号图案就不均匀，甚至走样。

9.3　LED 背光源

9.3.1　LED 背光源

LED 作为背光源已普遍运用于手机、电脑、手持掌上电子产品及汽车、飞机仪表盘等众多领域。LED 已经独霸中小尺寸液晶背光源，LED 背光显示市场中笔记本电脑背光应用也在增长。和 CCFL 相比成本的差距在减小，LED 正在液晶显示器背光应用，而 LED 背光液晶电视/显示器的价格也在逐渐下降。此外，LED 背投电视及 LED 口袋投影仪技术都已日趋成熟。

LCD 为非发光性的显示装置，需要借助背光源才能达到显示的功能。目前主要有 EL、CCFL 及 LED 三种背光源类型，依光源分布位置不同则分为侧光式和直下式。

电致发光（EL）背光源体薄量轻，提供的光线均匀一致。它的功耗很低，但 EL 背光源的使用寿命有限。传统 LCD 显示设备上 CCFL（Cold Cathode Fluorescent Lamps，冷阴极荧光灯）背光技术及产品的某些先天不足，例如色域狭窄、能源利用率低，其功耗较高和寿命短小等。LED 可发出从紫外到红外不同光谱下不同颜色的光线，特别是 LED 能发出白光，为 LED 在显示领域的应用奠定了根本性的基础。LED 背光源的使用寿命比 EL 长（超过 5000 小时），且使用直流电压，通常应用于小型的单色显示器，比如电话、遥控器、微波炉、空调、仪器仪表、立体声音频设备等。但是，其亮度目前也不足以为大型透射式显示器提供背面光源。LED 背光源与 CCFL 背光源在结构上基本是一致的，其中主要的区别在于 LED 是点光源，而 CCFL 是线光源。

采用 LED 为液晶电视的背光源，最主要目的是提升画质，特别是色彩饱和度上，LED 背光技术的显示屏可以取得足够宽的色域，弥补液晶显示设备显示色彩数量不足的缺陷，使之能达到甚至超过 Adobe RGB 和 NTSC 色彩标准要求，可以达到 NTSC ratio 100% 以上，其中索尼推出采用 LED 背光的液晶电视面板，特别强调鲜红和深绿的表现，可显示较以往的方式更为逼真的颜色。同时因为 LED 的平面光源特性，使 LED 背光还能实现 CCFL 无法比及的分区域的色彩和色度调节功能，从而实现更加精确的色彩还原性，画面的动态调整可以使得在显示不同画面时，亮度与对比可以动态修正，以达到更好的画质。

另外，LED 做为背光源的优点是可以取代 color filter 的使用。以三色 RGB LED 采用色序法（color sequential）技术，利用人类视觉暂留的特性，达到全彩的效果，因此可以取代彩色滤光片。当然，这必须配合液晶的反应速度才能达到。而 LED 显著的特色就是光电转换率高、色彩饱和度高、体积小、耐振动、不含有毒物质、低压供电、对人体安全、寿命超长等。

不过 LED 背光模块也不是没有缺点，耗电量的问题仍然是 LED 背光模块必须克服的重要课题。由于采用较多的 LED，除了耗电量增加之外，也导致温度升高的问题，因此也必须增加冷却系统与传感器来解决这一问题，因此在厚度上显得较采用 CCFL 背光的产品厚。

9.3.2　LED 显示屏

LED 显示屏可以显示变化的数字、文字、图形图像；不仅可以用于室内环境，还可以用于室外环境，具有投影仪、电视墙、液晶显示屏无法比拟的优点。

1. LED显示屏的发展阶段

LED 显示屏的发展可分为以下几个阶段：

第一阶段为 1990 年到 1995 年，主要是单色和 16 级双色图文屏。用于显示文字和简单图片，主要用在车站、金融证券、银行、邮局等公共场所，作为公共信息显示工具。

第二阶段是 1995 年到 1999 年，出现了 64 级、256 级灰度的双基色视频屏。视频控制技术、图像处理技术、光纤通信技术等的应用将 LED 显示屏提升到了一个新的台阶。LED 显示屏控制专用大规模集成电路芯片也在此时由国内企业开发出来并得以应用。

第三阶段从 1999 年开始，红、纯绿、纯蓝 LED 管大量涌入中国，同时国内企业进行了深入的研发工作，使用红、绿、蓝三原色 LED 生产的全彩色显示屏被广泛应用，大量进入体育场馆、会展中心、广场等公共场所，从而将国内的大屏幕带入全彩时代。

2. LED显示屏的应用范围

LED 是一种通过控制半导体发光二极管的显示方式，靠灯的亮灭来显示字符。LED 显示屏由于具有易拼装、低功耗、高亮度等优点，广泛用来显示文字、图形、图像、动画、行情、视频、录像信号等各种信息。LED 显示屏分为图文显示屏和视频显示屏，均由 LED 矩阵块组成。图文显示屏可与计算机同步显示汉字、英文文本和图形；视频显示屏采用微型计算机进行控制，图文、图像并茂，以实时、同步、清晰的信息传播方式播放各种信息，还可显示二维、三维动画、录像、电视、VCD 节目以及现场实况。LED 显示画面色彩鲜艳，立体感强，静如油画，动如电影，广泛应用于金融、税务、工商、邮电、体育、广告、厂矿企业、交通运输、教育系统、车站、码头、机场、商场、医院、宾馆、银行、证券市场、建筑市场、拍卖行、工业企业管理和其它公共场所。

现有常见的室内全彩方案比较：

（1）点阵模块方案：　最早的设计方案，由室内伪彩点阵屏发展而来 。优势：原材料成本最有优势，且生产加工工艺简单，质量稳定。缺点：色彩一致性差，马赛克现象较严重，显示效果较差。

（2）单灯方案：为解决点阵屏色彩问题，借鉴户外显示屏技术的一种方案，同时将户外的像素复用技术（又叫像素共享技术，虚拟像素技术）移植到了室内显示屏。 优势：色彩一致性比点阵模块方式的好。 缺点：混色效果不佳，视角不大，水平方向左右观看有色差。加工较复杂，抗静电要求高。实际像素分辨率做到 10000 点以上较难。

户外大屏幕显示：由于高亮度 LED 能产生红、绿、蓝三原色的光，LED 全彩色大屏幕显示屏在金融、证券、交通、机场、邮电等领域倍受青睐；近两年全彩色 LED 户外显示屏已代替传统的灯箱、霓虹灯、磁翻板等成为主流，尤其是在全球各大型体育场馆几乎已成为标准配备。

3. LED显示屏的分类

（1）按颜色基色分类

单基色显示屏:单一颜色（红色或绿色）。

双基色显示屏：红和绿双基色，256 级灰度、可以显示 65536 种颜色。

全彩色显示屏：红、绿、蓝三基色，256 级灰度的全彩色显示屏可以显示 1600 多万种颜色。

（2）按显示器件分类

LED 数码显示屏：显示器件为 7 段码数码管，适于制作时钟屏、利率屏等，显示数字的电子显示屏。

LED 点阵图文显示屏:显示器件是由许多均匀排列的发光二极管组成的点阵显示模块，适于播放文字、图像信息。

LED 视频显示屏：显示器件由许多发光二极管组成，可以显示视频、动画等各种视频文件。

（3）按使用场合分类

室内显示屏：发光点较小，一般 Φ3mm～Φ8mm，显示面积一般几至十几平方米。

室外显示屏：面积一般几十平方米至几百平方米，亮度高，可在阳光下工作，具有防风、防雨、防水功能。

（4）按发光点直径分类

室内屏：Φ3mm、Φ3.75mm、Φ5mm。

室外屏：Φ10mm、Φ12mm、Φ16mm、Φ19mm、Φ20mm、Φ21mm、Φ22mm、Φ26mm。

室外屏发光的基本单元为发光筒，发光筒的原理是将一组红、绿、蓝发光二极管封在一个塑料筒内共同发出。

（5）显示方式：有静态、横向滚动、垂直滚动和翻页显示等。单块模块控制驱动 12 块 8×8 点阵，共 16×48 点阵，是单块 MAX7219 的 12 倍！可采用"级联"的方式组成任意点阵大显示屏。显示效果好，功耗小，且比采用 MAX7219 电路的成本更低。

9.4　LED 汽车灯

LED 汽车灯主要用于车内的仪表盘、空调、音响等指示灯及内部阅读灯，车外的第三刹车灯、尾灯、转向灯、侧灯等。图 9.7 为汽车尾灯。

9.4.1　车灯分类与基本要求

1. 外部车灯种类

汽车灯具总成的基本组成部分是灯光组，灯光组包括三部分：光源（灯泡）、反射镜及透光镜。

常见的外部车灯有：前照灯、雾灯、牌照灯、倒车灯、制动灯、转向灯、示位灯、示廓灯、驻车灯和警示灯和日行灯。外部灯具光色一般采用白色、橙黄色和红色；执行特殊任务的车辆，如消防车、警车、救护车、抢修车，则采用具有优先通过权的红色、黄色或蓝色闪光警示灯。机动车应按时参加安全检测和综合检测，确保外部灯具齐全有效。

（1）前照灯俗称"大灯"，装在汽车头部两侧，用来照明车前道路。有两灯制、四灯制之分。四灯制前照灯并排安装时，装于外侧的一对应为近、远光双光束灯；装于内侧的一对应为远光单光束灯。远光灯一般为 40～60W，近光灯一般为 35～55W。

（2）雾灯安装在汽车头部或尾部。在雾天、下雪、暴雨或尘埃弥漫等情况下，用来改善车前道路的照明情况。LED 前雾灯功率为 3～5W，光色为橙黄色。后雾灯功率为 3W 或 5W，光色为红色，以警示尾随车辆保持安全间距。为防止迎面车辆驾驶员的眩目，前雾灯光束在地面的投射距离相对近光光束来说要近。

（3）LED 牌照灯装于汽车尾部牌照上方或左右两侧，用来照明后牌照，功率一般为 1～2W，确保行人车后 20m 处看清牌照上的文字及数字。

（4）LED 倒车灯安装在汽车尾部，当变速器挂倒档时，自动发亮，照明车后侧，同时警示后方车辆行人注意安全。功率一般为 2～5W，光色为白色。

（5）制动灯俗称"LED 刹车灯"。安装在汽车尾部。在踩下制动踏板时，发出较强红光，以示制动。功率为 2～5W，光色为红色，灯罩显示面积较后示位灯大。为避免尾随大型车对轿车碰撞的危险，轿车后窗内可加装由发光二极管成排显示的高位制动灯（LED 灯带）。

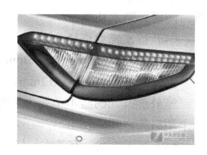

图 9.7　汽车尾灯

（6）LED 转向灯主转向灯一般安装在汽车头、尾部的左右两侧，用来指示车辆行驶趋向。汽车车侧中间装有侧转向灯。主转向灯功率一般为 1～3W，侧转向灯为 2W。转向时，灯光呈闪烁状。在紧急遇险状需其他车辆注意避让时，全部转向灯可通过危险报警灯开关接通同时闪烁。

（7）LED 示位灯又称"示宽灯"、"位置灯"，安装在汽车前面、后面和侧面，夜间行驶接前照灯时，示位灯、仪表照明灯和牌照灯同时发亮，以标志车辆的形位等。功率一般为 0.5W～2W。前位灯俗称"小灯"，光色为白色或黄色，后位灯俗称"尾灯"，光色为红色；侧位灯光色为琥珀色。

（8）LED 示廓灯俗称"角标灯"，空载车高 3m 以上的车辆均应安装示廓灯，标示车辆轮廓。示廓灯功率一般为 3W。

（9）驻车灯装于车头和车尾两侧，要求从车前和车尾 150m 远处能确认灯光信号，要求车前处光色为白色，车尾处为红色。夜间驻车时，将驻车灯接通标志车辆形位。

（10）警示灯一般装于车顶部，用来标示车辆特殊类型，功率一般为 5～10W。消防车、警车用红色，救护车为蓝色，旋转速度为每秒 2～6 次；公交车和出租车为白、黄色。出租车空车标示灯装在仪表台上，功率为 3～6W，光色为红底、白字。

（11）LED 日行灯安装在车身前部的白天行驶灯，是使车辆在白天行驶时更容易被人认出来的灯具。它的功效不是为了使驾驶员能看清路面，而是为了让别人知道有一辆车开过来了。因此这种灯具不是照明灯，而是一种信号灯。固然，加装了白天行驶灯可使汽车看起来更酷，更炫，但白天行驶灯的最大功效，不在于美观，而是提供车辆的被辨识性。2011年前欧洲强制实施机动车日行灯，LED 将更加广泛的应用于汽车。

2. 内部车灯种类

常见内部灯具有顶灯、阅读灯、行李厢灯、门灯、踏步灯、仪表照明灯、工作灯、仪表板警指示灯等。图 9.8 为仪表照明灯。

图 9.8　仪表照明灯

（1）顶灯轿车及载货车一般仅设一只顶灯，除用作车室内照明外，还可兼起监视车门是否可靠关闭的作用。在监视车门状态下，只要还有车门未可靠关紧，顶灯就发亮。功率一般为 0.5～2W，公共汽车顶灯有向荧光灯发展的趋势。

（2）阅读灯装于乘员席前部或顶部，聚光时乘员看书不会给驾驶员产生眩目现象，照明范围较小，有的还有光轴方向调节机构。

（3）行李厢灯装于轿车或客车行李厢内，当开启行李厢盖时，灯自动发亮，照亮行李厢内空间。功率为 1.5W。

（4）门灯装于轿车外张式车门内侧底部，开启车门时，门灯发亮，以告示后来行人、车辆注意避让。功率为 5W，光色为红色。

（5）踏步灯装在大中型客车乘员门内的台阶上。夜间开启乘员门时，照亮踏板。

（6）仪表照明灯装在仪表板反面，用来照明仪表指针及刻度板，功率为 0.5W。仪表照明灯一般与示位灯、牌照灯并联。有些汽车仪表照明灯发光强度可调节。

（7）报警及指示灯常见的有机油压力报警灯、水温过高报警灯、充电指示灯、转向指示灯、远光指示灯等，报警灯一般为红色、黄色，指示灯一般为绿色或蓝色。

（8）工作灯是车辆维修时可以移动使用的一种随车低压照明工具，电源来自汽车发电机或蓄电池。功率一般为 21W，常带有挂钩或夹钳，插头有点烟器式和两柱插头式两种.

LED 车灯因发光二极管直接由电能转化为光能，较普通汽车灯泡耗电仅相当于传统灯的 1/10，能更好的节省油耗，保护汽车电路不被过高的负载电流烧坏。

3. 汽车后组合灯具

汽车信号灯是影响汽车安全行驶和造型的关键零部件之一,用于反映汽车停止或者行驶时各种状态的装置,不同功能的信号灯具其配光的要求也不同。一般汽车灯具主要包括有光源、反射镜、配光镜、灯壳以及固定和定位装置等构成,将几种功能的信号灯具做在同一灯体里面,称为叫组合灯具,这些不同的信号灯具有分开的光源、分开的发光面。通常,我们将后位灯、制动灯、后雾灯、转向灯、倒车灯做在同一个灯具里面,称为后组合灯。

9.4.2 汽车灯具的国家标准

目前国际上对汽车灯具的标准要求,主要有两种标准:欧洲的 ECE 标准和美国的 SAE 标准。我国标准基本上是参照 ECE 的配光方式制定,而国际上也有向 ECE 靠拢的趋势。对汽车灯具的检测标准都有强制性的规定,有:GB5920—1999《汽车及挂车前位灯、后位灯、示廊灯和制动灯配光性能》、GB4785—1998《汽车及挂车后雾灯配光性能》、GB4785—1998《汽车及挂车外部照明和信号装置的安装规定》、GB17509—1998《汽车和挂车转向信号灯配光性能》、GB15235—1994《汽车倒车灯配光性能》、GB/T10485—1989《汽车和挂车外部照明和信号装置基本环境试验》等。但是,这些标准都是针对传统的白炽灯、卤钨灯的规定,LED 汽车灯具的设计也只能继续沿用上述标准。具体而言,对于 LED 后组合灯具的规定归纳起来有下面三个方面。

(1)配光性能:查阅国家标准,不难发现除高位制动灯和倒车灯外,其余的信号灯都要求在距离灯具 3.16m 的测试屏幕上,分布在范围为左右 20′,上下 10° 的椭圆形区域内的测试点,发光强度要求在一定的范围之内。高位制动灯在左右 10°,上 10°,下 5° 的区域内,倒车灯在左右 45°,上 5°,下 5° 的区域内也都有测试点的要求。

(2)光色特性:使用 LED 光源的汽车信号灯其色度检测应该在 13.5V 或 28.0V 电压下进行测量。后位灯、制动灯、后雾灯为红色,其色度特性应该满足:在马蹄形色品图内,趋黄极限 $Y \leq 0.335$,趋紫极限 $Z \leq 0.008$;转向灯为琥珀色,其色度特性应该满足:在舌形色品图内,趋黄极限 $Y \leq 0.429$,趋紫极限 $Y \geq 0.398$,趋白极限 $Z \leq 0.007$。

(3)物理性能:应该满足 GB/T10485—1989《汽车和挂车外部照明和信号装置基本环境试验》中对灯具的各种试验要求,即在振动试验、冲击试验、强度试验、防水试验、反光镜劣化试验、气密性试验方面达到标准的要求。

9.5 LED 室内照明

9.5.1 LED 室内照明应用的原则和方向

室内照明不同于夜景照明,更强调照明的功能。相对道路照明说,则是一个更为广阔

的空间，不同的使用场所，不同的功能，不同的大小场所，不同的装饰美观要求，决定了
室内照明灯具品种繁多，配光类型各异。

室内照明建议考虑以下原则和方向：

（1）首先应符合《建筑照明设计标准》的规定，包括照度、均匀度、眩光、显色指数
要求和相宜的色温，以达到良好的视觉条件和 LPD 限值规定。

（2）应选择场所，试点应用，逐步扩展，循序渐进，总结经验，不断改进，切忌不顾
对象，不分析条件，大面积推广。应寻找更能发挥自身优势的场所作为切入点。

（3）突出节能：当前首先目标是去取代低效的白炽灯，第二个目标是取代卤素灯，第
三是力求逐步代替紧凑型荧光灯。特别注意：并非 LED 都节能，应该是在达到相同照度水
平、接近的照明质量条件下进行比较。

（4）发挥 LED 彩色光的优势，在室内用于需要更高装饰要求，或作为景观、标志灯等
用途。

（5）发挥 LED 快速起动、方便调光的优势，优先用在要求声、光自控和需要调光或频
繁开关灯等场所。

（6）利用 LED 定向发光的特点，应用于需要定向照明的部位，如射灯、筒灯等。

9.5.2　LED 室内照明适宜应用的场所

按上述原则，以下场所适宜应用 LED 灯。

（1）住宅或类似场所的楼梯间、走道装设节能自熄开关的灯，最适宜用 LED，节能效
果好。

（2）疏散照明灯、疏散标志灯，以及其他标志灯，还有部分备用照明灯，适宜用 LED。

（3）用 LED 代替 PAR38（采用反射型白炽灯）这 5 类灯，是十分合适的；进一步研究
代替 MR16、MR25（采用卤素灯）一类射灯；这些应要求 LED 有更高显色指数（Ra）和
具有暖色表（<3300K）。

（4）应用于商场作为重点照明的射灯，博展馆类建筑的射灯，以及公共建筑的筒、射
灯等。

（5）宾馆是应用 LED 灯的适宜场所，可以用来取代白炽灯、卤素灯的有：客房需调光
的床头灯、床头顶上阅读灯、夜灯、衣柜灯、吧台灯、开门灯、进门过道灯，以及卫生间
洗浴灯等。

（6）局部照明灯，采用安全特低电压（SELV）的检修灯。

（7）视觉条件要求不太高的一般建筑的辅助场所，如走道、卫生间，一般用途的库房，风机、水泵房等。

（8）装饰要求高的场所（宾馆等）的水晶玻璃吊灯，现在都使用烛形白炽灯，应该用能达到类似色温、光谱和显色性效果的 LED 取代。

（9）需要调光的厅堂、多功能厅及其他类似场所，应用 LED 代替。

9.5.3　目前 LED 室内照明不具备条件应用的场所

这类场所主要有办公室、教室，商场的一般照明，控制室、各类工业场所(如仪表、电子、纺织、成衣、卷烟等)。

这类场所照明主要是功能性照明，要求显色性较高，色温相宜、眩光控制较好，均匀性好，以保证良好的视觉环境，同时要求有很高的照明能效。现在使用三基色直管荧光灯（不小于 4 英尺长），其光效高，视觉效果好，目前的 LED 还难以达到这些要求，所以不宜使用，可以研究准备条件，用怎样配光形式的灯具来适应。

LED 仍在不断发展之中，室内照明空间广阔，未来应用前景是光明的。但是还需要：

①进一步提高光效和显色性，研究多种更适应的色温；

②把半导体学科和照明学科更有机结合，深入研究适合 LED 特点的灯具形式和灯具配光系统；

③进一步降低成本。

期望在 5～10 年左右时间，LED 能在室内功能照明领域更大范围推广应用。

在关注 LED 发展、应用的同时，还应该注意到另一种固体光源——有机半导体发光二极管（OLED）也在悄然崛起，已开始显示更多的优势，或许在未来若干年成为现有光源以及 LED 的强有力竞争者，需要我们更多的关注。

9.6　LED 景观照明

景观照明包括建筑装饰、室内装饰、旅游景点装饰等，主要用于重要建筑、街道、商业中心、名胜古迹、桥梁、社区、庭院、草坪、家居、休闲娱乐场所的装饰照明，以及集装饰与广告为一体的商业照明。

城市景观照明追求的不是亮度，而是艺术的创意设计，LED 产品应该能够找到它的用武之地。目前在城市夜景照明工程中常用的 LED 光源主要有以下几种。

1. 线性发光灯具

LED 线性发光灯具（管、带、幕墙灯等）产生的轮廓照明效果可以替代传统的霓虹灯、镁氖发光管、彩色荧光灯。常用产品额定工作电压为 DC12V、24V（大部分为大功率开关电源供电，也有部分产品采用线性电源），AC220V；控制方式分为内控和外控，照明工程中一般采用几十到几百个的单体组合。LED 线性发光灯具以其良好的耐候性、寿命期内极低的光衰、多变的色彩，具有流动变幻的照明效果，在城市建筑的轮廓照明、桥梁的栏杆照明中得到了广泛的应用。以一幢建筑物勾画的轮廓灯为例，利用 LED 光源红、绿、蓝三基色组合原理，在微处理器控制下可以按不同模式加以变化，例如水波纹式连续变色、定时变色、渐变、瞬变等，形成夜晚的高楼大厦千姿百态的效果。LED 线性发光灯具，如图 9.9 所示。

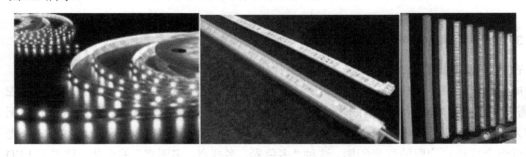

图 9.9　LED 线性发光灯具

2. LED 数码管、LED 彩虹管和 LED 柔性霓虹管

LED 数码管是由红绿蓝三基色混色实现七种颜色的变化，采用输出波形的脉宽调制，即调节 LED 灯导通的占空比，在扫描速度很快的情况下，利用人眼的视觉惰性达到渐变的效果。一根灯管通过内控芯片，能够分段变化出七种不同颜色，并产生渐变、闪变、扫描、追逐、流水等各种效果，灯管长度可任意选择（单位：米）。抗紫外线照射，防水、防潮。LED 数码管，如图 9.10（a）所示。

LED 彩虹管是采用高亮度 LED 制造的可塑性线形装饰灯饰，是取代微型灯泡霓虹灯管的新型灯具，不仅具有相对于玻璃霓虹灯的所有优点，而且还克服了霓虹灯管的种种缺点。具有低功耗，高效能，寿命长，易安装，维修率低，不易碎，亮度高，冷光源，可长时间点亮，易弯曲，耐高温，防水性好，绿色环保，颜色丰富，发光效果好等特点。可用于建筑物，大厦轮廓，也可用于室内外装饰。LED 彩虹管，如图 9.10（b）所示。

LED 柔性灯带又称柔性霓虹管，它的出现是为了弥补玻璃霓虹管与光纤的不足，从而彻底取代。LED 柔性灯带可以随意弯曲，可任意固定在凹凸不平的地方。体积小，颜色丰富，可按客户要求做成红色，黄色，蓝色，绿色，白色。每三个灯就可以组成一组回路，低电流，低功耗，节能美观。LED 软光条，该产品广泛应用于 LED 装饰灯，汽车装饰，照明指示标识，广告招牌，精品装饰等领域。该产品防水性能好，使用低电压直流供电，安全方便，多种发光颜色，色彩绚丽。LED 柔性霓虹管，如图 9.10（c）所示。

  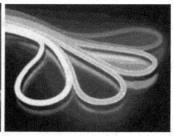

（a）LED 数码管　　　　　　　（b）LED 彩虹管　　　　　　　（c）LED 柔性霓虹管

图 9.10　LED 数码管、LED 彩虹管和 LED 柔性霓虹管

3. 装饰草坪灯和景观灯

在城市街道或绿地中，将发光的部位设计成环状、带状等各种结构，局部照亮草坪，同时成为白天环境中的装饰元素。常用产品额定工作电压为 AC220V，控制方式多为内控（在需要同步变化的场所可利用同步线实现强制同步）。实际工程中常与气体放电灯光源配合作为装饰性照明使用，利用草坪灯、景观灯、球泡等各种不同造型、不同功能的 LED 光源可以组合成色彩绚丽的灯光幻影。这种"多色彩，多亮点，多图案"的变化，体现了 LED 光源的特点。LED 装饰草坪灯和景观灯，如图 9.11 所示。

4. 水下灯

LED 水下灯放在水下，用于水体的照明，防护水平应达到 IP68。额定工作电压为 DC12V。LED 的低电压工作特性使其比以往的任何灯具都要安全，寿命长的优点也使维修起来更加方便，产生的照明效果也比常用的 PAR 灯、气体放电灯更为丰富。LED 水下灯，如图 9.12 所示。

图 9.11　LED 装饰草坪灯和景观灯　　　　　　图 9.12　LED 水下灯

5. 地面灯具：地埋灯、发光地砖、石灯等

地面灯具使用 LED 光源可以将尺寸小型化。一方面可以用作环境照明，另一方面可以作为发光装饰照明或引导性功能照明。依据具体的地面铺装结构，灯具的出光口面积可大可小。嵌入式石灯、地砖灯以切边加工的方式与铺装的石材取得一致，达到环境与光源和谐统一的效果。目前部分产品已实现模数化设计，例如作为地面铺装层照明的发光地砖，产品的尺寸与地砖的尺寸相协调，即符合模数的要求：150×150；200×200；200×100；300×300；400×200 等。LED 地埋灯和发光地砖，如图 9.13 所示。

图 9.13　LED 地埋灯和发光地砖

6. LED 洗墙灯和 LED 投光灯

LED 洗墙灯又叫线型 LED 投光灯，因为其外形为长条形，也有人将之称为 LED 线条灯，主要也是用来做建筑装饰照明之用，还有用来勾勒大型建筑的轮廓，其技术参数与 LED 投光灯大体相似，相对于 LED 投光灯的圆形结构，LED 洗墙灯的条形结构的散热装置显得更加好处理一点。LED 洗墙灯可用于单体建筑、历史建筑群外墙照明；大楼内光外透照明、室内局部照明；绿化景观照明、广告牌照明；医疗、文化等专门设施照明；酒吧、舞厅等娱乐场所气氛照明等。LED 洗墙灯，如图 9.14（a）所示。

LED 投光灯又名 LED 聚光灯、LED 投射灯、LED 射灯。LED 投光灯通过内置微芯片的控制，在小型工程应用场合中，可无控制器使用，能实现渐变、跳变、色彩闪烁、随机闪烁、渐变交替等动态效果，也可以通过 DMX 的控制，实现追逐、扫描等效果。LED 投光灯主要运用于单体建筑，历史建筑群外墙照明，大楼内光外透照明，室内局部照明，绿化景观照明，广告牌照明，医疗文化等专门设施照明，酒吧，舞厅等娱乐场所气氛照明。LED 投光灯，如图 9.14（b）所示。

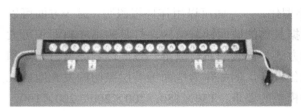 

（a）洗墙灯　　　　　　　　　　（b）投光灯

图 9.14　LED 洗墙灯和 LED 投光灯

7. 利用太阳能电池作为能源的 LED 灯具

LED 低耗电的特点使利用太阳能电池作为能源成为可能，极低的工作电压省去了传统光源必需的 DC-AC 转换电路，使能源的利用率大大提高，扩大了灯具的应用范围，节约能源，有利环境保护。

LED 的发展历史已经几十年，但在夜景照明领域的应用还是新技术。随着 LED 技术的迅猛发展，其发光效率的逐步提高，造价逐步降低，LED 的应用市场将更加广泛。

9.7　LED 照明其他应用

LED 可以用在许多特定的领域：医学上可以用 LED 制成医用灯，用 LED 灯来促进农作物生长，还可以用紫外 LED 进行消毒和空气净化。由于 LED 光源具有抗震性、耐候性、密封性好，以及热辐射低、体积小、便于携带等特点，可广泛应用于防爆、野外作业、矿山、军事行动等特殊工作场所或恶劣工作环境之中。　比如 LED 矿灯由于其安全可靠，用 LED 做成的矿灯没有火花，不会引起瓦斯爆炸，大大提高了井下作业的安全性。

LED 还可用于玩具、礼品、手电筒、圣诞灯等轻工产品之中，我国作为全球轻工产品的重要生产基地，对 LED 有着巨大的市场需求。

应用案例：LED 智能车库灯

地下停车场曾经由直管荧光灯“一统天下”，人们曾经采用多种办法，例如，减少照明灯具安装数量（照明验收不达标）、减少亮灯数量（照度不足，均匀度不良，增加管理成本）、人工控制亮灯时间（增加管理成本）等达到节能的目的，但这些都是以降低照明品质为代价来换取电能的节约，改造效果往往不能令人满意。

LED 智能照明在地下停车库却有诸多优势。

首先，节电率高。通过众多的案例证明，将 LED 智能照明引入地下停车场可获得 80% 左右的节电率。这主要是因为地下停车场照明需求存在明显的"潮汐现象"，即高峰时段与低谷时段的差异明显，传统的"长明灯"模式就是节能的"金矿"，应根据不同的时段需求，提供不同的照明亮度；而且半导体照明本身属于绿色光源，耗能低，其高效率将带来设施层面的节电率；此外，"按需照明"用电模式也将带来工作制度层面的节电率。

其次，改造方式简单。目前成熟的 LED 智能灯，已充分考虑了地下停车场的实际情况与改造施工的简易化，一般电工即可以完成灯具更换，用户无需改变使用习惯，也不增加用户的管理成本。

目前来看，LED 智能灯具价格往往高于传统灯具 5 倍左右，但这并不影响其市场的推广。由于 LED 照明产品的价格高，很多用户在短时间内难以接受。所以寻求一种比较好的商业模式对于未来的发展非常必要。在未来照明应用中，LED 照明应用于地下停车场应朝着其特有的方向发展。首先，提高产品的性能，降低产品价格，提高产品的稳定性和可靠性、标准化。其次，标准的及时合理制定。在《GB50034-2004 建筑照明设计标准》中，对地下停车场照明有照度要求，其中要求一般为 75lux。但现在大多数运行中的地下停车场照度普遍偏低。地下停车场照明的运行情况与标准存在事实上的背离。如果将按需照明的理念引入到地下停车场并广泛得到推广应用，就将大大改善上述情况。那么相关的标准也应不断调整。在标准修订时，可以通过对人们行为模式的科学测量，确认对上述公用场所照明的不同需求，使得在所谓灯具"休眠状态"下人们的实际需求得以确认并量化，就可以使"按需照明"超越个别工程实践的局限，达到表达的清晰和指标体系的科学合理，更好地指导建筑照明的设计、施工和运行，使之更为规范、科学、经济。

有一组公开的数据可以看到,到 2020 年，上海将建成 9000 万平方米的地下空间，人均 5 平方米。而广州规划建设的地下商场、地下通道、商业街等地下空间开发项目，建筑面积已经达 1900 多万平方米，相当于 60 多个广州奥体中心的面积。其他的很多城市开发地下空间力度也很大。随着地下城、地铁、地下停车场等地下空间的大规模的兴建，这些需要全天候不间断照明的场所，在节能减排日益受重视的今天其节能潜力无限，将给 LED 照明带来巨大的商机。

本章小结

本章主要介绍了 LED 照明的应用，包括 LED 路灯、LED 交通信号灯、 LED 背光源、LED 汽车灯、LED 室内照明、LED 景观照明以及 LED 照明其他应用。

习题

9.1　LED 道路照明灯具有哪几种常用配光解决方案？

9.2　LED 交通信号灯和传统光源交通信号灯相比较有哪些优点？

9.3　LED 室内照明适宜应用的场所有哪些？

9.4　举出几种目前在城市夜景照明工程中常用的 LED 光源。

参考文献

[1]　李铁楠. 城市道路照明设计.北京：机械工业出版社，2007.

[2]　中华人民共和国建设部，城市道路照明设计标准.北京：中国建筑工业出版社，2006.

[3]　任元会.LED 在室内照明的应用和前景.电气工程应用，2011（2）：2-4

[4]　李宏. 陶瓷展厅的照明设计. [J]中国陶瓷，2002（4）：28-31.

[5]　李宏. 论绿色照明工程中的节能设计智能控制. [J]中国照明电器，2002（7）：13-15.

附录 A 半导体照明术语

A.1 一般术语

半导体 semiconductor

半导体器件 semiconductor device

半导体二极管 semiconductor diode

发光二极管 light-emitting diode

半导体照明 semiconductor lighting

半导体发光器 photo generator

固态照明 solid state lighting

LED 模块 LED module

LED 组件 LED discreteness

单色光 LED monochromatic light LED

白光 LED white light LED

直插式 LED Dual In-line Package LED

贴片式 LED Surface Mounted Devices LED

小功率 LED low power LED

功率 LED power LED

电子馈电元件 electronic feeder unit

二极管 diode

调节电控板 electric board

A.2 芯片、外延、封装

1. 芯片

发光二极管芯片 light-emitting diode chip

内量子效率 internal quantum efficiency

出光效率 light extraction efficiency

注入效率 injection efficiency

外量子效率 external quantum efficiency

公共电极 common electrode

色转变介质 color-changing medium

电荷生成层 charge generation layer

湿法蚀刻 wet etching

干法蚀刻 dry etching

曝光 exposure

烘胶 baking

蒸镀 evaporation

激光剥离 laser lift-off

欧姆接触 ohmic contact

氧化烟锡电极 Indium Tin Oxide electrode

衬底转移 substrate transfer

金属键合 metal bonding

金属反射层 reflective metal electrode

同侧电极结构 lateral electrode structure

垂直电极结构 Vertical electrode structure

承载基板 support substrate

表面粗化 surface roughening

正装芯片 normal chip

倒装芯片 flip chip

芯片分选 chip sorting

2. 外延

衬底 substrate

外延片 epitaxial wafer

外延 epitaxy

量子井 quantum well

单量子井 single quantum well

多量子井 multi-quantum well
金属有机化学气相沉积 metal organic chemical vapor deposition
超晶格 super lattice
异质结 heterogeneous structure
单异质结 single hetero junction
双异质结 double hetero junction
图形化衬底 pattern substrate

3. 封装

支架 lead frame
框架 frame
点胶 coat
装架 die attachment
引线键合 wire bonding
LED 封装 LED package
灌封 embedding
塑封 moulding
点胶封装 coating package
热沉 heat sink
共晶焊 eutectic bonding

A.3 光参数、热/电参数、技术术语

1. 光参数

可见光 visible light
可见辐射 visible radiation
辐射能量 radiant energy
辐射强度 radiant intensity
辐射照度 irradiance
辐射处射度 radiant exitance
辐射亮度 radiance
辐射效率 radiant efficiency
辐射功率 radiant power
流明 Lumen
眩光 glare

光轴 optical axis

半强度角 half-intensity angle

立体角 solid angle

光量 quantity of light

光通量 luminous flux

总光通量 total luminous flux

部分光通量 partial luminous flux

发光效能 luminous efficacy

光视效能 luminous efficacy of radiation

发光强度 luminous intensity

平均发光强度 averaged luminous intensity

辐照度 irradiation

光照度 illuminance

平均照度 average illuminance

光出射度 luminous exitance

光亮度 luminance

色温交叉演变 color temperature cross fadings

颜色渐变 color wash light

峰值发射波长 peak-emission wavelength

中心波长 center wavelength

重心波长 centroid wavelength

光波辐射宽带 spectral radiation bandwidth

光谱功率分布 spectral power distribution

光谱光视效率 spectral luminous efficiency

半宽度 full width at half maximum

辐射通量密度 radiant flux density

发光效率 luminous efficiency

光通量效率 luminous flux efficiency

显色指数 color rendering index

显色性 color rendering properties

色温 color temperature

相关色温 correlated color temperature

主波长 dominant wavelength

色品坐标 chromaticity coordinates

色饱和度 color saturation

色差 color difference

色容差 color tolerance

2. 热/电参数

结温 junction temperature

额定结温 rated junction temperature

管壳温度 case temperature

热阻 thermal resistance

结-管壳热阻 thermal resistance from junction to case

结-环境热阻 thermal resistance from junction to ambient

静电放电 electrostatic discharge

静电放电敏感值 electrostatic discharge sensitivity

静电放电耐受电压 ESD withstand voltage

人体模式静电放电 human body model(HBM) ESD

机器模式静电放电 machine model (MM) ESD

调光信号 conditioning signal

控制信号 control signal

总电容 capacitance

正向电流 forward current

正向电压 forward voltage

反向电流 reverse current

最大正向电流 maximum forward current

最大正向峰值电流 forward peak-current

电流发光效率 luminous current efficiency

流明效率 luminous efficacy

击穿电压 break voltage

额定功耗 rated power consumption

电压-电流特性 voltage-current characteristic

3. 技术术语

控制元件 control unit

维度 dimensionality

光束角 beam angle

寿命 life time

组 bin

初始值 initial readings

直接眩光/直射 direct glare

直接照明 direct illumination

直接光线 direct light ray

指示性照明 directive lighting

电控输入端 electric(al) input interface

眩光 glare

工作环境温度 Working temperature

工作电压 Supply voltage

额定电源频率 Rated power frequency

额定功率 Rated power

驱动电源效率 Power supply efficiency

功率因数 Power-factor(PF)

LED 发光效率 LED luminoue efficiency

灯具初始光通量 Luminous flux

灯具出光效率 Lamp Flux

色温 Color temperature

显色指数 CRI: Ra

防护等级 IP rating

使用寿命 Working life

外壳材质 Shell material character

产品尺寸 Size(A*B*C mm)

重量 Net weight (kg)

包装尺寸 Packing dimensions(mm)

A.4　应用

光源 light

LED 数码管 LED nixietube

LED 显示器 LED display

LED 背光源 LED back light

LED 交通信号灯 LED traffic sign lamp

LED 信号灯 LED signal light

LED 标志灯 LED marker light

LED 航标灯 LED pharos light

LED 车灯 LED car lamp

LED 汽车灯 LED motorcar lamp

LED 转向灯 LED turning light

LED 前照灯　LED head light

LED 刹车灯　LED brake light

LED 景观灯　LED landscape light

LED 像素灯　LED pixel lamp

LED 护栏灯　LED flexible lamp

LED 投光灯　LED spot light

LED 灯带　LED lighting cincture

LED 泛光灯　LED flood light

LED 壁灯　LED wall light

LED 异型灯　LED strange lamp

LED 水底灯　LED under-water lamp

LED 地埋灯　LED buried lamp

LED 路灯　LED street lamp

LED 台灯　LED table lamp

LED 手电筒　LED flashlight

LED 投影灯　LED projection lamp

LED 闪光灯　LED photoflash lamp

LED 头灯　LED cap lamp

LED 矿灯　　LED mine lamp

LED 防爆灯　LED flameproof lamp

LED 应急灯　LED emergency lamp

LED 灯泡　LED bulb

LED 蜡烛灯　LED candle

LED 灯管　LED Tube

LED 面板灯　LED panel

LED 吸顶灯　LED ceiling　light

LED 水晶灯　LED crystal　light

LED 导轨灯　LED track light

LED 路灯　LED street light

LED 筒灯　LED down light

LED 庭院灯　LED garden light

LED　草坪灯　LED lawn light

LED　防水灯　LED water proof lamp

LED 护栏管　LED Hurdle Lamp

LED 点光源　LED Point Source

LED 大功率洗墙灯　LED High Power wash wall

LED 大功率投光灯 LED High Power
LED 光纤 LED optical fiber
LED 柔性灯带 LED Soft Rope Light
LED 柔性霓虹灯 LED Soft No
LED 灯饰 LED lighting accessorize
LED 显示屏 LED panel
LED 喷绘屏 LED Picture Module
LED 背景屏 LED Backdrop screen
复光灯 compound light lamp
调光器 dimmer
电子感应灯 electronic senor light

附录 **B**

LED 照明主要机构与公司简介

B.1　主要机构

1. 行业协会

（1）广东半导体照明工程省部产学研创新联盟

广东半导体照明工程省部产学研创新联盟成立于 2008 年 5 月，是教育部、科技部与广东省合作共建的半导体照明产业产学研创新平台，由半导体照明领域内具有领先水平的高校、研究院所和广东省半导体照明企业发起并成立，其中高校包括清华、北大、上海复旦、中大、华中科大等，研究机构包括广安所、光机电研究院等，以及世纪晶源、国星、方大、鸿利、木林森、勤上等行业龙头企业，联盟成员共八十多个。

（2）江苏省半导体照明产业技术创新战略联盟

江苏省半导体照明产业技术创新战略联盟是根据江苏省科学技术厅倡议，由扬州中科半导体照明有限公司、扬州新光源科技开发有限公司等企业，扬州大学、南京大学扬州光电研究院等高校院所联合发起，以半导体照明产业创新发展为主题成立的非营利性创新组织。联盟现有成员单位 66 家，秘书处设在扬州经济技术开发区科技局。联盟成立以来制定地方标准、照明应用关键技术研究、申报示范项目等多项工作。

（3）厦门市光电子行业协会

厦门市光电子行业协会成立于 2004 年，为中立公益性社会团体，业务指导单位为厦门市科技局，担负着厦门市光电行业服务、自律、协调等重要职责。协会现拥有会员单位 150 多家，会员来自平板显示、半导体照明、节能照明电器、太阳能光伏、光通信、现代光学元器件及相关应用配套等光电专业领域。几年来，协会组成市光电产业技术联盟进行联合技术攻关，使我市功率型 LED 芯片的产业化水平处于国内领先水平，搭建两岸三地光电合作交流平台，积极扩大对外交流，为推进行业和产业发展做出了应有的贡献。

（4）上海半导体照明工程技术研究中心

上海半导体照明工程技术研究中心成立于 2005 年 3 月，是在上海市科委和上海市浦东新区科委领导下的产学研结合的研发和公共服务机构。作为国家半导体照明工程上海产业化基地载体，中心担负着对产业化基地技术支撑的重要使命，通过不断完善研发、生产与应用之间的联系与合作，整合人才、技术、设备等资源，促进上海半导体照明产业的能级提高，全力推动国家半导体照明产业的发展。

主要经营范围从事半导体照明技术研，制定标准、技术地训、测试、设计等。

（5）香港半导体照明产业联盟（HKSSLIC）

HKSSLIC 于 2007 年在环保局的批准下，正式成立。联盟宗旨为向外界及公共推广本地半导体照明产业，而发光二极管乃现阶段的推广重点。联盟透过来自业界各方的小组委员，当中包括大学、研究所、政府部门和实验室等，从多角度了解及分析业界的不同需求，从而提供多元化的支持、协助、标准制定、检测服务及解决方案等。

2. 研发机构

（1）北京大学宽禁带半导体研究中心

北京大学宽禁带半导体研究申心是 2001 年由物理学院的Ⅲ族氯化物半导体研究组&、微腔物理和微结构光子学组和化学学院的固体化学材料研究组联合组建的跨学科研究中心。

经过过去十多年的不懈努力，本中心己发展成为国内宽禁带半导体的主要研究基地之一，在 GaN 基半导体材料生长、物理性质和光电子器件研制等方面做出了多项开创性工作。Ⅲ族氮化物半导体研究组被国家科技部、解放军总装备部授予 863 计划先选集体称号。在半导体照明用大功率自光 LED 研制和 GaN 基脊型 LED 研制上又取得了重大突破。

（2）复旦大学电光源研究所

国内高校中唯一由教育部批准的培养光源与照明专门人才的特色教学科研机构。主要研究方向为 LED 应用技术、照明前沿技术、光辐射测量与灯具配光技术、气体放电光源、光源电子与电气、固体光源发光材料与器件。有教学科研人员共三十名。高级职称人员占 70%，年承担国家项目、省部级项目和企业项目三十多项，年科研经费近千万元。研究所与国内外学术界有着广泛的联系和交流。被公认为我国光源与照明领域权威研究单位之一。

（3）工业和信息化部电子工业标准化研究所

工业和信息化部电子工业标准化研究所（简称 CESI），成立于 1963 年 7 月，是信息产业部直属的电子信息技术综合性技术基础研究所。CESI 已从单一的编制研究机构发展成能够开展完整标准化活动的研究机构。CESI 拥有一批研究生导师和电子标准化学科带头人，设有博士后科研工作站，拥有具备国际先进水平的各类仪器设备 3600 余台套，获得国家级和省部级科技进步奖 300 多项。CESI 围绕着标准化的核心业务，以试验检测、计量、认证为手段，为国内外广大客户提供全方位综合服务。

（4）中国科学院半导体研究所

中科院半导体剧非为半导体技术的专业化研究所，是我国开展 GaN 材料研发最早、研发力量最雄厚的国立研究机构，倡议推动了"国家半导体照明工程'的实施，也是国家半导体照明工程重大项目的重要承担单位。

目前形成了相对完整的半导体照明关键技术研发工艺线，在半导体照明领域中的高效图形衬底外延，高效大功率 LED 及紫外 LED 等方面攻克了材料与工艺难题，获得高质量的外延材料，并解决了大功率 LED 面临的内量子效率，提取效率、散热等关键问题。

（5）中国科学院物理研究所

中国科学院物理研究所成立于 1950 年 8 月 15 日，其前身是成立于 1928 年的国立中央研究院物理研究所和成立于 1929 年的北平研究院物理研究所，1950 年在两所合并的基础上成立了中国科学院应用物理研究所。1958 年 10 月 8 日启用现名。迄今为止，已有 50 余位院士先后在物理所工作过，包括吴有训、赵忠尧、严济慈、吴健雄、钱三强等著名科学家。物理所凝聚态国家实验室，研究领域涉及磁学，光学，晶体，表面，纳米，极端条件，先进材料，超导，理论物理等。

3. 检测机构

（1）北京电光源研究所

北京电光源研究所是国内的专业照明研究机构，成立于 1975 年，是国内电光源行业建所最早、规模最大的应用型研究开发机构，主要从事的工作有：电光源与照明领域内各种节能产品的开发，室内、外照明工程的设计与安装；照明电器产品的质量监督、检验以及测试设备研究开发；电光源及其附件的国家标准、行业标准的制、修订；主办《中国照明电器》杂志。建所以来共获科技成果奖 180 多项，先后承担了商务部、科技部、发改委、技术监督局、北京市科委等国家级和省部级的研究开发项目 20 多项。

（2）国家半导体发光器件（LED）应用产品质量监督检验中心

国家半导体发光器件（LED）应用产品质量监督检验中心作为国内唯一一家通过国家质检总局验收的 LED 应用产品专业测机构。中心实验室主要设立光电性能检测室、安规与环境检测室、电磁兼容检测室及材料性能检测室，关键仪器设备均达到国际一流的技术水平。检测能力涵盖 LED 荧光粉、单管、模块、光源、灯具、显示屏、背光源、汽车灯具、交通信号灯及太刚能光伏产品等。中心在全国范围内承接 LED 应用产品的质量监督检验、委托检验和仲裁检验等任务，为生产企业和研发机构提供全面、高效、科学、公正、权威的产品质量检验、评价和技术咨询服务。

（3）国家半导体照明产品质量监督检验中心

国家半导体照明产品质量监督检验中心拥有众多博士、硕士及多年从事灯具检测有着丰富经验的高级工程师、国家灯具、电光源等相关标委会委员组成的高素质技术团队。中心目前拥有各类国际一流照明产品检测设备 100 多台套，可满足 LED 等各类照明产品、器件、LED 芯片的安全、寿命、光色分布等检测要求；作为国际认证机构合作实验室，可出具照明产品的 TUV 、VDE、CE、GS、CB、ENEC、CAA、FCC、IC 等认证检测报告。中心目前承担了国家级、省级、市级半导体照明产品研发与检测公共技术服务平台建设。

（4）中国电子科技集团公司第十三研究所

中国电子科技集团公司第十三研究所是我国从事半导体技术研究历史最长、规模最大、专业结构配套齐全的综合性工程类半导体骨干研究所之一。全所拥有多专业综合性优势，研发涉及微电子、光电子、微机械电子系统（MEMS）及支撑（材料、封装、设备仪器）四大领域。十三所拥有先进完善的科研生产和质量检测手段，是国家 863 计划光电子器件产业化基地和 MEMS 工艺封装基地、大规模集成电路高密度封装工业性实验基地、国际科技合作基地、中国半导体行业协会副理事长单位及分立器件分会理事长单位。

B.2 主要公司

1. 外延芯片类

（1）韩国首尔半导体株式会社（北京代表处）

首尔半导体近些年来增长速度迅速，已荣升世界顶级 LED 芯片及封装制造商之列。首尔半导体的主要业务是生产全线 LED 封装及定制模块产品，如大功率 LED、测光 LED、顶光 LED、贴片 LED、插件 LED、超强光 LED 等。产品广泛应用于一般照明、显示屏照明、移动电话背光源、电视、手提电脑、汽车照明、家居用品及交通讯号等范畴之中。

（2）晶元光电股份有限公司

1996 年，多位富有远见的人才共同创立了晶元，并昭告 LED 时代的来临，数十年后的今日，固态照明不仅已进入大众市场，更拥有无穷的潜力和希望。晶元不断创新、突破与深入的洞察，稳坐世界 LED 供货商的龙头宝座，协同世界品牌，推广手机屏幕、笔电和电视等领域的 LED 应用技术，创造日常固态照明的优势。晶元设计出独有的 Co-activation Service 服务模式，与客户协罔设计开发提升产品性能，解决工程端与应用问题， 并追求完美的质量控管水平。

（3）欧司朗（中国）照明有限公司

欧司朗是世界两大光源制造商之一，客户遍布全球近 150 个国家和地区。凭借着创新照明技术和解决方案，产品广泛使用在公共场所、办公室、工厂、家庭，道路以及汽车照明和特种光源照明各领域。作为全球最具创新能力的照明公司之一，欧司朗在照明领域拥有多项核心专利。其产品系列包括荧光灯、紧凑型荧光灯、高强度气体放电灯、卤素灯、汽车灯、摩托车灯、特种光源、电子镇流器、发光二极管（LED）和有机发光二级管（OLED）等。先进的电子管理系统及完善的物流配送网络实现了欧司朗产品服务中国千家万户的愿望。

（4）三安光电股份有限公司

三安光电股份有限公司成立于 1993 年 3 月 27 日，是上海证券交易所挂牌上市公司，股票代码 600703，股票简称三安光电，主要由福建三安集团有限公司、厦门三安电子有限公司等股东构成。三安光电是目前国内规模最大、品质最好的全色系超高亮度发光二极管外延及芯片产业化生产基地。公司目前的主要产品有全色系超高亮度 LED 外延片、芯片、化合物太阳能电池、PIN 光电探测器芯片等，产品性能指标居国际先进水平。

（5）山东浪潮华光光电子股份有限公司

山东浪潮华光光电子股份有限公司（简称浪潮华光），注册资本 2.998 亿元，浪潮华光是国内最早引进 MOCVD 设备专业从事化合物半导体外延材料及光电子器件研发、生产与销售的高新技术企业，目前拥有金属有机化学气相淀积设备（MOCVD）、真空蒸发设备等 700 余套 。公司主要从事半导体发光二极管（简称 LED）外延材料、芯片、器件、应用产品和半导体激光二极管（简称 LD）外延材料、芯片、器件的研发、生产及销售。

（6）上海蓝光科技有限公司

上海蓝光科技有限公司成立于 2000 年 4 月，是国内首家从事氮化镓基 LED 外延片、芯片研发和产业化生产的企业，注册资金 2.75 亿元。主要产品有：氮化镓基高亮度蓝、银光外延片及芯片。可为用户提供高抗静电、低衰减的标准芯片和功率型照明芯片，年产芯片 60 亿颗，蓝光科技是国家 863 计划光电子领域科技成果转化基地。

2. 封装/应用类

（1）广州市鸿利光电股份有限公司

鸿利光电主要从事 LED 器件及具应用产品的研发、生产与销售，产品广泛应用于通用照明、背光源、汽车信号/照明、特殊照明、专用照明、显示屏等众多领域。鸿利光电现已成为国内最具竞争力的 LED 封装企业之一。鸿利光电拥有国内领先的白光 LED 封装技术和大功率 LED 封盖在技术，2012 年鸿利光电成为国内首家通过 IES LM-80 6000 小时测试的封装企业。2012 年公司正式启用新工业园，立足自光 LED 及大功率领域的技术优势，全面拓展研发和生产，努力打造成国家级光电子产业基地。

（2）亿光电子工业股份有限公司

亿光电子创立于 1983 年，在台湾 LED 产业发展史中，亿光电子已是台湾 LED 封装产业中的龙头。在产品方面，亿光电子拥有全系列产品线，包括 High Power LEDs、LAMPs 、SMD LEDs 、Display 及 Infrared 等。除完整的产品系列以及庞大的产能外，亿光电子转投资从事上游 LED 晶粒制造的晶元光电，使亿光电子得以主宰市场。在研发方面，亿光电子更致力于 LED 次世代技术的强化，包括产品亮度及效率的提升，开发新应用市场产品，产品布局多元化以提高竞争力，以及专利布局将智慧财产化等。

（3）易美芯片（北京）科技有限公司

易美芯光（北京）科技有限公司，是一家专注于 LED 芯片与封装的外资高新技术企业。公司是由一批从美国归来的有着丰富经验的业界专家和高素质专业管理人才组成。易美芯光致力于高亮度及超高亮度 LED 研发和制造。拥有在微电子技术，高功率芯片工艺，半导体封装。光机电-体化等方面的核心技术。产品包括 O.2W 到 50W 及以上 LED 有贴片式（SMD）、板上芯片封装式（COB）及其它多种封装技术。有单芯片及点阵式多芯片结构。

可以提供红、蓝、绿及白光 LED。

（4）木林森股份有限公司

木林森股份有限公司 1997 年在广东省中山市成立，潜心致力于 LED 研发、设计、制造和销售，是国内领先的光电器件生产的专业公司之一，主要产品有 LampLED、Chip LED、TOP LED、Highpower LED 和 LED 应用照明等。

（5）深圳雷曼光电科技股份有限公司

雷曼光电总部位于深圳，是国家认定的高新技术企业，拥有国际最先进全套固晶、焊线、封胶、分光分色等全自动设备，自主科技专利。掌握国际最新封装技术研发、制造团队逾 10 年的经验，发展出卓越的 LED 设计及生产技能，原材料全部来自品牌供应商，交期准时迅速。雷曼光电致力于向客户提供最高质量的产品、服务和解决方案。

3. 应用类

（1）北京四通智能交通系统集成有限公司

北京四通智能交通系统集成有限公司为股份制高新技术企业，是国内最早致力于 ITS 发展的专业公司之一。公司专业特点突出、发展方向明确，主导业务领域包括 ITS 系统集成、交通工程技术服务、交通信息公众服务、交通专项产品经营。公司注重在 ITS 领域的研究和开发，主持和参与了二十多项国家及北京市的科技攻关计划项目，取得了多项科技成果，在 ITS 研究领域具有良好的基础。

（2）彩虹集团公司

彩虹集团公司是国务院资委管理的中央企业。集团总部在海地区上的信息路 11 号，主要生产基地分布于陕西咸阳、长三角、珠三角和安徽合肥等地区，主业定位是"显示器件及其零部件的研发制造、光电产品正积极相关零件研发制造。彩虹集团公司拥有 LED 外延芯片（上海蓝光公司）、LED 荧光粉（彩虹光光材料总公司）LED 封装（彩虹光电器件厂）、LED 照明产品（彩虹光电材料总公司）完整的 LED 产业链。

（3）常州星宇车灯股份有限公司

常州星宇车灯股份有限公司是江苏省高新技术企业，于 2011 年 2 月在上交所成功上市，是车灯行业第一家在上交所 A 股上市的企业。公司创立于 1993 年，主要经营汽车灯具的研发、设计、制造和销售，是我国最大的内资车灯总成制造商和设计方案提供商。公司产品覆盖国内德系、日系、美系、法系和中国自主品牌整车，客户涵盖一汽大众、一汽轿车、一汽车田、一汽夏利、上海大众、上海通用、奇瑞、东风日产拉过国内主要整车制造企业，并成为温用、克莱斯勒的全球供应商。

（4）东莞勤上光电股份有限公司

勤上光电股份有限公司，是国家级高新技术企业，中国半导体照明技术标准工作组成员，广东省 LED 产业联盟主席单位，拥有国家认可实验室、博士后科研工作站，是 LED 道路照明 LED 显示、景观照明、商用照明、家居照明、太阳能、风能应用、特种照明等产品综合应用解决方案供应商和优秀商业模式提供商。勤上光电是大功率 LED 路灯推广示范项目重点实施单位，成为全球业内成熟应用工程案例最多、技术最新领先的企业。

（5）飞利浦（中国）投资有限公司

飞利浦成立于 1891 年，总部位于荷兰首都阿姆斯特丹，是一家全球性的大型跨国公司，其产品涉及照明，医疗保健及优质生活等众多领域，飞利浦在上海设立有半导体照明产品研发中心。Philips 是世界领先的照明解决方案功率型 LED 提供商，一贯致力于推动固态照明技术的发展，提高照明解决方案的环保性。公司推出的高功率光源，率先实现了传统照明的高亮度与 LED 的小体积、长寿命和其它优势的结合。公司还提供核心 LED 材料和 LED 包装，是一家能够制造出世界上最明亮的白色、红色、琥珀色、蓝色和绿色 LED 的生产商。

（6）佛山电器照明股份有限公司

佛山照明成立于1958年，是全国电光源行业大型骨干企业，国务院批准机电产品出口基地，享有自营出口业务经营权，是全国电光源行业中规模最大、质量最好、创汇最高、效益最佳的外向型企业。在全行业中也是唯一一家能与国际三大照明公司的产品竞争的国家民族工业企业。公司生产的各系列产品以高质量、低成本和合理的售价震撼全国市场博得客户好评，在国内、国际市场均享有"中国灯王"的美誉。

（7）德泓（福建）光电科技有限公司

德泓（福建）光电科技有限公司位于福建永定工业园区，成立于 2006 年，是一家以研发、制造、销售 LED 照明产品为主的高新科技企业，是当地光电龙头企业、福建省重点光电科技项目在建单位。公司拥有由博士、硕士等优秀人才领军的研发技术团队，参与国家照明标准的制定，拥有多项自主创新及知识产权，产品以研发、生产、销售和技术服务为一体，主要生产高效节能灯、LED 光源、LED 室内及户外照明、景观灯灯具等照明产品。

公司完善的国内、国际市场销售和售后服务网络，提供产品、方案、销售、服务一体的全方位经营模式。

（8）广东朗视光电技术有限公司

广东朗视光电技术有限公司是一家集研发、生产、销售和服务于一体的 LED 综合应用产品与方案提供商，目前公司主要产品分为 LED 高清节能全彩显示屏、LED 节能照明两大系列。

公司总部位于东莞市松山湖国家及高新技术产业开发区，生产基地位于深圳光明新区，朗视光电制造的 LED 应用产品种类齐全、结构多样化，其中 LED 显示屏系列涵盖户内和户外。包括租赁产品、广告牌、高速公路牌、异形彩屏、球场屏、LED 照明系列涵盖球泡灯、筒灯、射灯、日光灯、投光灯、停车场智能照明等等系列。

（9）广东雪莱特光电科技股份有限公司

广东雪莱特光电科技股份有限公司成立于 1992 年，是我国电光源产业领域具代表性的上市企业。作为省级高新技术企业，研制的拥有自主知识产权核心产品高效节能灯、HID 汽车疝气大灯、陶瓷金卤灯、紫外线杀菌灯、LED 照明产品及其它特种照明光源和配套灯具、配套电子镇流器居行业领先水平。公司拥有国家级实验室，近三年公司引进了最先进的手套箱联体、HID 真空烧结炉、等离子体发射光谱和微波化学工作站等大牌研发产品用实验、检测仪器设备。

（10）惠州雷士光电科技有限公司

惠州雷士光电科技有限公司是一家专业从事照明产品生产、研发、销售的国际化大型企业。雷士在照明领域一直保持行业领先地位。"NVC 雷士照明"已成为国内照明行业领袖品牌。雷士产品主要涵盖商业照明、光源电气、家居照明、户外照明、智能照明及电工等六大种类，六十余个系列，数千个品种。在 LED 照明研发及应用中，主要有 LED 路灯、LED 埋地灯、大功率 LED 天花灯等。

（11）深圳市奥拓电子股份有限公司

深圳市奥拓电子股份有限公司（证券简称：奥拓电子，证券代码:002587）成立于 1993年，坐落于深圳市高新技术产业园，已通过国家高新技术企业和深圳软件企业认定，是深圳市高新技术产业协会常务理事单位、深圳软件行业协会常务理事单位。奥拓电子专注于高端市场，产品广泛应用于广告、体育、演艺和电视转播等行业，为客户提供包括需求分析、系统设计、产品研发、设备制造及专业服务等在内的 LED 显示系统整体解决方案。

（12）浙江阳光照明电器集团股份有限公司

浙江阳光照明集团股份有限公司创建于 1975 年，是一家专业生产节能电光源及设备的民用高科技上市企业，系世纪阳光控股集团有限公司旗下的控股子公司，总资产 30 亿元。

企业产品主要涵盖光源、家居、办公、商照、电工五大系列数千品种，公司相继在上虞及江西余江设立工业园，在越南、印度设立生产基地，产量位届全国第一，系全球最大的一体化电子节能灯生产制造基地，获得 50 项国际标参与 712 项国家标准的起草制定。

（13）英飞特电子（杭州）股份有限公司

英飞特电子（杭州）股份有限公司是一家致力于高效、高可靠性 LED 驱动器的研发、生产、销售和技术服务的国家级高新技术企业，现已成为全球领先的 LED 驱动器供应商。公司成立五年来，相继承担国家科技支撑计划、国家 863 计划、国家创新基金、杭州市重大专项等 10 余项各级科技项目。

公司相继获得人社部最具成长潜力的留学人员创业企业、国侨办创新团队、浙江省专利示范企业、杭州市行业龙头企业、杭州市名牌产品等 30 多项荣誉称号。

反侵权盗版声明

电子工业出版社依法对本作品享有专有出版权。任何未经权利人书面许可，复制、销售或通过信息网络传播本作品的行为；歪曲、篡改、剽窃本作品的行为，均违反《中华人民共和国著作权法》，其行为人应承担相应的民事责任和行政责任，构成犯罪的，将被依法追究刑事责任。

为了维护市场秩序，保护权利人的合法权益，我社将依法查处和打击侵权盗版的单位和个人。欢迎社会各界人士积极举报侵权盗版行为，本社将奖励举报有功人员，并保证举报人的信息不被泄露。

举报电话：（010）88254396；（010）88258888

传　　真：（010）88254397

E-mail:　　dbqq@phei.com.cn

通信地址：北京市万寿路 173 信箱

　　　　　电子工业出版社总编办公室

邮　　编：100036